"十四五"普通高等教育系列教材

U0149570

土力学地基基础

（第二版）

（按姓氏笔画排序）

主　编　孙世国

副主编　马芹永　王振伟　王雪菲　宋志飞

　　　　张丽华　武崇福　范红军

编　写　王　丹　申洪浩　冯少杰　孙晓鲲

　　　　宋荣方　金松丽　赵雪芳　姜亭亭

　　　　谭　亮　阚生雷

扫码阅览本书配套资源，
包括学科人物小传、实验视频、
拓展知识等

中国电力出版社
CHINA ELECTRIC POWER PRESS

内 容 提 要

本书为"十四五"普通高等教育系列教材。全书共 11 章，着重介绍了土力学的三大理论，即渗透理论、强度理论和变形理论，四大应用，即挡土墙设计、承载力计算、土坡稳定性分析和基础设计方面的应用，以及基础工程（浅基础和深基础）的设计基本理论和方法。书中概念准确、明晰，语言精练，设置了很多例题，有助于读者掌握理论知识和复杂的计算过程。每章都提炼了知识点架构，对知识掌握程度提出了具体要求，同时为在本学科发展过程中作出过卓越贡献的人物设计了"人物小传"，丰富课后阅读。课后习题均附参考答案，还特别节选了部分注册岩土工程师考试真题，以练习、提升解决工程问题的专业能力。另外，每章还精心制作了知识点思维导图，方便复习巩固，理解学科知识脉络。

本书主要作为高等院校土木工程、城市地下空间工程、道路桥梁与渡河工程、铁道工程、智能建造等相关专业教材，也可供相关工程技术人员学习参考。

图书在版编目（CIP）数据

土力学地基基础 / 孙世国主编 . —2 版 . —北京：中国电力出版社，2021.3（2023.1 重印）
"十四五"普通高等教育系列教材
ISBN 978-7-5198-5207-8

Ⅰ.①土…　Ⅱ.①孙…　Ⅲ.①土力学－高等学校－教材②地基－基础（工程）－高等学校－教材　Ⅳ.①TU4

中国版本图书馆 CIP 数据核字（2020）第 245001 号

出版发行：中国电力出版社
地　　址：北京市东城区北京站西街 19 号（邮政编码 100005）
网　　址：http://www.cepp.sgcc.com.cn
责任编辑：熊荣华（010-63412543　124372496@qq.com）
责任校对：黄　蓓　常燕昆
装帧设计：郝晓燕
责任印制：吴　迪

印　　刷：三河市航远印刷有限公司
版　　次：2011 年 8 月第一版　2021 年 3 月第二版
印　　次：2023 年 1 月北京第八次印刷
开　　本：787 毫米×1092 毫米　16 开本
印　　张：23
字　　数：568 千字
定　　价：66.00 元

前　言

随着城市化进程的推进，建筑业得到高速发展，城市中高层和超高层建筑比比皆是，许多地基与基础工程的复杂技术问题亟需解决，土力学理论和地基基础技术更显得重要。因此，本课程是土木建筑类专业的学生和专业技术人员必须掌握的一门现代科学，也是高等院校土木建筑类专业的核心课程之一。

本书在编写过程中，着重理论联系实际，并结合本学科现代理论的发展，对前沿基本理念和具体应用进行了介绍。紧扣立德树人的根本任务。在学术理念培养及思想政治教育方面，紧贴理论难点，深入挖掘各章节的核心理论，并将责任感及使命担当意识融入教材编写中。将传授知识、启迪智慧、完善人格和培养家国情怀有机地结合起来，让学生既掌握相关的基础理论方法，又能了解本学科的现代发展趋势，同时增强为国家建设的担当意识和情怀。书中还注重应用现代技术解决工程实际问题能力的培养和创新意识，如第 11 章专门介绍了地基工程与大数据、信息化融合技术等。本书要求学生在掌握工程力学、结构力学、弹塑性力学和钢筋混凝土等学科领域的知识基础上，着重介绍土力学的三大理论和四大应用，即渗透理论、强度理论和变形理论，挡土墙设计、承载力计算、土坡稳定性分析和基础设计方面的应用。在基础工程方面着重介绍了浅基础和深基础设计的基本理论和方法。针对实际工程问题，阐述了地基与基础的应力、变形、强度及其在工程中的应用。在编写过程中，注重概念准确和明晰、语言精练和通畅，例题和习题有助于读者掌握理论知识和复杂的计算过程，力求易读、易懂。特别在课后习题部分增设注册岩土工程师真题节选，方便学生练习，以提升解决工程问题的专业能力。另外，每章还精心制作了知识点思维导图，方便复习巩固，理解学科知识脉络。

本书由北方工业大学孙世国教授任主编，安徽理工大学马芹永教授，北方工业大学宋志飞教授、王振伟教授，华北科技学院张丽华教授，燕山大学武崇福教授，河北工业大学王雪菲教授，郑州工程技术学院范红军正高级工程师任副主编。北方工业大学冯少杰、赵雪芳与金松丽，郑州工程技术学院宋荣方，中化岩土集团股份有限公司谭亮，中国建筑技术集团有限公司姜亭亭，北京安环工程检测有限责任公司王丹，北京城建勘测设计研究院有限责任公司阚生雷，中国矿业大学孙晓鲲，清华同衡规划设计研究院申洪浩积极参与了编写框架的研讨和部分章节的编写工作。全书由同济大学熊巨华教授任主审。具体编写分工如下：绪论由孙世国、王丹、姜亭亭、赵雪芳、孙晓鲲、申洪浩编写；第 1 章由王振伟、阚生雷、谭亮、姜亭亭、王丹、赵雪芳、金松丽编写；第 2 章由马芹永编写；第 3 章由宋荣方编写；第 4 章由武崇福编写；第 5 章由宋志飞、姜亭亭、谭亮、王丹、阚生雷、赵雪芳、金松丽编写；第 6 章由孙世国、谭亮、姜亭亭、王丹、阚生雷、赵雪芳、金松丽编写；第 7 章由张丽华编写；第 8 章由范红军编写；第 9 章由王雪菲编写；第 10 章由冯少杰、赵雪芳编写；第 11 章由孙晓鲲、申洪浩、阚生雷、谭亮、姜亭亭、王丹、赵雪芳、孙世国编写；

习题部分由冯少杰统一负责，阚生雷、谭亮、姜亭亭、金松丽、王丹、孙晓鲲和申洪浩参加了修订工作；知识点思维导图由付阁制作完成。

本书获得北方工业大学 2020 年教材出版专项经费资助，也是河南省高等教育教学改革研究与实践项目（项目名称："金课"建设背景下《土力学》在线开放课程建设的探索与实践，编号：2019SJGLX509）和郑州工程技术学院教育教学改革研究与实践项目（编号：ZGJG2019049B）成果。书中除参阅了相关文献外，还参考了部分软件产品介绍，如《SuperMap 新一代三维 GIS 技术白皮书》等，在此一并表示感谢！限于作者水平，书中难免出现不妥或错误之处，敬请读者批评指正！

目　录

绪 论

土力学科人物小传

0.1 土力学与地基基础的研究对象

土力学是一门研究土的力学性质的学科，主要研究土体的应力、变形、强度、渗流及长期稳定性的一门学科。广义的土力学包括土的生成、组成、物理化学性质及分类在内的土质学。土力学也是—门实用的学科，它是土木工程的一个分支，主要研究土的工程性质，解决工程问题。

在自然界中，地壳表层分布有岩石圈（广义的岩石包括基岩及其覆盖土）、水圈及大气圈，岩石是一种或多种矿物的集合体，其工程性质在很大程度上取决于它的矿物成分，而土是岩石风化的产物。土是由岩石经历物理、化学、生物风化作用以及剥蚀、搬运、沉积作用等交错复杂的自然环境中所生成的各类沉积物，因此，土的类型及其物理、力学性状是千差万别的，但在同一地质年代和相似沉积条件下，又有其相近性状的规律性。强风化岩石的性状接近土的性状，也属于土质学与土力学的研究范畴。

在土木工程中，天然土层常被作为各种建筑物的地基，如在土层上建造房屋、桥梁、涵洞、堤坝等；或利用土作为建筑物周围的环境，如在土层中修筑地下建筑、地下管道、渠道、隧道等各类地下工程；还可利用土作为土工建筑物的材料，如修筑土堤、土坝等。因此，土是土木工程中应用最广泛的一种建筑材料或介质。

建筑物一般由上部结构和基础两部分组成。由于建筑物的建设而引起其下部土体应力状态发生改变的土层称为地基；而基础是建筑物上部结构和地基的连接部分。建筑物的建造使地基中原有的应力状态发生变化，这就必须运用力学方法来研究在荷载作用下地基土的变形和强度问题，使地基与基础设计满足两个基本条件：①作用于地基上的荷载不超过地基的承载能力，保证地基在防止整体破坏方面有足够的安全储备；②控制基础沉降不超过允许值，保证建筑物不因地基沉降而损坏或者影响其正常使用。因此，研究土的应力、变形、强度和稳定，以及土与结构物相互作用规律的力学分支称为土力学。而基础工程是将建筑物荷载传递到地基上的建筑物下部结构，起着承上启下的作用，一般应埋入地下一定深度，进入较好的土层。另外，基础应满足一定的强度和刚度要求。

如果地基有足够强度的、良好的土层，基础可直接建在天然土层上，这种未经人工处理就可以满足设计要求的地基称为天然地基。如果地基强度低、土层松软，其承载力不足或预计变形较大，无法满足承担上部建筑物荷载作用的要求，则需要对地基进行加固处理，如采用换土垫层、深层密实、排水固结以及化学加固等方法，这种地基称为人工地基。

根据基础的埋置深度和施工方法，基础可分为浅基础和深基础。通常把埋置深度不超过5m，只需经过挖槽、排水等普通施工措施就可建造的基础称为浅基础；反之，若浅层土较软弱，土质不良，需要借助于特殊的施工方法，把基础埋置在较深的土层中，将荷载传递到深部良好土层中，这种基础称为深基础，如桩基、沉井基础及地下连续墙等。相对深基础而言，浅基础具有施工方法简单、造价较低等优点，因此，在满足地基承载力、变形和稳定性要求的前提下，宜优先采用浅基础。

地基基础设计包括地基设计和基础设计两部分。地基设计包括地基承载力计算、地基沉降验算和地基整体稳定性验算。通过承载力计算来确定基础的埋深和基础底面尺寸，通过沉降验算来控制建筑物的沉降不超过规范规定的允许值，而整体稳定性验算则保证了建筑物不发生倾覆而丧失其整体稳定性。基础设计包括基础的选型、构造设计、内力计算和钢筋混凝土的配筋。由于地基和基础相互作用，基础与上部结构又构成一个整体，所以在地基基础设计时不仅要考虑工程地质和水文地质条件，还要考虑上部结构的特点、建筑物的使用要求以及施工条件等。

在进行地基基础设计时，天然地基上的浅基础是首选方案。它充分利用了天然地基的承载力，可用常规的施工方法来修建，施工比较简单，工程造价较低。如果天然地基的承载力不足或建筑物的沉降不能满足设计要求时，则可以考虑采用人工地基或深基础方案。此时，应在综合考虑工程地质条件、结构类型、材料情况、施工条件和工期、环境影响等诸多因素的基础上，因地制宜，从实际出发，在保证安全可靠的前提下，进行经济与技术分析后确定最终设计方案。

0.2   土力学发展历程与未来发展趋势

土力学学科的发展可概括为如下几个阶段：

1. 经验积累与理论水平深化阶段

建筑业是伴随人类科技文明的进步而不断发展的，人类自远古以来就广泛利用土作为建筑物的地基和建筑材料。如长城、大运河、灌溉渠道、桥梁、宫殿、庙宇，这些都是人类科技进步和文明发展不断地积累的经验。但由于受各个阶段社会生产力和技术水平的限制，直至18世纪中叶，土力学研究还停留在感性认识阶段。

18世纪产业革命后，大量建筑物的兴建和科技进步，促使建筑工作者不得不对土力学属性做深入的研究和探索，并开始对积累的工程经验做理论上的总结和深化。

法国学者库仑（Coulomb.C.A）1776年在试验的基础上，提出了土体的抗剪强度理论，指出无黏性土的强度取决于颗粒间摩擦力；黏性土的强度由黏聚力和粒间摩擦力两部分组成。同年，他还提出了著名的滑动楔体理论。假定挡土墙后的土体中出现一楔体，通过研究楔体上力的平衡而求出主动土压力和被动土压力。

19世纪50年代，很多学者致力于土压力和渗流方面的研究。法国学者达西（Darcy.H）1856年在研究砂土透水性的基础上，提出了著名的达西定律。同时期，学者斯笃克（Stokes.G.G）研究了固体颗粒在液体中的沉降规律问题。1857年英国学者朗肯（Rankine W.J.M）假定挡土墙后土体为均匀的半无限空间体，并应用塑性理论来解土压力问题。这一土压力理论与库仑土压力理论并称古典土压力理论。在土体的应力分布与计算方面，1885年法国学者布辛奈斯克（Boussinesq.J）研究了半无限空间体表面作用有集中力的情况下土中应力的解析解，称为布辛奈斯克解，它是各种竖直分布荷载下应力计算的基础。

此后，众多学者对土力学的专门课题进行了研究，如1916年，瑞典学者彼得森（Petterson.K.E）首先提出边坡破坏的圆弧滑动评价法，之后美国学者泰勒（Taylor.D.W）和瑞典学者费伦纽斯（Fellenius.W）等对该理论做了进一步的完善和发展。

法国学者普朗特尔（Prandtl.L）1920 年发表了地基滑动面计算的理论方法，并用于计算地基承载力。

2. 形成独立学科和不断发展阶段

美国学者太沙基（Terzaghi.K）1925 年出版了第一本土力学专著《土力学原理》，被公认为是近代土力学发展的开始。他在总结实践经验的基础上，根据大量试验提出了很多独特的见解，并把当时孤立的各种规律、原理或理论，按土的特性建立起联系，使其系统化起来，总结并提出了土的三个特性，即"黏性""弹性"和"渗透性"，发展了土力学原理，拓宽了土力学领域，从而形成一门独立的学科。

太沙基提出的有效应力原理充分考虑了超孔隙压力对土的抗剪强度的影响，并用排水剪切试验来测定有效强度。有效应力原理的出现对土力学的发展产生了重大影响，而且至今仍是认识和研究土的性状的一个重要原理。有效应力原理的建立充分体现了太沙基作为土力学奠基人的睿智和创造性，是对土力学学科发展做出的突出贡献。

20 世纪 50~60 年代是土力学理论和技术的不断完善和发展阶段。1955 年英国学者毕肖普（Bishop.A.W）发展了古典的圆弧滑动法，提出土坡稳定计算中考虑条间水平力的方法，并应用有效强度指标计算土坡稳定。20 世纪 50 年代后期，挪威学者简布（Janbu.N）与加拿大学者摩根斯坦（Morgenstern N.R）等人相继提出了考虑条间力，滑动面取任意形状的土坡稳定计算方法，在强度理论、强度计算等方面进一步发展了莫尔—库仑准则。

自 20 世纪 60 年代以来，计算机技术的迅速发展，以及大数据和信息化技术的应用为整个科学技术的进步提供了强有力的技术手段，极大地推动了本领域的发展和完善。许多在理论上已经解决，而限于计算工具的无法获得解答的课题得到了结果，许多在学术上已经发现或察觉的规律，由于计算工具的限制而尚未得出结论的科学难点得到了明确的答案。计算机与数值分析方法的结合使科学技术的发展如虎添翼。土力学在与这些新的理论融合中获得了活力，并在岩土工程的实践中迅速地推广应用。与此同时，在土力学领域内，以罗斯科（Roscoe）为代表的临界状态土力学的创立，使人们对土的本构关系的研究步入了一个新的境界。这个理论上的成就一经与先进的计算技术相结合，就使土力学进入了一个新的、能更好地反映土的本质、更符合岩土工程特点的快速发展时期。土力学由此进入了第二发展阶段——现代土力学阶段。

以往，当人们研究土时，不可避免地要采用简化的假定，如依所关心的问题的不同，有时把它当作弹性体，有时又把它当作刚塑性体，对于土的性状的研究也仅片面着重于土的强度，这样就不能很好地顾及土固有、本质的完整性。本阶段的特点之一就是把土在受力以后所表现出来的应力、变形、强度和稳定以及时间因素的影响等特征作为一个整体进行研究，而超级计算机的出现使得比较复杂的本构关系的研究也成为可能。在这种情况下，基于虚拟仿真技术土的本构关系及其力学属性的各影响因素得到了更精细化、更真实场景的研究。随着本构关系的研究与进展，我们可以系统分析大型岩土工程与土的特性、边界条件和加载方式的关系，分析和界定岩土工程动态演化属性，预测其发展趋势。而大数据技术为土的本构关系研究提供了更为广泛的技术资料和科学依据，同时对土的性质的测试技术及其精度提出了更高的要求，从而也推动了土工测试技术发展。然而，鉴于土的性质的复杂性和岩土工程的许多不确定性，预测的精度和不少理论成果仍不时受到人们的质疑。因此验证的技术和实践的检验就很自然地受到重视。美国学者派克（Peck）在 20 世纪 60 年代末提出了"观测法"

的思想，引起了同行的很大兴趣。现场的原位试验和对土工建筑物的原型观测，被置于越来越重要的地位。日本学者樱井春辅提出的根据实测资料的反分析法，也得到广泛的推崇和应用。与此同时，离心模拟技术也得到了飞速发展。它被认为是在室内研究和分析复杂的土的性质和岩土工程性状的有效验证和预测手段。

从以上的回顾中可以看出，在土力学发展的第二阶段，土的本构关系研究将土的各方面特性作为一个整体有机地联系起来，但其实这时土仍未真正被当作土来对待，土的大多数本构关系，还是从其他学科中借用过来的，特别是金属材料的本构理论。在这些本构理论中，无法充分地考虑岩土这种复杂材料的真面目，土的某些"个性"不得已被忽略掉了，这也是学科发展水平所局限的，但这种局面应该不会长久地持续下去。

3. 发展趋势预测

沈珠江院士曾经对土力学的未来发展趋势提出八个方面的观点，在此引用供读者参考。

（1）土的微观和细观的研究。

迄今为止，人们对土的认识仍有"不识庐山"之感。要认识土，除了从它受力以后所表现出的性状进行观察外，还必须采用微观和细观研究手段。欲了解土的成因、成分、结构和构造及其演化，微观手段是必不可少的途径。早在 20 世纪 50~60 年代，苏联的不少学者就对土的微观研究做过许多杰出的工作，形成了一门学科"土质学"。美国和日本等国家的学者也有致力于土的结构及其与力学性质关系研究的。微观研究在土力学的研究中具有重要的指导意义，它可对许多力学现象提供本质上的解释，有助于土力学理论的发展。

（2）非饱和土的研究。

在自然界，土绝大多数是处于非饱和状态的，尤其是在干旱和半干旱地区。有些土即使长期处于水下，土内也含有一定数量的气体，很难处于完全二相状态。但由于非饱和土的复杂性，不得已只好把它当作完全饱和土来研究，这样就改变了它的本来面目。现在非饱和土的问题也重新引起了土力学界的重视，相信未来非饱和土力学会有长足的进步。非饱和土性质的复杂性主要是由于土中气相的存在引起的，土、水和气三相交界面上的吸力是非饱和土研究的核心问题，它对非饱和土的力学性质有很大的影响。目前饱和土的强度方面已有不少研究，变形问题上也已初步建立了理论框架，其本构关系的研究也有若干报道，但都还处于初步研究阶段。非饱和土的研究将是 21 世纪土力学研究的重要内容之一。

（3）非线性科学在岩土工程中的研究应用。

土是一种高度非线性、非均质的材料，而与土相联系的岩土工程，则往往出现大变形、大位移的问题，因此又具有几何非线性的特性。岩土工程的平衡方程或动力方程也是非线性的，因此，岩土工程的失稳与破坏是一个复杂的行为过程，当荷载或控制变量的组合达到某一临界点时，将发生由安全运行到破坏的突变。在一定的条件下，稳定或破坏状态可能不唯一，而出现分岔或混沌现象。为此就有必要引进非线性科学的原理和方法，例如分维理论、分叉理论和突变理论等。非线性原理对岩土工程破坏问题的研究很有意义，它可以深刻地解释和预测岩土工程的失稳和破坏，如突变理论在滑坡的研究中已获得某些进展，也有人用于土的本构关系研究中。岩土材料和岩土工程的非线性特性是它们的基本属性，非线性科学的理论和分析方法将在未来土力学发展中发挥更大的作用。

（4）新的本构理论的研究。

土的本构关系是土在外力作用或外界因素变化情况下所表现出来的行为性状的定量关

系，它是土力学研究的中心问题之一。以往对土本构关系的研究多从宏观唯象观点出发，修改某些简单的金属材料的本构关系，以反映土受力后的变形特征。同时，为反映土的特征，建立了许多不同类型的本构模型。这些本构模型在预测工程的性状、验证某些原理的合理性等方面确实发挥了积极的作用，但是它们在描述土真实特性的准确性和完整性方面是远远不够的，所得到的计算结果与实际工程的数值也有一定差距，有时甚至是很大的差距；因此这方面内容有待继续深化研究。

（5）非确定性方法的研究应用。

土和岩土工程都具有大量的不确定性因素，以往都将它们作为确定性问题处理，忽视了它的随机特性，这样做法似乎是过于简单化了。作为大自然的产物，岩土材料具有很大的空间和时间的变异性，而对岩土工程来说，从勘测、设计、试验研究到施工、运营的各个阶段都存在许多不确定性，理应作为随机问题来对待。在未来的土力学发展中，土的性质的随机特性将会受到重视，岩土工程的设计方法将由定值设计方法逐步转为可靠性设计方法，概率理论和优化决策理论将有用武之地，而岩土工程规划中风险分析的概念（如防洪工程的风险分析）将作为重要理论基础而确定它的主宰地位。

（6）环境方面问题的研究。

土力学不是孤立的，它所研究的对象——岩土工程，处于复杂的环境之中，受到各种物理、化学的应力、热、磁以及海浪或地震波等的作用。因此，岩土工程与环境的关系及其处理的研究将是未来土力学发展的另一个重要方向。目前，已呈现出的趋势是：从只研究与工程有关的地质问题，向注意工程与环境相互作用的角度转变。其特点是强调工程受环境的制约，同时考虑工程对环境的反馈作用。因此，研究如何使岩土工程顺应大自然的要求，尊重大自然的客观规律是岩土工作者所必须具有的意识和素质。这里所指的环境问题不仅仅是废料、废土的利用和处理，地下工程引起的对地面建筑物的影响等小环境问题，而且包括土壤荒漠化、洪水、区域性滑坡、泥石流、地震灾害和火山喷发等大环境问题。

（7）土的加固与改良技术。

随着岩土工程的大型化、精细化和复杂化，作为天然材料的土有时不能满足工程的需要，这时就需要处理土、改良土。土的改良方法已经有很多，值得一提的是近代兴起的土工合成材料的利用。有人认为土工合成材料的出现正在引起岩土工程的一场革命，其发展方兴未艾，但理论上的研究仍相当滞后。可以预见这方面的课题将给土力学和岩土工程的发展提供巨大的空间。在改良和处理土的过程中，往往会在土中增加与土的性质不同的材料，如金属材料、混凝土、土工合成材料等，这样就出现了土与其他材料的共同作用问题，这也是值得研究的一个方面。

（8）重视经验提升和观测方法的运用。

正如人们常说的，土力学既是一门科学，又是一门艺术。因此，工程实践经验必然有十分重要的意义。"计算所提供的解答只是问题的一个方面，问题的最后解答还要根据多方面的综合考虑，其中专家的知识和经验起到了重要的作用"。提升这些知识和经验的专家系统、神经网络等新的思维和方法仍将是未来土力学和岩土工程发展的重要内容之一。观测方法的重要性是由土和岩土工程的复杂性所决定的，工程知识和经验的积累在相当程度上来自对观测资料的系统分析。它也是一切理论和计算成果验证的重要手段。可以预计，"观测法"的应用在未来的土力学和岩土工程中将占有更重要的地位。

0.3   与土力学相关的典型地基问题

1．意大利比萨斜塔

这是举世闻名的建筑物倾斜的典型实例。该塔自 1173 年 9 月 8 日动工，至 1178 年在建至第 4 层中部，高度约 29m 时，因塔明显倾斜而停工。经过 94 年后，于 1272 年复工，经 6 年时间，建完第 7 层，高 48m，再次停工中断 82 年。于 1360 年再复工，至 1372 年竣工，全塔共 8 层，高度为 55m。塔身呈圆筒形，1～6 层由优质大理石砌成，顶部 7～8 层采用砖和轻石料。塔身每层都有精美的圆柱与花纹图案，是一座宏伟而精致的艺术品。1590 年伽利略在此塔做落体实验，创建了物理学上著名的自由落体定律。斜塔成为世界上最珍贵的历史文物，吸引无数世界各地游客。全塔总重约 145MN，基础底面平均压力约 50kPa。地基持力层为粉砂，下面为粉土和黏土层。目前塔向南倾斜，南北两端沉降差 1.80m，塔顶离中心线已达 5.27m，倾斜 5.5°，成为危险建筑。1990 年 1 月 4 日被封闭。除加固塔身外，用压重法和取土法进行地基处理，加固后重新向游人开放（见图 0-1）。

图 0-1   比萨斜塔

2．加拿大特朗斯康谷仓的地基事故

该谷仓平面呈矩形，南北向长 59.44m，东西向宽 23.47m，高 31.00m，容积 36368m³。谷仓为圆筒仓，每排 13 个圆仓，5 排共计 65 个圆筒仓。谷仓基础为钢筋混凝土筏板基础，厚度 61cm，埋深 3.66m。谷仓于 1911 年动工，1913 年完工，空仓自重 20000t，相当于装满谷物后满载总重量的 42.5%。1913 年 9 月装谷物，10 月 17 日当谷仓已装了 31822m³ 谷物时，发现 1 小时内竖向沉降达 30.5cm，结构物向西倾斜，并在 24 小时内严重倾斜，倾斜度离垂线达 26°53′。谷仓西端下沉 7.32m，东端上抬 1.52m，上部钢筋混凝土筒仓坚如磐石。谷仓地基土事先未进行调查研究，据邻近结构物基槽开挖试验结果，计算地基承载力为 352kPa，应用到此谷仓。1952 年经勘察试验与计算，谷仓地基实际承载力为 193.8～276.6kPa，远小于谷仓破坏时发生的压力 329.4kPa，因此，谷仓地基因超载发生强度破坏并滑动。事后在下面做了 70 多个支撑于基岩上的混凝土墩，使用了 388 个 50t 千斤顶以及支撑系统，才把仓体逐渐纠正过来，但其位置比原来降低了 4m（见图 0-2）。

图 0-2　特朗斯康谷仓

3. 苏州市虎丘塔

该塔位于苏州市虎丘公园山顶，落成于宋太祖建隆二年（公元 961 年），距今已有一千多年的悠久历史。全塔 7 层，高 47.5m。塔的平面呈八角形，由外壁、回廊与塔心三部分组成。塔身全部青砖砌筑，外形仿楼阁式木塔，每层都有 8 个壸门，拐角处的砖特制成圆弧形，建筑精美。1961 年 3 月 4 日，国务院将此塔列为全国重点保护文物。

20 世纪 80 年代，塔身已向东北方向严重倾斜。不仅塔顶偏离中心线已达 2.31m，而且底层塔身发生不少裂缝，东北方向为竖直裂缝，西南方向为水平裂缝，成为危险建筑而封闭。后经多次专家会议商议，采取在塔四周建造一圈桩排式地下连续墙，并对塔身与塔基进行钻孔注浆和树根桩加固，获得成功（见图 0-3）。

图 0-3　虎丘塔

4. 日本关西国际机场

　　日本关西国际机场是全世界第一座百分之百填海造陆而成的人工岛机场，位于大阪湾东南部海域离岸约 5 公里的海面上，是阪神地区的主机场。该工程获得了美国 ACSE 学会颁布的世界 10 大里程碑工程奖项。然而，它在岩土工程方面也可以被称为"里程碑"工程，因为它的地基沉降超乎了所有人的意料。在 1994 年开港之际，地基的沉降已超过了 50 年后（2044年）的设计值。这导致了一个很严重的现实问题：还没开张就已经沉了这么多，整个机场会沉入海底吗？1994 年一期岛平均比海平面高 6.2m，截至 2017 年年底，整个岛屿已平均下沉了 3.4m。也就是说，如果没有进行护岸加高措施，人工岛仅比海平面高 2.8m。根据监测数据，从 2007 年起每年沉降量基本维持了稳定，每年约 7cm。按照这个速度，2047 年后，整个人工岛可能会被海水覆盖（见图 0-4）。

图 0-4　关西国际机场

5. 香港宝城大厦

　　香港地区人口稠密，市区建筑密集。一些住宅只好建在山坡上。1972 年 7 月，香港发生一次大滑坡，几万立方米的残积土从山坡上滑下，巨大的冲击力正好通过一幢高层住宅——宝城大厦，顷刻之间，宝城大厦被冲毁倒塌。因楼间净距太小，宝城大厦倒塌时，砸毁相邻一幢大楼一角约五层住宅。宝城大厦居住着金城银行等银行界人士，因大厦冲毁时为清晨 7点钟，人们都还在睡梦中，当场死亡 120 人，这起重大伤亡事故引起了世界的震惊。

0.4　土力学与地基基础的特点

　　土力学与地基基础作为技术基础课，与其他技术基础课相比，有其特殊性。其主要特点表现在如下几个方面：

1. 研究对象复杂多变

　　土力学是以土体为研究对象的。其一，土不同于一般固体材料。一般固体材料具有可选性和均匀性，其力学规律的数学关系式与实际比较吻合，理论结果与实际情况相近。而土是由固体颗粒、土中水和气体组成的三相松散集合体，它的强度一般比土粒强度小得多。其成因类型和成层规律非常复杂，且难以了解清楚。其二，土和土体在外界条件，诸如温度、湿度、压力、水流、振动等环境影响下，其性质会有显著变化。其三，水工建筑物的规模大、地基基础多为隐蔽工程，当事故发生后，处理起来很困难。土和建筑物的上述特点使得土力学的研究规律具有复杂性和多变性。

2. 研究内容广泛

土力学的研究内容相当广泛。首先表现在它是一门技术基础课，以多种课程为先修课程，如数学、物理、化学、理论力学、工程力学、弹性力学、工程地质学、水力学等。其次，土力学内容的广泛性还体现在土力学学科的多方应用上。如水利水电工程、农业水利工程、公路铁路工程、土木建筑工程、桥梁工程、矿山工程以及国防工程等，以上各行业、部门的相关建筑物都需建在地基上，从事这些行业的设计和施工人员都需具备扎实的土力学基础知识。

近年来，随着科学技术的发展，土力学的研究领域有了明显的扩大。土动力学、冻土力学、海洋土力学、环境土力学等将土力学的应用推向了一个新的阶段。

3. 研究方法特殊

土力学是一门新兴学科，自 1925 年形成独立学科至今还不到一百年的历史，理论上尚不成熟。因此，在解决问题时不得不借助固体力学和流体力学的理论。为了弥补这些不足，土力学中引入了很多假设、半经验公式和参数。实践表明，在应用有关理论解决工程问题时，一些参数带来的误差远大于理论本身。这个问题只能随着生产和科学技术不断发展，逐步完善。

4. 基础工程的不可复制性

地基土体的复杂性，决定了基础工程的不可复制性。由于地基土体的多变性、建筑结构形式和荷载分布的差异，基础工程很难做成完全相同、一致，这是基础工程无法复制的关键。基础属于地下隐蔽工程，是建筑物的根本。基础的设计和质量直接关系到建筑的安危。大量工程实例表明，建筑物发生事故，很多与基础问题有关，并且，基础一旦发生事故，补救非常不易。此外，基础工程费用与建筑物总造价的比例，视其复杂程度和设计、施工的合理与否，在百分之几和百分之几十之间浮动。因此，基础工程在整个建筑工程中的重要性是显而易见的。

0.5　土力学与现代信息技术的融合及应用

从目前新工科理念及学科间交叉融合技术的发展趋势来看，随着计算机技术、计算机图形学、虚拟现实技术、测绘技术等各种理论和技术的不断发展，基于工程地质与建筑工程大数据计算理论方法，与地理信息系统（GIS）、建筑信息模型（BIM）深度融合的地基与基础设计、信息化安全施工技术逐步成为基础优化设计及施工风险智能辨识的主要研究方向之一。国内外目前相继推出了三维一体化平台软件系统。该技术体系从底层设计到产品应用均实现了一体化管理，并将二维和三维在数据模型、数据存储与管理、可视化与空间分析、软件形态等技术层面实现一体化，解决了三维系统不实用的问题，为三维设计与评价开创了一个新的技术方法。基于网络本体语言，按照等级关系、等同关系和相关关系等类型构建地质智能本体，为地质工程大数据在人工智能、知识工程、语义网、数据库设计、信息检索和抽取等方面提供基础数据系统。在地质智能本体的基础上，实现了各类基础地学数据库的整理集成入库，形成了超融合云化地学数据中心，在确保数据传输安全、数据内容符合规定的前提下，为各类应用提供统一的数据服务。对矢量数据、栅格影像、属性体数据、三维模型数据、纸质文档、表格及音频、视频等结构化和非结构化数据进行无缝融合，采用基于地质智能本体规则的组织方式进行数据存储管理，体现三维实体在几何特征、空间关系和非空间关系上的高度统一，为地基与基础工程设计提供了基础大数据系统。

从培养学生的人生观、价值观和为国家建设奉献的精神层面来看：

（1）专业学习是大学生实现远大理想和爱国情怀的重要途径，大学生需要树立积极向上的世界观、人生观和价值观，要勇敢肩负时代赋予的建设祖国的责任和使命，攻克复杂工程环境条件下新技术体系与全寿命周期的安全性及可靠性难题。

（2）大学生要勇于探索前人未曾解决的技术难题，开创新方法、新理论和新技术，要树立求真务实的学习态度，不人云亦云，不盲目照搬套用，而是要结合工程实际与最新技术融合，实现工程建设的技术创新与工程建设质量跨越式发展。

（3）大学生要有严谨的科学态度，严格遵守相关设计与施工规程、规范，培养良好的学术素养；尊重科学，尊重客观实际，增强遵纪守法意识。

（4）土的性质因其成因、沉积环境、沉积时间和气候条件的不同而呈现千差万别的特点，需要以全面的、历史的、实事求是的科学态度去分析应力历史路径，并结合应力历史发展过程解决相关设计与施工关键技术问题。

（5）现代信息技术发展日新月异，需要在掌握这些新技术的同时，将这些新技术与常规设计方法及施工技术深度融合，并从细节培养精益求精的工匠精神。

（6）要鼓励学生积极对工程建设不良行为进行批评监督，强化主人翁意识和责任当担。

综上，随着城市化进程的加快，超高层建筑的不断涌现，越来越多的岩土工程问题急需解决。应用型人才培养是当下高校教育面临的现实问题，本书在编写之初，以立德树人为中心，以"三全"育人为目标，着力将工程建设中的复杂岩土工程问题和土力学基本理论知识联系起来，使学生熟练掌握本学科基本理论和方法，提升其解决工程问题的能力。此外，在课后习题部分增设注册岩土工程师真题节选，方便学生练习注册岩土工程师考试真题，为工作后的专业能力提升奠定基础，从而为社会培养适应时代发展需求和具有强烈创新意识的社会主义建设者。

第1章　土的组成、物理性质及工程分类

本　章　提　要

土是由固体颗粒、水、气体组成的三相体系。不同土的颗粒大小和矿物成分的差异，造成了土的三相间的数量比例不尽相同。因此，研究土的工程性质必须了解土的三相组成、比例关系以及在天然状态下的结构和构造等总体特征。

土的物理性质和状态在很大程度上决定了它的力学性质，因此，在进行土力学计算及处理地基基础问题时，要熟悉掌握表征土的物理力学性质的各种指标的概念、测定方法和相互换算关系，以及土的工程分类原则和标准。

本章要求熟练掌握土的三相组成及相关知识，包括三相比例指标及其换算，土的矿物成分，土的结构以及颗粒级配对土的工程性质的影响，土的工程分类标准等。

不同土的颗粒大小和矿物成分的差异性，构成了土的三相间不同比例的特性及命名分类。实际勘察过程需要严谨科学的态度与责任担当意识。如果第一手勘察资料不准确，将给后续相关设计及施工安全埋下巨大隐患，因此，需要培养学生尊重科学知识，科学利用知识，并保持对科学的敬畏精神。

1.1　土的生成与特性

1.1.1　土的生成

在自然界，土的生成过程是十分复杂的，地表岩石在阳光、大气、风和生物等因素的影响下，经风化、剥蚀、搬运、沉积等外力地质作用，形成固定矿物、水和气体的碎散集合体。因此，通常说土是岩石风化的产物。

岩石和土在其存在、搬运和沉积的各个过程中都在不断进行风化，不同的风化作用会形成不同性质的土。风化作用主要包括物理风化、化学风化和生物风化三种。

1. 物理风化

物理风化，又称机械风化，是指由于风、霜、雨、雪的侵蚀，温度变化，地震等作用引起的岩石发生不均匀膨胀与收缩，产生裂隙，崩解的过程。这种风化作用，只改变颗粒的大小与形状，不改变原来的矿物成分。

由物理风化生成的土多为粗粒土，如块碎石、砾石和砂土等，这种土总称无黏性土。

2. 化学风化

化学风化是指岩体或岩石与空气、水和二氧化碳等物质相接触时发生相互作用的过程。这种风化使岩石矿物成分发生了改变，产生一种新的成分，即次生矿物。

经化学风化生成的土多为细粒土，具有黏结力，如黏土与粉质黏土，总称为黏性土。

3. 生物风化

生物风化是指动物、植物和人类活动对岩体的破坏过程。生物对岩体的破坏方式既有机

械作用（如根劈作用），也有生物化学作用（如植物、细菌分泌的有机酸对岩石的腐蚀作用）。人类活动尤其是工程建设，如打隧道、筑路、采矿、建水坝等，也会大大加速工程地区岩石的风化过程。

1.1.2 土的成因类型

根据土的形成条件，常见的成因类型有：

1. 残积土

残积土是由岩石风化后，未经搬运而残留于原地的碎屑堆积物，如图 1-1 所示。它处于岩石风化壳的上部，是风化壳中的全风化带，向下则逐渐变为半风化的岩石。它的基本特征是颗粒表面粗糙、多棱角、无分选、无层理。它的分布主要受地形的影响，在雨水产生地表径流速度小，风化产物易于保留的地方，残积物就比较厚。不同的气候条件下，不同的原岩，将产生不同矿物成分、不同物理力学性质的残积土。

2. 坡积土

坡积土是残积土受重力和水流的作用，搬运到山坡或坡脚处沉积起来的土。其成分与坡上残积土基本一致。坡积颗粒随斜坡自上而下呈现由粗而细的分选性和局部层理。由于地形的不同，其厚度变化大。新近堆积的坡积土，土质疏松，压缩性较高，如图 1-2 所示。

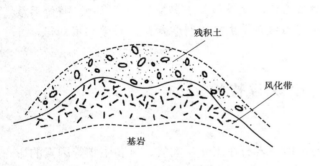

图 1-1 残积土层剖面

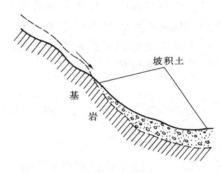

图 1-2 坡积土层剖面

3. 洪积土

洪积土是残积土和坡积土受洪水冲刷、搬运，在山沟出口处或山前平原沉积下来的土。山洪流出沟谷后，由于流速骤减，被搬运的粗碎屑物质首先大量堆积下来。离山渐远，洪积物的颗粒随之变细，其分布范围也逐渐扩大。洪积土地貌特征，靠山近处窄而陡，离山较远宽而缓，形如锥体，故又称为洪积扇，如图 1-3 所示。由于靠近山地的洪积土的颗粒较粗，地下水位埋藏较深，土的承载力一般较高，常为良好地基；离山较远地段较细的洪积土，土质软弱而承载力较低。

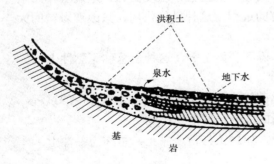

图 1-3 洪积土层剖面

4. 冲积土

冲积土是由于河流的流水作用，搬运到河谷坡降平缓的地带沉积下来的土。这类土经过长距离的搬运，颗粒具有较好的分选性和磨圆度，常具有层理，如图 1-4 所示。对于粗粒的碎石土、砂土，是良好的天然地基，但如果作为水工建筑物的地基，由于其透水性好会引起严重的坝下渗漏；而对于压缩性高的软黏土，一般都需要对地基进行处理。

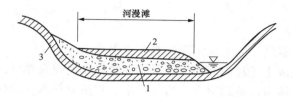

图 1-4　河漫滩冲积土分布示意图

1—河床沉积物；2—河漫滩冲积层；3—山坡坡积裙

5. 风积土

风积土是由于风力作用，碎屑物由风力强的地方搬运到风力弱的地方沉积下来的土。其颗粒磨圆度好，分选性好。风积土的生成不受地形的控制，我国西北的黄土就是典型的风积土，主要分布在沙漠边缘的干旱与半干旱气候带。风积黄土的结构疏松，含水量小，浸水后具有湿陷性。

6. 湖积沼泽土

在湖泊极为缓慢的水流或静水压力条件下沉积下来的土，称为湖积土。它主要是黏土和淤泥，常夹有细砂、粉砂薄层。土的压缩性高，强度低。若湖泊逐渐淤塞，则可演变为沼泽。沼泽沉积土称为沼泽土，主要由半腐烂的植物残体和泥炭组成。沼泽土的含水量极高，承载力极低，一般不宜作天然地基。

7. 海积土

海积土是各种海洋沉积作用所形成的海底沉积物的总称。海洋可分为滨海带、浅海区和深海区。其中，滨海沉积物主要由卵石、圆砾和砂等组成，具有基本水平或缓倾的层理构造，承载力较高，但透水性较大。浅海沉积物主要由细粒砂土、黏性土、淤泥和生物化学沉积物（硅质和石灰质）组成，有层理构造，较滨海沉积物疏松，含水量高，压缩性大，强度低。深海沉积物主要是有机质软泥，成分均匀。海洋沉积物在海底表层沉积的沙砾层很不稳定，随着海浪不断移动变化。选择海洋平台等构筑物地基时，应慎重对待。

8. 冰碛土

冰碛土是由冰川或冰水挟带搬运堆积而成的沉积物。其颗粒粗细变化大、土质不均匀。一般分叠性极差，无层理，但冰水沉积常具斜层理，颗粒呈棱角状，巨大块石上常有冰川擦痕。

1.1.3　土的工程特性

土与其他连续介质的建筑材料相比，具有以下三个显著的工程特性。

1. 压缩性高

反映材料压缩性高低的指标弹性模量 E（土称变形模量），随着材料性质不同而有极大的差别。例如：

钢材　　　　　　　　　　$E_1 = 2.1 \times 10^5 \, \text{MPa}$

C30 混凝土　　　　　　　$E_2 = 3 \times 10^4 \, \text{MPa}$

卵石　　　　　　　　　　$E_3 = 40 \sim 50 \text{MPa}$

饱和细砂 $E_4 = 8 \sim 16MPa$

由此可知，在相同条件下，卵石的压缩性为钢材压缩性的数千倍；饱和细砂的压缩性为C30混凝土压缩性的数千倍。另外，软塑或流塑状态的黏性土往往比饱和细砂的压缩性还要高很多。

2. 强度低

土的强度特指抗剪强度，而非抗压强度或抗拉强度。

无黏性土的强度来源于土粒表面的滑动摩擦和颗粒间的咬合摩擦；黏性土的强度包括摩擦力和黏聚力。无论摩擦力还是黏聚力，均远远小于建筑材料本身的强度，因此，土的强度比其他建筑材料（如钢材、混凝土等）都低很多。

3. 透水性大

透水性是指水在材料表面或内部渗透流动的性能。透水性大小可以用下面的实验来说明。

将一小杯水分别倒在木材、混凝土和土体表面，木材和混凝土表面的水可以保留一定时间，而土体上的水很快消失，这是由于土体中固体矿物颗粒之间具有许多透水的孔隙。可见土的透水性比木材、混凝土都大，尤其是粗颗粒的卵石或砂土，其透水性更大。

上述土的三个工程特性与建筑工程设计和施工关系密切，应高度重视。

1.2　土的三相组成及其结构与构造

土的三相组成是指土由固体颗粒、水和气体三部分组成。固体颗粒是土最主要的物质成分。它构成土的骨架主体，也是最稳定、变化最小的成分。骨架之间存在大量孔隙，孔隙中充填着水和空气。

随着环境的变化，土的三相比例也发生相应的变化。而三相比例的不同，土的状态和工程性质也随之各异。从本质而言，土的工程性质主要取决于组成土的土粒大小和矿物类型，即土的粒度成分和矿物成分。而土粒大小、形状、排列方式及相互连接关系也能反映出土的结构特征。由此可见，研究土的各项工程性质，首先需从最基本的土的三相组成及其结构与构造开始研究。

1.2.1　土的三相组成

一、土的固体颗粒（固相）

土的固体颗粒是土的三相组成中的主体，其矿物成分、大小、形状及组成是决定土的工程性质的主要因素。

（一）土的矿物成分

土的矿物成分主要取决于母岩的成分及其所经受的风化作用，不同的矿物成分对土的性质有着不同的影响。其中，细粒土的矿物成分尤为重要。

根据土的固体颗粒的矿物成分以及对土的工程性质的影响不同，可以分为原生、次生矿物和有机质。

1. 原生矿物

原生矿物是由岩石经物理风化而成，如常见的石英、长石、云母、角闪石与辉石等，这些矿物是组成卵石、砾石、砂粒和粉粒的主要成分，其成分与母岩相同。由于其颗粒粗大，比表面积小，与水的作用能力弱，故工程性质比较稳定。若级配良好，则土的密度大，强度高，压缩性低。

2. 次生矿物

次生矿物是由母岩岩屑经化学风化作用后形成的新矿物，主要是黏土矿物。它们颗粒细小，呈片状，是黏性土的主要成分。由于其粒径非常小，具有很大的比表面积，与水作用能力很强，能发生一系列复杂的物理、化学变化。黏土矿物的微观结构，由两种原子层（晶片）构成（见图1-5）。一种是由硅氧（Si-O）四面体构成的硅氧晶片；另一种由铝氢氧（Al-OH）八面体构成的铝氢氧晶片。根据两种晶片结合的情况不同，黏土矿物可分为蒙脱石、伊利石和高岭石三种类型。

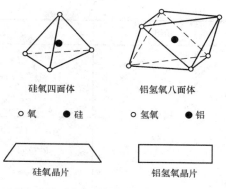

图 1-5　黏土矿物的晶片示意图

（1）蒙脱石。它的构造如图 1-6（a）所示，由于两结构单元之间没有氢键，因此相互的联结弱，水分子可以进入两晶胞之间，从而改变晶胞之间的距离，甚至达到完全分散到单晶胞为止。因此，蒙脱石的亲水性最大，具有剧烈的吸水膨胀、失水收缩的特性。

（2）伊利石。它的构造如图 1-6（b）所示，部分 Si-O 四面体中的 Si 为 Al、Fe 所取代，损失的原子价由阳离子钾补偿。因此，晶格层组之间具有结合力，亲水性低于蒙脱石。

（3）高岭石。它的构造如图 1-6（c）所示，晶胞之间有氢键，相互联结力较强，晶胞之间的距离不易改变，水分子不能进入。因此，高岭石的亲水性最小。

3. 有机质

自然界中的土，特别是淤泥质土中，通常含有一定数量的有机质。当其在黏性土中含量达到或超过 5%（在砂土中的含量达到或超过 3%）时，就开始对土的工程性质产生显著的影响，不宜作为填筑材料。

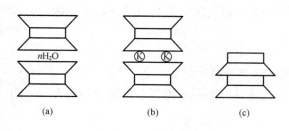

图 1-6　黏土矿物构造示意图

（a）蒙脱石；（b）伊利石；（c）高岭石

（二）土粒粒组

自然界中的土，都是由大小不同的土粒组成。土粒的粒径由粗到细逐渐变化时，土的性质相应地发生变化。土粒的大小称为粒度，通常以粒径表示。为了描述方便，在工程中常把大小、性质相近的土粒合并为一组，称为粒组。而划分粒组的分界尺寸称为界限粒径。对于土的粒组划分方法，目前尚未统一。表 1-1 是一种常用的土粒粒组的划分方法。表中根据国标《土的工程分类标准》（GB/T 50145）规定的界限粒径 200、20、2、0.075mm 和 0.005mm，把土粒划分为 6 大粒组：漂石或块石颗粒、卵石或碎石颗粒、圆砾或角砾颗粒、砂粒、粉粒及黏粒。

表 1-1　　　　　　　　　　　　　土 粒 粒 组 的 划 分

粒组	颗粒名称	粒径 d 的范围（mm）
巨粒	漂石（块石）	$d>200$
	卵石（碎石）	$60<d\leqslant200$

粒组	颗粒名称		粒径 d 的范围（mm）
粗粒	砾粒	粗砾	$20<d\leq60$
		中砾	$5<d\leq20$
		细砾	$2<d\leq5$
	砂粒	粗砂	$0.5<d\leq2$
		中砂	$0.25<d\leq0.5$
		细砂	$0.075<d\leq0.25$
细粒	粉粒		$0.006<d\leq0.075$
	黏粒		$d\leq0.005$

表 1-1 所述各粒组特征的规律是：颗粒越细小，遇水的作用越强烈。所以：①毛细作用由无到毛细水上升高度逐渐增大；②透水性由大到小，甚至不透水；③逐渐由无黏性、无塑性到具有大的黏性和塑性以及吸水膨胀等一系列特殊性质（结合水发育的结果）；④在力学性质上，强度逐渐减小，受外力时易变形。

（三）土的颗粒级配

为了说明天然土的颗粒组成情况，不仅要理解土颗粒的粗细，而且要了解各种颗粒所占的比例。土中所含各粒组的相对含量，以土粒总重的百分数表示，称为土的颗粒级配或粒度分析。这是决定无黏性土的重要指标，是粗粒土分类定名的标准。

确定土中各个粒组相对含量的方法称为土的颗粒分析试验。对于粒径大于 0.075mm 的粗粒土，可用筛析法。对于粒径小于 0.075mm 的细粒土，则可用沉降分析法。通常上述两种方法联合使用。

1. 筛析法

将风干、分散的代表性土样通过一套标准筛子（如孔径 60、40、20、10、5、2、1、0.5、0.25、0.1、0.075mm），称出留在各个筛子上的土的重量，即可求得各个粒组的相对含量，即土的颗粒级配。

2. 沉降分析法

沉降分析法包括密度计法（也称比重计法）和移液管法（也称吸管法），适用于测定土粒直径小于 0.075mm 的土。

密度计法的主要仪器为土壤密度计和容积为 1000mL 的量筒。根据土粒直径大小不同，在水中沉降的速度也有不同的特性，将密度计放入悬液中，测记 0.5、1、2、5、15、30、60、120min 和 1440min 的密度计读数，计算而得。

根据颗粒分析试验结果，可以绘制土的颗粒级配曲线，如图 1-7 所示。纵坐标表示小于（或大于）某粒径的土重（累计百分）含量；横坐标表示土的粒径。由于土粒粒径值域很宽，因此采用对数尺度。

在颗粒级配曲线上，可确定两个描述土的级配的指标，即不均匀系数 C_u 和曲率系数 C_c。

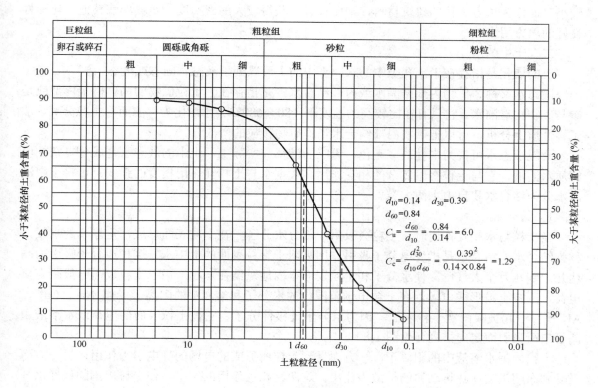

图 1-7 颗粒级配曲线

$$不均匀系数 C_\mathrm{u} \qquad\qquad C_\mathrm{u} = \frac{d_{60}}{d_{10}} \qquad\qquad (1\text{-}1)$$

$$曲率系数 C_\mathrm{c} \qquad\qquad C_\mathrm{c} = \frac{(d_{30})^2}{d_{10} \times d_{60}} \qquad\qquad (1\text{-}2)$$

式中 d_{10}、d_{30}、d_{60}——小于某粒径的土粒重量累计百分数为 10%、30%、60% 时相应的粒径。

其中，d_{10} 称为有效粒径；d_{30} 称为中值粒径；d_{60} 称为限定粒径。

可见，不均匀系数 C_u 反映了大小不同粒组的分布情况，当 C_u 很小时曲线很陡，表示土均匀；当 C_u 很大时曲线平缓，表示土的级配良好。曲率系数 C_c 描述了级配曲线的整体形态，反映了限定粒径 d_{60} 和有效粒径 d_{10} 之间各粒组含量的分布情况。

一般情况下，工程上把 $C_\mathrm{u} < 5$ 的土看作是不均匀的，属级配不良；$C_\mathrm{u} \geqslant 5$ 的土则是均匀的，即级配良好。

C_c 值在 1～3 之间的土粒级配较好，而 C_c 值小于 1 或大于 3 的土，级配曲线都是明显弯曲（凹面朝下或朝上）而呈阶梯状，粒度成分不连续，主要由大颗粒和小颗粒组成，缺少中间颗粒。

当砾类土和砂类土同时满足 $C_\mathrm{u} \geqslant 5$ 且 $C_\mathrm{c} = 1$～3 两个条件时，则为级配良好；若不能同时满足，则为级配不良。对于级配良好的土，较粗颗粒间的孔隙被较细的颗粒所充填，这一连锁充填效应，使得土的密实度较好。此时，地基土的强度和稳定性较好，透水性和压缩性也较小；而作为填方工程的建筑材料，则比较容易获得较大的密实度，是堤坝或其他土建工程良好的填方用土。

二、土中的水

土的液相是指存在于土孔隙中的水，土中的水可以处于液态、固态或气态。

固态水又称为矿物内部结晶水或内部结合水，是指存在于土粒矿物的晶体格架内部或是参与矿物构造的水。它只有在比较高的温度下（80～680℃）才能化为气态而与土粒分离，从工程性质上分析，可以把矿物内部结合水当作矿物颗粒的一部分。

一般液态水可视为中性的、无色、无味的液体。实际上，土中的液态水是成分复杂的电解质水溶液，它与土粒有着复杂的相互作用。根据水与土相互作用程度的强弱，可将土中液态水分为结合水和自由水两大类。

1. 结合水

当土粒与水相互作用时，土粒会吸附一部分水分子，在土粒表面形成一定厚度的水膜，称为结合水。结合水是指受电分子吸引作用吸附于土粒表面的土中水。这种电分子吸引力高达几千到几万个大气压，使水分子和土粒表面牢固地黏结在一起。由于土粒表面一般带有负电荷，围绕土粒形成电场，在土粒电场范围内的水分子和溶液中的阳离子（如 Na^+、Ca^{2+}、Al^{3+}等）一起被吸附在土粒表面。因为水分子是极性分子，它被土粒表面的电荷或水溶液中离子电荷吸引而定向排列（见图1-8）。

土粒周围水溶液中的阳离子，一方面受到土粒所形成的电场的静电引力作用，另一方面又受到布朗运动（热运动）的扩散力作用。这两种相反作用的结果，使土粒周围的极性水分子和阳离子呈不均匀分布。在最靠近土粒表面处，静电引力最强，把水化离子和极性水分子牢固地吸附在颗粒表面上，形成固定层。在固定层外围，静电引力比较小，因此水化离子和极性水分子的活动性比在固定层中大些，形成扩散层。固定层和扩散层中所含的阳离子（也称反离子）与土粒表面的负电荷一起构成双电层。

越靠近土粒表面的水分子，受土粒表面的吸引力越强，与正常水的性质差别越大。因此，按这种吸引力的强弱，结合水进一步可分为强结合水和弱结合水（见图1-8）。

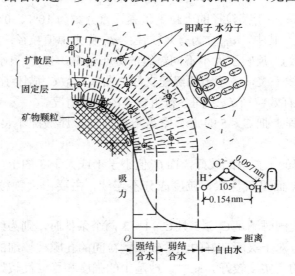

图1-8　结合水定向排列及其所受电分子变化简图

（1）强结合水，是指紧靠土粒表面的结合水膜，也称吸着水。厚度只有几个水分子厚，小于 $0.003\mu m$。与普通水不同的是：没有溶解盐的能力，不传递静水压力，只有吸热变成蒸汽时才能移动。这种水极其牢固地结合在土粒表面，其性质接近固体，密度 $\rho_w = 1.2 \sim 2.4 g/cm^3$，100℃不蒸发，并具有很大的黏滞性、弹性和抗剪强度。当黏土中只含有强结合水时呈坚硬状态。

（2）弱结合水，是指紧靠于强结合水的外围而形成的结合水膜，也称薄膜水。这种水在强结合水外侧，也是由黏土表面的电分子力吸引的水分子，其厚度小于 $0.5\mu m$，密度 $\rho_w = 1.0 \sim 1.7 g/cm^3$。弱结合水也不传递静水压力，呈黏滞体状态，此部分水对土的黏性影响最大。

2．自由水

自由水是存在于土粒表面电场影响范围以外的水。它的性质和正常水一样，能传递静水压力，冰点为 0℃，有溶解盐类的能力。自由水按所受作用力的不同，又可分为重力水和毛细水两种。

（1）重力水。重力水是存在于地下水位以下的透水层中的地下水。当存在水头差时，它将产生流动，对土颗粒具有浮力作用。重力水的渗流特征，是地下工程排水和防水工程的主要控制因素之一，对土中的应力状态和开挖基槽、基坑以及修筑地下构筑物有重要的影响。

（2）毛细水。毛细水是存在于地下水位以上，受到水与空气交界面处表面张力作用的透水层中的自由水。毛细水按其与地下水面是否联系可分为毛细悬挂水（与地下水无直接联系）和毛细上升水（与地下水相连）两种。毛细水的上升高度与土粒粒度成分有关。

在工程中，毛细水的上升高度和速度对于建筑物地下部分的防潮措施和地基土的浸湿、冻胀等有重要影响。此外，在干旱地区，地下水中的可溶性盐随毛细水上升后不断蒸发，盐分便积聚于近地表处而形成盐渍土。

三、土中的气体

土中的气体存在于土孔隙中未被水充填的部位。土中气体存在的形式可分为两种：

1．自由气体

这种气体与大气相连通，随着外界条件改变与大气有交换作用，处于动平衡状态，其含量的多少取决于土孔隙的体积和水填充的程度。它一般对土的性质影响较小。

2．封闭气泡

封闭气泡与大气隔绝，存在黏性土中。当土层受荷载作用时，封闭气泡缩小，卸荷时又膨胀，使土体具有弹性，称为橡皮土。橡皮土使土体的压实变得困难，若土中封闭气泡很多时，土的渗透性将降低。

土中气体的成分与大气成分比较，主要区别在于土中气体含有更多的 CO_2，较少的 O_2，较多的 N_2。土中气体与大气的交换越困难，两者的差别越大。

对于淤泥和泥炭等有机质土，由于微生物的分解作用，在土中积蓄了某种可燃气体（如 H_2S、CH_4 等），使土层在自重作用下长期得不到压密，而形成高压缩性土层。

1.2.2　土的结构和构造

很多试验资料表明，同一种土，原状土样和重塑土样的力学性质差别很大。也就是说，组成成分不是决定土的性质的全部因素，结构和构造对土的性质也有很大的影响。

一、土的结构

在岩土工程中，土的结构是指土粒单元的大小、形状、互相排列及其联结关系等因素形成的综合特征。一般分为单粒结构、蜂窝结构和絮凝结构三种基本类型。

1. 单粒结构

单粒结构是由粗大土粒在水中或空气中下沉而形成的，全部由砂粒及更粗土粒组成的土都具有单粒结构。在单粒结构中，土粒的粒度和形状，土粒在空间的相对位置决定其密实度。因此，这类土的孔隙比的值域变化较宽。同时，因颗粒较大，土粒间的分子吸引力相对很小，颗粒间几乎没有联结。只是在浸润条件下（潮湿而不饱和），粒间会有微弱的毛细压力联结。

单粒结构可以是疏松的，也可以是紧密的，如图 1-9 所示。呈紧密状态单粒结构的土，由于其土粒排列紧密，在动、静荷载作用下都不会产生较大的沉降，所以强度较大，压缩性较小，一般是良好的天然地基。具有疏松单粒结构的土，其骨架是不稳定的，当受到振动及其他外力作用时，土粒易发生移动，土中孔隙减少，引起土的很大变形。因此，这种土层如未经处理一般不宜作为建筑物的地基。

（a）　　　　　　　　　　　　　　（b）

图 1-9　土的单粒结构

（a）疏松的；（b）紧密的

2. 蜂窝结构

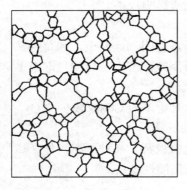

图 1-10　土的蜂窝结构

蜂窝结构是主要由粉粒（0.005～0.075mm）组成的土的结构形式。据研究，粒径为 0.005～0.075mm 的土粒在水中沉积时，基本上是以单个土粒下沉，当碰上已沉积的土粒时，由于它们之间的相互引力大于其重力，因此，土粒就停留在最初的接触点上不再下沉，逐渐形成土粒链。土粒链组成拱架，形成具有很大孔隙的蜂窝结构，如图 1-10 所示。具有蜂窝结构的土有很大孔隙，但由于拱架作用和一定程度的粒间联结，使其可承担一般的水平静荷载。但当其承受较高水平荷载或动力荷载时，其结构将破坏，导致严重的地基变形。

3. 絮凝结构

对于更为细小黏土颗粒（粒径小于 0.005mm），其重力作用很小，能够在水中长期悬浮，不因自重下沉。这时，黏土颗粒与水作用产生的粒间作用力就凸显出来。粒间作用力既有排斥力也有吸引力，且随着粒间的距离减小而增加，但增长的速率不尽相同。这种土粒在水中运动，相互碰撞而吸引逐渐形成小链环状的土集粒，质量增大而下沉，当一个小链环碰到另一小链环时相互吸引，不断扩大形成大链环状，称为絮凝结构。因小链环中已有孔隙，大链环中又有更大孔隙，形象地称为二级蜂窝结构。此种絮凝结构在海积黏土中常见，如图 1-11 所示。

上述三种结构中，以密实的单粒结构土的工程性质最好，蜂窝状其次，絮凝结构最差。具有蜂窝结构和絮凝结构的黏性土，一般不稳定，在外力作用下（如施工扰动），土粒之间的连接易脱落，造成结构破坏，强度迅速降低，但土粒之间的连接强度（结构强度）往往由于长期的压密和胶结作用而得到加强。可见，黏粒间的联结特征，是影响这类土工程性质的主要因素之一。

图 1-11　土的絮凝结构

二、土的构造

在同一层土中的物质成分和颗粒大小都相近的各部分之间的相互关系的特征称为土的构造。它是土表现出来的宏观特征，常见的有下列几种：

（1）层状构造。为细粒土的一个重要特征。它是土的生成过程中，由于不同阶段沉积的物质成分、颗粒大小或颜色不同而竖向呈现的成层特征，常见的有水平层理构造和交错层理构造。

（2）分散构造。土层中土粒分布均匀，性质相近，如砂与卵石层为分散构造。

（3）结核状构造。在细粒土中混有粗颗粒或各种结核，如含块石的粉质黏土、含砾石的冰碛黏土等，均属结核状构造，其工程性质好坏取决于细粒土部分。

（4）裂隙状构造。土体中有很多不连续的小裂隙，某些硬塑或坚硬状态的黏土为此种构造。如黄土的柱状裂隙。裂隙的存在大大降低土体的强度和稳定性，增大渗透性，工程性质差。

1.3　土 的 物 理 性 质 指 标

土的物理性质指标直接反映土的松密、软硬等物理状态，也间接反映土的工程性质。而土的松密和软硬程度主要取决于土的三相组成的重量和体积之间的比例关系。因此，研究土的物理性质就必须分析土的三相比例关系，以及其在体积或质量上的相对比值。表示土的三相比例关系的指标，称为土的三相比例指标。它是评价土的工程性质的最基本的物理指标，也是岩土工程勘察报告中不可缺少的基本内容。

土的物理指标可分为两类：一类是必须通过试验测定的，如含水量，密度和土粒比重；另一类是可以根据试验测定的指标换算的，如孔隙比，孔隙率和饱和度等。

1.3.1　指标的定义

为了阐述和标记方便，把自然界中土的三相混合分布的情况分别集中起来：固相集中于下部，液相居中部，气相集中于上部，并按适当的比例画一个草图，左边标出各相的质量，右边标明各相的体积，如图 1-12 所示。

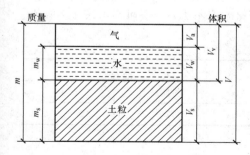

图 1-12　土的三相比例关系示意图

图中各符号意义如下：

m_s——土中固体颗粒质量；

m_w——土中水的质量；

m——土的总质量，$m = m_s + m_w$；

V_s、V_w、V_a——土中固体颗粒、土中水、土中空气的体积；

V_v——土中孔隙体积：$V_v = V_w + V_a$；

V——土的总体积。

气体的质量相对甚小，可以忽略不计。

一、三个基本物理指标

三个基本物理指标是指土的密度 ρ、土粒比重 G_s 和土的含水量 w，均由实验室直接测定其数值。

1. 土的密度（天然密度）ρ

土的密度是土的总质量与总体积之比，即单位体积土的质量，单位是 g/cm³，即

$$\rho = \frac{\text{土的总质量}}{\text{土的总体积}} = \frac{m}{V} \tag{1-3}$$

天然状态下土的密度变化范围较大。一般为 $\rho = 1.6 \sim 2.2 \text{g/cm}^3$。土的密度测定方法一般采用"环刀法"，用一个圆环刀（刀刃向下）放置在削平的原状土样面上，垂直用力压环刀，边压边削去环刀周围的土至伸出环刀口为止，削去两端余土，使之与环刀口面齐平，称出环刀内土样质量，求得它与环刀容积之比值，即为密度值。

2. 土粒比重 $G_s(d_s)$

土中固体颗粒质量与同体积 4℃时的纯水质量之比，称为土粒比重（土粒相对密度）。无量纲，即

$$G_s = \frac{\text{固体颗粒的质量}}{\text{同体积4℃纯水质量}} = \frac{\frac{m_s}{V_s}}{\rho_{w1}} = \frac{\rho_s}{\rho_{w1}} \tag{1-4}$$

式中　ρ_s——土粒密度，即土粒单位体积的质量，g/cm³；

　　　ρ_{w1}——4℃时水的密度，其值为 1g/cm³ 或 1000kg/m³。

一般情况下，土粒比重在数值上等于土粒密度，但两者含义不同。前者是两种物质的质量之比或密度之比，无量纲；而后者是土粒的质量密度，有单位。土粒比重可采用"比重瓶法"测定。将风干碾碎的土样注入比重瓶内，由排出同体积的水的质量原理测定土颗粒的体积 V_s。土粒比重 G_s 的数值大小取决于土的矿物成分，变化幅度不大，一般可参考表 1-2 取值。

表 1-2 　　　　　　　　　　土 粒 比 重 参 考 值

土的名称	砂类土	粉性土	黏性土	
			粉质黏土	黏土
土粒比重	2.65~2.69	2.70~2.71	2.72~2.73	2.74~2.76

3. 土的含水量（含水率）w

土中水的质量与土中颗粒质量之比称为土的含水量，用百分数表示，即

$$w = \frac{\text{水的质量}}{\text{固体颗粒质量}} = \frac{m_w}{m_s} \times 100\% \tag{1-5}$$

含水量是标志土含水程度（湿度）的一个重要物理指标。一般天然土层的含水量变化范围很大，它与土的种类、埋藏条件及其所处的自然环境等因素有关。一般砂土的天然含水量不超过 40%，黏性土大多在 10%～80% 之间。一般来说，含水量越小，土越干；反之土越湿。土的含水量对黏性土、粉土的性质影响较大，对粉砂、细砂稍有影响，而对碎石土等几乎没有影响。

土的含水量用"烘干法"测定，适用于黏性土、粉土与砂土等常规试验。先称出原状土样的湿土质量，然后置于烘干箱内维持 105℃ 烘至恒温，再称干土质量，湿、干土质量之差与干土质量的比值即为土的含水量。

土的孔隙全部被水充满时的含水量称为饱和含水量（率），用 w_{sat} 表示

$$w_{sat} = \frac{V_v \rho_w}{m_s} \times 100\% \tag{1-6}$$

二、反映土的松密程度、含水程度的指标

1. 土的孔隙比 e

土中孔隙体积与固体颗粒的体积之比称为土的孔隙比，用小数表示，即

$$e = \frac{\text{孔隙体积}}{\text{固体颗粒体积}} = \frac{V_v}{V_s} \tag{1-7}$$

2. 土的孔隙率 n

土中孔隙体积与总体积之比称为土的孔隙率，用百分数表示，即

$$n = \frac{\text{孔隙体积}}{\text{土体总体积}} = \frac{V_v}{V} \times 100\% \tag{1-8}$$

土的孔隙比和孔隙率都是反映土体松密程度的重要物理性质指标。在一般情况下，$e<0.6$ 的土是密实的，土的压缩性小；$e>1.0$ 的土是疏松的，土的压缩性高。土的孔隙率常见值为 30%～50%。孔隙比和孔隙率有如下关系

$$n = \frac{e}{1+e} \tag{1-9}$$

或者

$$e = \frac{n}{1-n} \tag{1-10}$$

3. 土的饱和度 S_r

土中水的体积与孔隙体积之比称为土的饱和度，用百分数表示，即

$$S_r = \frac{\text{水的体积}}{\text{孔隙体积}} = \frac{V_w}{V_v} \times 100\% \tag{1-11}$$

土的饱和度反映了土中孔隙被水充满的程度，饱和度越大，表明土中孔隙中充水越多；干燥时 $S_r=0$，孔隙全部被水充填时，$S_r=100\%$。在工程上，通常根据饱和度将砂土的湿度划分为三种状态：稍湿，$S_r \leqslant 50\%$；很湿，$50\% < S_r \leqslant 80\%$；饱和，$S_r > 80\%$。

三、特定条件下土的密度（重度）

1. 土的干密度 ρ_d

土单位体积中固体颗粒部分的质量，称为土的干密度，并以 ρ_d 表示，单位 g/cm³，即

$$\rho_d = \frac{\text{固体颗粒质量}}{\text{土的总体积}} = \frac{m_s}{V} \qquad (1-12)$$

土的干密度一般为 $1.3 \sim 1.8 \text{g/cm}^3$。一般干密度达到 1.6g/cm^3 以上时，土就比较密实。在工程上常把干密度作为评定土体密实程度的标准，以控制填土工程，包括土坝、路基和人工压实地基的施工质量。

2. 土的饱和密度 ρ_{sat}

土中孔隙全部充满水时的单位体积质量称为土的饱和密度，即

$$\rho_{sat} = \frac{\text{孔隙全部充满水的总质量}}{\text{土体总体积}} = \frac{m_s + V_v \rho_w}{V} \qquad (1-13)$$

式中　ρ_w——水的密度，近似等于 1g/cm^3。

土的饱和密度常见值为 $1.8 \sim 2.3 \text{g/cm}^3$。

3. 土的有效密度 ρ'

在地下水位以下，土单位体积中土粒质量和同体积水的质量之差，称为有效密度，并以 ρ' 表示，g/cm^3，即

$$\rho' = \frac{m_s - V_s \rho_w}{V} \qquad (1-14)$$

由此可见，同一种土在体积不变的情况下，它的各种密度在数值上有如下关系：$\rho' < \rho_d < \rho < \rho_{sat} < \rho_s$。

另外，在计算自重应力时，须采用土的重力密度，即重度。土的天然重度 γ、干重度 γ_d、饱和重度 γ_{sat}、有效重度 γ'，可按下列公式计算：

$\gamma = \rho g$、　$\gamma_d = \rho_d g$、　$\gamma_{sat} = \rho_{sat} g$、　$\gamma' = \rho' g$。

式中　g——重力加速度。各重度指标单位为 kN/m^3。

下面结合例题进一步说明土的物理性质指标的计算。

【例 1-1】 某建筑地基土样，用体积为 100cm^3 的环刀取样试验，用天平称湿土的质量为 241.0g，环刀质量为 55.0g，烘干后土样质量为 162.0g，土粒比重为 2.70。计算该土样的物理性质指标 w、s_r、e、n、ρ、ρ_{sat} 和 ρ'。

解　首先绘制三相关系示意图，如图 1-10 所示。由题可知 $m = 241 - 55 = 186(\text{g})$

因　　　　　　　　　　　　　　$m_s = 162 \text{g}$

故　　　　　　　$m_w = m - m_s = 24 \text{g}$　　$V_w = 24 \text{cm}^3$

又知　　　　　　　　　　　$G_s = \frac{m_s}{V_s} = 2.7$

所以　　　　　　　　　$V_s = \frac{162}{2.7} = 60(\text{cm}^3)$

孔隙体积　　　$V_v = V - V_s = 100 - 60 = 40(\text{cm}^3)$

气体体积　　　$V_a = V_v - V_w = 40 - 24 = 16(\text{cm}^3)$

（1）含水量 $w = \frac{m_w}{m_s} \times 100\% = \frac{24}{162} \times 100\% = 14.8\%$

（2）饱和度 $s_r = \dfrac{V_w}{V_v} \times 100\% = \dfrac{24}{40} \times 100\% = 60\%$

（3）孔隙比 $e = \dfrac{V_v}{V_s} = \dfrac{40}{60} = 0.67$

（4）孔隙率 $n = \dfrac{V_v}{V} \times 100\% = \dfrac{40}{100} \times 100\% = 40\%$

（5）天然密度 $\rho = \dfrac{m}{V} = \dfrac{186}{100} = 1.86(\mathrm{g/cm^3})$

（6）饱和密度 $\rho_{sat} = \dfrac{m_w + m_s + \rho_w V_a}{V} = \dfrac{24 + 162 + 16}{100} = 2.02(\mathrm{g/cm^3})$

（7）有效密度 $\rho' = \rho_{sat} - \rho_w = 2.02 - 1 = 1.02(\mathrm{g/cm^3})$

　　根据各物理性质指标的定义，利用三相比例关系图，可以计算所需的物理性质指标。因此，土的物理性质指标计算是工程技术人员的一项基本功，要求熟练掌握。

1.3.2　指标的换算

　　由上述可知，通过土工试验可以直接测定土的密度 ρ、土粒比重 G_s 和土的含水量 w 三个基本物理性质指标。其余物理性质指标，均可以通过三相比例关系图求得。

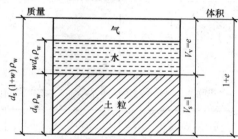

图 1-13　土的三相物理指标换算图

　　在推导换算各指标时，常采用三相比例指标换算图（见图 1-13）。通常设定 $V_s = 1$（这样常可使计算简化，因为土的三相之间是相对的比例关系），$\rho_w = \rho_{w1}$，则 $V_v = e$，$V = 1 + e$，$m_s = V_s G_s \rho_w = G_s \rho_w$，$m_w = w m_s = w G_s \rho_w$，$m = G_s(1+w)\rho_w$。则可推导出

$$\rho = \frac{m}{V} = \frac{G_s(1+w)\rho_w}{1+e} \tag{1-15}$$

$$\rho_d = \frac{m_s}{V} = \frac{G_s \rho_w}{1+e} = \frac{\rho}{1+w} \tag{1-16}$$

由上式，有

$$e = \frac{G_s \rho_w}{\rho_d} - 1 = \frac{G_s \rho_w(1+w)}{\rho} - 1 \tag{1-17}$$

$$\rho_{sat} = \frac{m_s + V_v \rho_w}{V} = \frac{(G_s + e)\rho_w}{1+e} \tag{1-18}$$

$$\rho' = \frac{m_s - V_s \rho_w}{V} = \frac{m_s - (V - V_v)\rho_w}{V}$$
$$= \frac{m_s + V_v \rho_w - V \rho_w}{V} = \rho_{sat} - \rho_w \tag{1-19}$$

$$n = \frac{V_v}{V} = \frac{e}{1+e} \tag{1-20}$$

$$S_r = \frac{V_w}{V_v} = \frac{m_w}{V_v \rho_w} = \frac{w d_s}{e} \tag{1-21}$$

土的三相比例指标换算公式见表 1-3。

表 1-3 土的三相比例指标换算公式

名称	符号	三项比例表达式	常用换算公式	单位	常见的取值范围
土粒比重	G_s	$G_s = \dfrac{m_s}{V_s \rho_{w1}}$	$G_s = \dfrac{S_r e}{w}$		黏性土：2.72～2.75 粉土：2.70～2.71 砂土：2.65～2.69
含水量	w	$w = \dfrac{m_w}{m_s} \times 100\%$	$w = \dfrac{S_r e}{G_s}$ $w = \dfrac{\rho}{\rho_d} - 1$		20%～60%
密度	ρ	$\rho = \dfrac{m}{V}$	$\rho = \rho_d(1+w)$ $\rho = \dfrac{G_s(1+w)}{1+e} \cdot \rho_w$	g/cm³	1.6～2.0
干密度	ρ_d	$\rho_d = \dfrac{m_s}{V}$	$\rho_d = \dfrac{\rho}{1+w}$ $\rho_d = \dfrac{G_s \rho_w}{1+e}$	g/cm³	1.3～1.8
饱和密度	ρ_{sat}	$\rho_{sat} = \dfrac{m_s + V_v \rho_w}{V}$	$\rho_{sat} = \dfrac{G_s + e}{1+e} \cdot \rho_w$	g/cm³	1.8～2.23
有效密度	ρ'	$\rho' = \dfrac{m_s - V_s \rho_w}{V}$	$\rho' = \rho_{sat} - \rho_w$ $\rho' = \dfrac{G_s - 1}{1+e} \cdot \rho_w$	g/cm³	0.8～1.3
重度	γ	$\gamma = \rho g$	$\gamma = \dfrac{G_s(1+w)}{1+e} \cdot \gamma_w$	kN/m³	16～20
干重度	γ_d	$\gamma_d = \rho_d g$	$\gamma_d = \dfrac{G_s}{1+e} \cdot \gamma_w$	kN/m³	13～18
饱和重度	γ_{sat}	$\gamma_{sat} = \rho_{sat} g$	$\gamma_{sat} = \dfrac{G_s + e}{1+e} \cdot \gamma_w$	kN/m³	18～23
有效重度	γ'	$\gamma' = \rho' g$	$\gamma' = \dfrac{G_s - 1}{1+e} \cdot \gamma_w$	kN/m³	8～13
孔隙比	e	$e = \dfrac{V_v}{V_s}$	$e = \dfrac{w G_s}{S_r}$ $e = \dfrac{G_s(1+w)\rho_w}{\rho} - 1$		黏性土和粉土：0.40～1.20 砂土：0.3～0.9
孔隙率	n	$n = \dfrac{V_v}{V} \times 100\%$	$n = \dfrac{e}{1+e}$ $n = 1 - \dfrac{\rho_d}{G_s \rho_w}$		黏性土和粉土：30%～60% 砂土：25%～45%
饱和度	S_r	$S_r = \dfrac{V_w}{V_v} \times 100\%$	$S_r = \dfrac{w G_s}{e}$ $S_r = \dfrac{w \rho_d}{n \rho_w}$		0～100%

1.4　土的物理状态指标

为进一步研究土的松密和软硬，按两大类土分别进行物理状态指标阐述。

1.4.1　无黏性土的密实度

无黏性土一般指砂土、碎石类土，呈单粒结构，不具有可塑性。其物理状态主要取决于土的密实程度，因此，工程中将密实度作为判定其工程性质的重要指标。它综合反映了无黏性土颗粒的岩石和矿物组成，颗粒级配、颗粒形状和排列等对其工程性质的影响。一般来说，无黏性土呈密实状态时，强度较大，是良好的天然地基；呈松散状态则是一种软弱地质，尤其是饱和的粉、细砂，稳定性很差，在振动荷载作用下可能发生液化现象。

一、砂土的密实度

1. 以孔隙比为标准划分

判别无黏性土密实度最简单的方法，是用孔隙比 e 来描述。孔隙比 e 大，表示土中孔隙大，则土疏松。一般来说，e 小于 0.6，属密实的砂土，是良好的天然地基；当 e 大于 0.95 时，为松散状态，不宜作为天然地基。但该方法的不足之处在于要求采取原状砂样测定天然孔隙比。

国内许多学者收集了大量砂土资料，得出了按孔隙比 e 确定砂土密实度的标准，见表 1-4。

表 1-4　　　　　　　　　　　　　按孔隙比划分砂土的密实状态

土类＼密实度	密　实	中　密	稍　密	松　散
砾砂、粗砂、中砂	$e<0.6$	$0.60<e\leqslant0.75$	$0.75<e\leqslant0.85$	$e>0.85$
细砂、粉砂	$e<0.7$	$0.70\leqslant e\leqslant0.85$	$0.85<e\leqslant0.95$	$e>0.95$

2. 以相对密度 D_r 为标准划分

由于孔隙比未能考虑级配的因素，为了克服用孔隙比对级配不同的砂土难以准确判别的缺陷，引入相对密实度的概念。

相对密实度的表达式为

$$D_r = \frac{e_{\max} - e}{e_{\max} - e_{\min}} \tag{1-22}$$

式中　$e_{\max}$——砂土在最松散状态时的孔隙比，即最大孔隙比；

$e_{\min}$——砂土在最密实状态时的孔隙比，即最小孔隙比；

e——砂土在天然状态下的孔隙比。

显然，当 $D_r=0$，即 $e=e_{\max}$ 时，表示砂土处于最松散状态；$D_r=1$，即 $e=e_{\min}$ 时，表示砂土处于最紧密状态。因此，根据 D_r 值可把砂土的密实状态分为下列三种，见表 1-5。

表 1-5　　　　　　　　　　　按相对密实度 D_r 划分砂土密实度

密实度	松　散	中　密	密　实
D_r	$D_r\leqslant1/3$	$1/3<D_r\leqslant2/3$	$2/3<D_r\leqslant1$

从理论上讲，相对密实度的理论比较完整，也是国际上通用的划分砂类土密实度的方法，但测定试验方法存在原状土的采用问题，最大、最小孔隙比测定人为因素很大。所以，目前，国内外已广泛使用标准贯入试验的锤击数来划分砂土的密实度。

3. 以标准贯入试验锤击数 N 为标准划分

为避免采取原状砂样的困难，我国现行国家标准《建筑地基基础设计规范》（GB 50007—2011）采用标准贯入试验的锤击数 N 来评价砂类土的密实度。据此将砂土分为：松散、稍密、中密和密实四种密实度，其划分标准见表 1-6。

表 1-6　　　　　　　　　　　　　　　按标准贯击数 N 划分砂土密实度

密实度	密实	中密	稍密	松散
贯入击数	$N>30$	$30\geqslant N>15$	$15\geqslant N>10$	$N\leqslant 10$

二、碎石土的密实度的野外鉴别

对于大颗粒含量较多的碎石土，其密实度很难做室内试验或原位触探试验，可按表 1-7 的野外鉴别方法来划分。

表 1-7　　　　　　　　　　　　　　　碎石土密实度野外鉴别方法

密实度	骨架颗粒含量和排列	可挖性	可钻性
密实	骨架颗粒含量大于总重的 70%，呈交错排列，连续接触	锹、镐挖掘困难，用撬棍方能松动，井壁一般较稳定	钻进极困难，冲击钻探时，钻杆、吊锤跳动剧烈，孔壁较稳定
中密	骨架颗粒含量等于总重的 60%～70%，呈交错排列，大部分接触	锹、镐可挖掘，井壁有掉块现象，从井壁取出大颗粒处，能保持颗粒凹面形状	钻进较困难，冲击钻探时，钻杆、吊锤跳动不剧烈，孔壁有坍塌现象
稍密	骨架颗粒含量等于总重的 55%～60%，排列混乱，大部分不接触	锹可以挖掘，井壁易坍塌，从井壁取出大颗粒后，填充物砂土立即坍落	钻进较容易，冲击钻探时，钻杆稍有跳动，孔壁易坍塌
松散	骨架颗粒含量小于总重的 55%，排列十分混乱，绝大部分不接触	钻进很容易，冲击钻探时，钻杆无跳动，孔壁极易坍塌	钻进很容易，冲击钻探时，钻杆无跳动，孔壁极易坍塌

注　1. 骨架粒径是指与表 1-11 相对应粒径的颗粒；
　　2. 碎石土的密实度应按表列各项要求综合确定。

1.4.2　黏性土的物理状态指标

一、黏性土的可塑性和界限含水量

所谓黏性土，就是具有可塑状态性质的土。可塑状态就是黏性土在某含水量范围内，外力作用下可塑成任何形状而不发生裂纹，并当外力移去后仍能保持既得的形状。土的这种性质称为可塑性。

黏性土从一种状态转变为另一种状态的分界含水量称为界限含水量。界限含水量首先由瑞典科学家阿特堡（Atterberg）于 1911 年提出，因此，界限含水量又称阿特堡界限。它对黏性土的分类及工程性质的评价有着重要意义。同一种黏性土随其含水量的不同，而分别处于固态、半固态、可塑状态及流动状态，其界限含水量分别为缩限、塑限和液限，如图 1-14 所示。土由可塑状态转变为流动状态的界限含水量称为液限（或塑性上限含水量），用符号 w_L 表示；土由半固态转变到可塑状态的界限含水量，称为塑限（或塑性下限含水量），用符号 w_p 表示；土由半固体状态不断蒸发水分，则体积继续逐渐缩小，直到体积不再收缩时，对应土的界限含水量称为缩限，用符号 w_S 表示。界限含水量都以百分数表示。

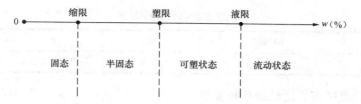

图 1-14　黏性土的物理状态和含水量的关系

在实验室中，液限用液限测试仪测定，塑限用搓条法测定。目前，应用最广泛的是采用液塑限联合测定仪。液塑限联合测定法求液限、塑限是采用锥式液限仪对黏性土试样以电磁放锥，利用光电方式（或数显方式）测读锥入土中深度。试验时对不同的含水量进行若干次试验（一般为 3 组），并按测定结果在双对数坐标纸上画出 76g 圆锥体的入土深度与含水量的关系曲线（见图 1-15）。试验资料表明，它接近于一根直线。则对应于圆锥体入土深度为 17mm 和 2mm 时土样的含水量分别为该土的液限和塑限（方法详见 GB/T 50123—2019《土工试验方法标准》）。

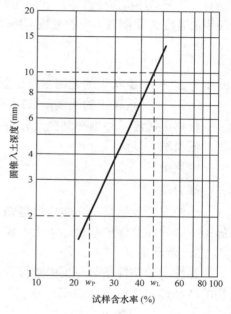

图 1-15　圆锥体入土深度与含水量的关系

二、黏性土的塑性指数 I_p 和液性指数 I_L

1. 塑性指数 I_p

液限与塑限的差值，去掉百分数（%）符号，称塑性指数，即土处在可塑状态的含水量变化范围，记为 I_p，即

$$I_p = (w_L - w_P) \times 100 \qquad (1-23)$$

由上式可知，I_p 表示土处于可塑状态的含水量范围大小，它与颗粒粗细、矿物成分和水中离子成分的浓度有关。I_p 越大，从土的颗粒来说，表明土粒越细且含量越多，则其比表面越大，土的结合水含量越高；从矿物成分来说，表明黏土矿物（蒙脱石类）含量越多，水化作用剧烈，结合水含量越高。在一定程度上，塑性指数综合反映了黏性土及其组成的基本特性。因此，在工程上常采用按塑性指数对黏性土进行分类。

2. 液性指数 I_L

黏性土的液性指数为天然含水量与塑限的差值和液限与塑限差值之比，用符号 I_L 表示，即

$$I_L = \frac{w - w_P}{w_L - w_P} \qquad (1-24)$$

由上式可见，当 $w < w_P$ 时，液性指数 $I_L < 0$，天然土处于坚硬状态；当 $w > w_L$，$I_L > 1$，天然土处于流动状态；当 $w_P < w < w_L$，即 I_L 值在 0～1 之间，则天然土处于可塑状态。因此，利用液性指数 I_L 作为黏性土状态的划分指标。I_L 越大，土质越软，反之，土质越硬。

根据液性指数可把黏性土状态划分为坚硬、硬塑、可塑、软塑及流塑 5 种，见表 1-8。

表 1-8　　　　　　　　　　　　　　　　黏性土状态划分标准

状　态	坚　硬	硬　塑	可　塑	软　塑	流　塑
液性指数	$I_L \leq 0$	$0 < I_L \leq 0.25$	$0.25 < I_L \leq 0.75$	$0.75 < I_L \leq 1.0$	$I_L > 1.0$

三、黏性土的灵敏度、活动度和触变性

1. 灵敏度 S_t

天然状态下的黏性土，由于地质历史作用常具有一定的结构性，当土体受到外来因素的扰动时，其天然结构遭受破坏，土的强度降低，压缩性增大。黏性土结构性对强度的这种影响，一般用灵敏度 S_t 来衡量。土的灵敏度是以原状土的强度与该土经过重塑后的强度之比来表示，即

$$S_t = \frac{q_u}{q_u'} \qquad\qquad (1-25)$$

式中　q_u——原状土的无侧限抗压强度，kPa；

q_u'——重塑土的无侧限抗压强度，kPa。

根据灵敏度可将饱和黏性土分为三类：

低灵敏　　　　　　　　　　　　　$1 < S_t \leq 2$

中灵敏　　　　　　　　　　　　　$2 < S_t \leq 4$

高灵敏　　　　　　　　　　　　　$S_t > 4$

土的灵敏度越高，其结构性越强，受土扰动后土的强度降低就越多。所以，在基础工程施工中必须注意保护基槽，防止人来车往践踏基槽，破坏土的结构，以免降低地基强度。

2. 活动度 A

黏性土的塑性指数与土中胶粒含量百分数的比值，称为活动度，反映了黏性土中所含矿物的活动性，用符号 A 表示，即

$$A = \frac{I_P}{m} \qquad\qquad (1-26)$$

式中　A——黏性土的活动度；

I_P——黏性土的塑性指数；

m——土中胶粒（$d < 0.002\text{mm}$）含量百分数。

活动度反映黏性土中所含矿物的活动性。根据活动度的大小，黏土可分为三种：

不活动黏性土　　　　　　　　　　$A < 0.75$

正常黏性土　　　　　　　　　　　$0.75 \leq A \leq 1.25$

活动黏性土　　　　　　　　　　　$A > 1.25$

3. 触变性

饱和黏性土的结构受到扰动时，结构产生破坏，土的强度降低，但当扰动停止后，土的强度又随时间而逐渐部分恢复。黏性土这种抗剪强度随时间恢复的胶体化学性质称为土的触变性。例如，在黏性土中打桩时，往往利用振扰的方法破坏桩侧土和桩间土的结构，以降低打桩的阻力，而打桩停止后，土的强度会部分恢复，使桩的承载力逐渐增大，这就是受土的触变性影响的结果。

饱和软黏土易于触变的原因在于黏性土强度主要来源于颗粒间的联结特征，即粒间电分

子力产生的"原始黏聚力"和粒间胶结物产生的"固化黏聚力"。当土体被扰动时，这两类黏聚力被破坏，土体强度降低，但扰动破坏的外力停止后，被破坏的原始黏聚力可随时间部分恢复，因而强度有所恢复。但由于固化黏聚力的破坏是无法在短时间内恢复的，所以，易于触变的土体，被扰动而降低的强度仅能部分恢复。

1.5 土 的 压 实 性

土的压实性是指土体在不规则荷载作用下其密度增加的特性。土的压实性指标通常在室内采用击实试验测定。

1.5.1 土的击实试验和密实度

1. 击实试验和击实曲线

在实验室内进行击实试验，是研究土压实性的基本方法。土的压实程度可通过测量干密度的变化来反映。击实试验分轻型和重型两种。轻型击实试验适用于粒径小于 5mm 的黏性土；而重型击实试验采用大击实筒，当击实层数为 5 层时，适用于粒径不大于 20mm 的土，当采用 3 层击实时，最大粒径不大于 40mm，且粒径大于 35mm 的颗粒含量不超过全重的 5%。击实试验所用的主要设备是击实仪，包括击实筒、击锤及导筒等。图 1-16 所示轻型和重型两种击实仪，分别用于标准击实试验和改进的击实试验。击实筒容积分别为 947.4cm^3 和 2103.9cm^3，击锤质量分别为 2.5kg 和 4.5kg，落高分别为 305mm 和 457mm。试验时，将含水量 w 为一定值的扰动土样分层（共 3～5 层）装入击实筒中，每铺一层后均用击锤按规定的落距和击次数（25 击）锤击土样，最后被压实的土样充满击实筒。由击实筒的体积和筒内被压实土的总质量计算出湿密度 ρ，同时按烘干法测定土的含水量 w，则可算出干密度 $\rho_d = \rho/(1+w)$。

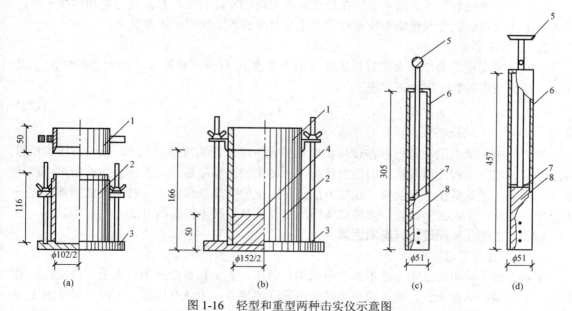

图 1-16 轻型和重型两种击实仪示意图

（a）轻型击实筒；（b）重型击实筒；（c）2.5kg 击锤；（d）4.5kg 击锤

1—套筒；2—击实筒；3—底板；4—垫块；5—提手；6—导筒；7—硬橡皮垫；8—击锤

由一组 5 个不同含水量的同一种土样分别按上述方法进行试验，可绘制出一条击实曲线，如图 1-17 所示。

击实曲线具有以下特点：

（1）峰值。土的干密度随含水量的变化而变化，并在击实曲线上出现一个干密度峰值（即最大干密度），只有当土的含水量达到最优含水量时，才能得到这个峰值（ρ_{dmax}）。

（2）击实曲线位于理论饱和曲线左边。因为理论饱和曲线假定土中空气全部被排出，孔隙完全被水占据，而实际上不可能做到。因为当含水量大于最优含水量后，土孔隙中的气体越来越处于与大气不连通的状态，击实作用已不能将其排出土体之外。

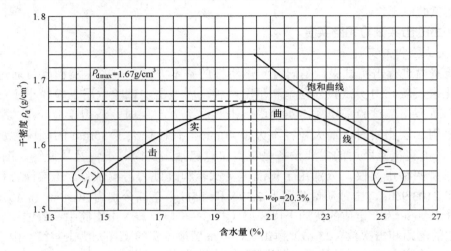

图 1-17　击实曲线

（3）击实曲线的形态。击实曲线在最优含水量两侧左陡右缓，且大致与饱和曲线平行，这表明土在接近最优含水量偏干状态时，含水量对土的密实度影响更为显著。

2. 土的压实度

土的压实度定义为现场土质材料压实后的干密度 ρ_d 与室内试验标准最大干密度 ρ_{dmax} 之比值，或称压实系数，可由下式表示

$$\lambda_c = \rho_d / \rho_{dmax} \tag{1-27}$$

式中　λ_c——土的压实度，以百分率表示。

在工程中，填土的质量标准常以压实度来控制。要求压实度越接近 1，表明对压实质量要求越高。根据工程性质及填土的受力状况，所要求的压实度是不一样的。必须指出，现场填土的压实，无论是在压实能量、压实方法还是在土的变形条件方面，与室内试验都存在一定差异，因此，室内击实试验用来模拟现场压实仅仅是一种半经验的方法。

1.5.2　土的压实原理及其影响因素

1. 土的压实原理

实际工程中采用的压实方法很多，可归纳为碾压、夯实和振动三类。大量工程实践经验表明，对过湿的黏性土进行碾压或夯实时会出现软弹现象，土体难以压实，而对很干的土进行碾压或夯实也不能把土充分压实；只有在适当的含水量范围内才能压实。在一定的压实功能下，使土最容易压实，并能达到最大密实度时的含水量称为土的最优（或最佳）含水量，

用 w_{op} 表示，与其相对应的干密度则为最大干密度。

　　土在外力作用下的压实原理，可以用结合水膜润滑理论及电化学性质来解释。一般认为，在黏性土中含水量较低、土较干时，由于土粒表面的结合水膜较薄，水处于强结合水状态，土粒间距较小，粒间电作用力以引力占优势，土粒之间的摩擦力、黏结力都很大，所以土粒相对位移时阻力大，尽管有击实作用，但也还较难以克服这种阻力，因而压实效果差。随着土中含水量的增加，结合水膜增厚，土粒间距也逐渐增加，这时斥力增加而使土块变软，引力相对减小，压实功能比较容易克服粒间引力而使土粒相互位移，趋于密实，压实效果较好。表现为干密度增大，至最优含水量时，干密度达最大值。但当土中含水量继续增大时，虽然也能使粒间引力减少，但土中出现了自由水，而且水占据的体积越大，颗粒能够占据的相对体积就越小，击实时孔隙中过多的水分不易排出，同时也排不出气体，以封闭气泡的形式存于土内，阻止了土粒的移动，击实仅能导致土粒更高程度地定向排列，而土体几乎不发生体积变化，所以干密度逐渐变小，击实效果反而下降。由此可见，含水量不同，改变了土中颗粒间的作用力，并改变了土的结构与状态，从而在一定击实功能下，改变着击实效果。试验证明，黏性土的最优含水量与其塑限含水量十分接近，大致为

$$w_{op} = w_p + 2 \ (\%)$$

　　对于无黏性土，含水量对压实性的影响虽然不像黏性土那样敏感，但仍然是有影响的。图 1-18 是无黏性土的击实曲线，与黏性土击实曲线有很大差异。含水量接近于零时，它有较高的干密度；当含水量在某一较小的范围时，由于假黏聚力的存在，击实过程中一部分击实能量消耗在克服这种假黏聚力上，所以出现了最低的干密度；随着含水量不断增加，假黏聚力逐渐消失，就又有较高的干密度。所以，无黏性土的压实性虽然也与含水量有关，但没有峰值点反映在击实曲线上，也就不存在最优含水量问题。最优含水量的概念一般不适用于无黏

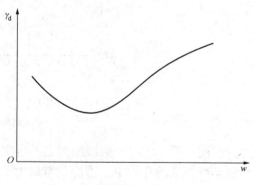

图 1-18　无黏性土的击实曲线

性土。一般在完全干燥或者充分饱水的情况下，无黏性土容易压实到较大的干密度。粗砂在含水量为 4%～5%，中砂在含水量为 7%左右时，压实后干密度最大。无黏性土的压实标准，常以相对密度 D_r 控制，一般不进行室内击实试验。

　　2. 土压实的影响因素

　　土压实的影响因素有很多，包括土的含水量、土类及级配、击实功能、毛细管压力以及孔隙压力等。其中前三种影响因素是最主要的，现分述如下：

　　（1）含水量的影响。

　　前已述及，对较干（含水量较小）的土进行夯实或碾压，不能使土充分压实；对较湿（含水量较大）的土进行夯实或碾压，同样也不能使土得到充分压实，此时土体还出现软弹现象，俗称"橡皮土"；只有当含水量控制为某一适宜值即最优含水量时，土才能得到充分压实，得到土的最大干密度。

　　（2）土类及级配的影响。

在相同击实功能条件下，不同的土类及级配其压实性是不一样的。图1-19（a）所示为五种土的不同击实曲线；图1-19（b）是其在同一标准的击实试验中所得到的五条击实曲线。图中可见，含粗粒越多的土样其最大干密度越大，而最优含水量越小，即随着粗粒土增多，曲线形态不变但朝左上方移动。

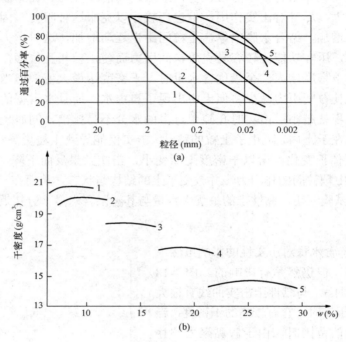

图 1-19　五种土的不同击实曲线

（a）级配曲线；（b）击实曲线

在同一类土中，土的级配对它的压实性影响很大。级配良好的土，压实时细颗粒能填充到粗颗粒形成的孔隙中，因而获得最大干密度。反之，级配差的土料，粒径越均匀，压实效果越差。对于黏性土，压实效果与其中的黏性矿物成分含量有关；添加木质素和铁基材料可改善土的压实效果。

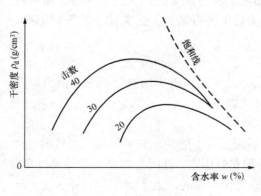

图 1-20　不同击数下的击实曲线

砂性土也可用类似黏性土的方法进行试验。干砂在压力与振动作用下，容易密实；稍湿的砂土，因有毛细压力作用，使砂土互相靠紧，阻止颗粒移动，击实效果不好；饱和砂土，毛细压力消失，击实效果良好。

（3）击实功能的影响。

对于同一土料，加大击实功能，能克服较大的粒间阻力，会使土的最大干密度增加，而最优含水量减小，如图1-20所示。同时，当含水量较低时击数（能量）的影响较为显著。当含水量较高时，含水量与干密度的关系曲线趋近于饱和曲线，也就是说，这时靠加大击实功能来提高土的密实度是无效的。图中虚线为饱和线，即饱和度

$S_r = 100\%$ 时，填土的含水量 w 与干密度 ρ_d 关系曲线。

1.6 地基土的工程分类

　　自然界的土，往往是由无数大小不一、形状各异的各种土粒组成的混合物，工程性质有很大差异。为了评价土的工程性质，进行地基基础设计与施工，必须按其主要特征进行分类。目前，国内使用的土的名称和分类方法并不统一，各个部门对土的某些工程性质的重视程度和要求不完全相同，因此，制定的规范也不完全一样。

　　本书从土木工程学科的角度介绍土的工程分类。依据《建筑地基基础设计规范》（GB 50007—2011）中地基土的工程分类标准，土分为岩石、碎石土、砂土、粉土、黏性土和人工填土。下面分别介绍其定义、分类依据和工程性质。

1.6.1 岩石

　　颗粒间牢固联结，呈整体或具有节理裂隙的岩体称为岩石。作为建筑物地基，除应确定岩石的地质名称外，尚应划分其坚硬程度、风化程度和完整程度。坚硬程度划分标准见表 1-9。

表 1-9　　　　　　　　　　　　　　　岩石坚硬程度的划分

坚硬程度类别	坚硬岩	较硬岩	较软岩	软岩	极软岩
饱和单轴抗压强度标准值 f_{rk}(MPa)	$f_{rk} > 60$	$60 \geqslant f_{rk} > 30$	$30 \geqslant f_{rk} > 15$	$15 \geqslant f_{rk} > 5$	$f_{rk} \leqslant 5$

　　注　饱和单轴抗压强度标准值按《建筑地基基础设计规范》附录 J 确定。

　　岩石按风化程度划分为如下五类：

　　（1）未风化——结构构造未变，岩质新鲜；

　　（2）微风化——结构构造，矿物色泽基本未变，部分裂隙面有铁锰质渲染；

　　（3）弱风化——结构构造部分破坏，矿物色泽有较明显变化，裂隙面出现风化矿物或出现风化夹层；

　　（4）强风化——结构构造出现大部分破坏，矿物色泽有较明显变化，长石、云母等多风化成次生矿物；

　　（5）全风化——结构构造全部破坏。

　　岩石完整程度应按表 1-10 划分。

表 1-10　　　　　　　　　　　　　　　岩 石 完 整 程 度 划 分

完整程度等级	完整	较完整	较破碎	破碎	极破碎
完整性指数	>0.75	0.75～0.55	0.55～0.35	0.35～0.15	<0.15

　　注　完整性指数为岩体纵波与岩石（块）纵波波速之比的平方。选定岩体、岩块测定波速时应有代表性。

1.6.2 碎石土

　　土的粒径大于 2mm 的颗粒含量超过全重 50% 的土称为碎石土。碎石土根据粒组含量及颗粒形状进行分类，分类标准见表 1-11。

表 1-11 **碎 石 土 的 分 类**

土的名称	颗粒形状	粒 组 含 量
漂石	圆形及亚圆形为主	粒径大于 200mm 的颗粒超过全重 50%
块石	棱角形为主	
卵石	圆形及亚圆形为主	粒径大于 20mm 的颗粒超过全重 50%
碎石	棱角形为主	
圆砾	圆形及亚圆形为主	粒径大于 2mm 的颗粒超过全重 50%
角砾	棱角形为主	

注 分类时应根据粒组含量栏从上到下以最先符合者确定。

碎石土的工程性质与其密实度紧密相关，根据密实度的不同，碎石土可分为松散、稍密、中密和密实，见表 1-12。

表 1-12 **碎 石 土 的 密 实 度**

重型圆锥动力触探锤击数 $N_{63.5}$	$N_{63.5} \leqslant 5$	$5 < N_{63.5} \leqslant 10$	$10 < N_{63.5} \leqslant 20$	$N_{63.5} > 20$
密实度	松散	稍密	中密	密实

注 1. 本表适用于平均粒径小于等于 50mm 的卵石、碎石、圆砾、角砾。
   2. 对于平均粒径大于 50mm 或最大粒径大于 100mm 的碎石土，分类标准见表 1-7。

1.6.3 砂土

粒径大于 2mm 的颗粒含量不超过全重 50%，且粒径大于 0.075mm 的颗粒超过全重 50%的土称为砂土。根据土的粒径级配各粒组含量可分为砾砂、粗砂、中砂、细砂、粉砂五种，见表 1-13。

表 1-13 **砂 土 的 分 类**

土的名称	颗 粒 含 量
砾砂	粒径大于 2mm 的颗粒含量占全重的 25%～50%
粗砂	粒径大于 0.5mm 的颗粒含量超过全重的 50%
中砂	粒径大于 0.25mm 的颗粒含量超过全重的 50%
细砂	粒径大于 0.075mm 的颗粒含量超过全重的 85%
粉砂	粒径大于 0.075mm 的颗粒含量超过全重的 50%

注 定名时应根据粒径分组含量栏由上到下最先符合者确定。

密实的中密状态的砾砂、粗砂、中砂为优良地基；稍密状态的砾砂、粗砂、中砂为良好地基。对粉砂和细砂，要具体分析：密实状态是为良好地基；饱和疏松状态时为不良地基。

1.6.4 粉土

粒径大于 0.075mm 的颗粒含量不超过全重 50%，且塑性指数 $I_p \leqslant 10$ 的土称为粉土。

一般根据地区规范（如上海、天津、深圳等），由黏粒含量的多少，可按表 1-14 划分为黏质粉土和砂质粉土。

表 1-14 **粉 土 分 类**

土的名称	颗 粒 级 配
砂质粉土	粒径小于 0.005mm 的颗粒含量不超过全重的 10%
黏质粉土	粒径小于 0.005mm 的颗粒含量超过全重的 10%

密实的粉土为良好地基，饱和稍密的粉土，地震时易产生液化，为不良地基。

1.6.5　黏性土

塑性指数 $I_p>10$ 的土称为黏性土。根据塑性指数 I_p 可分为黏土和粉质黏土，当 $I_p>17$ 时，为黏土，当 $10<I_p\leqslant17$ 时，为粉质黏土。

工程实践表明，土的沉积年代对土的工程性质影响很大。不同沉积年代的黏性土工程性质可能相差很悬殊，因此《岩土工程勘察规范》[GB 50021—2001（2009 年版）] 按土的沉积年代将黏性土分为老黏性土、一般黏性土和新近沉积的黏性土。

黏性土的工程性质与其含水量的大小密切有关。硬塑状态的黏性土为优良地基；流塑状态的黏性土为软弱地基。

1.6.6　人工填土

由人类活动堆填形成的各类土称为人工填土。人工填土与上述五大类由大自然生成的土性质不同。其物质成分杂乱，均匀性较差。根据其物质组成和成因可分为素填土、压实填土、杂填土和冲填土四类。

（1）素填土。由碎石土、砂土、粉土、黏性土等组成的填土。其不含杂质或含杂质很少。例如，各城镇挖防空洞所弃填的土，这种人工填土不含杂物。按主要组成物质分为碎石素填土、砂性素填土、粉性素填土及黏性素填土。

（2）压实填土。经分层压实或夯实的素填土，统称为压实填土。

（3）杂填土。凡有大量建筑垃圾、工业废料、生活垃圾等杂物的填土，称为杂填土。通常大中小城市地表都有一层杂填土。按组成物质分为建筑垃圾、工业垃圾土和生活垃圾土。

（4）冲填土。由水力冲填泥砂形成的填土，称为冲填土。

人工填土按堆积时间可分以下两种：

1）老填土——凡黏性土填筑时间超过 10 年，粉土超过 5 年，称为老填土；

2）新填土——若黏性土填筑时间小于 10 年，粉土填筑时间少于 5 年，称为新填土。

通常人工填土的强度低，压缩性大且不均匀，其中压实填土相对较好。杂填土因成分复杂，平面与立面分布很不均匀、无规律，工程性质最差。

思　考　题

1-1　土的粒组如何划分？何谓黏粒？各粒组的工程性质有什么不同？

1-2　什么是土的颗粒级配？颗粒级配曲线的纵坐标表示什么？不均匀系数 $C_u>5$ 反映土的什么性质？

1-3　A 土样的含水量大于 B 土样，试问 A 土样的饱和度是否大于 B 土样？

1-4　塑性指数的定义和物理意义是什么？I_p 大小与土颗粒粗细有什么关系？I_p 对地基土的性质有什么影响？

1-5　什么是液性指数？如何应用液性指数 I_L 来评价土的工程性质？

1-6　影响土的压实性主要因素是什么？

1-7　地基土分哪几大类？各类土划分的依据是什么？

习　　题

1-1　取某土层原状土做试验，测得土样体积为 50cm³，湿土样质量为 98g，烘干后质量为 77.5g，土粒相对密度为 2.65。求土的天然密度、干密度、饱和密度、有效密度、天然含水量、孔隙比、孔隙率及饱和度。

1-2　一完全饱和土样的含水量为 40%，土粒比重为 2.70，求土的孔隙比和干密度。

1-3　某地基土样，含水量 $w = 18\%$，干密度 $\rho_d = 1.60\text{g/cm}^3$，土粒比重 $G_s = 3.10$，液限 $w_L = 29.1\%$，塑限 $w_p = 17.3\%$。求：

（1）该土样的孔隙比 e、孔隙率 n 和饱和度 S_r；

（2）塑性指数 I_p 和液性指数 I_L，并确定土的名称及状态。

1-4　已知土样比重为 2.7，孔隙率为 50%，含水量为 20%，若将 1m³ 土样加水至完全饱和，需加多少水？

1-5　一干砂试样的密度为 1.66g/cm³，土粒比重为 2.70。将此干砂试样置于雨中，若砂样体积不变，饱和度增加到 0.60。计算此湿砂的密度和含水量。

参考答案：

1-1：1.96g/cm³，1.55g/cm³，0.71，1.97g/cm³，0.96g/cm³，26.45%，42%，98.7%。

1-2：1.08，1.30g/cm³。

1-3：（1）0.938，48.4%，59%；（2）11.8，0.06，硬塑粉质黏土。

1-4：230kg。

1-5：1.89g/cm³，13.9%。

*注册岩土工程师考试题选

1-1　当黏性土含水量增大，土体积开始增大，土样即进入哪种状态？（　　　）

A．固体状态　　　　　B．可塑状态　　　　　C．半固体状态　　　　　D．流动状态

1-2　絮凝结构的土是＿＿＿。

A．粉粒　　　　　　　B．黏粒　　　　　　　C．砂粒　　　　　　　D．碎石

1-3　亲水性最弱的黏土矿物是＿＿＿。

A．高岭石　　　　　　B．蒙脱石　　　　　　C．伊利石　　　　　　D．方解石

1-4　某土样的天然含水量为 25%，液限为 40%，塑限为 15%，其液性指数为＿＿＿。

A．2.5　　　　　　　B．0.6　　　　　　　C．0.4　　　　　　　D．1.66

1-5　按土的工程分类，坚硬状态的黏土是指下列中的哪种土？（　　　）

A．$I_L \leqslant 0$，$I_p > 17$ 的土　　　　　　　B．$I_L \geqslant 0$，$I_p > 17$ 的土

C．$I_L \leqslant 0$，$I_p > 10$ 的土　　　　　　　D．$I_L \geqslant 0$，$I_p > 10$ 的土

（参考答案：1-1：C；1-2：B；1-3：A；1-4：C；1-5：A）

---

*　供学有余力的读者拓展练习。

本章知识点思维导图

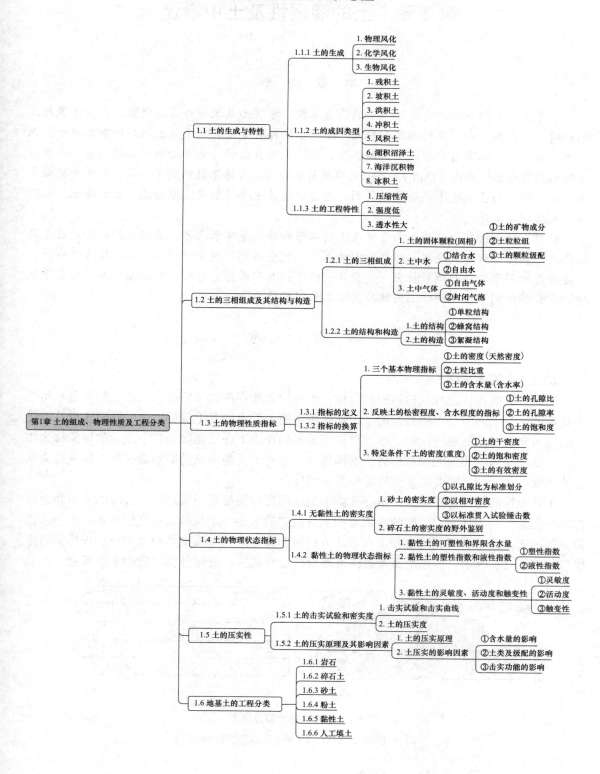

第 2 章　土的渗透性及土中渗流

本　章　提　要

本章主要介绍土的渗透定理、土的渗透系数、渗流力及流砂与管涌现象、二维渗流与流网的特征及应用，以及土的冻胀和融沉。土中水的存在是土区别于其他材料的重要因素。土中水的渗流、土的渗透破坏以及土的冻胀、融沉是工程设计与施工必须考虑的问题。本章应掌握的内容包括：达西（Darcy）渗流定律的基本理论，渗透系数的测定方法，渗透力的概念及计算，流土与管涌发生的条件及区别，渗透破坏的主要类型及防治措施，土的冻胀、融沉机理及防护措施等。

针对土的渗透理论、流砂与管涌及土的冻胀和融沉等学术问题，不同土的成分构成差异性很大，实际工程建设及安全防护所需费用投入完全不同。科学辨识其工程具体渗流特性，需要严谨的科学精神与使命担当，更需要创新意识和科学探索勇气，因此要培养学生勇于创新，学会综合利用现代科学理论解决实际工程问题能力。

2.1　概　　　　述

2.1.1　土的渗透性

土是多孔的粒状或片状材料的集合体，土颗粒之间存在大量的孔隙，而孔隙的分布是很不规则的。当土体中存在能量差时，土体孔隙中的水就会沿着土骨架之间的孔隙通道从能量高的地方向能量低的地方流动。水在这种能量差的作用下在土孔隙通道中流动的现象称为渗流，土这种与渗流相关的性质称为土的渗透性。水在土孔隙中流动必然会引起土体中应力状态的改变，从而使土的变形和强度特征发生变化。

土体颗粒的排列是任意的，水在孔隙中流动的实际路线是不规则的，渗流的方向和速度都是变化着的。土体两点之间的压力差和土体孔隙的大小、形状和数量是影响水在土中渗流的主要因素。为分析问题的方便，在渗流分析时常将复杂的渗流土体简化为一种理想的渗流模型，如图 2-1 所示。该模型不考虑渗流路径的迂回曲折，而只分析渗流的主要流向，而且

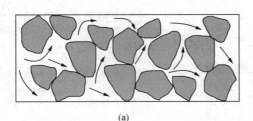
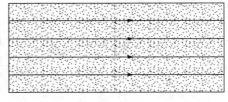

（a）　　　　　　　　　　　　　　　（b）

图 2-1　渗流问题的假设模型

（a）土中实际的渗流；（b）简化后的理想渗流模型

认为整个空间均为渗流所充满，即假定同一过水断面上渗流模型的流量等于真实渗流的流量，任一点处渗流模型的压力等于真实渗流压力。

2.1.2　与渗流相关的几个基本概念

下面介绍渗流问题中的几个基本概念。

1. 渗流速度

水在饱和土体中渗流时，在垂直于渗流方向取一个土体截面，该截面称过水截面。过水截面包括土颗粒和孔隙所占据的面积，平行渗流时为平面，弯曲渗流时为曲面。则在时间 t 内渗流通过该过水截面（其面积为 A）的渗流量为 Q，渗流速度为

$$v = \frac{Q}{At} \tag{2-1}$$

需要说明的是，渗流速度表征渗流在过水截面上的平均流速，并不代表水在土中渗流的真实流速。水在饱和土体中渗流时，其实际平均流速为

$$\bar{v} = \frac{Q}{nAt} \tag{2-2}$$

式中　n——土体的孔隙率。

2. 水头和水力坡降

如图 2-2 所示，水在土中从 A 点渗透到 B 点应满足连续定律和平衡方程［伯努利（D.Bernoulli）方程］。选定基准面 0—0，水在土中任意一点的水头可以表示成

$$h = z + \frac{u}{\gamma_w} + \frac{v^2}{2g} = z + \frac{u}{\rho_w g} + \frac{v^2}{2g} \tag{2-3}$$

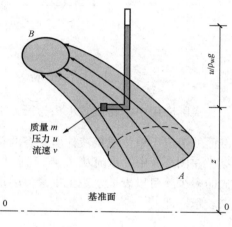

图 2-2　水头的概念

式中　z——相对于任意选定的基准面的高度，代表单位液体所具有的位能，称为位置水头；

u——孔隙水压力，代表单位质量液体所具有的压力势能；

$\dfrac{u}{\gamma_w}$——该点孔隙水压力的水柱高，为该点的压力水头；

v——渗流速度；

$\dfrac{v^2}{2g}$——单位质量液体所具有的动能，为该点的速度水头；

h——总水头，表示该点单位质量液体所具有的总机械能；

γ_w——水的重度；

ρ_w——水的密度；

g——重力加速度。

位置水头 z 的大小与基准面的选取有关，因此水头的大小随着选取基准面的不同而不同。在实际计算中最关心的不是水头 h 的大小，而是水头差 Δh 的大小。如图 2-3 所示，水从 A 点流到 B 点过程中的水头损失为 Δh。

由于水在土中渗流时受到土的阻力较大，一般情况下渗流的速度很小。例如，取一个较大水流速度 $v=1.5\text{cm/s}$，它产生的速度水头大约为 0.0012cm，这和位置水头或压力水头差几

个数量级；因此在土力学中，一般忽略速度水头对总水头或压力水头的影响。则式（2-3）可简化为

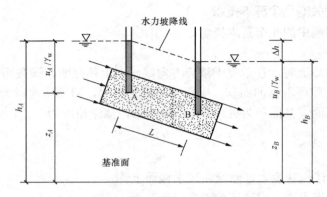

图 2-3　水力梯度的概念

$$h = z + \frac{u}{\gamma_w} \qquad (2\text{-}4)$$

实际应用中常将位置水头与压力水头之和 $z + \dfrac{u}{\gamma_w}$ 称为侧管水头。侧管水头代表在选定基准面的情况下单位重量液体所具有的总势能。

在图 2-3 中，水流从 A 点流到 B 点过程中的水头损失为 Δh，那么在单位流程中水头损失的多少就可以表征水在土中渗流的推动力大小。可用水力坡降（也称水力坡度、水头梯度）来表示，即

$$i = \frac{\Delta h}{L} \qquad (2\text{-}5)$$

式中　Δh ——单位质量液体从 A 点向 B 点流动时，为克服阻力而消耗的能量，称为水头差；
　　　L ——渗流长度。

2.1.3　渗流的研究意义与研究方法

渗流对建筑、交通、水利、矿山等工程的影响和破坏是多方面的，会直接影响土工建筑物及地基的稳定和安全。例如，根据世界各国对坝体失事原因的统计，超过 30%的垮坝失事是由于渗流和管涌。另外，滑坡和裂缝破坏也都和渗流有关。

因此研究土的渗透性，掌握水在土体中的渗透规律，在土力学中具有重要的理论价值和现实意义。作为土的主要力学性质之一的渗透性问题，主要包括渗流量、渗透破坏和渗流防治三个方面的问题。

在土力学中研究渗流问题的方法主要有三种：一是基于理论公式来确定渗流特性；二是通过绘制流网来确定渗流特性的图解法；三是通过模拟原理来确定渗流特性的数值和物理模拟实验法。

本章主要学习土的渗透性和渗流规律、二维流网绘制及其应用、渗流的危害和控制等方面的内容。本章的研究对象为饱和土体，对于非饱和土体的渗流问题可以参考其他相关著作。

2.2 土 的 渗 透 定 律

2.2.1 渗透试验与达西定律

水在土中流动时，由于土的孔隙通道很小，渗流过程中黏滞阻力很大；所以在多数情况下，水在土中的流速十分缓慢，属于层流范围。

1852—1855 年期间，达西（H.Darcy）为研究水在砂土中的流动规律，进行了大量的渗流试验，得出了层流条件下土中水渗流速度和水头损失之间关系的渗流规律，即达西定律。

图 2-4 为达西渗透试验装置。达西试验装置的主要部分是一个上端开口的直立圆筒，圆筒中部装满砂土，下部放碎石。砂土试样长度为 L，截面积为 A，从试验筒顶部注水，使水位保持稳定，砂土试样两端各装一支测压管，测得前后两支测压管水位差为 Δh。试验筒左端底部留一个排水口排水。

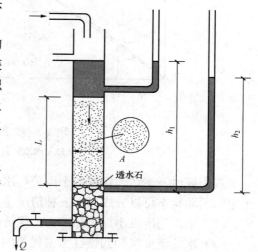

达西在试验中发现：在某一时段 t 内，水从砂土中流过的渗流量 Q 与过水断面 A 和土体两端测压管的水位差 Δh 呈正比，与土体在测压管间的距离 L 呈反比。则达西定律可表示为

$$q = \frac{Q}{t} = k \cdot \frac{\Delta h A}{L} = kAi \qquad (2\text{-}6)$$

或者写成

图 2-4　达西渗透试验装置

$$v = \frac{q}{A} = ki \tag{2-7}$$

式中　q ——单位时间渗流量，cm^3/s；

　　　v ——渗流速度，mm/s（m/d）；

　　　k ——反映土的透水能力的比例系数，称为土的渗透系数；其物理意义表示单位水力坡降的渗流速度，量纲与流速相同，mm/s（m/d）。

达西定律表明，在层流状态的渗流中，渗透速度与水力坡降的一次方呈正比，并与土的性质有关。

2.2.2 达西定律的渗透范围

达西定律是描述层流状态下渗流速度与水头损失关系的规律，达西定律所表示渗流速度与水力坡降呈正比关系是在特定水力条件下的试验结果。随着渗流速度的增加，这种线性关系将不再存在，因此达西定律应该有一个适用界限。实际上水在土中渗流时，由于土中孔隙的不规则性，水的流动是无序的，水在土中渗流的方向、速度和加速度都在不断改变。当水运动的速度和加速度很小时，其产生的惯性力远远小于由液体黏滞性而产生的摩擦阻力，这时黏滞力占优势，水的运动是层流，渗流服从达西定律；当水的运动速度达到一定程度，惯性力占优势时，由于惯性力和速度的平方呈正比，达西定律就不再适用了，但是这时的水流仍属于层流范围。

一般工程问题中的渗流，无论是发生在砂土或者黏土中，均属于层流范围或者近似层流范围，达西定律均可适用，但实际上水在土中渗流时服从达西定律存在一个界限问题。图 2-5 所示为砂土和黏土的渗流规律比较。

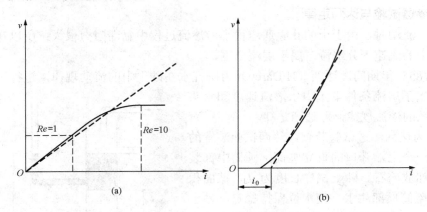

图 2-5　砂土和黏土的渗流规律比较

（a）砂土渗流试验结果；（b）黏土渗流试验结果

首先探讨一下达西定律的上限值，水在粗颗粒土中渗流时，随着渗流速度的增加，水在土中的运动状态可以分成以下三种情况［见图 2-5（a）］。

（1）水流速度很小，为黏滞力占优势的层流，达西定律适用，这时雷诺数 Re 为 1～10；

（2）水流速度增加到惯性力占优势的层流和层流向紊流过渡时，达西定律不再适用，这时雷诺数 Re 为 10～100；

（3）随着雷诺数 Re 的增大，水流进入紊流状态，达西定律完全不适用。

然后探讨达西定律的下限值［见图 2-5（b）］。在黏性土中由于土颗粒周围结合水膜的存在而使土体呈现一定的黏滞性。因此，一般认为黏土中自由水的渗流必然会受到结合水膜黏滞阻力的影响，只有当水力坡降达到一定值后渗流才能发生，将这一水力坡降称为黏性土的起始水力坡降 i_0，即存在一个达西定律有效范围的下限值。此时，达西定律可以修改成

$$v = k(i - i_0) \tag{2-8}$$

关于起始水力坡降的问题，很多学者认为：密实黏土颗粒周围具有较厚的结合水膜，它占据了土体内部的过水通道，渗流只有在较大水力坡降的作用下，挤开结合水膜的堵塞才能发生，起始水力坡降是用以克服结合水膜所消耗的能量。需要指出的是，关于起始水力坡降是否存在的问题，目前仍存在较大的争论。

【例 2-1】　渗透试验装置如图 2-6 所示。砂Ⅰ的渗透系数 $k_1 = 2 \times 10^{-1}$ cm/s，砂Ⅱ的渗透系数 $k_2 = 1 \times 10^{-1}$ cm/s，砂样断面积 $A = 200$ cm^2。试问：

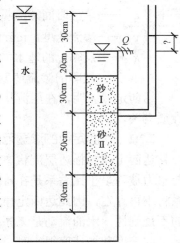

图 2-6　［例 2-1］计算简图

（1）若在砂Ⅰ与砂Ⅱ分界处安装一个测压管，则测压管中水面将上升至右端水面以上

多高？

（2）渗透流量 q 多大？

解（1）从图 2-6 可看出，渗流自左边水管流经砂Ⅱ和砂Ⅰ后的总水头损失（Δh）为 30cm。假设砂Ⅰ、砂Ⅱ各自的水头损失分别为 Δh_1、Δh_2，则 $\Delta h_1 + \Delta h_2 = \Delta h = 30$cm，根据渗流连续原理，流经两砂样的渗透速度 v 应相等，即 $v_1 = v_2$。

按照达西定律，$v = ki$，则 $k_1 i_1 = k_2 i_2$，$k_1 \cdot \dfrac{\Delta h_1}{L_1} = k_2 \cdot \dfrac{\Delta h_2}{L_2}$，已知 $L_1 = 30$cm，$L_2 = 50$cm，

故 $\Delta h_2 = \dfrac{10}{3} \Delta h_1$。

代入 $\Delta h_1 + \Delta h_2 = 30$cm 后，可求出 $\Delta h_1 = 6.923$cm，$\Delta h_2 = 23.077$cm。由此可知，在砂Ⅰ与砂Ⅱ分界面处，测压管中水面上升至右端水面以上 6.923cm。

（2）根据 $q = kiA = k_1 \cdot \dfrac{\Delta h_1}{L_1} \cdot A$，得 $q = 0.2 \times \dfrac{6.923}{30} \times 200 = 9.231(\text{cm}^3/\text{s})$

2.2.3　渗透系数的测定

由达西定律可知，渗透系数 k 是一个表征土体渗透性强弱的指标。它在数值上等于单位水力坡降时的渗流速度。k 值很大的土，渗透性强；k 值小的土，其透水性差。不同种类的土，其渗透系数差别很大。渗透系数确定的方法主要有经验估算法、室内试验测定法、现场试验测定法等。

1．经验估算法

土体渗透系数变化范围很大，从粗砾到黏土，随着粒径和孔隙的减少，其渗透系数可由 1.0 降到 10^{-9}cm/s。

对于砂性土，太沙基曾提出如下经验公式进行估算，即

$$k = 2d_{10}^2 e^2$$

式中　k——渗透系数，cm/s；

　　　d_{10}——有效粒径，mm；

　　　e——土体孔隙比。

几种土渗透系数参考值见表 2-1。

表 2-1　　　　　　　　　　　　　常见土的渗透系数参考值

土类	k（cm/s）	土类	k（cm/s）
黏土	$<1.2 \times 10^{-6}$	中砂	$6.0 \times 10^{-3} \sim 2.4 \times 10^{-2}$
粉质黏土	$1.2 \times 10^{-6} \sim 6.0 \times 10^{-5}$	粗砂	$2.4 \times 10^{-2} \sim 6.0 \times 10^{-2}$
粉土	$6.0 \times 10^{-5} \sim 6.0 \times 10^{-4}$	砾砂、砾石	$6.0 \times 10^{-2} \sim 1.2 \times 10^{-1}$
粉砂	$6.0 \times 10^{-4} \sim 1.2 \times 10^{-3}$	卵石	$1.2 \times 10^{-1} \sim 6.0 \times 10^{-1}$
细砂	$1.2 \times 10^{-3} \sim 6.0 \times 10^{-3}$	漂石	$6.0 \times 10^{-1} \sim 1.2$

2．室内试验测定法

目前，从试验原理上看，渗透系数 k 的室内测定方法可以分成常水头试验法和变水头试验法。下面分别介绍这两种试验方法的原理。

（1）常水头渗透试验。

常水头试验法就是在整个试验过程中保持水头为一常数。它适用于测量渗透性大的砂性土的渗透系数，前面介绍的达西渗流试验就是常水头试验。常水头试验装置如图 2-7 所示。

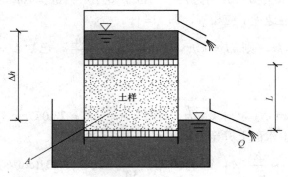

图 2-7　常水头试验

试验时，在圆桶容器中装高度为 L、横截面积为 A 的饱和试样。不断向试样桶内加水，使其水位保持不变，水在水头差 Δh 的作用下流过试样，从桶底排出。试验过程中，水头差 Δh 保持不变，因此称为常水头试验。

假设在一段时间 t 内测得流经试样的水量 Q，则 $Q = vAt = k\dfrac{\Delta h}{L}At$。根据达西渗透定律，有

$$k = \frac{QL}{\Delta hAt} \qquad (2\text{-}9)$$

（2）变水头试验。

对于黏性土来说由于其渗透系数较小，故渗水量较小，用常水头渗透试验不易准确测定。因此，对于这种渗透系数小的土可用变水头试验。

变水头试验法就是在试验过程中水头差一直随时间发生改变，变水头试验的装置如图 2-8 所示。水流从一根带有刻度的玻璃管和 U 形管中自下而上渗流过土样，装土样容器内的水位保持不变，而变水头管内的水位逐渐下降，因此称为变水头试验。

设土样的高度为 L，截面积为 A，试验过程中渗流水头差随时间的增加而减小，设 t_1 时刻，水头差为 Δh_1，t_2 时刻，水头差为 Δh_2。通过建立瞬时达西定律，即可推出渗透系数的表达式。方法如下：

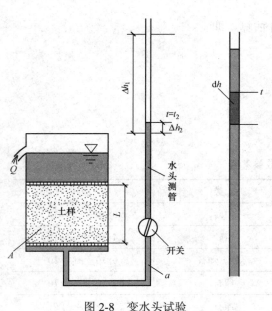

图 2-8　变水头试验

设试验过程中，任意时刻 t 的水头差为 h，经过 $\mathrm{d}t$ 时段后，变水头管中的水位下降 $\mathrm{d}h$，则 $\mathrm{d}t$ 时间内流入试样的水量为

$$\mathrm{d}Q = -a\mathrm{d}h$$

式中　a ——变水头管的内截面积；负号表示渗水量随 h 减小而增加。

根据达西定律，dt 时间内流出试样的渗流量为

$$dQ = kiAt = k\frac{\Delta h}{L}A dt$$

根据水流连续条件，流入量和流出量应该相等，则

$$-a dh = k\frac{\Delta h}{L}A dt$$

即 $dt = -\frac{aL}{kA} \cdot \frac{dh}{\Delta h}$。等式两边在时间内积分，得 $\int_{t_1}^{t_2} dt = -\frac{aL}{kA}\int_{\Delta h_1}^{\Delta h_2} \frac{dh}{\Delta h}$。积分得 $t_2 - t_1 = \frac{aL}{kA} \cdot \ln\frac{\Delta h_1}{\Delta h_2}$。于是，可得土的渗透系数为

$$k = \frac{aL}{A(t_2 - t_1)} \cdot \ln\frac{\Delta h_1}{\Delta h_2} \qquad (2\text{-}10)$$

　　室内测定渗透系数的优点是设备简单、花费较少，在工程中得到普遍应用。但是，土的渗透性与其结构、构造有很大关系，而且实际土层中水平与垂直方向的渗透系数往往有很大差异；同时，由于取样时不可避免地扰动，一般很难获得具有代表性的原状土样。因此，室内试验测得的渗透系数往往不能很好地反映现场土的实际渗透性质，必要时可直接进行大型现场渗透试验。有资料表明，现场渗透实验值可能比室内小试样试验值大 10 倍以上，需引起足够的重视。

　　3. 成层土的渗透系数

　　天然沉积土往往由渗透性不同的土层所组成，宏观上具有非均匀性。对于与成层土层面平行和垂直的简单渗流情况，当各层土的渗透系数和厚度已知时，即可求出整个土层与层面平行和垂直的平均渗透系数，作为进行渗流计算的依据。先以两层土为例，推论出多层土的一般表达式。图 2-9 表示土层由两层组成，各层土的渗透系数为 k_1、k_2，厚度为 h_1、h_2。

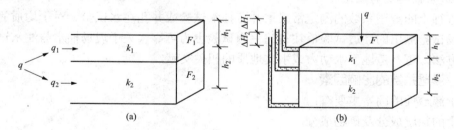

图 2-9　成层土的渗流情况

（a）水平渗流；（b）竖直渗流

　　（1）水平渗流。

　　考虑水平渗流时（水流方向与土层平行），如图 2-9（a）所示。此时，各层土的水头梯度相同，故总流量等于各土层流量之和；总的截面积等于各土层面积之和。取单位宽度土层为研究对象，则有

$$i = i_1 = i_2$$

$$q = q_1 + q_2$$

$$A = A_1 + A_2 = 1 \times h_1 + 1 \times h_2 = h_1 + h_2$$

由此可得土层水平向平均渗透系数 k_h 为

$$k_{\mathrm{h}} = \frac{q}{Ai} = \frac{q_1 + q_2}{Ai} = \frac{k_1 A_1 i_1 + k_2 A_2 i_2}{Ai} = \frac{k_1 h_1 + k_2 h_2}{h_1 + h_2}$$

所以

$$k_{\mathrm{h}} = \frac{\sum k_i h_i}{\sum h_i} = \frac{1}{h}\sum k_i h_i \qquad (2\text{-}11)$$

可见，与土层平行向渗流时，平均渗透系数大小受渗透系数最大的土层控制。

（2）竖直渗流。

考虑竖直渗流时（水流方向与土层垂直），如图 2-9（b）所示。此时，各土层的流量相等，并等于总的流量，总的截面积等于各土层的截面积，总的水头损失等于各土层的水头损失之和。同理，取单位宽度土层为研究对象，有

$$q = q_1 = q_2$$
$$A = A_1 = A_2$$
$$\Delta h = \Delta h_1 + \Delta h_2$$

由此得与土层竖直向平均渗透系数 k_{v} 为

$$k_{\mathrm{v}} = \frac{q}{Ai} = \frac{q}{A} \cdot \frac{h_1 + h_2}{\Delta h} = \frac{q}{A} \cdot \frac{h_1 + h_2}{\Delta h_1 + \Delta h_2} = \frac{q}{A} \cdot \frac{h_1 + h_2}{\dfrac{q_1 h_1}{A_1 k_1} + \dfrac{q_2 h_2}{A_2 k_2}} = \frac{h_1 + h_2}{\dfrac{h_1}{k_1} + \dfrac{h_2}{k_2}}$$

$$k_{\mathrm{v}} = \frac{\sum h_i}{\sum \dfrac{h_i}{k_i}} = \frac{h}{\sum \dfrac{h_i}{k_i}} \qquad (2\text{-}12)$$

可见，与土层竖直向渗流时，平均渗透系数大小受渗透系数最小的土层控制。

4. 渗透系数的现场测定

现场进行土的渗透系数的测定常采用井孔抽水试验或井孔注水试验。对于均质的粗粒土层，用现场试验测出的渗透试验值往往比室内试验更为可靠。关于现场抽水与注水试验的原理与计算方法，可参考地下水动力或水文地质的相关文献。

2.2.4　渗透系数的影响因素

影响土渗透性的因素主要有：

（1）土的粒度成分及矿物成分。

土的颗粒大小、形状及级配影响土中孔隙大小及其形状，因而影响土的渗透性。土颗粒越粗、越浑圆、越均匀时，渗透性就越大。当砂土中有较多粉土及黏土颗粒时，其渗透系数就大大降低。土的矿物成分，对于卵石、砂土和粉土的渗透性影响不大，但对于黏土的渗透性影响较大。黏性土中含有大量亲水性较大的黏土矿物（如蒙脱石）或有机质时，将大大降低土的渗透性。含有大量有机质的淤泥几乎是不透水的。

（2）土的结构、构造。

细粒土在天然状态下具有复杂结构，结构一旦扰动，原有过水通道的形状、大小及其分布就会全部改变，因而 k 值也就不同。扰动土样与压实土样的 k 值通常均比同一密度原状土样的 k 值小。天然土层通常不是各向同性的，在渗透性方面往往也是如此。如黄土具有竖直方向的大孔隙，所以竖直方向的渗透系数要比水平方向大得多。层状黏土常夹有薄层的粉砂层，它在水平方向的渗透系数要比竖直方向大得多。

（3）水的温度。

水在土中的渗流速度与水的重度及黏滞度有关，而这两个数值又与温度有关。一般水的重度随温度变化很小，可略去不计，但水的动力黏度 η 随温度升高而减小，η 与温度基本上呈线性关系。故室内渗透试验时，同一种土在不同的温度下会得到不同的渗透系数。在天然土层中，除了靠近地表的土层外，一般土中温度变化很小，故可忽略温度的影响。但是试验室的温度变化较大时，应考虑它对渗透系数的影响。因此，在 $T℃$ 测得的 η_T 值应加温度修正，目前《土工试验方法标准》（GB/T 50123—2019）《公路土工试验规程》（JTG E40—2017）均采用 20℃时的渗透系数 k_{20} 作为标准值，在其他温度下测定的渗透系数 k_T 可按下式进行修正：

$$k_{20} = k_T \frac{\eta_T}{\eta_{20}} \tag{2-13}$$

式中　　η_T、η_{20}——$T℃$时及 20℃时水的动力黏度，Pa·s。

（4）土中气体。

当土孔隙中存在密闭气泡时，会阻塞水的渗流，从而降低土的渗透性。这种密闭气泡有时是由溶于水中的气体分离出来而形成的，故室内渗透试验有时规定要用不含溶解空气的蒸馏水。各类土的渗透系数大致范围见表 2-2。

表 2-2　　　　　　　　　　　各类土的渗透系数大致范围

土的种类	渗透系数（cm/s）
碎石、卵石	$> 1×10^{-1}$
砂土	$1×10^{-1} \sim 1×10^{-3}$
粉土	$1×10^{-3} \sim 1×10^{-4}$
粉质黏土	$1×10^{-5} \sim 1×10^{-6}$
黏土	$1×10^{-6} \sim 1×10^{-7}$

2.3　土 的 渗 透 变 形

2.3.1　土的渗透变形（破坏）的类型

土工建筑及地基由于渗流作用而出现土层剥落、地面隆起、渗流通道等破坏或变形现象，称为渗透破坏或者渗透变形。渗透破坏是土工建筑物破坏的重要原因之一，危害很大。

土的渗透变形主要类型有流土（流砂）、管涌、接触流土和接触冲刷。就单一土层来说，渗透变形的主要形式是流土和管涌。

1. 流土

在向上的渗流水作用下，表土层局部范围的土体或颗粒群同时发生悬浮、移动的现象称为流土，主要发生在地基或土坝下游渗流溢出处。如图 2-10 所示，基坑下相对不透水层下面有一层强透水砂层，由于不透水层的渗流系数远远小于强透水砂层，当有渗流发生在地基中，渗流过程中的水头主要损失在坑内水流溢出处，而在强透水层中的水头损失很小，因此造成渗流在坑内相对不透水层的渗流坡降较大，局部覆盖层被水流冲溃，砂土大量流出。这就是一个典型的流土现象。

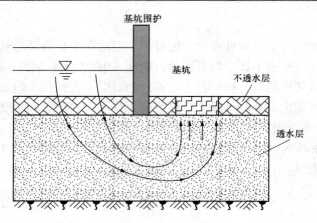

图 2-10　流土示意图

　　任何类型的土，包括黏性土或砂性土，只要满足水力坡降大于临界水力坡降这一水力条件，流土现象就要发生。发生在非黏性土中的流土，表现为颗粒群同时被悬浮，形成泉眼群、砂沸等现象，土体最终被渗流托起；而在黏性土中，流土表现为土体隆起、浮动、膨胀和断裂等现象。流土一般最先发生在渗流溢出处的表面，然后向土体内部波及，过程很快，往往来不及抢救，对土工建筑物和地基的危害较大。

　　2. 管涌

　　在渗透水流作用下，土中的细颗粒在粗颗粒形成的孔隙中移动以致流失，随着土的孔隙不断扩大，渗流速度不断增加，较粗的颗粒也被水流逐渐带走，最终导致土体内形成贯通的渗流通道，造成土体坍塌。这种现象称为管涌，管涌破坏示意图如图 2-11 所示。

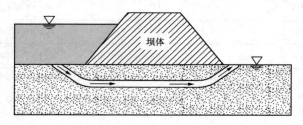

图 2-11　管涌破坏示意图

　　管涌一般发生在砂性土中，发生的部位一般在渗流出口处，但也可能发生在土体的内部，管涌现象一般随时间增加不断发展，是一种渐进性质的破坏。

　　3. 接触流土

　　接触流土是指渗流垂直于两种不同介质的接触面流动时，把其中一层的细粒代入另一土层中的现象，如反滤层的淤堵。

　　4. 接触冲刷

　　接触冲刷是指渗流沿着两种不同介质的接触面流动时，把其中的细粒层带走的现象，一般发生在土工建筑物地下轮廓线与地基土的接触面处。

2.3.2　渗流力与临界水力坡降

　　如果土体中任意两点的总水头相同，它们之间没有水头差产生，渗流就不会发生，如果它们之间存在水头差 Δh，土中将产生渗流。水头差 Δh 是渗流穿过 L 高度土体时所损失的能量，说明土粒给水流施加了阻力；反之，渗流必然对每个土粒有推动、摩擦和拖曳作用。渗透力（或称渗流力）就是当在饱和土体中出现水头差时，作用于单位体积土骨架上的力。渗透力是一种体积力，一般用 j 表示，其方向与渗流方向一致。

$$j = \gamma_{\mathrm{w}} i \tag{2-14}$$

从上式可以看出，渗透力表示的是水流对单位体积土体颗粒的作用力，是由水流作用的外力转化为均匀分布的体积力，普遍作用于渗流场中所有的颗粒骨架上，量纲与 γ_{w} 相同，其大小与水力坡降呈正比，方向与渗流的方向一致，总渗透力为

$$J = \gamma_{\mathrm{w}} \Delta h A \tag{2-15}$$

由渗透力的公式可定义临界水力坡降为

$$i_{\mathrm{cr}} = \frac{\gamma'}{\gamma_{\mathrm{w}}} \tag{2-16}$$

由前面土的三相指标换算可知，$\gamma' = \dfrac{(G_{\mathrm{s}}-1)\gamma_{\mathrm{w}}}{1+e}$，代入上式后得

$$i_{\mathrm{cr}} = \frac{G_{\mathrm{s}}-1}{1+e} \tag{2-17}$$

由此可见，土的临界水力坡降取决于土的物理性质，与其他因素无关。工程上常用临界水力坡降 i_{cr} 来评价土体是否发生渗透破坏。

2.3.3　土的渗透变形（破坏）的条件

土的渗流模型的发生和发展主要取决于两个原因：一是几何条件，二是水力条件。

1. 几何条件

土体颗粒在渗流条件下产生松动和悬浮，必须克服土颗粒之间的黏聚力和内摩擦力。土的黏聚力和内摩擦力与土颗粒的组成和结构有密切关系。渗流变形产生的几何条件是指土颗粒的组成和结构等特征。例如，对于管涌来说，只有当土中粗颗粒所构成的孔隙直径大于细颗粒的直径，才可以让细颗粒在其中移动，这是管涌发生的必要条件之一。对于不均匀系数 C_{u} 小于 10 的土，发生流土和管涌的可能性都存在，主要取决于土的级配情况和细粒含量。试验结果表明，当细粒含量小于 25% 时，细粒填不满粗颗粒所形成的孔隙时，渗流变形属于管涌；当细粒含量大于 35% 时，则可能产生流土。

2. 水力条件

产生渗流变形的水力条件指的是作用在土体上的渗流力，是产生渗透变形的外部因素和主动条件。土体要产生渗透变形，只有当渗流水头作用下的渗透力，即水力坡降大到足以克服土颗粒之间的黏聚力和内摩擦力时，也就是说水力坡降大于临界水力坡降时，才会发生渗流变形。表 2-3 给出了发生管涌时的临界坡降。应该指出的是，对于流土和管涌来说，渗流力具有不同的意义。对于流土来说，渗流力指的是作用在单位土体上的渗透力，是属于层流范围内的概念；而对于管涌来说，则指的是作用在单个颗粒上的渗透力，已经超出了层流的界限。

表 2-3　产生管涌的临界坡降

水 力 坡 降	级配连续土	级配不连续土
临界坡降 i_{cr}	0.2～0.4	0.1～0.3
允许坡降 $[i]$	0.15～0.25	0.1～0.2

2.3.4 土的渗透变形（破坏）的控制

对于渗透变形的控制，可以在三个方面采取适当的工程措施：①控制渗透水流和浸润线；②降低渗流坡降；③减少渗流量。

根据前面介绍的流土与管涌发生的条件和特点，可以从以下几点进行考虑，预防渗流破坏。

（1）预防流土现象发生的关键是控制溢出处的水力坡降，使实际溢出处的水力坡降不超过允许坡降的范围。基于此，可以根据下面几点来考虑采取适当的工程措施，以预防流土现象的发生。

1）切断地基的透水层，如在渗流区域设一些构筑物（防渗墙、灌浆等）。

2）延长渗流路径，降低溢出处的水力坡降，如做水平防渗铺盖。

3）减小渗流压力或者防止土体被渗透力悬浮，如打减压井，在可能发生溢出处设透水盖重。

（2）预防管涌现象的发生，可以从改变水力条件和几何条件两个方面来采取措施。

1）改变水力条件。可以降低土层内部和溢出处的水力坡降，如做防渗铺盖。

2）改变几何条件。在溢出部位铺设反滤层以保护地基土中的细颗粒不被带走，反滤层应该具有较大的透水性，以保证渗流的畅通，这是防止破坏的有效措施。

2.4 二维渗流与流网

对于简单边界条件的一维渗流问题，可以直接利用达西定律进行分析，但工程中涉及的许多渗流问题一般为二维或三维问题，典型如基坑挡土墙、坝基渗流问题。在一些特定条件下，这些问题可以简化为二维问题（平面渗流问题），即假定在某一方向的任一个断面上，其渗流特性是相同的。

图 2-12（a）为基坑地基平面渗流问题，图 2-12（b）为坝基平面渗流问题，对于这类问题，可先建立渗流微分方程，然后结合渗流边界条件和初始条件进行求解。一般而言，渗流问题的边界条件往往比较复杂，一般很难给出严密的数学解析，为此可采用电模拟试验法或图绘流网法，也可以采用有限元等数值计算手段。其中，图绘流网法直观明了，在工程中有着广泛的应用，而且其精度一般能够满足实际需求。

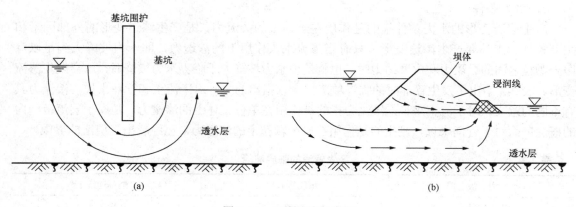

图 2-12 二维渗流示意图

（a）基坑地面平面渗流；（b）坝基平面渗流

所谓流网是由流线和等势线两组相互垂直交织的曲线组成。在稳定渗流情况下，流线表示水质点的运动路径，而等势线表示势能或水头相等的等值线，即每一条等势线上的测压管水位都是相同的。本节先给出平面渗流基本微分方程的推导，然后介绍流网的性质、绘制方法及其应用。

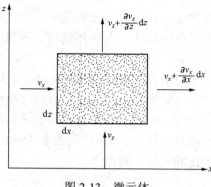

图 2-13　微元体

2.4.1　平面渗流基本微分方程

在二维渗流平面内取一微元体（见图 2-13），微元体的长度和高度分别为 dx、dz，厚度为 $dy=1$，并做如下规定：

（1）土体和水是不可压缩的；

（2）二维渗流平面内（x、z）点处的总水头为 h；

（3）土是各向同性的均质土，即 $k_x=k_z$。

图 2-13 给出了单位时间内从微元体四边流入或流出的流速。单位时间内向微元体流入的流量为 $dq_e = v_x dz \times 1 + v_z dx \times 1$，单位时间内从微元体四边流出的流量为 $dq_0 = \left(v_x + \dfrac{\partial v_x}{\partial x}\right) dz \times 1 + \left(v_z + v_z + \dfrac{\partial v_z}{\partial z}\right) dx \times 1$。根据质量守恒定理，单位时间内流入的水量应该等于单位时间内流出的水量，即 $dq_e = dq_o$，从而有

$$\frac{\partial v_x}{\partial x} + \frac{\partial v_z}{\partial z} = 0 \tag{2-18}$$

上式即为二维渗流连续方程。

根据达西定律，对于各向异性土

$$v_x = k_x i_x = k_x \frac{\partial h}{\partial x}, \quad v_z = k_z i_z = k_z \frac{\partial h}{\partial z}$$

式中　k_x，k_z——x 和 z 方向的渗透系数；

　　　h ——测管水头。

将上式代入渗流连续方程，即得

$$\frac{\partial^2 h}{\partial x^2} + \frac{\partial^2 h}{\partial z^2} = 0 \tag{2-19}$$

式（2-19）为描述二维稳定渗流的连续方程，即著名的拉普拉斯（Laplace）方程，也称作调和方程。对于拉普拉斯方程的求解，可以采用数学解析法、数值解法、实验法和图解法。

数学解析法是根据边界条件，以解析法求式（2-19）的解，但当边界条件复杂时，定解较难求得。

数值解法是一种近似方法，常用的数值解法有差分法和有限元法。

实验法即采用一定比例的模型来模拟真实的渗流场，用实验手段测定渗流场中的渗流要素，例如电比拟法、电网络法、沙槽模型法等。

图解法即用绘制流网的方法求解拉普拉斯方程的近似解。该法具有简便、迅速的优点，并能用于建筑物边界轮廓较复杂的情况。只要满足绘制流网的基本要求，精度就可以得到保证，因而在工程上得到广泛的应用。下面详细进行介绍。

2.4.2 流网的性质

如图 2-14 所示，流网由流线和等势线正交绘制而成。一般流线由实线表示，等势线由虚线表示。在稳定渗流情况下，流线是流场中的曲线，在这条曲线上所有各质点的流速矢量都和该曲线相切，而等势线是表示势能或水头的等值线，即每一条等势线上的测压管水位都是相同的。

对于各向同性的均匀土体，流网的性质有：

（1）流网中的流线和等势线是正交的。

（2）流网中各等势线间的差值相等，各流线之间的差值也相等，则各个网格的长宽之比为常数，即 $\Delta l / \Delta s = C$。当取 $\Delta l = \Delta s$ 时，网格应为曲线正方形，这是绘制流网时最常见和最方便的一种流网图形。

（3）流网中流线密度大的部位流速越大，等势线密度越大的部位水力坡降越大。

2.4.3 流网的绘制

流网的绘制方法有很多，在工程上往往通过模型试验或者数值计算来绘制流网，也可以采用渐进手绘法来近似绘制流网。但是无论哪种方法都必须遵守流网的性质，同时也要满足流网的边界条件，以保证解的唯一性。这里主要介绍图解手绘法绘制流网的大致过程。

图解手绘法就是用绘制流网的方法求解拉普拉斯方程的近似解。该方法的最大优点是简便迅速，能应用于建筑物边界轮廓等较复杂的情况，而且其精度一般不会比土质不均匀性质所引起的误差大，完全可以满足工程精度要求，在实际工程中得到广泛的应用。下面以图 2-14 为例说明绘制流网的步骤。

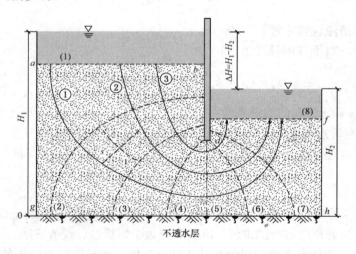

图 2-14　流网的绘制

（1）根据流网的边界条件确定和绘制出边界流线和等势线。板桩轮廓线 *b-c-d-e* 和不透水层面 *g-h* 为流网的边界流线，基坑内外透水地基表面 *a-b* 和 *e-f* 为边界等势线。

（2）初步绘制流网：按边界趋势先大致绘制出几条线，如①、②、③，每条流线必须与边界等势线正交。然后再从中央向两边绘制等势线，如先绘制中线（5），再绘制（4）和（6），依次向两边推进。每条等势线与流线必须正交，并且弯曲成曲线正方形。

（3）对初步绘制的流网进行修改，直至大部分网格满足曲线正方形为止。由于边界条件的不规则，在边界突变处很难绘制成曲线正方形。这主要是由于流网图中等势线的根数有限造成的，只要满足网格的平均长度和宽度大致相等，就不会影响整个流网的精度。

由于流网是用图解法求解拉普拉斯方程，因此流网形状与边界条件有关。一个高精度的流网，需要经过多次修改才能最后完成。

2.4.4 流网的应用

绘制好流网后，即可由流网图计算渗流场内各点的测压管水头、水力坡降、渗流速度以及渗流场的渗流量。下面以图 2-14 为例对流网的应用进行说明。

1. 测压管水头

根据流网的性质可知，任意相邻等势线之间的势能差值相等，即水头损失相同。则相邻两条等势线之间的水头损失为

$$\Delta h = \frac{\Delta H}{N} \tag{2-20}$$

式中 ΔH ——基坑内外总水头损失；

N ——等势线间隔数。

根据式（2-20）所计算出的水头损失和已确定的基准面，就可以计算出渗流场中任意一点的水头。

2. 水力坡降

流网中任意一网格的平均水力坡降为

$$i = \frac{\Delta h}{\Delta l} \tag{2-21}$$

式中 Δl ——所计算网格处流线的平均长度。

由此可见，流网中网格越密，其水力坡降越大。流网中最大的水力坡降也称逸出坡降，是地基渗透稳定的控制坡降。

3. 渗流速度与渗流量

各点的水力坡降确定后，就可以根据达西定律求出各点的渗流速度，即 $v = ki$。流网中任意相邻流线之间的单位渗流量是相同的。单位渗流量为

$$\Delta q = v\Delta A = ki\Delta s = k\frac{\Delta h}{\Delta l}\Delta s = k \cdot \frac{\Delta s}{\Delta l} \cdot \frac{\Delta H}{N} \tag{2-22}$$

式中 Δl ——计算网格的长度；

Δs ——计算网格的宽度。

若假设 $\Delta l = \Delta s$，则

$$\Delta q = k\Delta h = k\frac{\Delta H}{N} \tag{2-23}$$

通过渗流区的总单位渗流量为

$$q = \sum_{m=1}^{M} \Delta q = Mk\Delta h = k\Delta H\frac{M}{N} \tag{2-24}$$

式中 M ——流网中的流槽数，即流线数减 1。

计算出总单位渗流量后，总流量就可以求得。

2.5　土的冻胀与融沉

2.5.1　土的冻结与融化问题研究的工程意义

寒区工程中，季节性的温度变化会引起地基土周期性的冻结和融化过程。寒冷季节，随着大气温度下降，在地—气热交换过程中，当土体温度达到冻结温度时，土体产生冻结，伴随孔隙水和外界水源补给水的结晶形成多晶体、透镜体、分凝冰、冰夹层等形式的冰体入侵，引起土体积增大，从而导致地表不均匀上升，产生冻胀。在暖季，冻结后的土体融化，一方面伴随着土体中冰侵入体的消融成水，其体积减小；另一方面在自重和外荷载作用下，融化的孔隙水排出，导致土体压缩，即融沉压缩现象。因此，寒区地表都存在着一层冬冻夏融的冻结—融化层，土体在冻结、融化过程中物理性质的变化直接影响着上部建筑物的稳定性。

冻胀和融沉是寒区工程所面临的两大主要工程病害，常导致房屋开裂、倾斜及变形，导致涵洞端翼墙裂缝、外倾，导致公路翻浆冒泥，铁路路基变形、开裂等。与土冻融相关的另一个问题是土经过冻融循环，其结构会发生变化，一方面会引起土层的附加变形，另一方面土的物理力学性质发生变化，也会引发相关的工程问题，最为典型的是多年冻土地区的边坡失稳。

由此可见，土体的冻结、融化作用给国民经济和生产生活造成了巨大损失，不仅使建筑物使用年限缩短，运行条件变坏，而且要增加非生产性活动、材料及投资去运行和维护。近些年来，寒区工程建设成为我国西部开发的一大热点，在多年冻土地区还有大量的工业与民用建筑。这些工程无不经受着土层冻结和融化的影响，因此土体冻结与融化的研究对于我国的工程建设和维护具有深远的意义。

2.5.2　土的冻胀

土发生冻胀的原因是因为冻结时土中水向冻结区迁移和积聚。土中水分为结合水和自由水两大类。结合水根据其所受分子引力的大小分为强结合水和弱结合水，自由水又分为重力水和毛细水。重力水在 $0℃$ 时冻结，毛细水因受表面张力的作用其冰点稍低于 $0℃$；而结合水冰点为 $-0.5\sim-78℃$。

当土中温度降低至负温时，土体孔隙中的自由水首先冻结成冰晶体。随着温度继续下降，弱结合水的最外层也开始冻结，冰晶体逐渐扩大，使冰晶体周围土粒的结合水膜减薄，土粒产生剩余的分子引力。另外，结合水膜的减薄，使得水膜中离子浓度增加，这样就产生渗附压力。在这两种力的作用下，附近未冻结区水膜较厚处的结合水，被吸引到冻结区的水膜较薄处。一旦水分被吸引到冻结区后，因负温作用，水即冻结，使冰晶体增大，而不平衡力继续存在。若未冻结区存在着水源及适当的水源补给通道（毛细通道），就能够源源不断地补充被吸引的结合水，则未冻结的水分就会不断地向冻结区迁移积聚，使冰晶体扩大，在土层中形成冰夹层，土体积发生冻胀现象。这种冰晶体的不断增大，一直要到水源补给断绝后才停止。

可见土的冻胀现象是在一定条件下形成的。影响冻胀的因素有：

（1）土的因素。

冻胀现象通常发生在细粒土中，特别是在粉土、粉质黏土中，冻结时水分迁移积聚最强烈，冻胀严重。原因是这类土具有较显著的毛细现象，同时，这类土的颗粒较细，表面能大，土粒矿物成分亲水性强，能持有较多的结合水，从而能使大量结合水迁移和积累。相反，黏土虽有较厚的结合水膜，但毛细孔隙较小，对水分迁移的阻力很大，没有畅通的水源补给通

道，所以其冻胀性较上述粉土小。砂砾等粗颗粒土，没有或具有很少的结合水，孔隙中自由
水冻结后，不会发生水分的迁移积聚，同时由于砂砾的毛细现象不显著，因而不会发生冻胀。
所以，在工程实践中常在路基中换填砂土，以防冻胀。

（2）水的因素。

从以上可知，土层发生冻胀的原因是水分的迁移和积聚。因此，当冻结区附近地下水位
较高，毛细水上升高度能够达到或接近冻结线，使冻结区能得到水源补给时，将发生比较强
烈的冻胀现象；没有外来水分补给时冻胀量小。

（3）温度的因素。

如气温骤降且冷却强度很大时，土的冻结迅速向下推移，即冻结速度很快。这时，土中
弱结合水及毛细水来不及向冻结区迁移就在原地冻结成冰，毛细通道也被冰晶体所堵塞，这
样，水分的迁移和积聚就不会发生，在土层中看不到冰夹层，只有散布于孔隙中的冰晶体，
这时形成的冻土一般无明显的冻胀。

（4）外荷载因素。

实测数据表明，荷载对冻胀有抑制作用。由于荷载的存在，土体膨胀受到约束，产生冻
胀力。冻胀力作为压力势（正值）施加于未冻水中，削减未冻水势（负值），相应降低冻土段
的未冻水势梯度。因此，外界水分流入量也减少。荷载对冻胀的已知作用有随荷载增大逐渐
减弱的趋势。

2.5.3 土的融沉

冻土的融化固结是一个复杂的物理、力学过程。在季节性冻土地区，一到春暖，土层解
冻融化后，由于土上部积累的冰晶体融化，土中含水率大大增加，加之细粒土排水能力差，
土层处于饱和状态，土层软化，强度大大降低。实际工程中，冻土地基内部存在多种形式的
冰，如胶结冰和分凝冰等。在土温升高情况下，地基下部冻土逐渐融化，土体内部形成了较
大孔隙，在外荷载和自重作用下土体内同时发生土体骨架快速压缩和排水固结过程。在高含
冰量冻土地基内，冻土的融化将会产生严重的融陷现象，影响多年冻土地区构筑物的稳定性。

影响冻土融化固结的主要因素：

（1）含水量和干密度。

冻土融化沉降的实质是起胶结作用的冰变成水，土层中的孔隙水在自重和外荷载作用下
排出，土的体积减小。所以初始含水量和密实度是影响冻土融沉的最直接因素。试验资料表
明，不论黏性土、粗颗粒土或泥炭土，其融沉系数均随含水量增大而迅速增大。因为冻土随
含水（冰）量增加，所产生的大孔隙冰含量也随之增加。融化后，这些原来由冰充填的孔隙
会在自重作用下闭合。然而，当其含水量小于或等于某一界限含水量时，土体融化后，并不
会出现下沉现象，而是微小的热胀作用。

（2）粒度成分。

在多年冻土区域，各种细土颗粒（包括粉、细砂土）中均可见到大量的冰夹层及冰透镜
体。对粗颗粒土，如砾石土、卵石土层，含冰状况有较大的差别，在具有充分水分补给的条
件下，一般可以见到冰透镜体，反之，仅仅在孔隙中填充有冰晶。这种含水状况的差异往往
与土中的粉黏粒含量有关。

（3）液、塑限。

土的液、塑限是土的重要物理指标，影响着土的力学行为。相关研究表明，塑限含水量

与起始融化下沉含水量之间存在良好的线性统计关系。塑限含水量越大，起始融化下沉含水量越高。需要指出的是，即便不同土质的颗粒组成相同，由于沉积条件、矿物组成差异导致其液、塑限存在较大差异，这进一步影响了土的融沉性。因而，笼统地按照土粒度分类对融沉系数进行预测，必然会导致预测精度降低。在评价融沉性时，应考虑液、塑限的影响。

（4）取样的代表性。

重塑土样具有较好的整体性，其融沉试验结果规律性较好；而原状土样，由于其沉积条件造成结构差异，导致其物理力学性质不均一，试验结果的离散性较大。即使其含水率、干密度、颗粒组成和液塑限保持一致，其工程性质也可能存在很大差异。这使得原状土样的试验结果具有很大的离散性。

2.5.4　冻害防治措施

（1）防融沉措施：

1）改良地基土：预融、预固结；用纯净粗颗粒土换填富冰冻土和含土冰层；保护生态环境，尽量不破坏地表；多填方少挖方。

2）基础和结构物抗融：铺设隔热层，深埋基础，架空通风基础、低矮管道通风基础，露出地面材料喷浅色涂料。

（2）防冻胀措施：

1）地基土改良：①机械法：粗颗粒土换填、强夯；②热物理法：土体疏干、加热基础周围土体；③物理化学法：盐化、添加无机化合物，改变阳离子成分、增加憎水物、电化学处理；④综合法：盐化加压密。

2）基础和结构物抗冻：①增加基础荷载及基侧单位压力。②基础周围铺设防冻材料：干燥卵砾石、垂直层状反滤层、憎水黏土层、防水聚合物、土工布、沥青复合物或油渣。③加强基础锚固：扩大基础底宽，采用锚定板，插入桩用泥浆加细砂回填。④改变基础断面形式及表面平整度。

思　考　题

2-1　达西（Darcy）定律的基本内容是什么？其适用条件和范围是什么？

2-2　常水头试验和变水头试验的试验原理是什么？分别适用于什么类型的土？

2-3　流线和等势线的物理意义是什么？流网中的流线和等势线必须满足什么条件？

2-4　什么是渗透力？它是怎样引起渗透变形的？发生流土与管涌的机理和条件是什么？

2-5　如何判断土是否可能发生渗透破坏？渗透破坏的防止措施有哪些？

2-6　影响土冻胀融沉的因素有哪些？请简要介绍控制措施。

习　　题

2-1　对土样进行常水头试验。土样的长度为 25cm，横截面积为 100cm^2，作用在土样两端的水头差为 75cm，通过土样渗流出的水量为 100cm^3/min。试计算该土样的渗透系数 k 和水力坡降 i，并根据渗透系数的大小判别土样的类型。

2-2　一种黏性土的土粒比重 G_s=2.70，孔隙比 e=0.58，试求该土的临界水力坡降。

2-3 在常水头渗透试验中,土样 1 和土样 2 分上下两层装样,其渗透系数分别为 $k_1=0.03$cm/s 和 $k_2=0.1$cm/s,试样截面面积为 $A=200$cm^2,土样的长度分别为 $L_1=15$cm 和 $L_2=30$cm,试验时总水头差为 40cm。试求渗流时土样 1 和土样 2 的水力坡降和单位时间流过土样的流量。

2-4 已知基坑底部有一厚 1.25m 的土层,其孔隙率 $n=0.35$,土粒比重 $G_s=2.65$。假定该层土受到 1.85m 以上渗流水头的影响,在土层上面至少要加多厚的粗砂才能抵抗流土现象的发生(假定粗砂与基坑底部土层具有相同的孔隙比与比重)。

参考答案:

2-1:$k=5.6×10^{-3}$cm/s,$i=3$,细砂。

2-2:$i_{cr}=1.706$。

2-3:$i_1=1.67$,$i_2=0.5$,$q_1=q_2=10$cm^3/s。

2-4:0.48m。

*注册岩土工程师考试题选

2-1 基坑内抽水,地下水绕坑壁钢板桩底稳定渗流,土质均匀,请问关于流速变化的下列论述中,( )项是正确的。

A. 沿钢板桩面流速最大,距桩面越远流速越小

B. 流速随深度增大,在钢板桩底部标高处最大

C. 钢板桩内侧流速大于外侧

D. 各点流速均相等

2-2 如图 2-15 所示,多层含水层土中同一地点不同深度设置的侧压管量测的水头,下列( )选项是正确的。

A. 不同深度量测的水头总是相等

B. 浅含水层量测的水头恒高于深含水层量测的水头

C. 浅含水层量测的水头低于深含水层量测的水头

D. 视水文地质条件而定

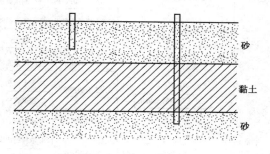

图 2-15 题选 2-2 图

2-3 有一完全井,半径 $r_0=0.3$m,含水层厚度 $H=15$m,抽水稳定后,井水深度 $h=10$m,影响半径 $R=375$m。已知井的抽水量是 0.0276m/s,则土壤的渗流系数 K 为( )。

A. 0.0005m/s   B. 0.0015m/s   C. 0.0010m/s   D. 0.00025m/s

(参考答案:2-1:A;2-2:D;2-3:A)

本章知识点思维导图

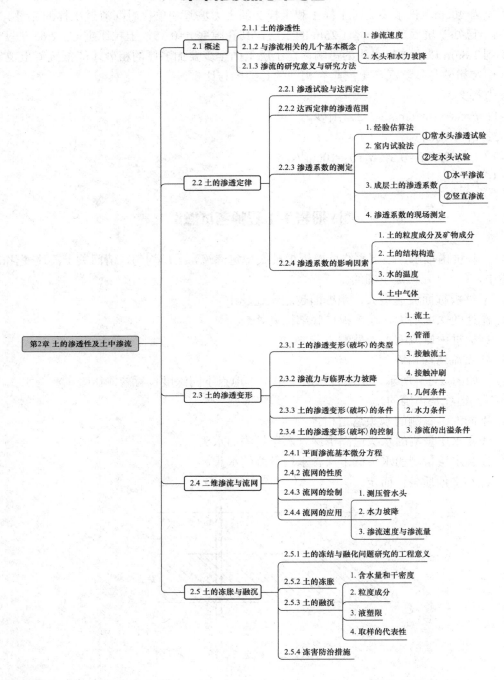

第3章 土中应力计算

本 章 提 要

由于地基中的应力状态发生了变化，才引起了地基的变形，使基础产生沉降，如果变形值过大，甚至会影响到地基的稳定性。所以在研究地基变形与稳定性问题之前，有必要对地基中的应力计算和分布规律进行介绍。地基中的应力按产生的原因不同，可分为自重应力和附加应力，二者合起来构成土体中的总应力。对于形成年代比较久远的土或正常固结土而言，在自重应力作用下，其变形已经稳定，一般来说，土的自重应力不会再引起地基的变形。而附加应力则不同，因为它是地基中新增加的应力，将会引起地基变形。

本章计算土中应力的方法，主要采用弹性理论公式，也就是将地基土视为均匀的、各向同性的半无限空间弹性体。这种假定虽与土体的实际情况有出入，但弹性理论方法计算简单，实践证明，用弹性理论的计算结果能满足实际工程的要求。本章重点为土中自重应力与附加应力的概念、计算方法及其分布规律；基底压力的简化计算；矩形和条形均布荷载作用下附加应力的计算；有效应力原理。

针对不同地层分布与成岩年代及应力历史，地层空间的应力分布差异性比较大，实际工程分析与设计过程中需要科学划分其成岩过程及其应力历史演化，精准计算其量值大小，为工程设计提供可靠依据。如果出现计算较大偏差，工程使用寿命会严重缩短并埋下无穷隐患，因此需要培养学生尊重科学知识，秉持严谨的科学学风和创新精神。

3.1 土 的 自 重 应 力

自重应力是指地基中由于土体自身重力而产生的应力。在计算土中应力时，一般采用弹性半空间模型。弹性半空间模型假定天然地面为无限大水平面，地面向下为无限深的地基空间，地基土为均质的线性弹性变形体。尽管这种假设是对真实土体性质的高度简化，但理论分析和实践表明：土中应力不大时，按弹性理论公式求解土中应力虽有误差，但仍可满足工程需要。因此，目前工程界计算土中应力大多以弹性理论为依据。

按照弹性半空间模型，假设地基是半无限空间线性变形体，则在土体自重作用下，任意竖直平面均为对称面。因此，在地基中任意竖直平面上，土体自重不会产生剪应力。根据剪应力互等定理，在任意水平面上的剪应力也应为零。以下讨论土体自重在水平面和竖直平面上产生的法向应力的计算。

3.1.1 均质土的自重应力

对于天然重度为 γ 的均质土层，在天然地面以下任意深度 z 处的竖向自重应力 σ_{cz}（简称为自重应力），可取作用于该深度水平面 a–a 上任一单位面积上的土柱体计算，其自重 $\gamma z \times 1$，（见图 3-1），即

$$\sigma_{cz} = \gamma z \qquad\qquad (3\text{-}1)$$

可见，自重应力 σ_{cz} 沿水平面呈均匀分布，且与 z 呈正比，即随深度 z 线性增大。

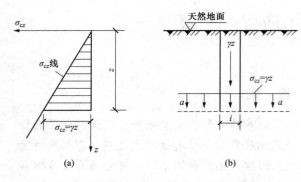

图 3-1　均质土中的竖向自重应力

（a）σ_{cz} 沿深度的分布；（b）任意水平面上 σ_{cz} 的分布

地基土中除有作用于水平面的竖向自重应力 σ_{cz} 外，还有作用于竖直面的水平向自重应力 σ_{cx} 和 σ_{cy}。土中任意点的水平向自重应力与竖向自重应力呈正比关系，即

$$\sigma_{cx} = \sigma_{cy} = K_0 \sigma_{cz} \tag{3-2}$$

式中　　K_0——土的侧压力系数，可由试验测定。

若计算点在地下水位以下，由于水对土体有浮力作用，因此地下水位以下部分土柱体的有效重力应采用土的有效重度 γ' 计算。

3.1.2　成层土的自重应力

地基土往往是成层的，因而各层土具有不同的重度。若在深度 z 范围内有 n 层土，设各土层厚度及重度分别为 h_i 和 γ_i（$i=1$，2，…，n），类似于式（3-1）的推导，这时土柱体总重量为 n 段小土柱体之和，则在第 n 层土的底面，自重应力计算为

$$\sigma_{cz} = \gamma_1 h_1 + \gamma_2 h_2 + \cdots + \gamma_n h_n = \sum_{i=1}^{n} \gamma_i h_i \tag{3-3}$$

式中　　n——地基中的土层数。

　　　　γ_i——第 i 层土的重度，kN/m^3；地下水位以下采用有效重度 γ'。

　　　　h_i——第 i 层土的厚度，m。

根据式（3-2）计算出各土层分界面处的自重应力，再以直线相连，即可得到自重应力分布图。

在地下水位以下，如埋藏有不透水层（例如岩层或只含结合水的坚硬黏土层），由于不透水层中不存在水的浮力，所以不透水层面顶面的自重应力及层面以下的自重应力应按上覆土层的水土总重计。

3.1.3　地下水位升降时的自重应力

地下水位升降，使地基土中自重应力也相应发生变化。如果在土体中抽取大量地下水而导致地下水位长期大幅度下降，会使地基中原水位以下的土层自重应力增大，如图 3-2（a）所示。新增加的自重应力会让土体本身产生压缩变形。由于这部分自重应力的影响深度很大，故所引起的地面沉降往往是很明显的。我国相当一部分城市由于超量开采地下水，出现了地表大面积沉降、地面塌陷等严重问题。在进行基坑开挖时，若降水过深、时间过长，常引起坑外地表下沉而导致邻近建筑物开裂、倾斜。解决这个问题的方法是：在坑外设置止水帷幕或地下连续墙，其端部进入不透水层或弱透水层，平面上呈封闭状，以便将坑内外的地下水分隔开，并使从坑外渗透进入坑内的渗流量降低到最小。此外，还可以在邻近建筑物的基坑一侧设置回灌沟或回灌井，通过水的回灌来维持邻近建筑物下方的地下水位不变。

图 3-2（b）为地下水位长期上升的情况。水位上升会导致地基承载力减小，如湿陷性黄土的塌陷。在人工抬高蓄水水位的地区，滑坡现象常增多。在基础工程完工之前，如果停止基坑降水工作而使地下水位上升，则可能导致基坑边坡坍塌，或使刚浇筑的强度尚低的基础

底板断裂。一些地下结构可能因水位上升而上浮，并带来新的问题和麻烦。

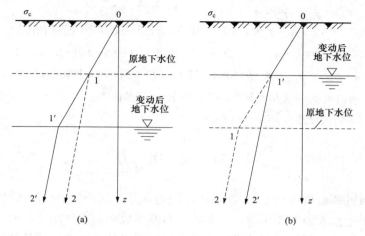

图 3-2　地下水位升降对土中自重应力的影响

（a）地下水位下降；（b）地下水位上升

注：0-1-2 线为原来 σ_{cz} 的分布；0-1'-2' 为地下水位变动后 σ_{cz} 的分布。

【**例 3-1**】　某工程地基土的物理性质指标如图 3-3 所示，试计算自重应力并绘出自重应力分布曲线。

土层	柱状图	深度z (m)	分层厚度 (m)	重度γ (kN/m³)	自重应力 σ_{cz} 分布 (kPa)
填土		1	1	15.7	0 1　　15.7
粉质黏土		3.0	2.0	17.5	2　　50.7
		5.0	2.0	18.5	3　　　67.7
粉砂		10	5	20.5	
不透水层		13	3.0	19.2	4　120.2　　190.2 5　　　　247.8

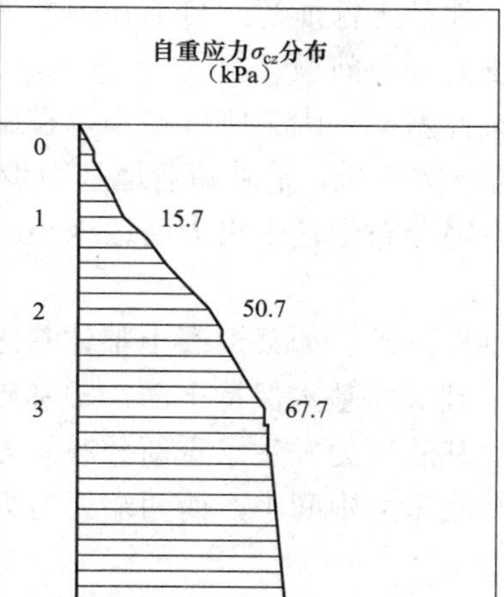

图 3-3　[例 3-1] 图

解　填土层底：$\sigma_{cz1} = \gamma_1 h_1 = 15.7 \times 1 = 15.7$ (kPa)

地下水位处：$\sigma_{cz2} = \gamma_1 h_1 + \gamma_2 h_2 = 15.7 + 17.5 \times 2 = 50.7$ (kPa)

粉质黏土层底：$\sigma_{cz3} = \gamma_1 h_1 + \gamma_2 h_2 + \gamma_2' h_3 = 50.7 + (18.5 - 10) \times 2 = 67.7$ (kPa)

不透水层面上：$\sigma_{cz4}^1 = \gamma_1 h_1 + \gamma_2 h_2 + \gamma_2' h_3 + \gamma_3' h_4 = 67.7 + (20.5 - 10) \times 5 = 120.2$ (kPa)

不透水层面下：$\sigma_{cz4}^2 = \sigma_{cz4}^1 + \gamma_w (h_3 + h_4) = 120.2 + (2 + 5) \times 10 = 190.2$ (kPa)

不透水层底：$\sigma_{cz5} = \sigma_{cz}^2 + \gamma_4 h_4 = 190.2 + 19.2 \times 3 = 247.8$ (kPa)

自重应力 σ_{cz} 沿深度的分布如图 3-3 所示。

3.2　基　底　压　力

建筑物荷载通过基础传递给地基，在基础底面与地基之间产生的接触压力称为基底压力。它既是基础作用于地基表面的作用力，也是地基对基础底面的反作用力，即基底反力。为了计算建筑物荷载在地基土体中引起的附加应力，必须首先研究基础底面处基底压力的大小与分布情况。

3.2.1　基底压力的分布

精确地确定基底压力的数值大小与分布规律是一个很复杂的问题，它不仅涉及基础与地基土两种不同材料之间的接触问题，而且涉及上部结构、基础和地基三者之间的共同作用。基底压力的影响因素很多，例如上部结构荷载的性质、大小和分布，基础的刚度、形状、尺寸和埋置深度，地基土性质等。目前在弹性理论中主要是研究不同刚度的基础与弹性半空间表面间的接触压力分布问题。

（1）对于柔性基础，因为刚度很小，在垂直荷载作用下几乎没有抵抗弯曲变形的能力，如土坝、路基等一类基础，基础随着地基同步变形。基底压力分布与上部荷载分布基本相同，而基础底面的沉降分布则是中央大而边缘小。当荷载均布时，基底压力也是均布的，如图 3-4（a）所示。

（2）对于刚性基础，如素混凝土整体基础等，本身刚度大，在外荷载作用下基础不会出现挠曲变形，基础底面基本保持平面，即基础各点的沉降几乎是相同的。为保证地基与基础间的变形协调，基底压力发生了重新分布。若地基为完全弹性体，根据弹性理论，可知轴心荷载作用下的基底压力中间小，而两端无穷大，如图 3-4（b）所示。

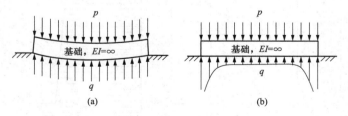

图 3-4　基础刚度对基底压力的影响

（a）柔性基础；（b）刚性基础

但是，地基土并不是完全弹性体。当地基两端的压力足够大，超过土的极限强度后，土体就会形成塑性区，这时基底两端处地基土所承担的压力不能继续增大，多余的应力自行调整，向中间转移；又因为基础也不是绝对刚性的，可以稍微弯曲，故基底压力的分布形式十分复杂。有限刚度基础底面的压力分布，可按基础的实际刚度和土的性质，用弹性地基上梁和板的方法计算。

轴心荷载作用下，对于黏性土表面上的条形基础，当基础上荷载较小时，基底压力呈近似弹性解，如图 3-5（a）所示；当基础上的荷载逐渐增大时，基底压力呈马鞍形分布，中间小而边缘大，如图 3-5（b）所示；当基础上的荷载较大时，基础边缘由于应力很大，使土产生塑性变形，边缘应力不再增加，而使中央部分继续增大，基底压力重新分布而呈抛物线形，如图 3-5（c）所示；若作用在基础上的荷载继续增大，接近于地基的破坏荷载时，应力图形又变成中部突出的倒钟形，如图 3-5（d）所示。

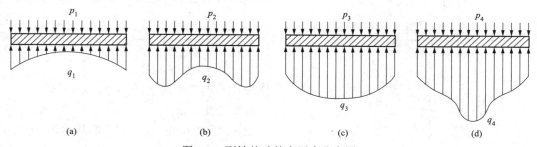

图 3-5　刚性基础基底压力分布图

（a）弹性解；（b）马鞍形；（c）抛物线形；（d）倒钟形

3.2.2　基底压力的简化计算

从上述讨论可见，基底压力的分布受多种因素的影响，是一个比较复杂的工程问题。但根据弹性理论中的圣维南原理以及从土中应力实际量测结果得知，基底压力分布的形式对土中应力分布的影响只局限在一定深度范围，超出此范围后，地基中附加应力不受基底压力分布形状的影响，而只与其合力的大小和作用点位置有关。因此，对于有限刚度或尺寸较小的基础，其基底压力的分布可近似地认为是按直线规律变化，采用简化方法计算，也即按材料力学公式计算。

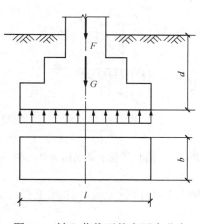

图 3-6　轴心荷载下基底压力分布

1. 轴心荷载作用下的基底压力

对于轴心荷载作用下的基础，其所受荷载的合力通过基底形心，则基底压力呈均匀分布，如图 3-6 所示。基底的平均压力 p 可按下式计算

$$p = \frac{F+G}{A} \tag{3-4}$$

$$G = \gamma_G A d$$

式中　F——作用在基础上的竖向荷载，kN；

　　　G——基础及其上回填土的总重力，kN；

　　　γ_G——基础及回填土的平均重度，一般取 20kN/m³，但地下水位以下部分应扣除 10 kN/m³ 的浮力；

　　　d——基础埋深，一般从室外设计地面或室内外平均设计地面算起，m；

A ——基础底面积，m^2；对于矩形基础，$A = l \times b$，l 和 b 分别为矩形基础的长度和宽度。对于荷载均匀分布的条形基础，可沿长度方向取 1m 计算，则上式中 A 改为 b，F、G 代表每延米内的相应荷载值（kN/m）。

2. 偏心荷载作用下的基底压力

常见的偏心荷载作用于矩形基底的一个主轴上（见图 3-7），可将基底长边方向取与偏心方向一致，此时两短边边缘最大压力 p_{max}、最小压力 p_{min}，可按材料力学短柱偏心受压公式计算

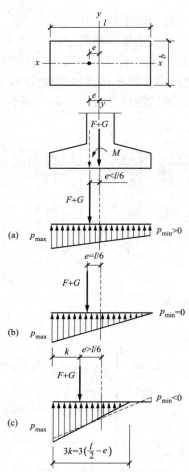

$$p_{min}^{max} = \frac{F+G}{A} \pm \frac{M}{W}$$
$$= \frac{F+G}{bl}\left(1 \pm \frac{6e}{l}\right) \tag{3-5}$$
$$e = M/(F+G)$$

式中　M——作用在矩形基础底面的力矩，kN·m。

　　　e——荷载偏心矩，m。

　　　W——基础底面的抵抗矩，m^3；对矩形基础 $W = bl^2/6$。

从式（3-5）可知，按荷载偏心距 e 的大小，基底压力的分布可能出现下述三种情况：

（1）当 $e < l/6$ 时，$p_{min} > 0$，基底压力呈梯形分布，如图 3-7（a）所示。

（2）当 $e = l/6$ 时，$p_{min} = 0$，基底压力呈三角形分布，如图 3-7（b）所示。

（3）当 $e > l/6$ 时，$P_{min} < 0$，则距偏心荷载较远的基底边缘反力为负值，是拉应力，如图 3-7（c）中虚线所示。

由于基底与土之间是不能承受拉应力的，这时产生拉应力部分的基底将与地基土局部脱开，而不能传递荷载，基底压力将重新分布，呈三角形，如图 3-7（c）中实线所示。根据偏心荷载与基底反力的平衡条件，三角形基底反力的形心应与偏心荷载重合，由此求得应力重分布后基底边缘的最大压应力 p_{max}。

图 3-7　偏心荷载下基底压力分布图

$$p_{max} = \frac{2(F+G)}{3b(l/2-e)} \tag{3-6}$$

3.2.3　基底附加压力

一般土层形成的地质年代较长，在自重作用下变形早已稳定，故土的自重应力一般不引起地基变形，只有新增的建筑物荷载，即作用于地基表面的附加压力，才是使地基压缩变形的主要原因。

一般浅基础总是埋置在天然地面下一定深度处，该处原有土中自重应力 σ_{ch}［见图 3-8（a）］。开挖基坑后，卸除了原有的自重应力，即基底处建前曾有过自重应力的作用［见图 3-8（b）］。建筑物建后的基底平均压力扣除建前基底处土中的自重应力后，才是新增加于地基的基底平均附加压力［见图 3-8（c）］。

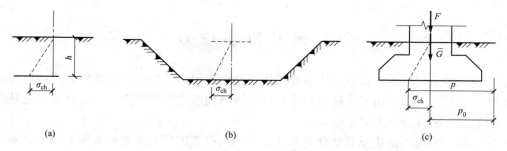

图 3-8　基底附加压力的计算简图

当基础埋深为 h 时，基底附加压力 p_0 应按下式计算：

$$p_0 = p - \sigma_{ch} = p - \gamma_0 h \tag{3-7}$$

式中　p——基底压力，kPa；

　　σ_{ch}——基底处土中的自重应力，kPa；

　　h——基础埋深，从天然地面算起，m；

　　γ_0——基础埋深范围内土的加权平均重度，kN/m³　$\gamma_0 = \sum \gamma_i h_i / \sum h_i$。

在地基与基础工程设计中，基底附加压力的概念是十分重要的。建筑物基础工程施工前，土中早已存在自重应力，但自重应力引起的变形早已完成。基坑的开挖使基底处的自重应力完全解除，当修建建筑物时，若建筑物的荷载引起的竖向基底压力恰好等于原有竖向自重应力时，则不会在地基中引起附加应力，地基也不会发生变形。只有建筑物的荷载引起的基底压力大于基底处竖向自重应力时，才会在地基中引起附加应力和变形。因此，要计算地基中的附加应力和变形，应以基底附加压力为依据。

从式（3-7）可以看出，若基底压力 p 不变，埋深越大则附加应力越小。利用这一特点，当工程上遇到地基承载力较低时，为减少建筑物的沉降，采取措施之一便是加大基础埋深，使得附加应力减小。

【例 3-2】　某场地地表 0.5m 深度内为新填土，$\gamma=16\text{kN/m}^3$，填土下为黏土，天然重度 $\gamma=18.5\text{kN/m}^3$，$w=20\%$，$d_s=2.71$，地下水位在地表下 1m 深度处。现设计一柱下独立基础，已知基底面积 $A=5\text{m}^2$，埋深 $d=1.2\text{m}$，上部结构传给基础的轴心荷载为 $F=1000\text{kN}$。试计算基底附加压力 p_0。

解　（1）黏土层的有效重度。

$$e = \frac{d_s(1+w)\gamma_w}{\gamma} - 1 = \frac{2.71 \times (1+0.2) \times 10}{18.5} - 1 = 0.758$$

$$\gamma' = \frac{(d_s - 1)\gamma_w}{1+e} = \frac{(2.71-1) \times 10}{1+0.758} = 9.7\,(\text{kN/m}^3)$$

（2）基底压力。

$$p = \frac{F}{A} + 20d - 10h_w = \frac{1000}{5} + 20 \times 1.2 - 10 \times 0.2 = 222\,(\text{kPa})$$

（3）基底附加压力。

基底处土的自重应力：$\sigma_{ch}=16 \times 0.5 + 18.5 \times 0.5 + 9.7 \times 0.2 = 19.2(\text{kPa})$

$$p_0 = p - \sigma_{ch} = 222 - 19.2 = 202.8\,(\text{kPa})$$

3.3　地　基　附　加　应　力

对一般天然土层来说，自重应力引起的压缩变形在地质历史上早已完成，不会再引起地基的沉降，附加应力则是由于修建建筑物以后在地基内新增加的应力，因此它是使地基发生变形、引起建筑物沉降的主要原因。

由建（构）筑物的荷载或其他外荷载在地基内所产生的应力增量称为附加应力。本节采用的附加应力计算方法是根据弹性理论推导出来的，首先讨论在竖向集中力作用下地基附加应力的计算，然后应用竖向集中力的解答，通过叠加原理或积分的方法可以得到各种分布荷载作用下土中应力的计算公式。

3.3.1　竖向集中力作用下的地基附加应力

1. 布辛奈斯克解

在弹性半空间表面上作用一个竖向集中力时（见图 3-9），半空间内任意点 M 处所引起的应力和位移的弹性力学解答是由法国的布辛奈斯克（J. Boussinesq，1885 年）首先提出的。他根据弹性理论推导得到的 6 个应力分量和 3 个位移分量的解答如下：

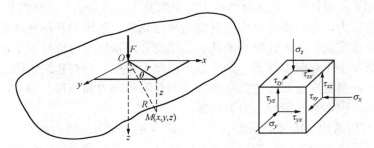

图 3-9　竖直集中力作用下土中附加应力

$$\sigma_x = \frac{3F}{2\pi}\left\{\frac{x^2 z}{R^5} + \frac{1-2\mu}{3}\left[\frac{R^2 - Rz - z^2}{R^3(R+z)} - \frac{x^2(2R+z)}{R^3(R+z)^2}\right]\right\} \tag{3-8}$$

$$\sigma_y = \frac{3F}{2\pi}\left\{\frac{y^2 z}{R^5} + \frac{1-2\mu}{3}\left[\frac{R^2 - Rz - z^2}{R^3(R+z)} - \frac{y^2(2R+z)}{R^3(R+z)^2}\right]\right\} \tag{3-9}$$

$$\sigma_z = \frac{3F}{2\pi}\cdot\frac{z^3}{R^5} = \frac{3F}{2\pi R^2}\cos^3\theta \tag{3-10}$$

$$\tau_{xy} = \tau_{yx} = -\frac{3F}{2\pi}\left[\frac{xyz}{R^5} - \frac{1-2\mu}{3}\cdot\frac{xy(2R+z)}{R^3(R+z)^2}\right] \tag{3-11}$$

$$\tau_{yz} = \tau_{zy} = -\frac{3F}{2\pi}\cdot\frac{yz^2}{R^5} = -\frac{3Fy}{2\pi R^3}\cos^2\theta \tag{3-12}$$

$$\tau_{zx} = \tau_{xz} = -\frac{3F}{2\pi}\cdot\frac{xz^2}{R^5} = -\frac{3Fx}{2\pi R^3}\cos^2\theta \tag{3-13}$$

$$u = \frac{F(1+\mu)}{2\pi E}\left[\frac{xz}{R^3} - (1-2\mu)\frac{x}{R(R+z)}\right] \tag{3-14}$$

$$v = \frac{F(1+\mu)}{2\pi E}\left[\frac{yz}{R^3} - (1-2\mu)\frac{y}{R(R+z)}\right] \quad (3\text{-}15)$$

$$w = \frac{F(1+\mu)}{2\pi E}\left[\frac{z^2}{R^3} + 2(1-\mu)\frac{1}{R}\right] \quad (3\text{-}16)$$

$$R = \sqrt{x^2 + y^2 + z^2} = \sqrt{r^2 + z^2}$$

式中 σ_x、σ_y、σ_z——平行于 x、y、z 坐标轴的正应力；

     τ_{xy}、τ_{yz}、τ_{zx}——剪应力，其中前一角标表示与它作用微面的法线方向平行的坐标轴，后一角标表示与它作用方向平行的坐标轴；

     u、v、w——M 点沿坐标轴 x、y、z 方向的位移；

     F——作用于坐标原点 O 的竖向集中力；

     R——M 点至坐标原点 O 的距离；

     θ——R 线与 z 坐标轴的夹角；

     r——M 点与集中力作用点的水平距离；

     E——弹性模量（或土力学中专用的土的变形模量，以 E_0 代之）；

     μ——泊松比。

若用 $R=0$ 代入以上各式所得出的结果均为无限大，则表示该点土体已发生了塑性变形，弹性理论已不再适用。因此，所选择的计算点不应过于接近集中力的作用点。

建筑物作用于地基的荷载，总是分布在一定面积上的局部荷载，因此理论上的集中力实际是没有的。但是，根据弹性力学的叠加原理，利用布辛奈斯克解答，可以通过等代荷载法求得任意分布的、不规则荷载面形状的地基中的附加应力，或进行积分直接求解各种局部荷载下的地基中的附加应力。

在工程实践中应用最多的是竖向正应力 σ_z 和竖向位移 w。下面着重讨论 σ_z 的计算。为了应用方便，对式（3-10）进行整理，即

$$\sigma_z = \frac{3F}{2\pi} \cdot \frac{z^3}{R^5} = \frac{3F}{2\pi} \cdot \frac{z^3}{(r^2+z^2)^{5/2}} = \frac{3}{2\pi} \times \frac{1}{[(r/z)^2+1]^{5/2}} \cdot \frac{F}{z^2} \quad (3\text{-}17)$$

令 $\alpha = \dfrac{3}{2\pi} \times \dfrac{1}{[(r/z)^2+1]^{5/2}}$，则上式改写为

$$\sigma_z = \alpha\frac{F}{z^2} \quad (3\text{-}18)$$

式中 α——集中荷载作用下的地基竖向附加应力系数，是 r/z 的函数，由表 3-1 查取。

表 3-1   集中荷载作用下地基竖向附加应力系数 α

r/z	α	r/z	α	r/z	α	r/z	α	r/z	α
0.00	0.4775	0.40	0.3294	0.80	0.1386	1.20	0.0513	1.68	0.0167
0.02	0.4770	0.42	0.3181	0.82	0.1320	1.22	0.0489	1.70	0.0160
0.04	0.4756	0.44	0.3068	0.84	0.1257	1.24	0.0466	1.74	0.0147
0.06	0.4732	0.46	0.2955	0.86	0.1196	1.26	0.0443	1.78	0.0135
0.08	0.4699	0.48	0.2843	0.88	0.1138	1.28	0.0422	1.80	0.0129
0.10	0.4657	0.50	0.2733	0.90	0.1083	1.30	0.0402	1.84	0.0119
0.12	0.4607	0.52	0.2625	0.92	0.1031	1.32	0.0384	1.88	0.0109
0.14	0.4548	0.54	0.2518	0.94	0.0981	1.34	0.0365	1.90	0.0105
0.16	0.4482	0.56	0.2414	0.96	0.933	1.36	0.0348	1.94	0.0097

续表

r/z	α	r/z	α	r/z	α	r/z	α	r/z	α
0.18	0.4409	0.58	0.2313	0.98	0.887	1.38	0.0332	1.98	0.0089
0.20	0.4329	0.60	0.2214	1.00	0.0844	1.40	0.0317	2.00	0.0085
0.22	0.4242	0.62	0.2117	1.02	0.0803	1.42	0.0302	2.10	0.0070
0.24	0.4151	0.64	0.2024	1.04	0.0764	1.44	0.0288	2.20	0.0058
0.26	0.4054	0.66	0.1934	1.06	0.0727	1.46	0.0275	2.40	0.0040
0.28	0.3954	0.68	0.1846	1.08	0.0691	1.48	0.0263	2.60	0.0029
0.30	0.3849	0.70	0.1762	1.10	0.0658	1.50	0.0251	2.80	0.0021
0.32	0.3742	0.72	0.1681	1.12	0.0626	1.54	0.0229	3.00	0.0015
0.34	0.3632	0.74	0.1603	1.14	0.0595	1.58	0.0209	3.50	0.0007
0.36	0.3521	0.76	0.1527	1.16	0.0567	1.60	0.0200	4.00	0.0004
0.38	0.3408	0.78	0.1455	1.18	0.0539	1.64	0.0183	4.50	0.0002
								5.00	0.0001

2. 等代荷载法

如果地基中某点 M 与局部荷载的距离比荷载面尺寸大很多，就可以用一个集中力 F 代替局部荷载，然后直接应用式（3-18）计算该点的附加应力。当有若干个竖向集中力 F_i（$i=1$，2，3，…，n）作用在地基表面时，按叠加原理，地面下深度 z 处某点 M 的附加应力 σ_z 为

$$\sigma_z = \sum_{i=1}^{n} \alpha_i \frac{F_i}{z^2} = \frac{1}{z^2} \sum_{i=1}^{n} \alpha_i F_i \tag{3-19}$$

【例 3-3】 在地基上作用一集中力 $F=200kN$，要求确定：①$z=2m$ 深度处的水平面上附加应力分布；②在 $r=0$ 的荷载作用线上附加应力的分布。

解 附加应力的计算结果见表 3-2 和表 3-3，沿水平面的分布见图 3-10（a），附加应力沿深度的分布见图 3-10（b）。

表 3-2 　　　　　　$z=2m$

z	r	r/z	F/z²	α	σ_z
2	0	0	50	0.4775	23.9
2	1	0.5	50	0.2733	13.6
2	2	1.0	50	0.0844	4.2
2	3	1.5	50	0.0251	1.2
2	4	2.0	50	0.0085	0.4

表 3-3 　　　　　　$r=0$

z	r	r/z	F/z²	α	σ_z
0	0	0	∞	0.4775	∞
1	0	0	200	0.4775	95.5
2	0	0	50	0.4775	23.9
3	0	0	22.2	0.4775	10.6
4	0	0	12.5	0.4775	6.0

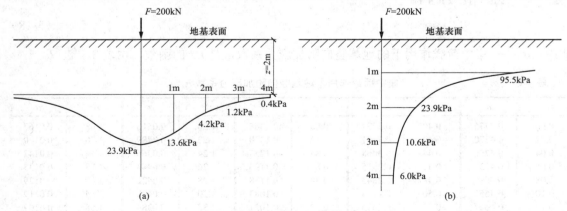

图 3-10 ［例 3-3］图

（a）附加应力沿水平面的分布；（b）附加应力沿深度的分布

3.3.2 矩形荷载和圆形荷载作用时的地基附加应力

1. 均布的矩形荷载

矩形是最常用的基础底面形式。如图 3-11 所示，设基础荷载面的长度和宽度分别为 l 和 b，其上作用的竖向均布荷载为 p_0，则可先根据布辛奈斯克解及等代荷载法基本原理求解矩形荷载面角点下的地基附加应力，再运用角点法求得任意点的地基附加应力。

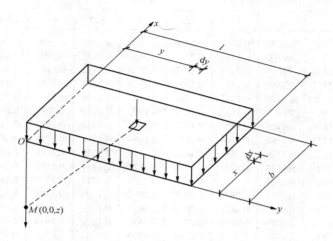

图 3-11 均布矩形荷载角点下的附加应力

以矩形荷载面任一角点为坐标原点 O 建立空间坐标系，在荷载面内坐标为 (x, y) 处取一微单元面积 $\mathrm{d}x\mathrm{d}y$，将其上的分布荷载以集中力 $p_0\mathrm{d}x\mathrm{d}y$ 来代替，则在角点 O 下任意深度 z 的 M 点处，由该集中力引起的竖向附加应力 $\mathrm{d}\sigma_z$ 为

$$\mathrm{d}\sigma_z = \frac{3}{2\pi} \times \frac{p_0 z^3}{(x^2 + y^2 + z^2)^{5/2}} \mathrm{d}x\mathrm{d}y \tag{3-20}$$

将它对整个矩形荷载面 A 进行积分，则

$$\sigma_z = \iint_A \mathrm{d}\sigma_z = \frac{3p_0 z^3}{2\pi} \int_0^l \int_0^b \frac{1}{(x^2 + y^2 + z^2)^{5/2}} \mathrm{d}x\mathrm{d}y$$
$$= \frac{p_0}{2\pi} \left[\frac{lbz(l^2 + b^2 + 2z^2)}{(l^2 + z^2)(b^2 + z^2)\sqrt{l^2 + b^2 + z^2}} + \arcsin \frac{lb}{\sqrt{(l^2 + z^2)(b^2 + z^2)}} \right] \tag{3-21}$$

令 $\alpha_c = \frac{1}{2\pi} \left[\frac{lbz(l^2 + b^2 + 2z^2)}{(l^2 + z^2)(b^2 + z^2)\sqrt{l^2 + b^2 + z^2}} + \arcsin \frac{lb}{\sqrt{(l^2 + z^2)(b^2 + z^2)}} \right]$，得

$$\sigma_z = \alpha_c p_0 \tag{3-22}$$

式中 α_c——矩形均布荷载角点下的竖向附加应力系数，简称角点应力系数，是 $m=l/b$ 和 $n=z/b$ 的函数，可由表 3-4 查得。注意：l 为基础长边，b 为短边。

当应力计算点 M 不位于角点下时，可利用式（3-22）和应力叠加原理来计算地基中任意点的附加应力。图 3-12 中列出了计算点不位于角点下的四种情况。计算时，通过 o 点（M 点在荷载作用面上的投影）将荷载面积划分为若干个矩形面积，且 o 点必须是划分出来的各个矩形面积的公共角点，再按式（3-22）计算每个矩形角点下同一深度 z 处的附加应力 σ_z，最后进行各附加应力的叠加，即得整个矩形面积在计算点所引起的附加应力。此法即为角点法。

表 3-4　　　　　　　　　　　矩形均布荷载角点下竖向应力系数 α_c

$n=z/b$	$m=l/b$										
	1.0	1.2	1.4	1.6	1.8	2.0	3.0	4.0	5.0	6.0	10.0
0.0	0.2500	0.2500	0.2500	0.2500	0.2500	0.2500	0.2500	0.2500	0.2500	0.2500	0.2500
0.2	0.2486	0.2489	0.2490	0.2491	0.2491	0.2491	0.2492	0.2492	0.2492	0.2492	0.2492
0.4	0.2401	0.2420	0.2429	0.2434	0.2437	0.2439	0.2442	0.2443	0.2443	0.2443	0.2443
0.6	0.2229	0.2275	0.2300	0.2315	0.2324	0.2329	0.2339	0.2341	0.2342	0.234	0.2342
0.8	0.1999	0.2075	0.2120	0.2147	0.2165	0.2176	0.2196	0.2200	0.2202	0.2202	0.2202
1.0	0.1752	0.1851	0.1911	0.1955	0.1981	0.1999	0.2034	0.2042	0.2044	0.2045	0.2046
1.2	0.1516	0.1626	0.1705	0.1758	0.1793	0.1818	0.1870	0.1882	0.1885	0.1887	0.1888
1.4	0.1308	0.1423	0.1508	0.1569	0.1613	0.1644	0.1712	0.1730	0.1735	0.1738	0.1740
1.6	0.1123	0.1241	0.1329	0.1396	0.1445	0.1482	0.1567	0.1590	0.1598	0.1601	0.1604
1.8	0.0969	0.1083	0.1172	0.1241	0.1294	0.1334	0.1434	0.1463	0.1474	0.1478	0.1482
2.0	0.0840	0.0947	0.1034	0.1103	0.1158	0.1202	0.1314	0.1350	0.1363	0.1368	0.1374
2.2	0.0732	0.0832	0.0917	0.0984	0.1039	0.1084	0.1205	0.1248	0.1264	0.1271	0.1277
2.4	0.0642	0.0734	0.0813	0.0879	0.0934	0.0979	0.1108	0.1156	0.1175	0.1184	0.1192
2.6	0.0566	0.0651	0.0725	0.0788	0.0842	0.0887	0.1020	0.1073	0.1095	0.1106	0.1116
2.8	0.0502	0.0580	0.0649	0.0709	0.0761	0.0805	0.0942	0.0999	0.1024	0.1036	0.1048
3.0	0.0447	0.0519	0.0583	0.0640	0.0690	0.0732	0.0870	0.0931	0.0959	0.0973	0.0987
3.2	0.0401	0.0467	0.0526	0.0580	0.0627	0.0668	0.0806	0.0870	0.0900	0.0916	0.0933
3.4	0.0361	0.0421	0.0477	0.0527	0.0571	0.0611	0.0747	0.0814	0.0847	0.0864	0.0882
3.6	0.0326	0.0382	0.0433	0.0480	0.0523	0.0561	0.0694	0.0763	0.0799	0.0816	0.0837
3.8	0.0296	0.0348	0.0395	0.0439	0.0479	0.0516	0.0646	0.0717	0.0753	0.0773	0.0796
4.0	0.0270	0.0318	0.0362	0.0403	0.0441	0.0474	0.0603	0.0674	0.0712	0.0733	0.0758
4.2	0.0247	0.0291	0.0333	0.0371	0.0407	0.0439	0.0563	0.0634	0.0674	0.0696	0.0724
4.4	0.0227	0.0268	0.0306	0.0343	0.0376	0.0407	0.0527	0.0597	0.0639	0.0662	0.0692
4.6	0.0209	0.0247	0.0283	0.0317	0.0348	0.0378	0.0493	0.0564	0.0606	0.0630	0.0663
4.8	0.0193	0.0229	0.0262	0.0294	0.0324	0.0352	0.0463	0.0533	0.0576	0.0601	0.0635
5.0	0.0179	0.0212	0.0243	0.0274	0.0302	0.0328	0.0435	0.0504	0.0547	0.0573	0.0610
6.0	0.0127	0.0151	0.0174	0.0196	0.0218	0.0238	0.0325	0.0388	0.0431	0.0460	0.0506
7.0	0.0094	0.0112	0.0130	0.0147	0.0164	0.0180	0.0251	0.0306	0.0346	0.0376	0.0428
8.0	0.0073	0.0087	0.0101	0.0114	0.0127	0.0140	0.0198	0.0246	0.0283	0.0311	0.0367
9.0	0.0058	0.0069	0.008.	0.0091	0.0102	0.0112	0.0161	0.0202	0.0235	0.0262	0.0319
10.0	0.0047	0.0056	0.0065	0.0074	0.0083	0.0092	0.0132	0.0167	0.0198	0.0222	0.0280

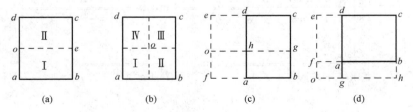

图 3-12　角点法计算矩形均布荷载下的地基附加应力示意图

实际应用中有如下四种情况：

（1）o 点在基底边缘 [见图 3-12（a）]。

$$\sigma_z = \sigma_{z(I)} + \sigma_{z(II)} = (\alpha_{cI} + \alpha_{cII})p_0$$

式中 α_{cI}, α_{cII}——相应于面积 I 和 II 的角点应力系数。

（2）o 点在基础底面内［见图 3-12（b）］

$$\sigma_z = \sigma_{z(I)} + \sigma_{z(II)} + \sigma_{z(III)} + \sigma_{z(IV)} = (\alpha_{cI} + \alpha_{cII} + \alpha_{cIII} + \alpha_{cIV})p_0$$

如果 o 点位于荷载面中心，则 $\alpha_{cI}=\alpha_{cII}=\alpha_{cIII}=\alpha_{cIV}$，得 $\sigma_z=4\alpha_{cI}$，即利用角点法求均布的矩形荷载面中心点下 σ_z 的解。

（3）o 点在基础底面边缘以外［见图 3-12（c）］。

此时荷载面 $abcd$ 可看成是由于 I（$ofbg$）与 II（$ofah$）之差和 III（$oecg$）与 IV（$oedh$）之差合成的。

$$\sigma_z = \sigma_{z(I)} - \sigma_{z(II)} + \sigma_{z(III)} - \sigma_{z(IV)} = (\alpha_{cI} - \alpha_{cII} + \alpha_{cIII} - \alpha_{cIV})p_0$$

（4）o 点在基底角点外侧［见图 3-12（d）］。

$$\sigma_z = \sigma_{z(I)} - \sigma_{z(II)} - \sigma_{z(III)} + \sigma_{z(IV)} = (\alpha_{cI} - \alpha_{cII} - \alpha_{cIII} + \alpha_{cIV})p_0$$

式中 α_{cI}，α_{cII}，α_{cIII}，α_{cIV}——矩形 $ohce$、$ogde$、$ohbf$ 和 $ogaf$ 的角点应力系数。

应用角点法计算土的附加应力时要注意：①角点法计算土的附加应力时，荷载面只能划分为矩形，而不能是梯形、圆形或条形等；②所计算的荷载的点只能在矩形的角点上，而不能是矩形的中心点或其他边缘点；③对矩形基底竖直均布荷载，在应用角点法时，l 始终为基底的长边，b 为短边。

【例 3-4】 有均布荷载 $p_0 =100\text{kN/m}^2$，基底面积为 $2\times1\text{m}^2$，如图 3-13 所示。求基底上角点 A、边点 E、中心点 O 及基底外 F 点和 G 点等各点下 $z=1\text{m}$ 深度处的附加应力。并利用计算结果说明附加应力的扩散规律。

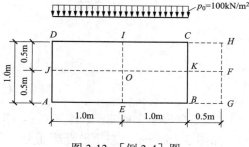

图 3-13 ［例 3-4］图

解 （1）A 点下的应力。

A 点是矩形 $ABCD$ 的角点，$l/b=2/1=2$，$z/b=1/1=1$，查表 3-4，得 $\alpha_c=0.1999$，故

$$\sigma_{zA} = \alpha_c p_0 = 0.1999\times100 = 19.9 \text{ (kPa)}$$

（2）E 点下的应力。

通过 E 点将矩形荷载面积分为两个相等的矩形 $EADI$ 和 $EBCI$。求 $EADI$ 的角点应力系数 α_c，$l/b=1/1=1$、$z/b=1/1=1$，查表 5-6，得 $\alpha_c=0.1752$，故

$$\sigma_{zE} = 2\alpha_c p_0 = 2\times0.1752\times100 = 35 \text{ (kPa)}$$

（3）O 点下的应力。

通过 O 点将矩形荷载面积分为 4 个相等矩形 $OEAJ$、$OJDI$、$OICK$ 和 $OKBE$。求 $OEAJ$ 的角点应力系数 α_c，$l/b=1/0.5=2$，$z/b=1/0.5=2$，查表 3-4，得 $\alpha_c=0.1202$，故

$$\sigma_{zO} = 4a_c p_0 = 4\times0.1202\times100 = 48.1 \text{ (kPa)}$$

（4）F 点下的应力。

过 F 点作矩形 $FGAJ$、$FJDH$、$FGBK$ 和 $FKCH$。设 α_{c1} 为 $FGAJ$ 和 $FJDH$ 的角点应力系数，α_{c2} 为 $FGBK$ 和 $FKCH$ 的角点应力系数。

求 α_{c1}：$l/b=2.5/0.5=5$，$z/b=1/0.5=2$，查表 3-4，得 $\alpha_{c1}=0.1363$

求 α_{c2}：$l/b=0.5/0.5=1$，$z/b=1/0.5=2$，查表 3-4，得 $\alpha_{c2}=0.0840$

故　　　　　$\sigma_{zF}=2(\alpha_{c1}-\alpha_{c2})p_0=2\times(0.1363-0.0840)\times100=10.5\,(\text{kPa})$

（5）G 点下的应力。

过 G 点作矩形 $GADH$ 和 $GBCH$，分别求出它们的角点应力系数 α_{c1} 和 α_{c2}。

求 α_{c1}：$l/b=2.5/1=2.5$，$z/b=1/1=1$，查表 3-4，得 $\alpha_{c1}=0.2016$

求 α_{c2}：$l/b=1/0.5=2$，$z/b=1/0.5=2$，查表 3-4，得 $\alpha_{c2}=0.1202$

故　　　　　$\sigma_{zG}=(\alpha_{c1}-\alpha_{c2})p_0=(0.2016-0.1202)\times100=8.1\,(\text{kPa})$

将计算结果绘成图 3-14，可看出在矩形面积受均布荷载作用时，不仅在受荷面积垂直下方的范围内产生附加应力，而且在荷载面积以外的土中（F、G 点下方）也产生附加应力。另外，在地基中同一深度处（例如 $z=1\text{m}$），离受荷面积中线越远的点，其 σ_z 值越小，矩形面积中点处 σ_{z0} 最大。将中点 O 下和 F 点下不同深度的 σ_z 求出并绘成曲线，如图 3-14（b）所示。

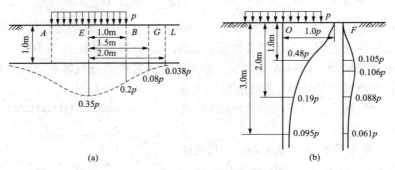

图 3-14　[例 3-4] 计算结果

2. 三角形分布的矩形荷载

如图 3-15 所示，在矩形受荷面上竖向荷载沿一边 b 方向上呈三角形分布，沿另一边长 l 的荷载分布不变，其最大值为 p_0，取荷载为零的角点 1 为坐标原点，则可将荷载面内某点（x，y）所取微单元面积 $\text{d}x\text{d}y$ 上的分布荷载以集中力 $\dfrac{x}{b}p_0\text{d}x\text{d}y$ 代替。角点 1 下深度 z 处的 M 点由该集中力引起的附加应力 $\text{d}\sigma_z$ 为

$$\text{d}\sigma_z=\frac{3}{2\pi b}\frac{p_0xz^3}{(x^2+y^2+z^2)^{5/2}}\text{d}x\text{d}y\quad(3\text{-}23)$$

将上式在矩形荷载面积内进行积分，即可得角点 1 下任意深度 z 处竖向附加应力

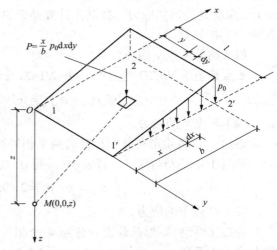

图 3-15　三角形分布矩形荷载角点下的 σ_z

$$\sigma_z=\frac{3p_0z^3}{2\pi}\int_0^l\int_0^b\frac{\dfrac{x}{b}}{(x^2+y^2+z^2)^{5/2}}\text{d}x\text{d}y=\alpha_{t1}p_0\quad(3\text{-}24)$$

$$\alpha_{t1}=\frac{1}{2\pi b}\left[\frac{z}{\sqrt{l^2+b^2}}-\frac{z^3}{(b^2+z^2)\sqrt{l^2+b^2+z^2}}\right]$$

式中，应力系数 α_{t1} 为 l/b 和 z/b 的函数，可从表 3-5 中查得。

若要计算荷载最大值角点 2 下任意深度处的竖向附加应力，也可利用上述思路进行求解。此外，还可以用力的叠加原理来计算。显然，已知的三角形分布荷载等于均布荷载与一个倒三角形荷载之差，则荷载最大值角点 2 下任意深度 z 处的竖向附加应力值 σ_z 为

$$\sigma_z = (\alpha_c - \alpha_{t1})p_0 = \alpha_{t2}p_0 \qquad (3-25)$$

式中，应力系数 α_{t2} 查表 3-5。注意：上述 b 值不是指基础的宽度，而是指三角形荷载分布方向的基础边长。

表 3-5　　　　三角形分布矩形荷载角点下的竖向附加应力系数值 α_{t1} 和 α_{t2}

l/b \ z/b 点	0.2 (1)	0.2 (2)	0.4 (1)	0.4 (2)	0.6 (1)	0.6 (2)	0.8 (1)	0.8 (2)	1.0 (1)	1.0 (2)
0.0	0.0000	0.2500	0.0000	0.2500	0.0000	0.2500	0.0000	0.2500	0.0000	0.2500
0.2	0.0223	0.1821	0.0280	0.2115	0.0296	0.2165	0.0301	0.2178	0.0304	0.2182
0.4	0.0269	0.1094	0.0420	0.1604	0.0487	0.1781	0.0517	0.1844	0.0531	0.1870
0.6	0.0259	0.0700	0.0448	0.1165	0.0560	0.1405	0.0621	0.1520	0.0654	0.0158
0.8	0.0232	0.0480	0.0421	0.0853	0.0553	0.1093	0.0637	0.1232	0.0688	0.1311
1.0	0.0201	0.0346	0.0375	0.0638	0.0508	0.0852	0.0602	0.0996	0.0666	0.1086
1.2	0.0171	0.0260	0.0324	0.0491	0.0450	0.0673	0.0546	0.0807	0.0615	0.0901
1.4	0.0145	0.0202	0.0278	0.0386	0.0392	0.0540	0.0483	0.0661	0.0554	0.0751
1.6	0.0123	0.0160	0.0238	0.0310	0.0339	0.4400	0.0424	0.0547	0.0492	0.0628
1.8	0.0105	0.0130	0.0204	0.0254	0.0294	0.0363	0.0371	0.0457	0.0435	0.0534
2.0	0.0090	0.0108	0.0176	0.0211	0.0255	0.0304	0.0324	0.0387	0.0384	0.0456
2.5	0.0063	0.0072	0.0125	0.0140	0.0183	0.0205	0.0236	0.0265	0.0284	0.0318
3.0	0.0046	0.0051	0.0092	0.0100	0.0135	0.0148	0.0176	0.0192	0.0214	0.0233
5.0	0.0018	0.0010	0.0019	0.0019	0.0028	0.0029	0.0038	0.0038	0.0047	0.0047
7.0	0.0009	0.0010	0.0019	0.0019	0.0028	0.0029	0.0038	0.0038	0.0047	0.0047
10.0	0.0005	0.0004	0.0009	0.0010	0.0014	0.0014	0.0019	0.0019	0.0023	0.0024

l/b \ z/b 点	1.2 (1)	1.2 (2)	1.4 (1)	1.4 (2)	1.6 (1)	1.6 (2)	1.8 (1)	1.8 (2)	2.0 (1)	2.0 (2)
0.0	0.0000	0.2500	0.0000	0.2500	0.0000	0.2500	0.0000	0.2500	0.0000	0.2500
0.2	0.0305	0.2185	0.0305	0.2185	0.0306	0.2185	0.0306	0.2185	0.0306	0.0286
0.4	0.0539	0.1881	0.0543	0.1886	0.0545	0.1889	0.0546	0.1891	0.0547	0.1892
0.6	0.0673	0.1602	0.0684	0.1616	0.0690	0.1625	0.0694	0.1630	0.0696	0.1633
0.8	0.0720	0.1355	0.0739	0.1381	0.0751	0.1396	0.0759	0.1405	0.0764	0.1414
1.0	0.0708	0.1143	0.0735	0.1176	0.0753	0.1202	0.0766	0.1215	0.0774	0.1225

续表

l/b \ z/b	1.2		1.4		1.6		1.8		2.0	
点	1	2	1	2	1	2	1	2	1	2
1.2	0.0664	0.0962	0.0698	0.1007	0.0721	0.1037	0.0738	0.1055	0.0749	0.1069
1.4	0.0606	0.0817	0.0644	0.0864	0.0672	0.0897	0.0692	0.0921	0.0707	0.0937
1.6	0.0545	0.0696	0.0586	0.0743	0.0616	0.0780	0.0639	0.0806	0.0656	0.0826
1.8	0.0478	0.0596	0.0528	0.0644	0.0560	0.0681	0.0585	0.0709	0.0604	0.0730
2.0	0.0434	0.0513	0.0474	0.0560	0.0507	0.0596	0.0533	0.0625	0.0553	0.0649
2.5	0.0326	0.0365	0.0362	0.0405	0.0393	0.0440	0.0419	0.0469	0.0440	0.0491
3.0	0.0249	0.0270	0.0280	0.0303	0.0307	0.0333	0.0331	0.0359	0.0352	0.0380
5.0	0.0104	0.0108	0.0120	0.0123	0.0135	0.0139	0.0148	0.0154	0.0161	0.0167
7.0	0.0056	0.0056	0.0064	0.0066	0.0073	0.0074	0.0081	0.0083	0.0089	0.0091
10.0	0.0028	0.0028	0.0033	0.0032	0.0037	0.0037	0.0041	0.0042	0.0046	0.0046

l/b \ z/b	3.0		4.0		6.0		8.0		10.0	
点	1	2	1	2	1	2	1	2	1	2
0.0	0.0000	0.2500	0.0000	0.2500	0.0000	0.2500	0.0000	0.2500	0.0000	0.2500
0.2	0.0306	0.2186	0.0306	0.2186	0.0306	0.2186	0.0306	0.2186	0.0306	0.2186
0.4	0.0548	0.1894	0.0549	0.1894	0.0549	0.1894	0.0549	0.1896	0.0549	0.1894
0.6	0.0701	0.1683	0.0702	0.1639	0.0702	0.1640	0.0702	0.1640	0.0702	0.1640
0.8	0.0773	0.1423	0.0776	0.1424	0.0776	0.1426	0.0776	0.1426	0.0776	0.1426
1.0	0.0790	0.1244	0.0794	0.1248	0.0795	0.1250	0.0796	0.1250	0.0796	0.1250
1.2	0.0774	0.1096	0.0779	0.1103	0.0782	0.1105	0.0783	0.1105	0.0783	0.1105
1.4	0.0739	0.0973	0.0748	0.0982	0.0752	0.0986	0.0752	0.0987	0.0753	0.0987
1.6	0.0697	0.0870	0.0708	0.0882	0.0714	0.0887	0.0715	0.0888	0.0715	0.0889
1.8	0.0652	0.0782	0.0666	0.0797	0.0673	0.0805	0.0675	0.0806	0.0675	0.0808
2.0	0.0607	0.0707	0.0624	0.0726	0.0634	0.0734	0.0636	0.0736	0.0636	0.0738
2.5	0.0504	0.0559	0.0529	0.0585	0.0543	0.0601	0.0547	0.0604	0.0548	0.0605
3.0	0.0419	0.0451	0.0449	0.0482	0.0649	0.0504	0.0474	0.0509	0.0476	0.0511
5.0	0.0214	0.0221	0.0248	0.0256	0.0283	0.0290	0.0296	0.0303	0.0301	0.0309
7.0	0.0124	0.0126	0.0152	0.0154	0.0186	0.0190	0.0204	0.0207	0.0212	0.0213
10.0	0.0066	0.0066	0.0084	0.0083	0.0111	0.0111	0.0128	0.0130	0.0139	0.0141

3. 均布的圆形荷载

如图 3-16 所示，半径为 r_0 的圆形荷载面积上作用着竖向均布荷载 p_0。为求荷载面中心点下任意深度 z 处 M 点的 σ_z，可在荷载面积上取微面积 $\mathrm{d}A = r\mathrm{d}\theta\mathrm{d}r$，以集中力 $p_0\mathrm{d}A$ 代替微面积上的分布荷载，运用式（3-10）以积分法求得均布圆形荷载中心点下任意深度 z 处 M 点的 σ_z 如下：

$$\sigma_z = \iint_A \mathrm{d}\sigma_z = \frac{3p_0 z^3}{2\pi} \int_0^{2\pi} \int_0^{r_0} \frac{r\,\mathrm{d}\theta\,\mathrm{d}r}{(r^2+z^2)^{5/2}}$$

$$= p_0 \left[1 - \frac{z^3}{(r_0^2+z^2)^{5/2}} \right] \qquad (3\text{-}26)$$

$$= p_0 \left[1 - \frac{z^3}{\left(\dfrac{1}{z^2/r_0^2} + 1 \right)^{3/2}} \right] = \alpha_0 p_0$$

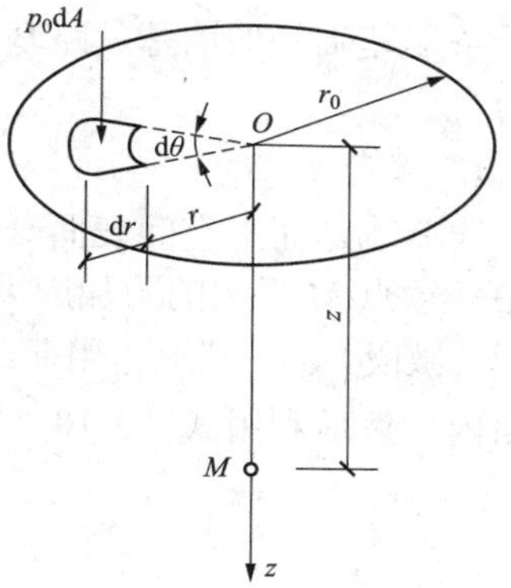

式中　α_0——均布圆形荷载中心点下的附加应力系数。它
　　　　是 z/r_0 的函数，可由表 3-6 查得。

图 3-16　均布圆形荷载中心点下的 σ_z

同理，通过积分也可获得均布圆形荷载周边下的附加应力

$$\sigma_z = \alpha_r p_0 \qquad (3\text{-}27)$$

式中　α_r——均布圆形荷载周边下的附加应力系数，它是 z/r_0 的函数，可由表 3-6 查得。

表 3-6　　　　　　　　均布圆形荷载中心点及周边附加应力系数 α_0、α_r

z/r_0	系数		z/r_0	系数		z/r_0	系数	
	α_0	α_r		α_0	α_r		α_0	α_r
0.0	1.000	0.500	1.6	0.390	0.243	3.2	0.130	0.108
0.1	0.999	0.494	1.7	0.360	0.230	3.3	0.124	0.103
0.2	0.993	0.467	1.8	0.332	0.218	3.4	0.117	0.098
0.3	0.976	0.451	1.9	0.307	0.207	3.5	0.111	0.094
0.4	0.949	0.435	2.0	0.285	0.196	3.6	0.106	0.090
0.5	0.911	0.417	2.1	0.264	0.186	3.7	0.101	0.086
0.6	0.864	0.400	2.2	0.246	0.176	3.8	0.096	0.083
0.7	0.811	0.383	2.3	0.229	0.167	3.9	0.091	0.079
0.8	0.756	0.366	2.4	0.213	0.159	4.0	0.087	0.076
0.9	0.701	0.349	2.5	0.200	0.151	4.2	0.079	0.070
1.0	0.646	0.332	2.6	0.187	0.144	4.4	0.073	0.065
1.1	0.595	0.316	2.7	0.175	0.137	4.6	0.067	0.060
1.2	0.547	0.300	2.8	0.165	0.130	4.8	0.062	0.056
1.3	0.502	0.285	2.9	0.155	0.124	5.0	0.057	0.052
1.4	0.461	0.270	3.0	0.146	0.118	6.0	0.040	0.038
1.5	0.424	0.256	3.1	0.138	0.113	10.0	0.015	0.014

3.3.3　线荷载和条形荷载作用时的地基附加应力

若在无限弹性体表面作用无限长条形的分布荷载，且荷载在各个截面上的分布都相同，此时土中任意一点 M 的应力只与该点的平面坐标（x，z）有关，而与荷载长度方向 y 轴坐标

无关,这种情况属于平面应变问题。然而,在实际工程中,无限长的荷载是不存在的。当荷载作用面的长宽比 $l/b>10$ 时,计算所得的附加应力 σ_z 与按 $l/b=\infty$ 时的值已极为接近。可见,对于条形基础,如墙基、路基、坝基、挡土墙基础等,可视为平面问题来计算地基中的附加应力。

1. 线荷载

线荷载是在半空间表面一条无限长直线上的均布荷载,如图 3-17(a)所示。求解其在地基中任意点 M 引起的附加应力。设竖向线荷载 $\bar{p}$(kN/m)作用在 y 轴上,沿 y 轴取一微小线元素(微段)$\mathrm{d}y$,其上作用荷载 $\bar{p}\,\mathrm{d}y$,将其看作集中力。此时,设 M 点位于与 y 轴垂直的 xoz 平面内,然后利用式(3-10)得

$$\mathrm{d}\sigma_z = \frac{3z^3\bar{p}\mathrm{d}y}{2\pi R^5} \tag{3-28}$$

直线 $OM=R_1=(x^2+z^2)^{1/2}$,与 z 轴的夹角为 β,由图 3-17 可知,$\cos\beta=z/R_1$,$\sin\beta=x/R_1$,对上式进行积分得

$$\sigma_z = \int_{-\infty}^{+\infty} \frac{3z^3\bar{p}\mathrm{d}y}{2\pi R^5} = \frac{2\bar{p}z^3}{\pi R_1^4} = \frac{2\bar{p}}{\pi R_1}\cos^3\beta \tag{3-29}$$

同理,得

$$\sigma_x = \frac{2\bar{p}x^2 z}{\pi R_1^4} = \frac{2\bar{p}}{\pi R_1}\cos\beta\sin^2\beta \tag{3-30}$$

$$\tau_{xz} = \tau_{zx} = \frac{2\bar{p}xz^2}{\pi R_1^4} = \frac{2\bar{p}}{\pi R_1}\cos^2\beta\sin\beta \tag{3-31}$$

由于线荷载沿 y 轴均匀分布且无限延伸,因此与 y 轴垂直的任何平面上的应力状态完全相同。根据弹性力学原理可得

$$\tau_{xy} = \tau_{yx} = \tau_{yz} = \tau_{zy} = 0 \tag{3-32}$$

$$\sigma_y = \mu(\sigma_x + \sigma_z) \tag{3-33}$$

式(3-29)~式(3-33)在弹性理论中称为费拉曼(Flamant)解。

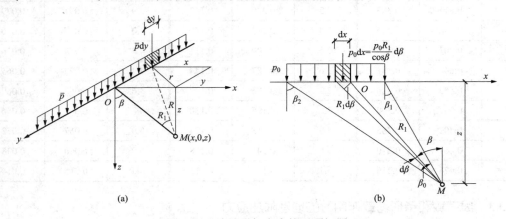

图 3-17　地基附加应力的平面问题

(a)线荷载作用;(b)均布条形荷载

2. 均布条形荷载

在实际工程中经常遇到具有有限宽度的条形荷载，如图 3-17（b）所示。求解其在地基内任意点 M 的附加应力，可利用式（3-29）积分的方法得到。均布荷载 p_0 沿 x 轴上某微分段 $\mathrm{d}x$ 上的荷载可以用线荷载 $\bar{p}$ 代替，并引入直线 OM 与 z 轴的夹角 β，得

$$\bar{p} = p_0\mathrm{d}x = \frac{p_0 R_1}{\cos\beta}\mathrm{d}\beta$$

将此式代入式（3-28），得 $\mathrm{d}\sigma_z = \frac{2p_0 z^3}{\pi R_1^4}\mathrm{d}x = \frac{2p_0}{\pi}\cos^2\beta\mathrm{d}\beta$，则地基中任意点 M 处的附加应力的极坐标形式为

$$\sigma_z = \frac{2p_0}{\pi}\int_{\beta_1}^{\beta_2}\cos^2\beta\mathrm{d}\beta = \frac{p_0}{\pi}[\sin\beta_2\cos\beta_2 - \sin\beta_1\cos\beta_1 + (\beta_2 - \beta_1)] \quad (3\text{-}34)$$

同理，得

$$\sigma_x = \frac{p_0}{\pi}[-\sin(\beta_2 - \beta_1)\cos(\beta_2 + \beta_1) + (\beta_2 - \beta_1)] \quad (3\text{-}35)$$

$$\tau_{xz} = \tau_{zx} = \frac{p_0}{\pi}(\sin^2\beta_2 - \sin^2\beta_1) \quad (3\text{-}36)$$

各式中，当 M 点位于荷载分布宽度两端点竖直线之间时，β_1 取负值，反之取正值。

将式（3-34）、式（3-35）和式（3-36）代入材料力学主应力公式，可得 M 点的大主应力 σ_1 和小主应力 σ_3，其表达式为

$$\begin{matrix}\sigma_1\\\sigma_3\end{matrix} = \frac{\sigma_x + \sigma_z}{2} \pm \sqrt{\left(\frac{\sigma_x - \sigma_z}{2}\right)^2 + \tau_{xz}^2} = \frac{p_0}{\pi}[(\beta_2 - \beta_1) \pm \sin(\beta_2 - \beta_1)] \quad (3\text{-}37)$$

设 β_0 为 M 点与条形荷载两端连线的夹角，且 $\beta_0 = \beta_2 - \beta_1$（当 M 点在荷载宽度范围内时有 $\beta_0 = \beta_2 + \beta_1$）。于是上式变为

$$\begin{matrix}\sigma_1\\\sigma_3\end{matrix} = \frac{p_0}{\pi}(\beta_0 \pm \sin\beta_0) \quad (3\text{-}38)$$

σ_1 的作用方向与 β_0 角的平分线一致。上式主要为研究地基承载力的平面问题时提供地基附加应力公式。

为了计算方便，还可以将上述 σ_x、σ_z 和 τ_{xz} 三个公式改用直角坐标表示。此时，取条形荷载的中点为坐标原点，则 $M(x, z)$ 点的三个附加应力分量如下：

$$\sigma_z = \frac{p_0}{\pi}\left[\arctan\frac{1-2n}{2m} + \arctan\frac{1+2n}{2m} - \frac{4m(4n^2 - 4m^2 - 1)}{(4n^2 + 4m^2 - 1)^2 + 16m^2}\right] = \alpha_{sz}p_0 \quad (3\text{-}39)$$

$$\sigma_x = \frac{p_0}{\pi}\left[\arctan\frac{1-2n}{2m} + \arctan\frac{1+2n}{2m} + \frac{4m(4n^2 - 4m^2 - 1)}{(4n^2 + 4m^2 - 1)^2 + 16m^2}\right] = \alpha_{sx}p_0 \quad (3\text{-}40)$$

$$\tau_{xz} = \tau_{zx} = \frac{p_0}{\pi}\frac{32m^2 n}{(4n^2 + 4m^2 - 1)^2 + 16m^2} = \alpha_{sxz}p_0 \quad (3\text{-}41)$$

以上式中，α_{sz}、α_{sx} 和 α_{sxz} 分别为均布条形荷载下相应的三个附加应力系数，都是 $m = z/b$ 和 $n = x/b$ 的函数，可由表 3-7 查得。

表 3-7　　　　　　　　　　均布条形荷载下的附加应力系数

z/b	x/b																	
	0.00			0.25			0.50			1.00			1.50			2.00		
	α_{sz}	α_{sx}	α_{sxz}	α_{sz}	α_{sx}	α_{sxz}	α_{sz}	α_{sx}	α_{sxz}	α_{sz}	α_{sx}	α_{sxz}	α_{sz}	α_{sx}	α_{sxz}	α_{sz}	α_{sx}	α_{sxz}
0.00	1.00	1.00	0	1.00	1.00	0	0.50	0.59	0.32	0	0	0	0	0	0	0	0	0
0.25	0.96	0.45	0	0.90	0.39	0.13	0.50	0.35	0.30	0.02	0.17	0.05	0.00	0.07	0.01	0	0.04	0
0.50	0.82	0.18	0	0.74	0.19	0.16	0.48	0.23	0.26	0.08	0.21	0.13	0.02	0.12	0.04	0	0.07	0.02
0.75	0.67	0.08	0	0.61	0.10	0.13	0.45	0.14	0.20	0.15	0.22	0.16	0.04	0.14	0.07	0.02	0.10	0.04
1.00	0.55	0.04	0	0.51	0.05	0.10	0.41	0.09	0.16	0.19	0.15	0.16	0.07	0.14	0.10	0.03	0.13	0.05
1.25	0.46	0.02	0	0.44	0.03	0.07	0.37	0.06	0.12	0.20	0.11	0.14	0.10	0.12	0.10	0.04	0.11	0.07
1.50	0.40	0.01	0	0.38	0.02	0.06	0.33	0.04	0.10	0.21	0.08	0.13	0.11	0.10	0.10	0.06	0.10	0.07
1.75	0.35	—	0	0.34	0.01	0.04	0.30	0.03	0.08	0.21	0.06	0.11	0.13	0.09	0.10	0.07	0.09	0.08
2.00	0.31	—	0	0.31	—	0.03	0.28	0.02	0.06	0.20	0.05	0.10	0.14	0.07	0.10	0.10	0.08	0.08
3.00	0.21	—	0	0.21	—	0.02	0.20	0.01	0.03	0.17	0.02	0.06	0.13	0.03	0.07	0.10	0.04	0.07
4.00	0.16	—	0	0.16	—	0.01	0.15	—	0.01	0.14	0.02	0.03	0.12	0.02	0.05	0.10	0.03	0.05
5.00	0.13	—	0	0.13	—	—	0.12	—	—	0.12	—		0.11	—		0.09	—	
6.00	0.11	—	0	0.10	—	—	0.10	—	—	0.10	—		0.10	—		—	—	

利用以上各式可绘出地基中的附加应力等值线图，如图 3-18 所示。所谓等值线就是地基中具有相同附加应力数值的点的连线。由图 3-18（a）、（b）可知，地基中的竖向附加应力 σ_z 具有如下分布规律。

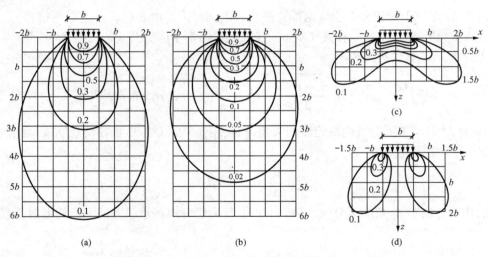

图 3-18　附加应力等值线图

（a）条形荷载下等 σ_z 线；（b）方形荷载下等 σ_z 线；（c）条形荷载下等 σ_x 线；（d）条形荷载下等 τ_{xz} 线

（1）σ_z 的分布范围相当大，它不仅分布在荷载面积之内，而且还分布到荷载面积以外，这就是所谓的附加应力扩散现象。

（2）在离基础底面（地基表面）不同深度 z 处各个水平面上，以基底中心点下轴线处的 σ_z 为最大，离中心轴线越远 σ_z 越小。

（3）在荷载分布范围内任意点竖直线上的 σ_z 值，随着深度增大逐渐减小。

（4）方形荷载所引起的 σ_z，其影响深度要比条形荷载小得多。例如方形荷载中心下 $z=2b$ 处，$\sigma_z \approx 0.1\,p_0$，而在条形荷载下的 $\sigma_z=0.1\,p_0$，等值线则约在中心下 $z=6b$ 处通过。这一等值线反映了附加应力在地基中的影响范围。

由条形荷载下的 σ_x 和 τ_{xz} 的等值线图 [见图 3-18（c）（d）] 可知，σ_x 的影响范围较浅，所以基础下地基土的侧向变形主要发生于浅层；而 τ_{xz} 的最大值出现于荷载边缘，所以位于基础边缘下的土容易发生剪切破坏。

3.3.4 非均质性和各向异性地基中的附加应力

以上介绍的地基附加应力计算都是把地基土看成是均质的、各向同性的线性变形体，而实际情况往往并非如此。如有的地基土是由不同压缩性土层组成的成层地基；有的地基同一土层中土的变形模量随深度增加而增大；有的土层竖直方向和水平方向的性质不同，这些都会影响附加应力的分布。

1. 双层地基

双层地基是工程中常见的一种情况。双层地基指的是在附加应力 σ_z 影响深度（$\sigma_z = 0.1p_0$）范围内地基主要由两层变形显著不同的土层所组成，主要分为上硬下软型和上软下硬型两种类型，如图 3-19 所示。

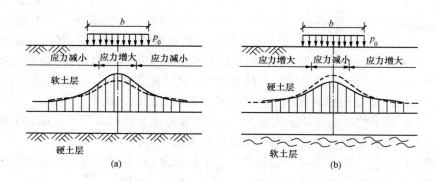

图 3-19　双层地基对附加应力的影响示意图

（a）应力集中现象；（b）应力扩散现象

在山区，通常基岩埋藏较浅，其表层为可压缩的土层，属上软下硬情况。此时，土层中的附加应力值比均质土有所增大，即发生应力集中现象。岩层埋藏越浅，应力集中现象越明显，应力集中与荷载面的宽度 b、压缩性土层厚度 h 以及上下层界面处的摩擦力有关。叶戈洛夫（ЕгороВ，К.Е）给出了竖向均布条形荷载下，上软下硬土层沿荷载面中轴线上各点的附加应力计算公式

$$\sigma_z = K_d p_0 \tag{3-42}$$

式中　K_d——附加应力系数，查表 3-8。

表 3-8　　　　　　　　　　　　　附加应力系数 K_d

z/h	下卧硬层的埋藏深度		
	$h=0.5b$	$h=b$	$h=2.5b$
0	1.000	1.000	1.00
0.2	1.009	0.99	0.87
0.4	1.020	0.92	0.57
0.6	1.024	0.84	0.44

续表

z/h	下卧硬层的埋藏深度		
	$h=0.5b$	$h=b$	$h=2.5b$
0.8	1.023	0.78	0.37
1.0	1.022	0.76	0.36

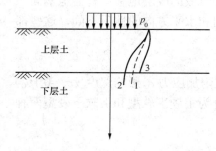

图 3-20　双层地基竖向应力分布的比较

当土层出现上硬下软情况时，则往往出现应力扩散现象。在荷载中心竖直线上也如此，如图 3-20 所示，附加应力 σ_z 随着深度的增加迅速减小。曲线 1 表示均质地基情况；曲线 2 为上硬下软情况；曲线 3 为上软下硬情况。比较曲线 1 和曲线 2 可以明显看出，考虑应力扩散效应时所对应的附加应力要比均质地基时小一些。值得注意的是，在一定的前提条件下，充分挖掘双层地基的这种应力扩散效应可以节约工程成本。上部的坚硬土层也称为硬壳层。硬壳层本身具有相对较大的密实度和一定的刚度，可以分担荷载产生的一部分剪力。此时的硬壳层已具有类似于梁的作用，它可以承担部分弯矩、剪力并抵抗变形。这种类似于梁的作用可称为硬壳层的"壳体效应"。壳体效应的存在有可能使传到下卧软土层的单位面积荷载低于按传统扩散方法计算出来的单位荷载，且分布更加均匀。这就相当于提高了整个地基的承载能力。比如，在修建公路时发现硬壳层缺失的现象时，可以考虑采用人造硬壳层处理软土地基法来改善软土的受力特性。

在坚硬的上层与软弱的下卧层中引起的应力扩散现象，随上层土厚度的增大而更加显著，它还与双层地基的变形模量 E_0（上层土 E_{01}、下层土 E_{02}）、泊松比 μ（上层土 μ_1、下层土 μ_2）有关，即随着参数 f 的增加而变得显著。

$$f = \frac{E_{01}}{E_{02}} \cdot \frac{1-\mu_2^2}{1-\mu_1^2} \tag{3-43}$$

为了计算简便，叶戈洛夫给出了竖向均布条形荷载下，上硬下软土层沿荷载面中轴线上各点的附加应力计算公式

$$\sigma_z = K_E p_0 \tag{3-44}$$

式中　K_E——附加应力系数，查表 3-9。

表 3-9　　　　　　　　　　　　　附加应力系数 K_E

$b/2h$	$f=1$	$f=2$	$f=10$	$f=15$
0	1.00	1.00	1.00	1.00
0.5	1.02	0.95	0.87	0.82
1.0	0.90	0.69	0.58	0.52
2.0	0.60	0.41	0.33	0.29
3.33	0.39	0.36	0.20	0.18
5.0	0.27	0.17	0.16	0.12

注　h 为上层土的厚度。

2. 变形模量随深度增大的地基

在地基中，土的变形模量 E_0 常随地基深度增大而增大。这种现象在砂土中尤为显著，这是土体在沉积过程中的受力条件所决定的，与通常假定的均质地基相比较，沿荷载中心线下，前者的地基附加应力 σ_z 将产生应力集中。这种现象在实验和理论上都得到了验证。

对于一个集中力作用下的地基附加应力的计算，可采用佛罗利克（Frohlich）建议的半经验公式。

$$\sigma_z = \frac{vF}{2\pi R^2}\cos^v\theta \tag{3-45}$$

式中　　v ——应力集中因素。对黏性或完全弹性体，取 3；对硬土，取 6；对介于砂性土和黏性土之间的土体，取 3～6 的整数。

3. 各向异性地基

天然形成的水平薄交互层地基，属于典型各向异性地基。其水平向变形模量 E_{0h} 常大于竖向变形模量 E_{0v}。考虑到由于土的这种层状构造特性与通常假定的均质各向同性地基土存在较大差别，沃尔夫（Wolf，1935 年）假定地基竖直和水平向的泊松比相同，但变形模量不同的条件下，推导了均布线荷载下各向异性地基的附加应力 σ_z'

$$\sigma_z' = \sigma_z / m \tag{3-46}$$

$$m = \sqrt{E_{0h} / E_{0v}}$$

式中　　E_{0h}，E_{0v} ——土层水平和竖直方向的弹性模量；

　　　　σ_z ——线荷载作用下，均质地基的附加应力。

由上式可以看出，当各向异性地基的 $E_{0h} > E_{0v}$ 时，地基中将发生应力扩散现象；当 $E_{0h} < E_{0v}$ 时，则出现应力集中现象。

3.4 有 效 应 力 原 理

饱和土体是一种二相介质，即土颗粒和水。土体受力后如何分担外力，各自分担应力如何传递与相互转化，它们与土体强度和变形有哪些关系？基于这些问题，太沙基于 1925 年提出了饱和土的有效应力原理，这也是土力学成为一门独立学科的重要里程碑。

3.4.1 有效应力原理的基本概念

土中任意截面上都包含有土粒截面积和土中孔隙截面积，如图 3-21（a）所示的土中任意水平面 a—a 截面。通过土颗粒接触点传递的粒间应力，称为土中有效应力，它是控制土的体积变形和强度变化的土中应力。通过土中孔隙传递的应力称为孔隙应力，也称孔隙压力，包括孔隙水压力和孔隙气压力。土中某点的有效应力与孔隙压力之和，称为总应力，包括截面上部覆土的重力、静水压力以及附加荷载力所产生的应力之和。饱和土中没有孔隙气压力，而孔隙水压力有静水压力和超（静）孔隙水压力两种。已知总应力为自重应力时，饱和土中孔隙水压力为静水压力，静水压力不会产生土体变形，在自重应力作用下由粒间有效应力产生土的体积变形。已知总应力为附加应力时，饱和土中开始全部由孔隙水压力传递附加应力，此孔隙水压力称为超孔隙水压力，随着超孔隙水压力的消散，有效应力才有增长，从而产生附加应力作用下土的体积变形。

为了研究饱和土中的有效应力，在土中某深度处沿水平方向截取一截面，并不切断任何一个土粒，而只是沿着土颗粒间接触面截取的曲线状截面，如图 3-21（b）所示。设其面积为 A，截面上外荷载作用应力（即附加应力）σ 为总应力。截面上还有作用于孔隙面积的孔隙水压力 u_w（已知总应力为附加应力时，孔隙水压力是指超孔隙水压力，不包括原来存在于土中的静水压力），以及土颗粒接触面间作用的法向应力 σ_s。各土颗粒间接触面积之和为 A_s，由此可建立平衡条件：

$$\sigma A = \sigma_s A_s + u_w A_w = \sigma_s A_s + u_w (A - A_s) \tag{3-47}$$

或

$$\sigma = \frac{\sigma_s A_s}{A} + u_w \left(1 - \frac{A_s}{A}\right) \tag{3-48}$$

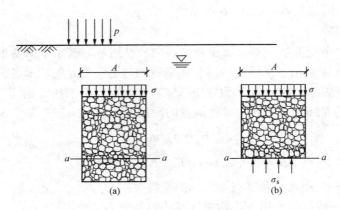

图 3-21　有效应力原理计算示意图

由于颗粒间的接触面积 A_s 很小，毕肖普及伊尔定（Bishop and Eldin，1950 年）根据粒状土的试验工作认为：A_s/A 一般小于 0.03，有可能小于 0.01，可忽略不计，但第一项中因为土颗粒间的接触应力 σ_s 很大，故不能略去。此时式（3-48）可简化为

$$\sigma = \frac{\sigma_s A_s}{A} + u_w \tag{3-49}$$

式（3-49）第一项实际上是土颗粒间的接触应力在截面积上的平均应力，即有效应力。通常用 σ' 表示，反映的是土颗粒间的接触应力，但又不是颗粒间传递力的实际大小，而是全面积 A 上的平均竖直向粒间应力，是一个实际存在的虚拟力。有效应力通常不能直接测量得到，而是已知总应力和测定了孔隙水压力 u 后反算得到。将孔隙水压力 u_w 用 u 表示，上式可写为

$$\sigma' = \sigma - u \tag{3-50}$$

式（3-50）就是太沙基提出的饱和土有效应力原理的数学表达式。

土中任意点的孔隙压力 u 对各个方向作用是相等的，均衡地作用于每个颗粒周围，因而不会使土颗粒移动，也不会导致孔隙体积的变化，只能使土颗粒产生压缩（由于土颗粒本身的压缩量是很微小的，在土力学中均不考虑）。土颗粒间的有效应力作用，则会引起土颗粒的位移，使孔隙体积改变，土体发生压缩变形，同时有效应力的大小也影响土的抗剪强度。由此得到土力学中很重要的有效应力原理。它包含下述两点：

（1）土的有效应力 σ' 等于总应力 σ 减去孔隙水压力 u；

（2）土的有效应力 σ' 控制了土的变形及强度性能。

对于部分饱和土，横截面上还存在孔隙气压力，其相应面积为 A_a。根据平衡条件可得

$$\sigma A = \sigma_s A_s + u_w A_w + u_a A_a \tag{3-51}$$

或

$$\sigma = \frac{\sigma_s A_s}{A} + u_w \frac{A_w}{A} + u_a \frac{A_a}{A} = \frac{\sigma_s A_s}{A} + u_w \frac{A_w}{A} + u_a \frac{A - A_w - A_s}{A}$$

$$= \sigma' + u_a - \frac{A_w}{A}(u_a - u_w) - u_a \frac{A_s}{A} \tag{3-52}$$

略去 $u_a \dfrac{A_s}{A}$ 一项，可得部分饱和土的有效应力公式为

$$\sigma' = \sigma - u_a + \chi(u_a - u_w) \tag{3-53}$$

这个公式是由毕肖普等（1961 年）提出的，式中 $\chi = A_w/A$ 是由试验确定的参数，取决于土的类型及饱和度。一般认为有效应力原理能正确地用于饱和土，但对部分饱和土则尚存在一些问题需进一步研究。

3.4.2　土中水渗流时有效应力的计算

1. 毛细带的有效应力问题

设地基土层如图 3-22 所示，在深度 h_1 的 B 线下的土体已经完全饱和，但地下水的自由表面却在其下的 C 线处。这是由于 C 线下的地下水在毛细吸力作用下，沿着复杂的毛细孔道上升所致。

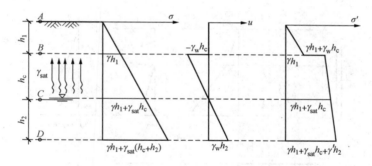

图 3-22　毛细水上升时土中总应力、孔隙水压力和有效应力计算简图

根据毛细水上升的原理，毛细水上升区中孔隙水的应力为负值，即受拉，也称为毛细吸力。在毛细饱和区的最高点（B 点下），孔隙水压力等于毛细水柱高度的重量，即 $u = -\gamma_w h_c$，在地下水位处，$u = 0$。根据有效应力原理，毛细水上升区的有效应力相应增加，即 $\sigma' = \gamma_w h_c$。其他计算点情况见表 3-10。

表 3-10　　　　　　　毛细水上升时土中总应力、孔隙水压力和有效应力计算

计算点		总应力 σ	孔隙水压力 u	有效应力 σ'
A 点		0	0	0
B 点	B 点上	γh_1	0	γh_1
	B 点下		$-\gamma_w h_c$	$\gamma h_1 + \gamma_w h_c$

续表

计算点	总应力 σ	孔隙水压力 u	有效应力 σ'
C 点	$\gamma h_1 + \gamma_{sat} h_c$	0	$\gamma h_1 + \gamma_{sat} h_c$
D 点	$\gamma h_1 + \gamma_{sat}(h_c + h_2)$	$\gamma_w h_2$	$\gamma h_1 + \gamma_{sat} h_c + \gamma' h_2$

2. 无渗流和有渗流时有效应力问题

图 3-23（a）中水静止不动，即土中 a、b 两点的水头相等，属于无渗流情况。地下水渗流时又分为水流向下渗流和水流向上渗流两种情况。图 3-23（b）表示土中 a、b 两点存在水头差 h，属于水流向下渗流情况；图 3-23（c）表示土中 a、b 两点也存在水头差 h，但属于水流向上渗流情况。a、b 两计算点的总应力、孔隙水压力和有效应力如图 3-23 所示，其值列于表 3-11 中。

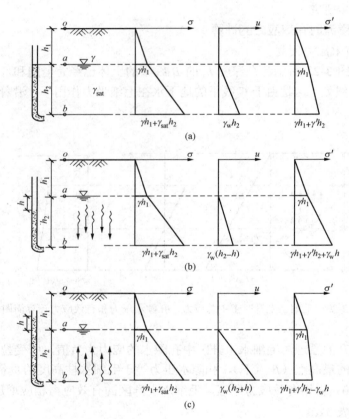

图 3-23　土中无渗流和有渗流时总应力、孔隙水压力和有效应力计算简图

表 3-11　　　　土中无渗流和有渗流时总应力、孔隙水压力和有效应力计算

渗流情况	计算点	总应力 σ	孔隙水压力 u	有效应力 σ'
无渗流	a	γh_1	0	γh_1
	b	$\gamma h_1 + \gamma_{sat} h_2$	$\gamma_w h_2$	$\gamma h_1 + \gamma' h_2$

续表

渗流情况		计算点	总应力 σ	孔隙水压力 u	有效应力 σ'
有渗流	自上向下渗流	a	γh_1	0	γh_1
		b	$\gamma h_1 + \gamma_{sat} h_2$	$\gamma_w (h_2 - h)$	$\gamma h_1 + \gamma_w h + \gamma' h_2$
	自下向上渗流	a	γh_1	0	γh_1
		b	$\gamma h_1 + \gamma_{sat} h_2$	$\gamma_w (h_2 - h)$	$\gamma h_1 - \gamma_w h + \gamma' h_2$

从计算结果可以看出,无渗流和有渗流情况时土中的总应力 σ 的分布是相同的,土中水的渗流不影响总应力值。水渗流时土中产生动水压力,致使有效应力和孔隙水压力均发生变化。土中水自上向下渗流时,动水力方向与土体自重应力方向一致,导致有效应力增加,而孔隙水压力减小;当土中水自下向上渗流时,动水力方向与土体自重应力方向相反,导致有效应力减小,而孔隙水压力增加。

流砂在水利工程和基坑工程中是一种破坏性很大的工程现象。若基坑底部存在承压水层,而隔水、排水不当,或者开挖深度过大,坑底会受到向上的动水力作用;当动水压力等于上覆土压力时,土颗粒之间的有效应力等于零,土颗粒似悬浮在水中,失去稳定,就可能发生流砂。流砂发生时,坑底土会随着水涌出,无法清除,坑底隆起,强度降低,基坑周边地面下沉,会引发边坡失稳破坏。

思 考 题

3-1 何谓自重应力与附加应力?

3-2 地基中自重应力的分布有什么特点?

3-3 为什么在自重应力作用下土体只产生竖向变形?

3-4 地下水位升降对土中自重应力的分布有什么影响?对工程实践有什么影响?

3-5 影响基底压力分布的因素有哪些?

3-6 基底压力、基底附加压力的含义及它们之间的关系是什么?

3-7 在基底总压力不变的前提下,增大基础埋置深度对土中应力分布有什么影响?

3-8 目前根据什么假设计算地基中的附加应力?这些假设是否合理可行?

3-9 试以矩形面积荷载和条形均布荷载为例,说明地基中附加应力的分布规律。

3-10 有两个宽度不同的基础,其基底总压力相同,问在同一深度处,哪一个基础下产生的附加应力大,为什么?

3-11 试简述太沙基有效应力原理。

3-12 土中水的渗流方向对有效应力有什么影响?

习 题

3-1 某土层物理力学性质指标如图 3-24 所示,试计算下述两种情况下土的自重应力:
(1)没有地下水;(2)地下水在天然地面下 1m 位置。

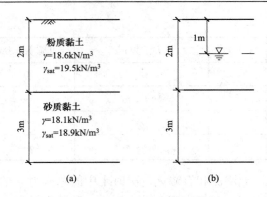

图 3-24　习题 3-1 图

（a）无地下水；（b）地下水位在地面下 1m 深度处

3-2　试计算图 3-25 中各土层界面处及地下水位处土的自重应力，并绘出自重应力沿深度的分布图。

3-3　如图 3-26 所示，某矩形基础的底面尺寸为 4m×2.4m，设计地面下埋深为 1.2m（高于天然地面 0.2m），设计地面以上的荷载为 1200kN，基底标高处原有土的加权平均重度为 18kN/m³。试求基底水平面 1 点及 2 点下各 3.6m 深度处 M_1 和 M_2 点的附加应力值。

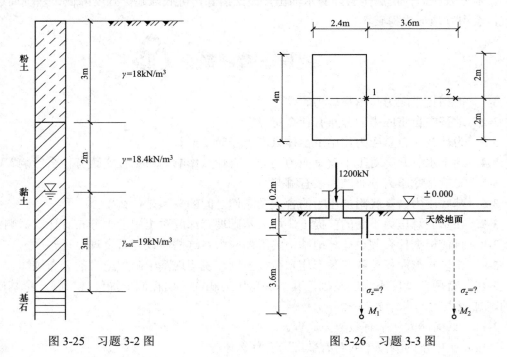

图 3-25　习题 3-2 图　　　　　　　　图 3-26　习题 3-3 图

3-4　一墙下条形基础宽 1m，埋深 1m，承重墙传来的竖向荷载为 150kN/m，试求基底压力 p。

3-5　图 3-27 中的柱下独立基础底面尺寸为 3m×2m，柱传给基础的竖向力 F=1000kN，弯矩 M=180kN·m。试按图中所给资料计算基底压力最大值和最小值，并求基底附加压力，画出基底压力分布图。

3-6 某构筑物基础如图 3-28 所示，在设计地面标高处作用有偏心荷载 680kN，偏心距 1.31m，基础埋深为 2m，底面尺寸为 4m×2m。试求基底平均压力和基底最大压力。

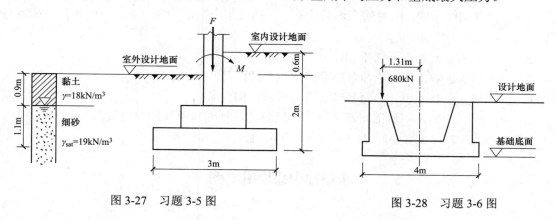

图 3-27 习题 3-5 图   图 3-28 习题 3-6 图

3-7 有一个环形烟囱基础，外径 R=8m，内径 r= 4m。在环基上作用着均布荷载 100kPa，计算环基中心点 O 下 16m 处的竖向附加应力值。

3-8 已知某工程为条形基础，长度为 l，宽度为 b，基底附加压力 p_0=150kPa。计算此条形基础中心点下深度为 0、0.25b、0.50b、1.0b，2.0b、3.0b 处地基中的附加应力。

参考答案：

3-1：（1）无地下水时：粉质黏土层底 37.2kPa，砂质黏土层底 91.5kPa；

（2）有地下水时：地下水位处 18.6kPa，粉质黏土层底 28.1kPa，砂质黏土层底 54.8kPa。

3-2：粉土层底：54kPa，地下水位处 90.8kPa；

黏土层底（即基岩层面有突变）：上 117.8 kPa，下 147.8kPa。

3-3：M_1 点：28.3kPa；M_2 点：3.7kPa。

3-4：p=170kPa。

3-5：p_{max}=261.7kPa，p_{min}=141.7kPa，p_0=175.6kPa，基底压力梯形分布。

3-6：p=150.3kPa，p_{max}=300.6kPa。

3-7：19.8kPa。

3-8：0 处：150kPa；0.25b 处：144kPa；0.50b 处：123kPa；1.0b 处：82.5kPa；2.0b 处：46.5kPa；3.0b 处：31.5kPa。

*注册岩土工程师考试题选

3-1 自重应力在均匀土层中呈（   ）分布。

A. 折线   B. 曲线

C. 直线   D. 不确定

3-2 计算自重应力时，对地下水位以下的土层采用（   ）。

A. 湿重度   B. 有效重度

C. 饱和重度   D. 天然重度

3-3 引起建筑物基础沉降的根本原因是（   ）。

A．基础自重压力   B．基底总压应力

C．基底附加应力   D．建筑物上的活荷载

3-4　相邻刚性基础，同时建于均质地基上，基底压力假定均匀分布，下面说法正确的是（　　）。

A．甲、乙两基础的沉降量不相同

B．由于相互影响，甲、乙两基础要产生更多的沉降

C．由于相互影响，甲、乙两基础要背向对方，向外倾斜

D．由于相互影响，甲基础向乙基础方向倾斜，乙基础向甲基础方向倾斜

（参考答案：3-1：C；3-2：B；3-3：C；3-4：B）

本章知识点思维导图

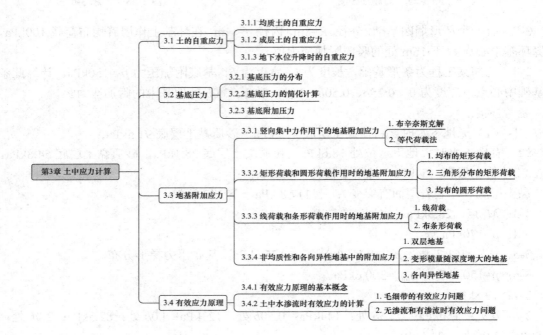

第4章　土的压缩性与地基沉降计算

本 章 提 要

　　地基土在建筑物荷载作用下产生压缩变形，压缩性指标的确定是土力学的重要问题之一。本章讨论土的压缩性试验及压缩指标的确定，土的压缩性高低的划分，以及应力历史对土压缩性的影响；介绍了地基土沉降计算方法，讨论了地基变形与时间的关系，最后对地基沉降的相关问题进行了综述。

　　本章重点为土的压缩性和压缩性指标的确定，地基变形计算的弹性力学计算方法、分层总和法，以及规范法计算地基最终沉降量，太沙基一维固结理论等。对于应力历史对土的压缩性的影响，比较复杂，只要求作一般性的了解。

　　不同地层分布和岩性构成，其沉降量差异性非常大，所以实际勘察过程中需要有严谨、科学的态度与责任担当意识；如果基础资料出现偏差，后续相关计算则无可信度可言，因此需要培养学生树立严谨的学风、科学的态度，以及使命感和担当意识。

4.1　压缩试验及压缩性指标

4.1.1　基本概念

　　土在压力作用下体积缩小的特性称为土的压缩性。土的压缩通常由三部分组成：①固体土颗粒被压缩；②土中水及封闭气体被压缩；③水和气体从孔隙中被挤出。试验研究表明，在一般压力（100～600kPa）作用下，土粒和水的压缩与土的总压缩量之比是很微小的，可以忽略不计，所以把土的压缩看作为土中孔隙体积的减小。此时，土粒调整位置，重新排列，互相挤紧。饱和土压缩时，土中孔隙水随着孔隙体积的减少而被排出。

　　土的压缩变形的快慢与土的渗透性有关。在荷载作用下，透水性大的饱和无黏性土，其压缩过程在短时间内就可以结束。相反，黏性土的透水性低，饱和黏性土中的水分只能慢慢排出，因此其压缩稳定所需的时间要比砂土等无黏性土长得多，其压缩过程所需时间可达十几年，甚至几十年。土的压缩随时间而增长的过程，称为土的固结。对于饱和黏性土来说，土的固结问题是十分重要的。

　　计算地基沉降量时，必须取得土的压缩性指标，无论是用室内试验还是原位试验来测定它，都应该力求试验条件与土的天然状态及其在外荷载作用下的实际应力条件相适应。在一般工程中，常用不允许土样产生侧向变形（侧限条件）的室内压缩试验来测定土的压缩性指标。

4.1.2　压缩曲线和压缩性指标

一、压缩试验和压缩曲线

　　压缩曲线是室内土的固结试验成果，它是土的孔隙比与所受压力的关系曲线。室内固结试验时，用金属环刀切取保持天然结构的原状土样，并置于圆筒形压缩容器的刚性护环内（见图4-1），土样上下各垫一块透水石，受压后可以自由排水。由于金属环刀和刚性护环的限制，土样在压力作用下只能沿竖向发生变形，而无侧向变形。土样的天然状态下或经过人工饱和后，进行逐级加压固结，以便测定各级压力 p_i 作用下土样压缩稳定后的孔隙比 e_i。

设土样的初始高度为 H_0，受压后土样高度为 H_i，ΔH_i 为压力 p_i 作用下土样的稳定压缩量；A 为容器的横截面面积。根据土的孔隙比的定义以及土粒体积 V_s 不会变化，又令 $V_s=1$，则土样孔隙体积 V_v 在受压前相应等于初始孔隙比 e_0，在受压后相应等于孔隙比 e_i（见图 4-2）。

为求土样压缩稳定后的孔隙比，利用受压前后土粒体积不变和土样横截面积不变的两个条件，得出受压前后土粒体积：

$$\frac{H_0}{1+e_0}=\frac{H_i}{1+e_i}=\frac{H_0-\Delta H}{1+e_i}$$

$$e_i=e_0-\frac{\Delta H}{H_0}(1+e_0) \qquad\qquad (4\text{-}1)$$

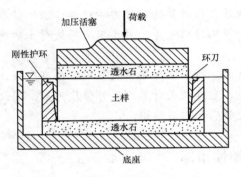
图 4-1　固结仪的压缩容器简图

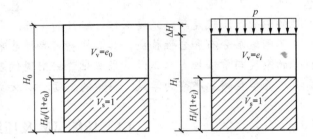
图 4-2　侧限条件下土样原始孔隙比的变化

只要测定土样在各级压力作用下的稳定压缩量后，就可按上式算出相应的孔隙比 e，从而绘制土的压缩曲线。

压缩曲线可按两种方式绘制。一种是采用普通直角坐标绘制的曲线图，如图 4-3（a）所示。在常规试验中，一般按 $p=50$、100、200、300、400kPa 五级加载；另一种的横坐标则取常用对数值，即采用半对数直角坐标绘制成曲线，如图 4-3（b）所示。试验时以较小的压力开始，采取小增量多级加载，并加到较大的荷载（例如 1000kPa）为止。

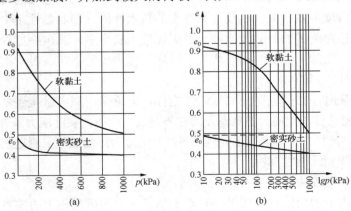
图 4-3　土的压缩曲线

（a）$e\text{-}p$ 曲线；（b）$e\text{-}\lg p$ 曲线

二、土的压缩系数和压缩指数

压缩性不同的土，其 e–p 曲线的形状是不一样的（见图 4-4）。曲线越陡，说明随着压力的增加，土孔隙比的减小越显著，因而土的压缩性越高。所以，曲线上任一点的切线斜率就表示了相应于压力 p 作用下土的压缩性。

$$\tan\alpha = -\frac{\mathrm{d}e}{\mathrm{d}p} \tag{4-2}$$

土的压缩性可用图中割线 M_1M_2 的斜率表示，设割线与横坐标的夹角为 α，则

$$a \approx \tan\alpha = \frac{\Delta e}{\Delta p} = \frac{e_1 - e_2}{p_2 - p_1} \tag{4-3}$$

式中　a——土的压缩系数，kPa^{-1} 或 MPa^{-1}；

p_1——一般是指地基某深度处土中竖向自重应力，kPa；

p_2——地基某深度处土中自重应力与附加应力之和，kPa；

e_1——相应于 p_1 作用下压缩稳定后的孔隙比；

e_2——相应于 p_2 作用下压缩稳定后的孔隙比。

为了便于应用和比较，通常采用压力间隔由 $p_1=100kPa$ 增加到 $p_2=200kPa$ 时所得的压缩系数 $a_{1\text{-}2}$ 来评定土的压缩性。

当 $a_{1\text{-}2}<0.1MPa^{-1}$ 时，属低压缩性土；

当 $0.1MPa^{-1} \leqslant a_{1\text{-}2} < 0.5MPa^{-1}$ 时，属中压缩性土；

当 $a_{1\text{-}2} \geqslant 0.5MPa^{-1}$ 时，属高压缩性土。

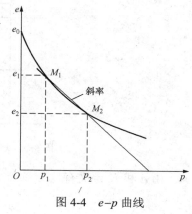

图 4-4　e–p 曲线

土的压缩性高低，对建筑工程影响很大，在高压缩性土的地基上，必须注意其不均匀沉降。

土的压缩指数的定义是土体在侧限条件下孔隙比减小量与竖向有效压应力常用对数增量的比值，即 e–$\lg p$ 曲线中某一压力段的直线斜率。土的 e–p 曲线改绘成半对数压缩曲线 e–$\lg p$ 曲线时，它的后段接近直线（见图 4-5）。其斜率 C_c 为

$$C_\mathrm{c} = \frac{e_1 - e_2}{\lg p_2 - \lg p_1} = e_1 - e_2 \Big/ \lg\frac{p_2}{p_1} \tag{4-4}$$

式中，C_c 称为土的压缩指数，以便与土的压缩系数 a 相区别，其他符号意义同式（4-3）。

与土的压缩系数 a 一样，压缩指数 C_c 值越大，土的压缩性越高。从图中可见 C_c 与 a 不同，它在直线段范围内并不随压力而变，试验时要求斜率确定得很仔细，否则出入会很大。低压缩性土的 C_c 值一般小于 0.2，C_c 值大于 0.4 一般属于高压缩性土。国内外广泛采用 e–$\lg p$ 曲线来分析研究应力历史对土的压缩性的影响，这对重要建筑物的沉降计算具有现实意义。

三、压缩模量（侧限压缩模量）

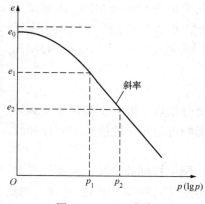

图 4-5　e–$\lg p$ 曲线

根据 e–p 曲线，可以求算另一个压缩性指标——压缩模量 E_s。它的定义是土在完全侧限条件下的竖向附加压应力与相应的应变增量的比值（见图 4-6）。土的压缩模量可

根据下式计算

$$E_s = \frac{\Delta p}{\Delta H / H_1} = \frac{1 + e_1}{a} \qquad (4\text{-}5)$$

式中　E_s——土的压缩模量，kPa 或 MPa；

　　　　a——土的压缩系数，kPa^{-1} 或 MPa^{-1}；

　　　　e_1——相应于 p_1 作用下压缩稳定后的孔隙比。

式（4-5）的推导，把压缩前比拟为实际土体在自重应力 p_1 作用下的情况，压缩后相当于自重应力和附加应力之和 p_2 的情况。

$$\frac{H_1}{1 + e_1} = \frac{H_2}{1 + e_2} = \frac{H_1 - \Delta H}{1 + e_2} \qquad (4\text{-}6)$$

$$\Delta H = \frac{e_1 - e_2}{1 + e_1} H_1$$

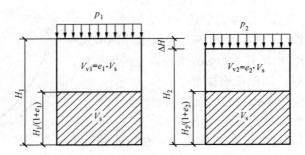

图 4-6　侧限条件下土样高度变化与孔隙比变化的关系

由 a 和 E_s 定义有

$$E_s = \frac{\sigma_z}{\varepsilon_z} = \frac{p_2 - p_1}{\Delta H / H_1} = \frac{p_2 - p_1}{\dfrac{e_1 - e_2}{1 + e_1}} = \frac{1 + e_1}{a} \qquad (4\text{-}7)$$

E_s 也称侧限压缩模量，以便与一般材料在无侧限条件下简单拉伸或压缩时的弹性模量相区别。

土的压缩模量 E_s 是土的压缩性指标的又一个表达方式，其单位为 kPa 或 MPa。压缩模量与压缩系数 a 呈反比，E_s 越大，a 越小，土的压缩性越低。所以 E_s 也具有划分土压缩性高低的功能。一般认为，$E_s \leqslant 4\text{MPa}$ 时为高压缩性土；$E_s > 15\text{MPa}$ 时为低压缩性土；$E_s = 4 \sim 15\text{MPa}$ 时为中压缩性土。

四、土的回弹曲线和再压缩曲线

在实际工程中，对于底面积和埋深都较大的基础，在基坑开挖后，地基土体由于受到较大的减压作用而体积增大，会导致坑底产生回弹变形。这种影响可通过试验所得的回弹曲线和再压缩曲线来考虑（见图 4-7）。

在压缩试验过程中，如加压至某一值 p_i 后逐级卸去压力，则土样回弹升高。根据回弹量可算出相应的孔隙比，由此绘出的孔隙比与相应压力的关系曲线（见图 4-7 中 bc 曲线），称为回弹曲线。

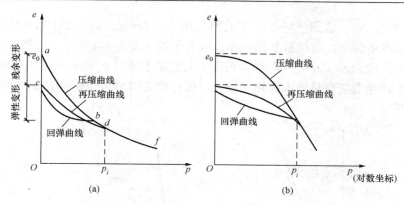

图 4-7   土的回弹曲线和再压缩曲线

（a）$e\text{–}p$ 曲线；（b）$e\text{–lg}p$ 曲线

从回弹曲线可看到，当压力卸除后土样不能恢复到原来的高度和孔隙比 e_0，而要平缓得多，即变形不能全部恢复。这说明土是一种非弹性体。土的压缩变形是由弹性变形和残余变形两部分组成的，其中可恢复的是弹性变形，不可恢复的是残余变形。如果重新逐级加压，并求出各级压力下再压缩稳定的孔隙比，则可画出再压缩曲线，如图 4-7 中 cdf 所示。其中 df 段像是 ab 段的延续，犹如没有经过卸压和再加压过程一样，其半对数曲线上也同样可看到这种现象。

4.2   土的弹性模量与变形模量

4.2.1   土的弹性模量

土的弹性模量定义是土体在无侧限条件下瞬时压缩的应力应变模量。布辛奈斯克解答了一个竖向集中力作用在半空间（半无限体）表面上，半空间内任意点处所引起的六个应力分量和三个位移分量，其中位移分量包含了土的弹性模量和泊松比两个参数。由于土并非理想弹性体，它的变形包括了可恢复的弹性变形和不可恢复的残余变形两部分。因此，在静荷载作用下计算土的变形时所采用的参数为压缩模量或变形模量；在侧限条件假设下，通常地基沉降计算的分层总和法公式都采用压缩模量；当运用弹性力学公式时，则用变形模量或弹性模量进行变形计算。

如果在动荷载（如车辆荷载、风、地震）作用时，仍采用压缩模量或变形模量计算土的变形，将得出与实际情况不符的偏大结果。其原因是冲击荷载或反复荷载每一次作用的时间短暂，由于土骨和土粒未被破坏，不发生不可恢复的残余变形，只发生土骨架的弹性变形、部分土中水排出的压缩变形、封闭土中气体的压缩变形，都是可恢复的弹性变形，所以，弹性模量远大于变形模量。

确定土的弹性模量的方法，一般采用室内三轴压缩试验或单轴压缩无侧限抗压强度试验得到的应力—应变关系曲线所确定的初始切线模量（E_i）或相当于现场荷载条件下的再加载模量（E_r），试验方法如下：

采用取样质量好的原状土样，在三轴仪中进行固结，所施加的固结压力 σ_s 各向相等，其值取等于试样在现场 K_0 固结条件下的有效自重应力，即 $\sigma_3 = \sigma_{cx} = \sigma_{cy}$。固结后在不排水的情况下，施加轴向压力 $\Delta\sigma$，达到现场条件下的附加压力，$\Delta\sigma=\sigma_z$，此时试样中的轴向压应力为 $\sigma_3+\Delta\sigma=\sigma_1$，然后减压到零。这样重复加载和卸载若干次，如图 4-8 所示。一般加、卸 5～6 个循环后，便可在主应力差（$\sigma_1-\sigma_3$）与轴向应变 ε 关系图上测得 E_i 和 E_r。该图还表明，在周期荷载作用下，土样随着应变量增大而逐渐硬化。这样确定的再加荷模量 E_r 就是符合现场条件下的土的弹性模量。

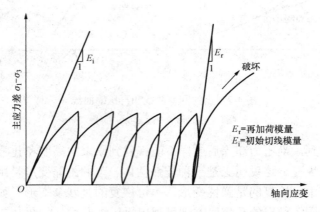

图 4-8　三轴压缩试验确定土的弹性模量

4.2.2　土的变形模量

土的压缩性指标，除从室内压缩试验测定外，还可以通过现场原位测试取得。例如，可以通过平板载荷试验或旁压试验所测得的地基沉降（或土的变形）与压力之间近似的比例关系，从而利用地基沉降的弹性力学公式来反算土的变形模量。

一、以平板载荷试验测定土的变形模量

地基土平板载荷试验是工程地质勘察工作中的一项原位测试。试验前先在现场试坑中竖立载荷架，使施加的荷载通过承压板（或称压板）传到地层中去，以便测试岩土的力学性质，包括测定地基变形模量，地基承载力以及研究土的湿陷性质等。

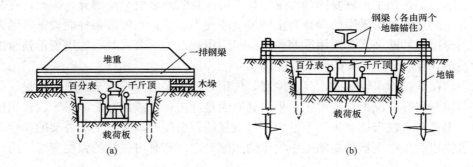

图 4-9　平板载荷试验载荷架示例

（a）堆重—千斤顶式；（b）地锚—千斤顶式

图 4-9 所示两种千斤顶形式的载荷架，其构造一般由加载稳压装置，反力装置及观测装置三部分组成。根据各级荷载及其相应的（相对）稳定沉降的观测数值，即可采用适当的比例尺绘制荷载 p 与稳定沉降 s 的关系曲线，必要时还可绘制各级荷载下的沉降与时间的关系

曲线。

　　试验的加载标准应符合下列要求：加载等级不应少于 8 级，最大加载量不应少于设计荷载的 2 倍。每级加载后，按间隔 10、10、10、15、15min，以后为每隔半小时测读一次沉降量，当在连续两小时内，每小时的沉降量小于 0.1mm 时，则认为已趋于稳定，可加下一级荷载。当出现下列情况之一时，即可终止加载。

　　（1）承压板周围的土明显地侧向挤出；

　　（2）沉降 s 急骤增大，荷载～沉降（p–s）曲线出现陡降段；

　　（3）在某一荷载下，24 小时内沉降速率不能达到稳定标准；

　　（4）沉降量与承压板宽度或直径之比大于或等于 0.06。

　　满足终止加载前三种情况之一时，其对应的前一级荷载定为极限荷载 p_u。

　　根据各级荷载及其相应的沉降量观测数值，即可绘制承压板底面压力 p 与沉降量 s 的关系曲线，即 p–s 曲线，如图 4-10 所示。其中曲线的开始部分往往接近于直线，与直线段终点 1 对应的荷载称为地基的比例界限荷载，相当于地基的临塑荷载。一般地基承载力设计值取接近于或稍超过此比例界限值。所以通常将地基的变形按直线变形阶段，以弹性力学公式，即按下式来反求地基土的变形模量，其计算公式如下：

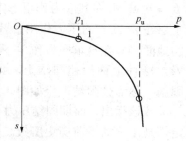

图 4-10　平板载荷试验压缩曲线

$$E_0 = \omega(1-\mu^2)\frac{p_1 b}{s_1}$$

式中　　p_1——直线段的荷载强度，单位为 kPa；

　　　　s_1——相应于 p 的载荷板下沉量；

　　　　b——载荷板的宽度或直径；

　　　　μ——土的泊松比，砂土可取 0.2～0.25，黏性土可取 0.25～0.45；

　　　　ω——沉降影响系数；对刚性载荷板，取 $\omega=0.88$（方形板），$\omega=0.79$（圆形板）。

二、变形模量与压缩模量的关系

　　如前所述，土的变形模量是土体在无侧限条件下的应力与应变的比值；而土的压缩模量则是土体在完全侧限条件下的应力与应变的比值。E_0 与 E_s 两者在理论上是完全可以相互换算的。

　　从侧向不允许膨胀的压缩试验土样中取一微单元体进行分析，可得 E_0 与 E_s 两者具有如下关系：

$$E_0 = E_s\left(1-\frac{2\mu^2}{1-\mu}\right) = E_s(1-2\mu K_0)$$

$$\beta = 1-\frac{2\mu^2}{1-\mu} = E_s(1-2\mu K_0)$$

$$E_0 = \beta E_s$$

　　上式是 E_0 与 E_s 间的理论关系。实际上，由于各种因素的影响，E_0 值可能是 βE_s 值的几倍。一般来说，土越坚硬，则倍数越大，而软土的 E_0 值与 βE_s 值比较接近。

4.3 应力历史对土的压缩性的影响

4.3.1 天然土层的应力历史

想要了解应力历史对土的压缩变形的影响，就必须知道土层受过的前期固结压力。前期固结压力，是指土层在历史上曾经受到过的最大固结压力，用 p_c 表示。其与目前土层所受的自重压力 $p_1 = \gamma z$ 之比，称为超固结比（OCR），天然土层按其固结状态可分为正常固结土、超固结土和欠固结土。

如土在形成和存在的历史中只受过与目前土层所受的自重应力相同的自重应力（即 $p_c = p_1$），并在其应力作用下完全固结的土称为正常固结土，如图 4-11（b）所示。反之，若土层在 $p_c > p_1$ 的压力作用下曾固结过，如土层在历史上曾经沉积到图 4-11（a）中虚线所示的地面，并在自重应力作用下固结稳定，由于地质作用，上部土层被剥蚀，而形成现在地表，这种土称为超固结土。如土属于新近沉积的堆积物，在其自重应力 p_1 作用下尚未完全固结，称为欠固结土，如图 4-11（c）所示。

应该指出，前期固结压力 p_c 只是反映土层压缩性能发生变化的一个界限值，其成因不一定都是由土的受荷历史所致。其他如黏土风化过程的结构变化，土粒间的化学胶结，土层的地质时代变老，地下水的长期变化以及土的干缩等作用均可能使黏土层的密实程度超过正常沉积情况下相对应的密度，而呈现一种类似超固结的性状。因此，确定前期固结压力时，须结合场地的地质情况、土层的沉积历史、自然地理环境变化等各种因素综合评定。

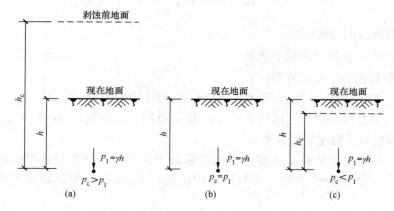

图 4-11 沉积土层按先期固结压力 p_c 分类

4.3.2 前期固结应力 p_c 与现场压缩曲线

1. 前期固结应力 p_c 的确定

为了判断地基土的应力历史，必须确定它的前期固结应力 p_c。最常用的方法是卡萨格兰德（Casagrande）图解法，其作图方法和步骤如下，见图 4-12。

（1）在室内压缩 $e-\lg p$ 曲线上，找出曲率最大的 A 点，过 A 点作水平线 $A1$、切线 $A2$ 以及它们的角平分线 $A3$。

（2）将压缩曲线下部的直线段向上延伸交 $A3$ 于 B 点，则 B 点的横坐标即为所求的前期固结应力 p_c。

应当指出，采用这种方法确定前期固结应力的精度在
很大程度上取决于曲率最大的 A 点的选定。但是，通常 A
点是凭借目测决定的，有一定的误差。对于严重扰动试样，
其压缩曲线的曲率不太明显，A 点的正确位置就更难以确
定。另外，纵坐标用不同的比例时，A 点的位置也不尽相同。
因此，要可靠地确定前期固结应力，宜结合土层形成的历
史资料，加以综合分析。

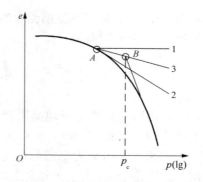

图 4-12　前期固结应力的确定

2. 现场压缩曲线的推求

试样的前期固结应力确定之后，就可以将它与试样原
位现有固结应力 p_1 进行比较，从而判定该土是正常固结的、
超固结的，还是欠固结的。然后，依据室内压缩曲线的特征，即可推求出现场压缩曲线。

（1）若 $p_c = p_1$，则试样是正常固结的，它的现场压缩曲线可用下面的方法确定。假定取
样过程中，试样不发生体积变化，即实验室测定的试样初始孔隙比 e_0 就是取土深度处的天然
孔隙比。由 e_0 和 p_c 的值，在 $e\text{-}\lg p$ 坐标上定出 E 点，如图 4-13 所示，此即土在现场压缩的
起点，也就是说，(e_0, p_c) 反映了原位土的应力—孔隙比的状态。然后，从纵坐标 $0.42e_0$
处作一水平线交室内压缩曲线于 C 点。根据前述的压缩曲线特征，可以推断：现场压缩曲线
也通过 E 点。连接 E 点和 C 点，即得现场压缩曲线。

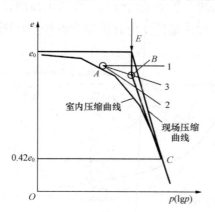

图 4-13　正常固结土的孔隙比变化

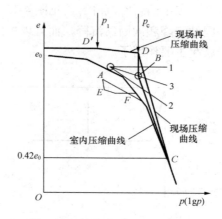

图 4-14　超固结土的孔隙比变化

（2）若 $p_c > p_1$，则试样是超固结的。这时，室内压缩试验必须用下面的方法确定。在试
验过程中，随时绘制 $e\text{-}\lg p$ 曲线，待压缩曲线出现急剧转折之后，逐级回弹至 p_0，再分级加
载，得到图 4-14 所示的曲线 $AEFC$，即可用于确定超固结土的现场压缩曲线。

①确定前期固结应力的位置线和 C 点的位置。

②按试样在原位的现有有效应力 p_0'（即现有自重应力 p_0）和孔隙比 e_0，定出 D' 点，此
即试样在原位压缩的起点。

③假定现场再压缩曲线与室内回弹—再压缩曲线构成的回滞环的割线 EF 相平行，则过
D' 点作 EF 的平行线交 p_c 线于 D 点，$D'D$ 线即为现场再压缩曲线。

④作 D 点和 C 点的连线，即得现场压缩曲线。

（3）若 $p_c < p_1$，则试样是欠固结的。如前所述，欠固结土实际上属于正常固结土的一种

特例，所以，它的现场压缩曲线的推求方法与正常固结土相同，现场压缩曲线与图 4-13 相似，但压缩的起始点较高。

4.4　地基最终沉降量计算

在相同荷载作用下地基所产生的沉降，将随地基土的性质不同而有所差别，这些差别不仅表现在总沉降，而且也反映在沉降速度上。为了搞清这些差别，对平均沉降应做分析。一般说来，它可分为三部分：①当荷载刚加上，在很短时间内产生的沉降 s_1，一般称瞬时沉降，这是土骨架在三个轴向上产生弹性和塑性变形的结果。②主固结沉降 s_2（或渗透固结沉降）。它是饱和黏土地基在荷载作用下，孔隙水被挤出而产生渗透固结的结果。③次固结沉降 s_3。它是上述地基孔隙水基本停止挤出后，颗粒和结合水之间的剩余应力尚在调整而引起的沉降。

对于不同类型的土，它们的沉降特征也不一样。对于砂土地基，不论是饱和土或非饱和土，其沉降主要是瞬时沉降，见图 4-15（a）。对于饱和砂土，由于不含结合水，土孔隙也很大，自由水排出很快，故地基下沉很快，不存在固结沉降问题；对于非饱和黏性土，由于土中含有气体，受力后气体体积压缩，部分气体溶解于水，故地基沉降也以瞬时沉降为主。至于含有机质较少的一般饱和黏性土，当荷载刚加上时，由于土骨架的弹塑性变形的结果，地基将产生较小的瞬时沉降 s_1，见图 4-15（b）。随后将是大量的随时间而发展的沉降，这里包括主固结沉降和次固结沉降，而且以主固结为主；如该黏性土中有机质含量较多，则次固结沉降就起主要作用了。

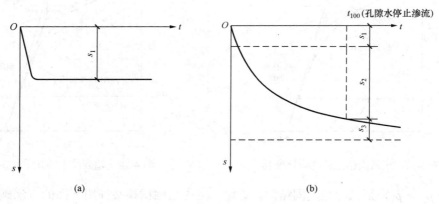

图 4-15　地基沉降发展过程

（a）砂土地基；（b）黏性土地基

关于瞬时沉降的计算，一般都采用弹性理论；对于固结沉降，常采用分层总和法。实际上，分层总和法在经过一定经验修正后，常用来计算各种地基的总沉降。

下面分别介绍地基沉降计算的弹性力学公式法、分层总和法、规范法，以及考虑先期固结压力的计算方法。

4.4.1　地基变形的弹性力学公式

假定在均匀的各向同性的半无限弹性体表面，作用一个竖向集中荷载 F（见图 4-16），计算半无限体内任一点 M 的应力（不考虑弹性体的体积力）。上一章已介绍过这在弹性理论中已由法国数学家布辛奈斯克（Boussinesq J V，1885 年）解得。当采用直角坐标系时，其 6 个应力分量和 3 个位移分量可分别表示如下。

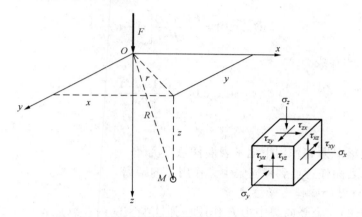

图 4-16　竖向集中荷载作用下土中应力计算简图

（1）法向应力

$$\sigma_z = \frac{3Fz^3}{2\pi R^5} \tag{4-8}$$

$$\sigma_x = \frac{3F}{2\pi}\left\{\frac{zx^2}{R^5} + \frac{1-2\mu}{3}\left[\frac{R^2-Rz-z^2}{R^3(R+z)} - \frac{x^2(2R+z)}{R^3(R+z)^2}\right]\right\} \tag{4-9}$$

$$\sigma_y = \frac{3F}{2\pi}\left\{\frac{zy^2}{R^5} + \frac{1-2\mu}{3}\left[\frac{R^2-Rz-z^2}{R^3(R+z)} - \frac{y^2(2R+z)}{R^3(R+z)^2}\right]\right\} \tag{4-10}$$

（2）剪应力

$$\tau_{xy} = \tau_{yx} = \frac{3F}{2\pi}\left[\frac{xyz}{R^5} - \frac{1-2\mu}{3}\times\frac{xy(2R+z)}{R^3(R+z)^2}\right] \tag{4-11}$$

$$\tau_{yz} = \tau_{zy} = -\frac{3Fyz^2}{2\pi R^5} \tag{4-12}$$

$$\tau_{zx} = \tau_{xz} = -\frac{3Fxz^2}{2\pi R^5} \tag{4-13}$$

（3）x、y、z 轴方向的位移

$$u = \frac{F(1+\mu)}{2\pi E}\left[\frac{xz}{R^3} - (1-2\mu)\frac{x}{R(R+z)}\right] \tag{4-14}$$

$$v = \frac{F(1+\mu)}{2\pi E}\left[\frac{yz}{R^3} - (1-2\mu)\frac{y}{R(R+z)}\right] \tag{4-15}$$

$$w = \frac{F(1+\mu)}{2\pi E}\left[\frac{z^2}{R^3} + 2(1-\mu)\frac{1}{R}\right] \tag{4-16}$$

$$R = \sqrt{x^2+y^2+z^2}$$

式中　　x、y、z ——M 点的坐标；

　　　　E、μ ——地基土的弹性模量及泊松比。

对于地基变形问题，我们关心的是地基表面沉降。对于式（4-16），取 $z=0$，即求得地基表面变形 s

$$s = w(x,y,0) = \frac{F(1+\mu)}{\pi E}\left[(1-\mu)\frac{1}{R}\right]$$

上式可进一步改写成

$$s = w(x,y,0) = \frac{F(1-\mu^2)}{\pi E r} \tag{4-17}$$

$$r = \sqrt{x^2 + y^2}$$

式中　s ——竖向集中力 F 作用下地基表面任意点沉降；

　　　　r ——地基表面任意点到竖向集中力作用点的距离。

1. 地基表面沉降的弹性力学公式

根据上面给出的一个竖向集中力 F 作用在弹性半空间内任意点 $M(x,y,z)$ 处产生的垂直位移 $w(x,y,z)$ 的解答，地基表面任意点沉降 s（见图 4-17）可用式（4-17）计算，即

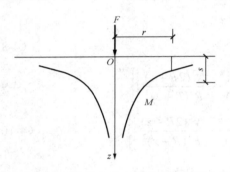

图 4-17　竖向集中力作用下地基表面的沉陷曲线

$$s = w(x,y,0) = \frac{F(1-\mu^2)}{\pi E r}$$

式中　E ——地基土的弹性模量（估算黏性土的瞬时沉降，一般用 E 表示）或变形模量（估算最终沉降，用 E_0 表示）。

其余符号同前。

对于局部柔性荷载作用下的地基表面沉降，可利用式（4-17），根据叠加原理求得。如图 4-18（a）所示，设荷载面 A 内任意点 $N(\xi,\eta)$ 处的分布荷载为 $p(\xi,\eta)$，该点微面积 $\mathrm{d}\xi\mathrm{d}\eta$ 上的分布荷载可由集中力 $\mathrm{d}p = p(\xi,\eta)\mathrm{d}\xi\mathrm{d}\eta$ 代替。

于是与竖向集中力作用点相距为 $r = \sqrt{(x-\xi)^2 + (y-\eta)^2}$ 的 $M(x,y)$ 点沉降 $s(x,y)$，可将式（4-17）积分得到

$$s(x,y) = \frac{1-\mu^2}{\pi E}\iint\limits_{A}\frac{p(\xi,\eta)\mathrm{d}\xi\mathrm{d}\eta}{\sqrt{(x-\xi)^2 + (y-\eta)^2}} \tag{4-18}$$

对均布矩形荷载 $p(\xi,\eta) = p =$ 常数，则矩形角点 C 处产生的沉降按上式积分的结果表达为

$$s = \delta_c p \tag{4-19}$$

式中　δ_c ——单位均布矩形荷载 $p=1$ 在角点 C 处产生的沉降，称为角点沉降影响系数。

$$\delta_c = \frac{1-\mu^2}{\pi E}\left[l\ln\frac{b+\sqrt{l^2+b^2}}{l} + b\ln\frac{l+\sqrt{l^2+b^2}}{b}\right] \tag{4-20}$$

将长宽比 $m = l/b$ 代入式（4-20），则

$$s = \frac{1-\mu^2 b}{\pi E}\left[m\ln\frac{1+\sqrt{m^2+1}}{m} + \ln(m+\sqrt{m^2+1})\right]p \tag{4-21a}$$

令 $\omega_{c} = \dfrac{1}{\pi}\left[m\ln\dfrac{1+\sqrt{m^{2}+1}}{m} + \ln(m+\sqrt{m^{2}+1}) \right]$，$\omega_{c}$ 称为角点沉降影响系数，上式改写为

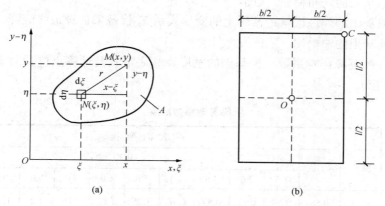

图 4-18　局部柔性荷载下的地面沉陷计算简图

(a) 任意荷载面；(b) 矩形荷载面

$$s = \omega_{c}\dfrac{1-\mu^{2}}{E}bp \tag{4-21b}$$

利用式（4-21b），以角点法可求均布矩形荷载下地基表面任意点的沉降。

对于矩形中点的沉降量［见图 4-18（b）］，应等于四个按虚线划分的相同小矩形角点沉降量之和，即矩形荷载中心点沉降量为角点沉降量的两倍。

$$s = 4\omega_{c}\dfrac{1-\mu^{2}}{E}(b/2)p = 2\omega_{c}\dfrac{1-\mu^{2}}{E}bp \tag{4-22a}$$

若令 $\omega_{0}=2\omega_{c}$，其中，ω_{0} 称为中心点沉降影响系数，则

$$s = \omega_{0}\dfrac{1-\mu^{2}}{E}bp \tag{4-22b}$$

计算和实践表明，局部柔性荷载下的半空间地基具有应力扩散性。地基表面沉降不仅产生于荷载面范围之内，而且对荷载面以外也有影响。一般扩展基础多具有一定的抗弯刚度，因而基底中心点沉降可近似按柔性荷载考虑，即

$$s = \left(\iint\limits_{A} S(x,y)\mathrm{d}x\mathrm{d}y \right)/A \tag{4-23a}$$

式中　A——基底面积。

对于均布的矩形荷载，式（4-23a）的积分结果为

$$s = \omega_{m}\dfrac{1-\mu^{2}}{E}bp \tag{4-23b}$$

式中　ω_{m}——平均沉降影响系数。

为了便于查表计算，将式（4-21b）、式（4-22b）、式（4-23b）用统一的弹性力学公式表达为

$$s = \omega(1-\mu^{2})bp/E \tag{4-24}$$

式中　s ——地基表面各种计算点的沉降量，mm。

　　　b ——矩形荷载的宽度或圆形荷载的直径，m。

　　　p ——地基表面均布荷载，kPa。

　　　E ——地基土的弹性模量；常用土的变形模量 E_0 代替来估算最终沉降。

　　　μ ——地基土的泊松比。

　　　ω ——各种沉降影响系数；按基础的刚度、基底形状及计算点位置而定，可查表 4-1
得到。

表 4-1　　　　　　　　　　　　　　沉降影响系数 ω 值

计算点位置		荷 载 面 形 状												
		圆形	方形	矩形（l/b）										
				1.5	2.0	3.0	4.0	5.0	6.0	7.0	8.0	9.0	10	100
柔性荷载	ω_c	0.64	0.56	0.68	0.77	0.89	0.98	1.05	1.11	1.16	1.2	1.24	1.27	2.00
	ω_0	1.00	1.12	1.36	1.53	1.78	1.96	2.10	2.22	2.32	2.40	2.48	2.54	4.01
	ω_m	0.85	0.95	1.15	1.30	1.52	1.70	1.83	1.96	2.04	2.12	2.19	2.25	3.70
刚性基础	ω_r	0.785	0.886	1.08	1.22	1.44	1.61	1.72	—	—	—	—	2.12	3.40

中心荷载作用下的刚性基础被假设为具有无限大的抗弯刚度，受荷沉降后基础不挠曲，因而基底各点的沉降量处处相等。s 也以式（4-24）表示，常取基底平均附加应力作为公式中的地基表面均布荷载。

对于土质均匀的地基，利用式（4-24）估算地基表面的最终沉降量是很简便的。由于弹性力学公式是按均质的线性变形半空间的假设得出的，而实际上地基常常是非均质的成层土，其变形模量 E_0 一般随深度而增大，所以用土的变形模量 E_0 代替来估算最终沉降所得的结果往往偏大。因此，利用弹性力学公式计算基础沉降，关键在于所取的 E_0 值是否能反映地基变形的真实情况。

地基土层的 E_0 值，如能从已有建筑物的沉降观测资料，以弹性力学公式反算求得，这种数据是很有价值的。通常在整理地基载荷试验资料时，就是利用式（4-24）来反算 E_0 的。

2. 刚性基础倾斜的弹性力学公式

刚性基础承受偏心荷载时，沉降后基底为倾斜平面，基底形心处的沉降（即平均沉降）可按式（4-24）取 $\omega = \omega_r$ 计算。基底倾斜的弹性力学公式如下。

对圆形基础
$$\tan\theta = 6\frac{1-\mu^2}{E} \cdot \frac{pe}{b^3} \tag{4-25a}$$

对矩形基础
$$\tan\theta = 8K\frac{1-\mu^2}{E} \cdot \frac{pe}{b^3} \tag{4-25b}$$

式中　θ ——基础倾斜角；

　　　p ——基底竖向偏心荷载，kN；

　　　e ——合力的偏心距；

　　　b ——荷载偏心方向的矩形基底边长或圆形基底直径，m；

E ——地基土的弹性模量，常用土的变形模量 E_0 代替，kPa；

μ ——地基土的泊松比；

K ——矩形刚性基础的倾斜影响系数，无量纲，按 l/b（l 为矩形基础底另一边长）值由图 4-19 查取。

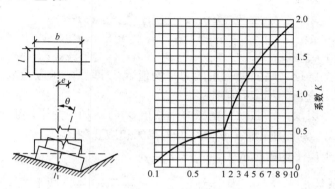

图 4-19　刚性基础的倾斜影响系数

对于成层土地基，在地基压缩层深度范围内应取各土层的变形模量 E_{0i} 和泊松比 μ_i 的加权平均值 $\bar{E}_0$ 和 $\bar{\mu}$，即近似均按各土层厚度的加权平均取值。

此外，弹性力学公式可用来计算短暂荷载作用下地基的沉降和基础的倾斜。此时认为地基土不产生压缩变形（体积变形）而只产生剪切变形（形状变形），如在风力或其他短暂荷载作用下，基础的倾斜可按式（4-25）计算，但式中 E_0 应换成土的弹性模量 E 代入，并以土的泊松比 $\mu = 0.5$ 代入。

4.4.2　分层总和法计算地基沉降

分层总合法计算地基的最终的沉降量，是以无侧向变形条件下的压缩量计算公式为基础，在地基沉降计算深度范围内分为若干分层，计算各分层的压缩量，然后求其总和。可采用单向压缩基本公式。

土的压缩性指标由压缩试验的 $e-p$ 曲线和 $e-\lg p$ 曲线确定。由于室内压缩试验所得的 $e-p$ 曲线和 $e-\lg p$ 曲线反映了每级荷载作用下变形稳定时的孔隙比变化（相当于土体体积的变化），所以由压缩试验所得的压缩曲线可用来计算土层在荷载作用下的总沉降量。

因为根据压缩试验所得的每一级荷载作用下的 $e-\lg p$ 曲线中包含有次固结段，所以根据压缩试验结果计算所得的沉降量是包括主固结沉降与次固结沉降的总沉降量。但由于大多数情况下次固结沉降在总沉降中所占的比例很小，所以一般都把根据压缩试验数据计算所得的沉降量作为主固结沉降量。对于次固结沉降较大的土，一般需根据其次固结曲线单独计算次固结沉降。

1. 基本假定

分层总和法的基本假定如下：

（1）土的压缩完全是由于孔隙体积减少所致，而土粒本身的压缩忽略不计；

（2）土体仅产生竖向压缩，而无侧向变形；

（3）在划分的各土层高度范围内，假定应力是均匀分布的，并按照上下层交界处的平均应力计算。

2. 基本公式

利用压缩试验成果计算地基沉降，就是在已知 e–p 曲线的情况下，根据附加应力Δp 来计算单层土的竖向变形量ΔH，也就是单层土的沉降量Δs。

沉降量计算公式为

$$\Delta s = \frac{e_1 - e_2}{1 + e_1} H = \frac{\Delta e}{1 + e_1} H = \frac{a}{1 + e_1} \Delta p H \qquad (4\text{-}26)$$

式中　　H ——压缩土层厚度；

e_1 ——根据土层顶、底面处自重应力平均值σ_c，即原始压应力 p_1，从土的压缩 e–p 曲线上查得的相应孔隙比；

e_2 ——根据土层顶、底面处自重应力平均值σ_c 与附加应力平均值σ_z 之和，即总压应力 p_2，从土的压缩 e–p 曲线上查得的相应孔隙比；

Δp ——压缩土层平均附加应力，　$\Delta p = p_2 - p_1$。

定义体积压缩系数$m_v = \dfrac{a}{1 - e_1}$，则压缩模量 $E_s = \dfrac{1 + e_1}{a} = \dfrac{1}{m_v}$，故上式也可以写成

$$\Delta s = \frac{1}{E_s} \Delta p H = m_v \Delta p H \qquad (4\text{-}27)$$

3. 分层总和法

式（4-26）、式（4-27）是土中单元体在受到附加应力作用下产生的沉降。由于地基中的附加应力是随深度衰减的，所以总沉降应为各点产生的沉降的总和，即

$$s = \int_0^\infty \varepsilon\,\mathrm{d}z = \int_0^\infty \frac{\Delta p}{E_s}\,\mathrm{d}z = \int_0^\infty m_v \Delta p\,\mathrm{d}z = \int_0^\infty \frac{\Delta e}{1 + e_1}\,\mathrm{d}z \qquad (4\text{-}28)$$

$$\Delta e = e_1 - e_2$$

式中　　s ——总沉降量；

ε ——压缩土层的侧限压缩应变；

m_v ——体积压缩系数；

E_s ——压缩土层的压缩模量；

式中，Δp、E_s、e_1、e_2 符号意义同前，均为深度 z 的函数。将式（4-28）进行离散化后进行计算，得

$$s = \sum_{i=1}^{n} \varepsilon_i H_i = \sum_{i=1}^{n} \frac{\Delta p_i}{E_{si}} H_i = \sum_{i=1}^{n} \frac{\Delta e_i}{1 + e_{1i}} H_i \qquad (4\text{-}29)$$

$$\Delta e_i = e_{1i} - e_{2i}$$

式中　　s——总沉降量；

ε_i ——第 i 层土的侧限压缩应变；

n ——地基分层的层数；

e_{1i} ——根据第 i 层土的自重应力平均值（ p_{1i} ）从土的压缩曲线上得到的孔隙比；

e_{2i} ——根据第 i 层土的自重应力平均值与附加应力平均值之和，即 $p_{2i} = p_{1i} + \Delta p_i$，从土的压缩曲线上得到的孔隙比；

H_i ——第 i 层土的厚度；

E_{si} ——第 i 层土的压缩模量，根据 Δp_i、p_{1i} 计算所得。

　　天然地基土都是不均匀的。最常见的水平成层地基，其土的性质参数和附加应力是随深度不同而变化的。前面讲述的土样沉降的计算都是假定土样的应力和力学性质（土的性质参数）在竖向没有变化。为利用土样压缩试验的结果，可以把土层分成许多层，分层后的每一层其应力和力学性质变化不大，可用平均值作为代表。分别计算每一层的压缩变形后，再求每一层沉降的总和，得到总沉降，如图 4-20 所示。这是一种近似的计算方法。

　　式（4-29）相当于把自重应力与附加应力曲线采用分段的直线来代替，E_{si}、a_i 在分层范围内假定为常数。

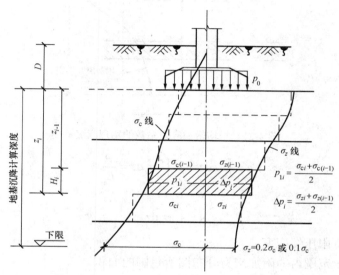

图 4-20　分层总和法计算示意图

　　由于自重应力随深度加深而增大，一般情况下 E_{si}、a_i 也随深度加深而增加，附加应力随深度加深而衰减；所以随着埋深增加，土体的变形减小。因此，实际上超过一定深度（某深处以下）的土体的变形，对总沉降已基本上没有影响，此时的深度就是地基沉降计算深度。该深度以上的土层称为地基压缩层。

　　地基压缩层深度一般取地基附加应力等于自重应力的 20%处，即 $\sigma_z = 0.2\sigma_c$ 处（若存在软弱下卧层，则取地基附加应力等于自重应力的 10%处，即 $\sigma_z = 0.1\sigma_c$ 处）。地基压缩层范围内的分层厚度可取 $0.4b$（b 为基底宽度）或 1～2m。成层土的自然界面和地下水位都是分层面。分层后即可计算层顶和层底的自重应力值与附加应力值，分别进行算术平均后即为该分层土的自重应力值和附加应力值。

4.4.3　规范法计算地基沉降

　　《建筑地基基础设计规范》（GB 50007—2011）推荐的计算最终沉降量的计算公式是对分层总和法单向压缩公式的修正。同样采用侧限条件下 $e\text{-}p$ 曲线的压缩性指标，但应用了平均附加应力系数 $\bar{\alpha}$ 的新参数，并规定了地基变形计算深度 z_n（即地基压缩层深度）的新标准，还提出了沉降计算经验系数 ψ_s，使得计算结果接近于实测值。

　　规范所采用的平均附加应力系数 $\bar{\alpha}$，其概念为：从基底某点下至地基任意深度 z 范围内的附加应力分布面积对基底附加应力与地基深度的乘积 $p_0 z$ 之比值，$\bar{\alpha} = A / p_0 z$。首选不妨假设地基是均质的，即所假定的土在侧限条件下的压缩模量 E_s 不随深度而变（见图 4-21），则

从基底至地基任意深度 z 范围内的压缩量为

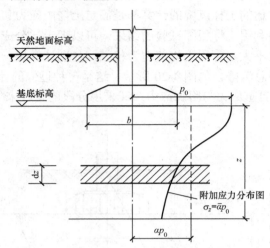

图 4-21　平均附加应力系数的物理意义

$$s = \int_0^z \varepsilon \mathrm{d}z = \frac{1}{E_s} \int_0^z \sigma_z \mathrm{d}z = \frac{A}{E_s} \tag{4-30}$$

$$\varepsilon = \sigma_z / E_s$$

$$A = \int_0^z \sigma_z \mathrm{d}z$$

式中　ε——土的侧限压缩应变；

A——深度 z 范围内的附加应力分布图所包围的面积。

因为附加应力 σ_z 可以根据基底应力与附加应力系数计算，所以 A 还可以表示为

$$A = \int_0^z \sigma_z \mathrm{d}z = p_0 \int_0^z \alpha \mathrm{d}z = p_0 z \bar{\alpha} \tag{4-31}$$

式中　p_0——基底的附加应力；

α——附加应力系数；

$\bar{\alpha}$——深度 z 范围内的竖向平均附加应力系数。

将式（4-31）代入式（4-30），则地基最终沉降量可以表示为

$$s = \frac{p_0 z \bar{\alpha}}{E_s} \tag{4-32}$$

式（4-32）就是用平均附加应力系数表达的从基底至任意深度 z 范围内地基沉降量的计算公式。由此可得成层地基中第 i 层沉降量的计算公式（见图 4-22）为

$$\Delta s = \frac{\Delta A_i}{E_{si}} = \frac{A_i - A_{i-1}}{E_{si}} = \frac{p_0}{E_{si}} (z_i \bar{\alpha}_i - z_{i-1} \bar{\alpha}_{i-1}) \tag{4-33}$$

式中　A_i，A_{i-1}——z_i，z_{i-1} 范围内的附加应力面积；

$\bar{\alpha}_i$，$\bar{\alpha}_{i-1}$——与 z_i，z_{i-1} 对应的竖向平均附加应力系数。

规范用符号 z_n 表示地基沉降计算深度，并规定 z_n 应满足下列条件：

由该深度处向上取按表 4-2 规定的计算厚度 Δz（见图 4-22）所得的计算沉降量 Δs_n 不大于 z_n 范围内总的计算沉降量的 2.5%，即应满足（包括考虑相邻荷载的影响）

$$\Delta s_n \leqslant 0.025 \sum_{i=1}^n \Delta s_n \tag{4-34}$$

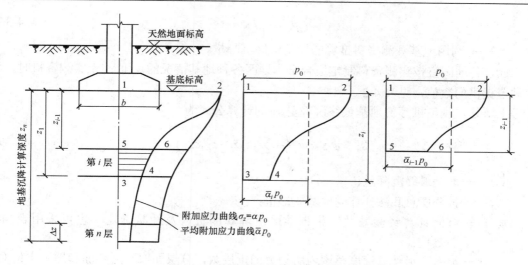

图 4-22　规范法计算地基沉降示意图

表 4-2 　　　　　　　　　　　　　　计算厚度Δz值

$b \leqslant 2$	$2 < b \leqslant 4$	$4 < b \leqslant 8$	$8 < b \leqslant 15$	$15 < b \leqslant 30$	$b > 30$
0.3	0.6	0.8	1.0	1.2	1.5

表 4-3 　　　　　　　　　　　　　　沉降计算经验系数ψ_s

地基附加压力　　＼　$\overline{E}_s$(MPa)	2.5	4.0	7.0	15.0	20.0
$p_0 \geqslant f_k$	1.4	1.3	1.0	0.4	0.2
$p_0 \leqslant 0.75 f_k$	1.1	1.0	0.7	0.4	0.2

表 4-3 中，f_k 为地基承载力特征值，$\overline{E}_s$ 为沉降计算深度范围内压缩模量的当量值，其计算公式为 $\overline{E}_s = \dfrac{\sum A_i}{\sum \dfrac{A_i}{E_{si}}}$ 。

$$A_i = p_0(z_i \overline{\alpha}_i - z_{i-1} \overline{\alpha}_{i-1})$$

在按式（4-34）所确定的沉降计算深度下如有较软弱土层时，还应向下继续计算，直至软弱土层中所取规定厚度 Δz 的计算沉降量满足式（4-34）要求为止。

当无相邻荷载影响，基础宽度在 1～30m 范围内时，基础中点的地基沉降计算深度也可按下列简化公式计算

$$z_n = b(2.5 - 0.4 \ln b) \qquad (4-35)$$

式中　b——基础宽度；$\ln b$ 为 b 的自然对数。

在沉降计算深度范围内有基岩存在时，取基岩表面为计算深度；当存在较厚的坚硬黏土层，其孔隙比小于 0.5、压缩模量大于 50MPa，或存在较厚密实砂卵石层，其压缩模量大于 80MPa 时，z_n 可取至该层土表面。

为了提高计算准确度，计算所得的地基最终沉降量尚需乘以一个沉降计算经验系数 ψ_s。ψ_s 按下式确定，即

$$\psi_s = s_\infty / s \tag{4-36}$$

式中　s_∞——利用地基观测资料推算的地基最终沉降量。

　　因此，各地区宜按实测资料制定适合于本地区各种地基情况的 ψ_s 值；无实测资料时，可采用规范提供的数值，见表 4-3。

　　综上所述，规范推荐的地基最终沉降量 s_∞ 的计算公式为

$$s_\infty = \psi_s s = \psi_s \frac{p_0}{E_{si}} \sum_{i=1}^{n} (z_i \bar{\alpha}_i - z_{i-1} \bar{\alpha}_{i-1}) \tag{4-37}$$

式中　s_∞——地基最终沉降量；

　　　s——按分层总和法计算的地基变形量；

　　　ψ_s——沉降计算经验系数，根据地区沉降观测资料及经验确定，也可采用表 4-3 的数值；

　　　n——地基变形计算深度范围内所划分的土层数，分层面取土层界面和地下水位面。

　　　p_0——对应于荷载效应准永久组合时的基底附加压力；

　　　E_{si}——基础底面下第 i 层土的压缩模量，按实际应力段范围取值；

　z_i、z_{i-1}——基础底面至第 i 层土、第 $i-1$ 层土底面的距离；

　$\bar{\alpha}_i$、$\bar{\alpha}_{i-1}$——基础底面的计算点至第 i 层土、第 $i-1$ 层土底面范围内竖向平均附加应力系数，可按表 4-7、表 4-8 查用。

　　【例 4-1】　某柱下独立基础为正方形，边长 $l = b = 4\text{m}$，基础埋深 $d = 1\text{m}$，作用在基础顶面的轴心荷载 $F = 1500\text{kPa}$。地基为粉质黏土，土的天然重度 $\gamma = 16.5\text{kN}/\text{m}^3$，地下水位深度 3.5m，土的饱和重度 $\gamma_{\text{sat}} = 18.5\text{kN}/\text{m}^3$，如图 4-23 所示。地基土的天然孔隙比 $e_1 = 0.95$，地

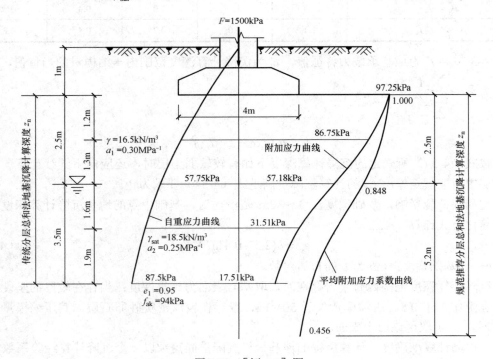

图 4-23　［例 4-1］图

下水位以上土的压缩系数为 $a_1 = 0.30\text{MPa}^{-1}$，地下水位以下土的压缩系数为 $a_2 = 0.25\text{MPa}^{-1}$，地基土承载力特征值 $f_{ak} = 94\text{kPa}$。试采用传统单向压缩分层总和法和规范推荐分层总和法分别计算该基础沉降量。

解　1．按分层总和法计算

（1）按比例绘制柱基础及地基土的剖面图，如图 4-23 所示。

（2）按式 $\sigma_{cz} = \sum \gamma_i h_i$ 计算地基土的自重应力（提示：自土面开始，地下水位以下用浮重度计算），结果见表 4-4。应力图如图 4-23。

（3）计算基底应力 $p = \dfrac{F+G}{lb} = \dfrac{1500 + 4 \times 4 \times 1 \times 20}{4 \times 4}(\text{kPa}) = 113.75(\text{kPa})$

（4）计算基底处附加应力 $p_0 = p - \gamma d = 113.75 - 16.5 \times 1(\text{kPa}) = 97.25(\text{kPa})$

（5）计算地基中的附加应力。

基础底面为正方形，用角点法计算，分成相等的四个小块，每块计算边长 $l = b = 2\text{m}$。按式 $\sigma_z = 4\alpha_c p_0$ 计算附加应力。其中 α_c 据 l/b、z/b 查表 4-7 得到，结果见表 4-4。

（6）地基受压层厚度 z_n 由附加应力与自重应力的比值 $\sigma_z / \sigma_{cz} = 0.2$ 所对应的深度点来确定，如图 4-23 所示。

当 $z = 6\text{m}$ 时，$\sigma_z = 17.5\text{kPa}$，$0.2\sigma_{cz} = 0.2 \times 87.5\text{kPa} = 17.5\text{kPa}$，因此取压缩层厚度为 $z_n = 6\text{m}$。

（7）地基沉降计算分层：

每层厚度应按 $H_i \leqslant 0.4b = 0.4 \times 4\text{m} = 1.6\text{m}$ 确定。地下水位以上 2.5m 分两层，可分别为 1.2m 和 1.3m；由于附加应力随深度增加越来越小，地下水位以下先分出 1.6m，其余可分为一层 1.9m。

（8）按下式计算各层土的压缩量，计算结果列于表 4-4。

$$\Delta s_i = \frac{a_i}{1 + e_{1i}} \Delta p_i H_i = \frac{a_i}{1 + e_{1i}} \bar{\sigma}_z H_i$$

表 4-4　　　　　　　　　　　　　　分层总和法计算地基沉降量

自基底深度 z(m)	土层厚度 h_i(m)	自重应力 (kPa)	附加应力（kPa）				孔隙比	附加应力平均值 (kPa)	分层土压缩变形量 s_i(mm)
			l/b	z/b	α_c	σ_z			
0		16.5	1.0	0	0.2500	97.25			
1.2	1.2	36.3	1.0	0.6	0.2229	86.60	0.95	91.93	16.97
2.5	1.3	57.75	1.0	1.25	0.1461	57.76	0.95	72.10	14.42
4.1	1.6	71.35	1.0	2.05	0.0811	31.51	0.95	44.64	9.16
6.0	1.9	87.5	1.0	3.00	0.0447	17.39	0.95	24.45	5.96

（9）柱基础中点最终沉降量 $s = \sum\limits_{i=1}^{n} \Delta s_i = 16.97 + 14.42 + 9.16 + 5.96(\text{mm}) = 46.5(\text{mm})$

2．按规范法计算

（1）因为无相邻荷载影响，所以地基沉降计算深度可按经验公式计算：

$$z_n = b(2.5 - 0.4\ln b) = 4 \times (2.5 - 0.4 \times \ln 4)\text{m} = 7.8\text{m}$$

（2）分层：自基础底面以下，沉降计算深度范围内共分 2 层，按地下水位面划分为 2.5m、5.3m。

（3）按式 $E_{si} = \dfrac{1+e_i}{\alpha_i}$ 计算各层土的压缩模量，结果见表 4-5。

（4）按 l/b，z/b 查表得平均附加应力系数 $\bar{\alpha}$（角点法查得的系数实际计算时应乘以 4），结果见表 4-5。

表 4-5   规范推荐分层总和法计算地基沉降量

分层深度 z_i(m)	厚度 h_i(m)	压缩模量 (MPa)	l/b	z/b	$\bar{\alpha}$
0			1.0	0	0.250×4=1.000
0～2.5	2.5	6.5	1.0	1.25	0.212×4=0.848
2.5～7.8	5.3	7.8	1.0	3.90	0.114×4=0.456

（5）计算地基土压缩模量的当量值（加权平均值）$\bar{E}_s$：

$$\bar{E}_s = \frac{\sum \Delta A_i}{\sum \dfrac{\Delta A_i}{E_{si}}} = \frac{\sum p_0(z_i\bar{\alpha}_i - z_{i-1}\bar{\alpha}_{i-1})}{\sum \dfrac{p_0(z_i\bar{\alpha}_i - z_{i-1}\bar{\alpha}_{i-1})}{E_{si}}} = \frac{\sum(z_i\bar{\alpha}_i - z_{i-1}\bar{\alpha}_{i-1})}{\sum \dfrac{(z_i\bar{\alpha}_i - z_{i-1}\bar{\alpha}_{i-1})}{E_{si}}}$$

$$= \frac{\dfrac{1.000+0.848}{2}\times 2.5 + \dfrac{0.848+0.456}{2}\times 5.3}{\dfrac{1.000+0.848}{2\times 6.5}\times 2.5 + \dfrac{0.848+0.456}{2\times 7.8}\times 5.3}\text{(MPa)}$$

$$= 7.2\text{(MPa)}$$

（6）查表 4-6，$p = 97.25\text{kPa} > f_{ak} = 94\text{kPa}$。沉降计算经验系数 $\psi_s = 0.985$。

（7）按式 $s = \psi_s\left[\dfrac{p_0}{E_{s1}}(z_1\bar{\alpha}_1) + \dfrac{p_0}{E_{s2}}(z_2\bar{\alpha}_2 - z_1\bar{\alpha}_1)\right]$ 计算柱基中点沉降量 s。

表 4-6   沉降计算经验系数 ψ_s

地基附加应力 $\bar{E}_s$(MPa)	2.5	4.0	7.0	15.0	20.0
$p_0 \geqslant f_{ak}$	1.4	1.3	1.0	0.4	0.2
$p_0 \leqslant 0.75 f_{ak}$	1.1	1.0	0.7	0.4	0.2

规范中提供的各种荷载形式下地基中的平均附加应力系数表的查法与附加应力系数表相同。

表 4-7 和表 4-8 分别为均布的矩形荷载角点下（b 为荷载面宽度）和三角形分布的矩形荷载角点下（b 为三角形分布方向荷载面的边长）的地基平均竖向附加应力系数表，借助于这两表，可以运用角点法求算基底附加压力为均布、三角形分布或梯形分布时地基中任意点的平均竖向附加应力系数 $\bar{\alpha}$ 值。《建筑地基基础设计规范》还附有均布的圆形荷载中点下和三角形分布的圆形荷载边点下地基竖向平均附加应力系数表。

表 4-7　　　　　　　均布的矩形荷载角点下的平均竖向附加应力系数 $\bar\alpha$

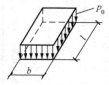

z/b \ l/b	1.0	1.2	1.4	1.6	1.8	2.0	2.4	2.8	3.2	3.6	4.0	5.0	10.0
0.0	0.2500	0.2500	0.2500	0.2500	0.2500	0.2500	0.2500	0.2500	0.2500	0.2500	0.2500	0.2500	0.2500
0.2	0.2496	0.2497	0.2497	0.2498	0.2498	0.2498	0.2498	0.2498	0.2498	0.2498	0.2498	0.2498	0.2498
0.4	0.2474	0.2479	0.2481	0.2483	0.2483	0.2484	0.2485	0.2485	0.2485	0.2485	0.2485	0.2485	0.2485
0.6	0.2423	0.2437	0.2444	0.2448	0.2451	0.2452	0.2454	0.2455	0.2455	0.2455	0.2455	0.2455	0.2456
0.8	0.2346	0.2372	0.2387	0.2395	0.2400	0.2403	0.2407	0.2408	0.2409	0.2409	0.2410	0.2410	0.2410
1.0	0.2252	0.2291	0.2313	0.2326	0.2335	0.2340	0.2346	0.2349	0.2351	0.2352	0.2352	0.2353	0.2353
1.2	0.2149	0.2199	0.2229	0.2248	0.2260	0.2268	0.2278	0.2282	0.2285	0.2286	0.2287	0.2288	0.2289
1.4	0.2043	0.2102	0.2140	0.2164	0.2190	0.2191	0.2204	0.2211	0.2215	0.2217	0.2218	0.2220	0.2221
1.6	0.1939	0.2006	0.2049	0.2079	0.2099	0.2113	0.2130	0.2138	0.2143	0.2146	0.2148	0.2150	0.2152
1.8	0.1840	0.1912	0.1960	0.1994	0.2018	0.2034	0.2055	0.2066	0.2073	0.2077	0.2079	0.2082	0.2084
2.0	0.1746	0.1822	0.1875	0.1912	0.1938	0.1958	0.1982	0.1996	0.2004	0.2009	0.2012	0.2015	0.2018
2.2	0.1659	0.1737	0.1793	0.1833	0.1862	0.1883	0.1911	0.1927	0.1937	0.1943	0.1947	0.1952	0.1955
2.4	0.1578	0.1657	0.1715	0.1757	0.1789	0.1812	0.1843	0.1862	0.1873	0.1880	0.1885	0.1890	0.1895
2.6	0.1503	0.1583	0.1642	0.1686	0.1719	0.1745	0.1779	0.1799	0.1812	0.1820	0.1825	0.1832	0.1838
2.8	0.1433	0.1514	0.1574	0.1619	0.1654	0.1680	0.1717	0.1739	0.1753	0.1763	0.1769	0.1777	0.1784
3.0	0.1369	0.1449	0.1510	0.1556	0.1592	0.1619	0.1658	0.1682	0.1698	0.1708	0.1715	0.1725	0.1733
3.2	0.1310	0.1390	0.1450	0.1497	0.1533	0.1562	0.1602	0.1628	0.1645	0.1657	0.1664	0.1675	0.1685
3.4	0.1256	0.1334	0.1394	0.1441	0.1478	0.1508	0.1550	0.1577	0.1595	0.1607	0.1616	0.1628	0.1639
3.6	0.1205	0.1282	0.1342	0.1389	0.1427	0.1456	0.1500	0.1528	0.1548	0.1561	0.1570	0.1583	0.1595
3.8	0.1158	0.1234	0.1293	0.1340	0.1378	0.1408	0.1452	0.1482	0.1502	0.1516	0.1526	0.1541	0.1554
4.0	0.1114	0.1189	0.1248	0.1294	0.1332	0.1362	0.1408	0.1438	0.1459	0.1474	0.1485	0.1500	0.1516
4.2	0.1073	0.1147	0.1205	0.1251	0.1289	0.1319	0.1365	0.1396	0.1418	0.1434	0.1445	0.1462	0.1479
4.4	0.1035	0.1107	0.1164	0.1210	0.1248	0.1279	0.1325	0.1357	0.1379	0.1396	0.1407	0.1425	0.1444
4.6	0.1000	0.1070	0.1127	0.1172	0.1209	0.1240	0.1287	0.1319	0.1342	0.1359	0.1371	0.1390	0.1410
4.8	0.0967	0.1036	0.1091	0.1136	0.1173	0.1204	0.1250	0.1283	0.1307	0.1324	0.1337	0.1357	0.1379
5.0	0.0935	0.1003	0.1057	0.1102	0.1139	0.1169	0.1216	0.1249	0.1273	0.1291	0.1304	0.1325	0.1318
6.0	0.0805	0.0866	0.0916	0.0957	0.0991	0.1021	0.1067	0.1101	0.1126	0.1146	0.1161	0.1185	0.1216
7.0	0.0705	0.0761	0.0806	0.0844	0.0877	0.0904	0.0949	0.0982	0.1008	0.1028	0.1044	0.1071	0.1109
8.0	0.0627	0.0678	0.0720	0.0755	0.0785	0.0811	0.0853	0.0886	0.0912	0.0932	0.0948	0.0976	0.1020
10.0	0.0514	0.0556	0.0592	0.0622	0.0649	0.0672	0.0710	0.0739	0.0763	0.0783	0.0799	0.0829	0.0880
12.0	0.0435	0.0471	0.0502	0.0529	0.0552	0.0573	0.0606	0.0634	0.0656	0.0674	0.0690	0.0719	0.0774
16.0	0.0322	0.0361	0.0385	0.0407	0.0425	0.0442	0.0469	0.0492	0.0511	0.0527	0.0540	0.0567	0.0625
20.0	0.0269	0.0292	0.0312	0.0330	0.0345	0.0359	0.0383	0.0402	0.0418	0.0432	0.0444	0.0468	0.0524

表4-8　三角形分布的矩形荷载角点下的平均竖向附加应力系数 $\bar{\alpha}$

z/b	l/b 0.2		0.4		0.6		0.8		1.0		1.2		1.4		1.6		1.8		2.0	
点	1	2	1	2	1	2	1	2	1	2	1	2	1	2	1	2	1	2	1	2
0.0	0.0000	0.2500	0.0000	0.2500	0.0000	0.2500	0.0000	0.2500	0.0000	0.2500	0.0000	0.2500	0.0000	0.2500	0.0000	0.2500	0.0000	0.2500	0.0000	0.2500
0.2	0.0112	0.2161	0.0140	0.2308	0.0148	0.2333	0.0151	0.2339	0.0152	0.2341	0.0153	0.2342	0.0153	0.2343	0.0153	0.2343	0.0153	0.2343	0.0153	0.2343
0.4	0.0179	0.1810	0.0245	0.2084	0.0270	0.2153	0.0280	0.2175	0.0285	0.2184	0.0288	0.2187	0.0289	0.2189	0.0290	0.2190	0.0290	0.2190	0.0290	0.2191
0.6	0.0207	0.1505	0.0308	0.1851	0.0355	0.1966	0.0376	0.2011	0.0388	0.2030	0.0394	0.2039	0.0397	0.2043	0.0399	0.2046	0.0400	0.2047	0.0401	0.2048
0.8	0.0217	0.1277	0.0340	0.1640	0.0405	0.1787	0.0440	0.1852	0.0459	0.1883	0.0470	0.1899	0.0476	0.1907	0.0480	0.1912	0.0482	0.1915	0.0483	0.1917
1.0	0.0217	0.1104	0.0351	0.1461	0.0430	0.1624	0.0476	0.1704	0.0502	0.1746	0.0518	0.1769	0.0528	0.1781	0.0534	0.1789	0.0538	0.1794	0.0540	0.1797
1.2	0.0212	0.0970	0.0351	0.1312	0.0439	0.1480	0.0492	0.1571	0.0525	0.1621	0.0546	0.1649	0.0560	0.1666	0.0568	0.1678	0.0574	0.1684	0.0577	0.1689
1.4	0.0204	0.0865	0.0344	0.1187	0.0436	0.1356	0.0495	0.1451	0.0534	0.1507	0.0559	0.1541	0.0575	0.1562	0.0586	0.1576	0.0594	0.1585	0.0599	0.1591
1.6	0.0195	0.0779	0.0333	0.1082	0.0427	0.1247	0.0490	0.1345	0.0533	0.1405	0.0561	0.1443	0.0580	0.1467	0.0594	0.1484	0.0603	0.1494	0.0609	0.1502
1.8	0.0186	0.0709	0.0321	0.0993	0.0415	0.1153	0.0480	0.1252	0.0525	0.1313	0.0556	0.1354	0.0578	0.1381	0.0593	0.1400	0.0604	0.1413	0.0611	0.1422
2.0	0.0178	0.0650	0.0308	0.917	0.0401	0.1071	0.0467	0.1169	0.0513	0.1232	0.0547	0.1274	0.0570	0.1303	0.0587	0.1324	0.0599	0.1338	0.0608	0.1348
2.5	0.0157	0.0538	0.0276	0.0769	0.0365	0.0908	0.0429	0.1000	0.0478	0.1063	0.0513	0.1107	0.0540	0.1139	0.0560	0.1163	0.0575	0.1180	0.0586	0.1193
3.0	0.0140	0.0458	0.0248	0.0661	0.0330	0.0786	0.0392	0.0871	0.0439	0.0931	0.0476	0.0976	0.0503	0.1008	0.0525	0.1033	0.0541	0.1052	0.0554	0.1067
5.0	0.0097	0.0289	0.0175	0.0424	0.0236	0.0476	0.0285	0.0576	0.0324	0.0624	0.0356	0.0661	0.0382	0.0690	0.0403	0.0714	0.0421	0.0734	0.0435	0.0749
7.0	0.0073	0.0211	0.0133	0.0311	0.0180	0.0352	0.0219	0.0427	0.0251	0.0465	0.0277	0.0496	0.0299	0.520	0.0318	0.0541	0.0333	0.0558	0.0347	0.0572
10.0	0.0053	0.0150	0.0097	0.0222	0.0133	0.0253	0.0162	0.0308	0.0186	0.0336	0.0207	0.0359	0.0224	0.0379	0.0239	0.0395	0.0252	0.0409	0.0263	0.0403

4.5 地基变形与时间的关系

在实际工程中，为了便于控制施工速度，确定有关施工措施，以及考虑建筑物正常使用的安全措施（如考虑建筑物各有关部分之间的预留净空或连接方法等），往往需要了解建筑物在施工期间或以后某一时间段内的基础沉降量及变形随时间的变化情况。在采用堆载预压等方法处理地基时，也需要考虑地基变形与时间的关系。

碎石土和砂土的压缩性小，透水性好，其固结所经历的时间较短，施工结束后，其变形基本稳定；对于黏性土，固结所需时间比较长，如高压缩性的饱和软黏土，其固结变形需要几年甚至几十年时间才能完成。因此，以下只对饱和土的变形与时间关系进行讨论。

4.5.1 固结模型和基本假设

太沙基（1924 年）建立了如图 4-24 所示的模型。图中整体代表一个土单元，弹簧代表土骨架，水代表孔隙水，活塞上的小孔代表土的渗透性，活塞与筒壁之间无摩擦。

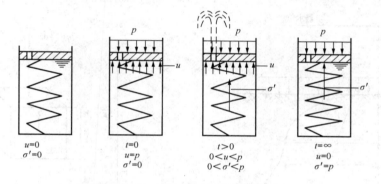

图 4-24 土体固结的弹簧活塞模型

在外荷载 p 刚施加的瞬时，水还来不及从小孔中排出，弹簧未被压缩，荷载 p 全部由孔隙水所承担，水中产生超静孔隙水压力 u，此时，$u=p$。随着时间推移，水不断从小孔中向外排出，超静孔隙水压力逐渐减小，弹簧逐步受到压缩，弹簧所承担的力逐渐增大。

弹簧中的应力代表土骨架所受的力，即土体中的有效应力 σ'，在这个阶段，$u+\sigma'=p$。有效应力与超静孔隙水压力之和称为总应力 σ。当水中超静孔隙水压力减小到 0 时，水不再从小孔中排出，此时全部外荷载由弹簧承担，即有效应力 $\sigma'=p$。在整个过程中，总应力 σ、有效应力 σ' 和超静孔隙水压力 u 之间的关系为

$$u+\sigma'=\sigma \tag{4-38}$$

太沙基采用这一物理模型，并做了如下假设：

（1）土体是饱和的；

（2）土体是均质的；

（3）土颗粒与孔隙水在固结过程中不可压缩；

（4）土中水的渗流服从达西定律；

（5）在固结过程中，土的渗透系数 k 是常数；

（6）在固结过程中，土体的压缩系数 a 是常数；

（7）外部荷载是一次瞬时施加的，且不随时间发生变化；

（8）土体的固结变形是小变形；

（9）土中水的渗流与土体变形只发生在竖向。

在以上假设的基础上，太沙基建立了一维固结理论。许多新的固结理论都是在减少上述假设的条件下发展起来的。

4.5.2　太沙基一维固结理论

为了求得饱和土层在渗透固结过程中某一时刻的变形，常采用太沙基提出的一维固结理论进行计算。其适用条件为：大面积均布荷载，地基中孔隙水主要沿竖向渗流。

1. 单向渗流固结普遍方程

（1）渗透力及其反作用力 F_z。

土体中的一点，土骨架作用于水流的阻力与水流作用于土骨架上的渗透力是大小相等方向相反的。在图 4-25 所示的单向渗流固结条件下，取断面积为 $1×1$，厚度为 $\mathrm{d}z$ 微元体，渗透力及其反作用力如图 4-26 所示。

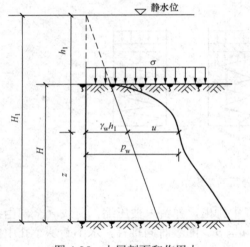

图 4-25　土层剖面和作用力

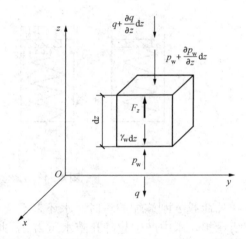

图 4-26　单位体积中孔隙水在 z 方向力的平衡

渗透力

$$J = i\gamma_\mathrm{w}\mathrm{d}z = \frac{v}{k}\gamma_\mathrm{w}\mathrm{d}z$$

式中　i——水力坡降；

　　　γ_w——水的容重。

渗透力的反作用力为土骨架对流动水体的阻力，可表示为

$$F_z = -J = -\frac{v}{k}\gamma_\mathrm{w}\mathrm{d}z \tag{4-39}$$

式中　v——渗流的流速；

　　　k——渗透系数。

在图 4-26 中，取该单元体中的孔隙水为隔离体，渗流方向向下，阻力 F_z 向上。

（2）单元孔隙水的自重及浮力的反力。

单元体孔隙水自重为 $n\gamma_w \mathrm{d}z$，而对土骨架的浮力的反作用力为 $(1-n)\gamma_w \mathrm{d}z$，方向都是向下的。二者之和为

$$[n\gamma_w + (1-n)\gamma_w]\mathrm{d}z = \gamma_w \mathrm{d}z$$

（3）单元体孔隙水的平衡。

在 z 方向，除了土骨架对水流的阻力、孔隙水自重和浮力的反力外，在上下表面还作用着水压力，其差值为 $\dfrac{\partial p_w}{\partial z}\mathrm{d}z$，与渗流方向一致，即方向向下。则在 z 方向的平衡条件可表示为

$$F_z - \gamma_w \mathrm{d}z - \frac{\partial p_w}{\partial z}\mathrm{d}z = 0$$

将式（4-39）代入上式，得

$$\frac{\partial p_w}{\partial z} + \gamma_w + \frac{v}{k}\gamma_w = 0 \tag{4-40}$$

将式（4-40）对 z 进一步求导数，并假设 k 只沿着深度 z 方向变化，得

$$\frac{\partial^2 p_w}{\partial z^2} + \gamma_w \frac{1}{k}\frac{\partial v}{\partial z} - \frac{\gamma_w}{k^2}v\frac{\mathrm{d}k}{\mathrm{d}z} = 0 \tag{4-41}$$

（4）饱和土体单向渗流的连续性条件。

在图 4-26 中，在 $\mathrm{d}t$ 时间段内，微单元体中孔隙体积的减少应等于同一时间段内从微单元体流出的水量，即

$$\frac{\partial V}{\partial t}\mathrm{d}t = \frac{\partial q}{\partial z}\mathrm{d}z\mathrm{d}t$$

在这种微单元条件下，$\mathrm{d}V = \mathrm{d}\varepsilon_v \mathrm{d}z$（$\varepsilon_v$ 为体应变 $\varepsilon_v = (\varepsilon_x + \varepsilon_y + \varepsilon_z)$），$q = v$（$q$ 为单位截面积上的流量）代入上式，得

$$\frac{\partial \varepsilon_v}{\partial t}\mathrm{d}z\mathrm{d}t = \frac{\partial v}{\partial z}\mathrm{d}z\mathrm{d}t$$

即

$$\frac{\partial \varepsilon_v}{\partial t} = \frac{\partial v}{\partial z} \tag{4-42}$$

（5）土骨架的应力—应变关系。

在有效竖直应力 σ' 作用下，土骨架的体应变为

$$\varepsilon_v = m_v \sigma'$$

代入式（4-42），则

$$m_v \frac{\partial \sigma'}{\partial t} = \frac{\partial v}{\partial z} \tag{4-43}$$

将式（4-43）代入式（4-41）中，得

$$\frac{\partial^2 p_w}{\partial z^2} + \frac{\gamma_w m_v}{k}\cdot\frac{\partial \sigma'}{\partial t} - \frac{\gamma_w}{k^2}v\frac{\mathrm{d}k}{\mathrm{d}z} = 0 \tag{4-44}$$

将 $p_w = u + \gamma_w(H_i - z)$ 及达西定律 $v = -\dfrac{k}{\gamma_w}\cdot\dfrac{\partial u}{\partial z}$ 代入上式，其中 u 为超静空压，H_1 见图 4-25。

$$\frac{\partial^2 u}{\partial z^2} + \frac{\gamma_w m_v}{k}\cdot\frac{\partial \sigma'}{\partial t} + \frac{1}{k}\cdot\frac{\partial u}{\partial z}\cdot\frac{\mathrm{d}k}{\mathrm{d}z} = 0 \tag{4-45}$$

在图 4-25 中根据有效应力原理，有

$$\sigma' = \sigma + \gamma'(H - z) - u$$

则
$$\frac{\partial \sigma'}{\partial t} = \frac{\partial \sigma}{\partial t} - \frac{\partial u}{\partial t} + \gamma' \frac{\partial H}{\partial t} \tag{4-46}$$

将式（4-46）代入式（4-45），得

$$\frac{\partial^2 u}{\partial z^2} + \frac{\gamma_{w} m_{v}}{k} \left(\frac{\partial \sigma}{\partial t} - \frac{\partial u}{\partial t} + \gamma' \frac{\partial H}{\partial t} \right) + \frac{1}{k} \frac{\partial u}{\partial z} \frac{\mathrm{d}k}{\mathrm{d}t} = 0 \tag{4-47}$$

　　式（4-47）是反映单向固结过程的普遍方程。它综合考虑了外加荷载随时间变化，土层厚度随时间变化，以及土的渗透性随深度变化等可能遇到的情况。

　　2. 太沙基方程及其解答

　　太沙基所研究的问题只是前面所讲的普遍情况的一个特例。根据前面太沙基一维固结物理模型的假设，在式（4-47）中，k = 常量，H = 常量，$\frac{\partial \sigma}{\partial t} = 0$，则有

$$\frac{\partial^2 u}{\partial z^2} - \frac{\gamma_{w} m_{v}}{k} \frac{\partial u}{\partial t} = 0$$

或

$$C_{v} \frac{\partial^2 u}{\partial z^2} = \frac{\partial u}{\partial t} \tag{4-48}$$

$$C_{v} = \frac{k}{\gamma_{w} m_{v}} = \frac{k(1+e)}{a_{v} \gamma_{w}} \tag{4-49}$$

　　这就是太沙基单向固结微分方程。式中，C_{v} 称为土的固结系数。因为假设了 k 和 m_{v} 为常量，故 C_{v} 自然也是常量。

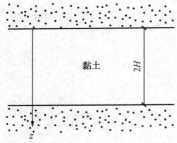

图 4-27　固结方程推导图

　　式（4-48）超静水压力 u 与位置 z 及时间 t 的函数关系，根据给定的起始条件与边界条件，可以求得它的解析解。

　　如图 4-27 所示，假设土层厚度为 $2H$，底面与顶面均可自由排水，土面上瞬时施加的大面积外荷载为 σ_0，故初始条件与上下边界条件如下：

　　当 $t = 0$ 和 $0 < z \leqslant 2H$ 时，$u = \sigma_0$；

　　当 $0 < t < \infty$ 和 $z = 0$ 时，$u = 0$；

　　当 $0 < t < \infty$ 和 $z = 2H$ 时，$u = 0$。

　　由上述条件，应用傅里叶级数可得式（4-48）的解答

$$u = \sum_{n=1}^{\infty} \left(\frac{1}{H} \int_0^{2H} u_0 \sin \frac{n\pi z}{2H} \mathrm{d}z \right) \left(\sin \frac{n\pi z}{2H} \right) \exp\left(-\frac{n^2 \pi^2 C_{v} t}{4H^2} \right) \tag{4-50}$$

$$u_0 = \sigma_0$$

式中　n——正数；

　　　u_0——为起始超静水压力。

　　如果起始超静水压力不随深度而变化，即 u_0 = 常量，并令 n 为奇数：$n = 2m+1$（m 为整数），则式（4-50）可改写为

$$u = \sum_{m=1}^{\infty} \left(\frac{2u_0}{M} \sin \frac{Mz}{H} \right) \exp(-M^2 T_{v}) \tag{4-51}$$

$$T_{v} = \frac{C_{v} t}{H^2} \tag{4-52}$$

$$M = \frac{1}{2}\pi(2m+1)$$

式中 T_v ——无因次时间因数。

3. 固结度

根据式（4-51），容易求得任何时刻 t、任意深度 z 处的超静水压力 u。为了研究土层中超静水压力的消散程度，常应用固结度概念。z 深度处土的固结度 U_z 表示该处超静水压力的消散程度，即

$$U_z = \frac{u_0 - u}{u_0} = 1 - \frac{u}{u_0} \tag{4-53}$$

将式（4-51）代入式（4-53），可得

$$U_z = 1 - \sum_{m=0}^{\infty}\left(\frac{2}{M}\sin\frac{Mz}{H}\right)\exp(-M^2 T_v) \tag{4-54}$$

上式表示不同深度处土的固结度与时间的关系，即 $U_z = f(T_v)$，可以绘成图 4-28。图中的曲线称为等时孔压线。每一等时孔压线（对应于某特定时刻 t 或时间因数 T_v）上的点给出了某时刻各个深度处所达到的固结度。

对工程更有实用意义的是整个土层的平均固结度 U，它反映了全压缩土层超静水压力的平均消散程度。类似于式（4-53），可得土层平均固结度为

$$U = 1 - \frac{\int_0^{2H} u\,\mathrm{d}z}{\int_0^{2H} u_0\,\mathrm{d}z} \tag{4-55}$$

由于本条件下 u_0 沿深度为常量，故得

$$U = 1 - \sum_{m=0}^{\infty}\frac{2}{M^2}\exp(-M^2 T_v) \tag{4-56}$$

上式所示的 $U = f(T_v)$，可绘制成图 4-29 中的曲线 I，或制成表格以供计算。

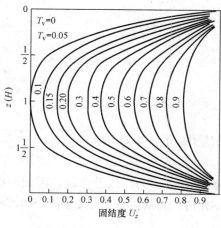

图 4-28 土层中各点在不同时刻（T_v）的固结度   图 4-29 理论固结曲线 $U = f(T_v)$

式（4-56）还可以足够近似地用下列经验关系式代替

$$U < 0.6, \quad T_v = \frac{\pi}{4}U^2$$
$$U > 0.6, \quad T_v = -0.0851 - 0.933\lg(1-U) \qquad (4\text{-}57)$$
$$U = 1.0, \quad T_v \approx 3U$$

顺便指出，在单向固结条件下，由超静水压力所定义的固结度也正反映以土体变形表示的固结度。如果已知地基的最终沉降量 s，则任何时刻 t 的沉降量 s_t 可按下式计算

$$s_t = U_z s \qquad (4\text{-}58)$$

4.5.3　实测沉降—时间关系的经验公式

沉降量如按一维固结理论计算，其结果往往与实测沉降值不相符，因为地基沉降多为三维课题且实际情况又很复杂，因此利用实测沉降资料推算实际工程发生沉降量的实用计算方法，有其重要的现实意义。

工程实践中实测的沉降与时间资料表明，饱和黏性土地基的实测关系多呈双曲线或对数曲线关系，如图 4-30 所示。通过对已有资料的分析，可以确定这些曲线的参数以及最终沉降量。

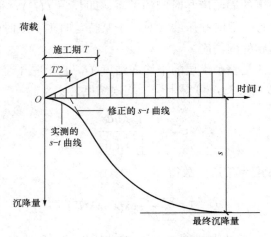

图 4-30　地基沉降与时间关系曲线

1. 双曲线公式

假定 s_t 沉降与时间 t 呈双曲线关系，即

$$s_t = \frac{t}{\alpha + t}s \qquad (4\text{-}59)$$

式中　s——待定的地基最终沉降量；

　　　s_t——t 时刻地基实测沉降量，根据修正曲线从施工期的一半算起；

　　　α——待定的经验参数。

在上式中，若令 $y = t/s_t$，$a = 1/s$，$b = a\alpha$，则 $y = at + b$，为一线性方程。因此可根据实测点，采用线性回归（最小二乘法）的方法求得 a、b 值，然后再求出 α 及 s 值，即可推算任一时刻 t 时的沉降量 s_t。

2. 对数曲线公式

不同条件的固结度 U_z 可用一个普遍表达式概括

$$U_z = 1 - ae^{-bt} \tag{4-60}$$

或
$$s_{ct} = (1 - ae^{-bt})s_c \tag{4-61}$$

式中　s_{ct} ——地基在任一时间 t 的固结沉降量；

　　　　s_c ——地基最终沉降量。

式（4-60）和式（4-61）中 a 和 b 是两个待定参数。我们利用实测的沉降—时间关系曲线，在后半段中任取三组对应的 s、t 值，代入式（4-61），可建立三个联立方程，并可解得三个未知数 a、b 和 s_c。然后代回式（4-61），即可推出任一时刻 t 时的沉降量 s_{ct}。

4.6　地基沉降有关问题综述

前面详细介绍了计算地基最终沉降量的分层总和法、规范法以及考虑应力历史影响的方法。现综述有关问题如下：

4.6.1　地基最终沉降量的组成

根据对黏性土地基在外荷载作用下实际变形发展的观察和分析，可以认为地基土的总沉降量 s 由三个分量组成（见图 4-31），即

$$s = s_d + s_c + s_s \tag{4-62}$$

式中　s_d ——瞬时沉降（不排水沉降、畸变沉降）；

　　　　s_c ——固结沉降（主固结沉降）；

　　　　s_s ——次固结沉降。

（1）瞬时沉降是紧随着加压之后地基即时发生的沉降，地基土在外荷载作用下其体积还来不及发生变形，它是地基土的不排水沉降。黏性土地基的 s_d 可用弹性力学公式计算，即

$$s_d = \frac{1-\mu^2}{E}\omega b p_0 \tag{4-63}$$

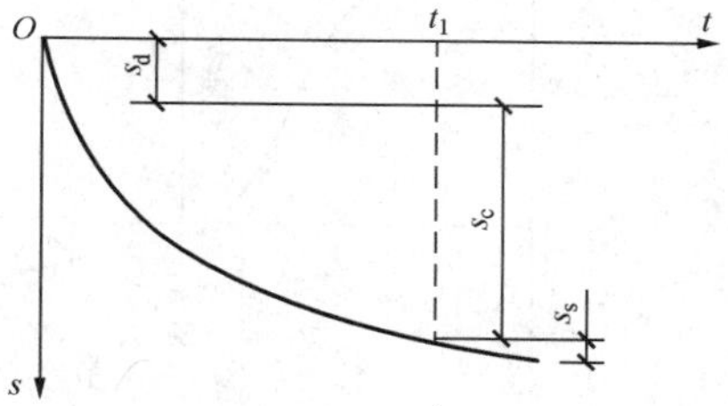

图 4-31　地基沉降的三个组成部分

式中　p_0 ——基底均布压力；

　　　　b ——基础宽度（矩形基础指较短的一边的宽度，圆形基础则指基底半径）；

　　　　E ——地基土的变形模量；

　　　　μ ——地基土的泊松比；

　　　　ω ——基础形状和刚度影响系数。可由表 4-1 查得。

式（4-63）中的变形模量 E 要用土的弹性模量，因为这一变形阶段体积变化为零，泊松比 $\mu = 0.5$。弹性模量可通过室内三轴反复加卸载的不排水试验求得。也可近似采用 $E = (500 \sim 1000)C_u$ 估算，C_u 为不排水抗剪强度。

（2）固结沉降是由于在荷载作用下随着土中超孔隙水压力的消散，孔隙体积相应减少，土体逐渐压密而产生的沉降。通常采用分层总和法计算。

（3）次固结沉降被认为与土的骨架蠕变有关。它是在超孔隙水压力已经消散，有效应力增长基本不变之后仍随时间而缓慢增长的压缩。

实际上在次固结过程中，也有微小的超孔隙水压力存在，驱使水在土颗粒孔隙中流动，

但水的流动速度很慢，超静水孔隙水压力难以测量到。一般认为次固结速率与孔隙水的流出的速率无关。

许多室内试验和现场测量的结果都表明，一定荷载作用下的土，在主固结完成之后发生的次固结过程中，其孔隙比与时间的关系在半对数图上接近于一条直线，如图4-32所示。因而次固结引起的孔隙比变化可近似地表示为

$$\Delta e = C_{\alpha i} \lg \frac{t}{t_1}$$

地基次固结沉降计算的分层总和法公式为

$$s_s = \sum_{i=1}^{n} \frac{H_i}{1+e_{0i}} C_{\alpha i} \lg \frac{t}{t_1} \tag{4-64}$$

式中 $C_{\alpha i}$——第 i 分层土的次固结系数（半对数图上直线段的斜率），由试验确定；

t——所求次固结沉降的时间，$t > t_1$；

t_1——相当于主固结度为100%的时间，根据次固结曲线外推而得。

通过对室内和现场试验结果的分析，得出 C_α 值主要取决于土的天然含水量 ω，近似计算时可取 $C_\alpha = 0.018\omega$。

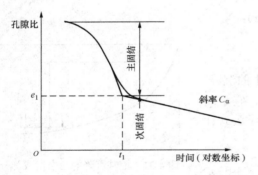

图4-32 次压缩沉降计算时的孔隙比与时间关系曲线

上述不同变形阶段的沉降计算方法，对黏性土地基是合适的，特别是饱和软黏土。对含有较多有机质的黏土，次固结沉降历时较长，实践中只能进行近似计算。而对于砂性土地基，由于透水性好，固结完成快，瞬时沉降与固结沉降已分不开来，故不适于用此方法估算。

4.6.2 最终沉降量计算方法的讨论

在地基沉降量的各种计算方法中，以分层总和法较为方便实用。采用侧限条件下的压缩性指标，以有限压缩层范围的分层计算加以总和。三种分层总和法中，单向压缩基本公式最简单方便。对于中小型基础，通常取基底中心轴线下的地基附加应力进行计算，以弥补所采用的压缩性指标偏小的不足。对于基底形状简单，尺寸不大的民用建筑基础，常根据经验给出一个合适的地基变形允许值（如1～2cm）之后，也能解决地基变形问题。随着建筑物作用荷载和基础尺寸的不断加大，以及基础形式的复杂多变，基础沉降将不仅限于计算基底中心点的沉降。规范修正公式运用了简化的平均附加应力系数（按实际应力分布图面积计算），规定了合理的沉降计算深度，提出了关键的沉降计算经验系数，还给出了与各种建筑物基础变形特征相应的地基变形允许值。

弹性理论，计算简便，但是它的应用有较大局限性。天然土很少是均质的，各处的弹性参数变化可能很大，尤其是针对影响范围较大较深的大面积基础。该法不能考虑到各种实际的复杂边界条件。另外，计算范围达到无限深，常使计算结果偏大。因此弹性理论法只适用于土质相对均匀，基础面积较小的一般房屋地基设计。如饱和软黏土地基在荷载作用下的初始沉降计算，砂土地基沉降计算，饱和软黏土地基排水条件下地基总沉降计算等。

考虑到地基变形由瞬时沉降、固结沉降和次固结沉降三个分量组成,地基最终沉降量可分别计算瞬时沉降、固结沉降及次固结沉降,然后叠加。固结沉降部分又考虑了不同应力历史生成的三类固结土（层）,正常固结土（层）、超固结土（层）及次固结土（层）,分别采用各自不同的压缩性指标,计算各自不同的固结沉降。正常固结土的固结沉降与前面单向压缩分层总和法的总沉降计算结果是基本一致的,因为压缩性指标均在单向压缩固结试验的侧限条件下得到。注意,这里指标取自 $e\text{–}\lg p$ 曲线,前面指标取自 $e\text{–}p$ 曲线。该法计算的三类固结土层各自的固结沉降,再叠加瞬时沉降和次固结沉降,更趋于接近实际的最终沉降。除此之外,又提出了将单向压缩条件下计算的固结沉降乘以一个修正系数得到轴对称线上的地基考虑侧向变形的修正后的固结沉降,提高了计算精度。但此法计算最终沉降量只适用于黏性土层。

最后指出,不同应力历史生成的土层,其变形参数即压缩性指标及固结沉降量是不同的;同样应力历史对土的强度也有影响,三种固结土的（抗剪）强度指标（参数）也是不同的。可见土的变形和强度的性质是紧密地联系在一起的。此外,在加载过程中土体内某点的应力状态的变化,对土的变形和强度也是有影响的。

4.6.3 相邻荷载的影响

由于附加应力在地基中具有扩散现象,相邻荷载将会引起地基产生附加沉降。建筑物如不充分考虑相邻荷载的影响,将会导致不均匀沉降,致使建筑物产生破坏。相邻荷载对地基变形的影响在软土地基中尤为严重。影响附加沉降的因素包括有两基础间的距离、荷载大小、地基土的性质以及施工时间的先后等,其中两基础间的距离为主要因素。一般距离越近,荷载越大,地基土越软弱,其影响越大。以下是几点实践经验,可在估算建筑物相邻荷载的影响时参考。

（1）单独基础,当基础间净距大于相邻基础宽度时,相邻荷载可按集中荷载计算;

（2）条形基础,当基础间净距大于四倍相邻基础宽度时,相邻荷载可按线荷载计算;

（3）一般情况下,相邻基础间净距大于 10m 时,可略去相邻荷载影响;

（4）大面积地面荷载（如填土、生产堆料等）引起仓库或厂房的柱子倾斜,影响厂房和吊车的正常使用的工程事例很多,必须引起足够注意。

相邻荷载影响的地基变形的具体计算,还是按照应力叠加原则,采用角点进行计算。

思 考 题

4-1 何谓土的压缩系数?一种土的压缩系数是否为定值,为什么?

4-2 如何判别土的压缩性的高低?压缩系数的单位是什么?

4-3 压缩指数 C_c 的物理意义是什么?如何确定?

4-4 压缩模量 E_s 与变形模量 E_0 有何异同?相互间有何关系?

4-5 工程中采用土的压缩性指标有哪几个?各指标之间有什么关系?

4-6 平板载荷试验有何优点?什么情况应做载荷试验?载荷试验如何加载?如何沉降?停止加载的标准是什么?

4-7 旁压试验有何特点?适用于什么条件?旁压试验中的应力与变形如何量测?

4-8 计算地基沉降的分层总合法和规范法有何不同?（试从基本假定、分层厚度、计算

深度的确定以及修正系数等方面加以比较）

4-9 在地基沉降计算中，土中附加应力是指有效应力还是总应力？为什么？

4-10 土的先期固结压力对土的压缩性有什么影响？考虑先期固结压力的地基沉降是如何计算的？

4-11 在土的一维渗流固结过程中，土中的有效应力与超孔隙水压力是如何变化的？

4-12 土的最终沉降由哪几部分组成，各部分的意义是什么？

习   题

4-1 某工程钻孔 2 号土样 2-1 粉质黏土和土样 2-2 淤泥质黏土的压缩试验数据列于表 4-9，试计算压缩系数 a_{1-2} 并评价其压缩性。

表 4-9   压 缩 试 验 数 据

垂直压力（kPa）		0	50	100	200	300	400
孔隙比	土样 2-1	0.866	0.799	0.770	0.736	0.721	0.714
	土样 2-2	1.085	0.960	0.890	0.803	0.748	0.707

4-2 对一黏性土试样进行侧限压缩试验，测得当 p_1=100kPa 和 p_2=200kPa 时土样相应的孔隙比分别为 e_1=0.932 和 e_2=0.885，试计算压缩系数 a_{1-2} 和压缩模量 E_{s1-2}，并评价土的压缩性。

4-3 某现场平板载荷试验采用边长为 0.707m 的方形刚性荷载板。试验测得的 p–s 曲线前面直线段所确定的比例界限压力值 p_1 及相应的荷载板的下沉量 s_1 分别为 200kPa 及 100mm，地基土的泊松比 ν=0.3，试计算土的变形模量 E_0。

4-4 一饱和黏性土样的原始高度为 20mm，试样面积为 $3 \times 10^3 \text{mm}^2$，在固结仪中做压缩试验。土样与环刀的总重为 $175.6 \times 10^{-2}\text{N}$，环刀重 $58.6 \times 10^{-2}\text{N}$。当压力由 p_1=100kPa 增加到 p_2=200kPa 时，土样变形稳定后的高度相应地由 19.31mm 降为 18.76mm。试验结束后烘干土样，称得干土重为 $94.8 \times 10^{-2}\text{N}$。试计算及回答：

（1）与 p_1 及 p_2 相对应的孔隙比 e_1 及 e_2；

（2）该土的压缩系数 a_{1-2}；

（3）评价该土的压缩性。

4-5 有一矩形基础4m×8m，埋深为 2m，受 4000kN 中心荷载（包括基础自重）的作用。地基为细砂层，其 γ=19kN/m³，压缩数据资料见表 4-10。试用分层总和法计算基础的总沉降。

表 4-10   压 缩 数 据 资 料

p（kPa）	50	100	150	200
e	0.680	0.654	0.635	0.620

4-6 有一饱和黏土层，如图 4-33 所示，厚 4m，饱和重度 γ_{sat}=19kN/m³，土粒重度 γ_s=27kN/m³，其下为不透水岩层，其上覆盖 5m 的砂土，其天然重度 γ=16kN/m³。现于黏土层中部取土样进行压缩试验并绘出 e–lg$p$ 曲线，测得压缩指数 C_c 为 0.17。若又进行卸载和

重新加载试验，测得膨胀系数 $C_s=0.02$，并测得先期固结压力为 140kPa。

问：（1）此黏土是否为超固结土？

（2）若地表施加满布荷载 80kPa，黏土层下沉多少？

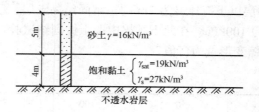

图 4-33　习题 4-6 图

4-7　柱荷载 $F=1190$kN，基础埋深 $d=1.5$m，基础底面尺寸 $l\times b=4$m×2m。基础地层如图 4-34 所示，试用规范法计算该基础的最终沉降量。

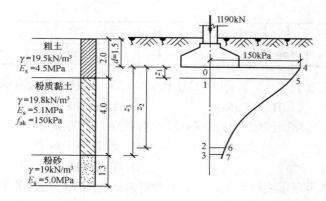

图 4-34　习题 4-7 图

4-8　某饱和土层厚 3m，上下两面透水，在其中部取一土样，在室内进行固结试验（试样厚 2cm），在 20min 后固结度达 50%。求：

（1）固结系数 c_v；

（2）该土层在满布压力 p 作用下，达到 90%固结度所需的时间。

参考答案：

4-1：土样 2-1：$a_{1-2}=0.34$MPa^{-1}，中压缩性土；

土样 2-2：$a_{1-2}=0.87$MPa^{-1}，高压缩性土。

4-2：$a_{1-2}=0.47$MPa^{-1}，$E_{s1-2}=4.11$MPa，中压缩性土。

4-3：$E_0=1.13$MPa。

4-4：（1）$e_1=0.551$，$e_2=0.507$；（2）$a_{1-2}=0.44$MPa^{-1}；（3）中压缩性土。

4-5：按 1.6m 分层，总沉降 8.47cm。

4-6：（1）是超固结土；（2）31.2mm。

4-7：81.30mm。

4-8：（1）$c_v=0.588$cm^2/h；（2）$t_{90}=3.7$（年）。

*注册结构工程师、岩土工程师考试题选

4-1　在条形基础持力层以下有厚度为 2m 的正常固结黏土层。已知该黏土层中部的自重应力为 50kPa，附加应力为 100kPa。在此下卧层中取土做固结试验，数据见表 4-11。该黏土层在附加应力作用下的压缩变形量为何值？

表 4-11

p	0	50	100	200	300
e	1.04	1.00	0.97	0.93	0.93

4-2　某建筑场地在稍密砂层中进行浅层平板载荷试验。方形压板底面积为 $0.5m^2$，压力与累积沉降量关系见表 4-12。

表 4-12

压力 p（kPa）	25	50	75	100	125	150	175	200	225	250	275
累积沉降量 s（mm）	0.88	1.76	2.65	3.53	4.41	5.30	6.13	7.25	8.00	10.54	15.80

变形模量 E_s 最接近于（　　　）（土的泊松比 $\mu = 0.33$，形状系数为 0.89）。

A．9.8MPa　　　　　B．13.3MPa　　　　　C．15.8MPa　　　　　D．17.7MPa

4-3　超固结土的先期固结压力与其现有竖向自重应力的关系为（　　　）。

A．前者小于后者　　　　　　　　　　　B．前者等于后者

C．前者大于后者　　　　　　　　　　　D．前者与后者之间无关

4-4　某工程地基为高压缩性软土层，为了预测建筑物的沉降历时关系，该工程的勘察报告中除常规岩土参数外还必须提供（　　　）岩土参数。

A．体积压缩系数 m_v　　　　　　　　　B．压缩指数 C_C

C．固结系数 C_v　　　　　　　　　　　D．回弹指数 C_s

4-5　某柱下扩展锥形基础，柱截面尺寸为 0.4m×0.5m，基础尺寸、埋深及地基条件见图 4-35。基础及其上土的加权平均重度取 $20kN/m^3$。

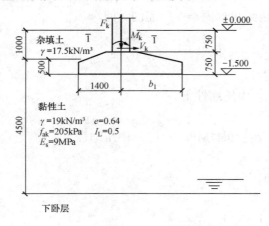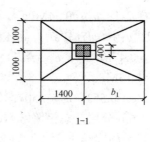

图 4-35　题选 4-5 图

假定黏性土层的下卧层为基岩。假定基础只受轴心荷载作用，且 b_1 为 1.4m；荷载效应准永久组合时，基底的附加压力值 p_0 为 150kPa。试问，当基础无相邻荷载影响时，基础中心计算的地基最终变形量 s（mm），最接近于下列哪项数值？（　　　）

A．21　　　　　　　B．28　　　　　　　C．32　　　　　　　D．34

（参考答案：4-1：$\Delta s=50$mm；4-2：C；4-3：C；4-4：C；4-5：A）

本章知识点思维导图

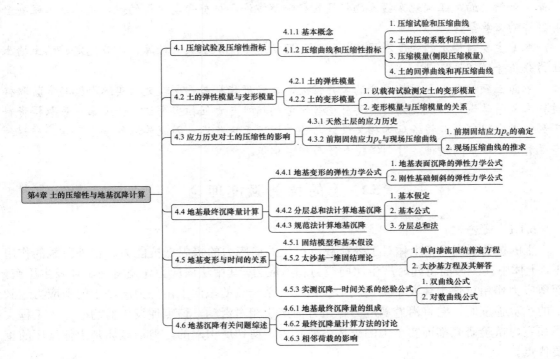

第 5 章 土 的 抗 剪 强 度

在计算地基变形时，首先应当确定地基土的应力状态有没有达到极限状态，否则变形计算就没有意义了。土的强度指标并不是固定不变的，而是随着应力情况和其他条件而改变。因此，如何全面、正确地掌握土的强度指标测试方法和抗剪强度变化的规律是保证工程安全和经济的必要条件。

本章主要讨论土的强度及强度指标的问题。这是地基承载力计算、边坡稳定、挡土墙土压力分析等的理论基础。

不同土颗粒大小和矿物成分的差异性大，其强度指标差异也较大，实际勘察与实验取样过程需要科学设计，现场勘察需要有吃苦耐劳的精神与责任担当意识。如果第一手取样资料不科学或出现偏差，将给后续相关设计与施工埋下无穷隐患，因此要培养学生科学、严谨的态度和乐于奉献的精神，时刻保持责任与担当意识。

5.1 土 的 抗 剪 强 度 理 论

5.1.1 概述

土的抗剪强度是指土体对于外荷载所产生的剪应力的极限抵抗能力。在外荷载的作用下，土体中任一截面将同时产生法向应力和剪应力，其中法向应力作用将使土体发生压密，而剪应力作用可使土体发生剪切变形；当土中某一点的截面上由外力所产生的剪应力达到土的抗剪强度时，它将沿着剪应力作用方向产生相对滑动，该点便发生剪切破坏。工程实践和室内试验研究都证实了土的破坏主要是由于剪切所引起的，剪切破坏是土体破坏的重要特点。

在工程实践中，与土的抗剪强度有关的工程问题主要有以下三类：第一类是土坝、路堤等填方边坡以及天然土坡等稳定性问题。第二类是土对工程构筑物的侧向压力，即土压力问题，如挡土墙、地下结构等所受的土压力，它受土强度的影响。第三类是建筑物地基的承载力问题，如果基础下的地基产生整体滑动或因局部剪切破坏而导致过大的地基变形，都会造成上部结构的破坏或产生影响其正常使用的事故。所以研究土的抗剪强度的规律对于工程设计、施工和管理都具有非常重要的理论意义和实际意义。

5.1.2 莫尔—库仑强度理论

1910 年，莫尔（Mohr）首先提出：材料的破坏是剪切破坏，任一平面 L 的剪应力等于材料的抗剪强度时，该点就发生破坏。

通常需要研究土体内任一微小单元体的应力状态，如图 5-1（a）所示。通过土体内某微小单元体的任一平面上，一般都作用着法向应力（正应力）σ 和切向应力（剪应力）τ 两个分量。若该单元的大主应力 σ_1 和小主应力 σ_3 的大小和方向都已知时，与大主应力面成 θ 角的任一平面上的法向应力 σ 可直接应用材料力学的结果，如下：

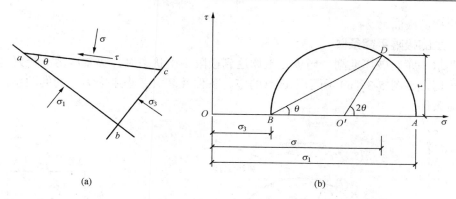

图 5-1 土单元的应力状态

$$\sigma = \frac{\sigma_1 + \sigma_3}{2} + \frac{\sigma_1 - \sigma_3}{2}\cos 2\theta \tag{5-1}$$

若给定 σ_1 和 σ_3，则通过该单元体任一平面上的法向应力和剪应力，将随着它与大主应力面的夹角 θ 而异。

经整理得

$$\left(\sigma - \frac{\sigma_1 + \sigma_3}{2}\right)^2 + \tau^2 = \left(\frac{\sigma_1 - \sigma_3}{2}\right)^2 \tag{5-2}$$

可见，在 $\sigma - \tau$ 坐标平面内，土单元体的应力状态的轨迹是一个圆，该圆就称为莫尔应力圆。某土单元体的莫尔应力圆一经确定，该单元体的应力状态也就确定了。

绘制莫尔应力圆时，习惯上常以坐标横轴为法向应力 σ 轴，坐标纵轴为剪应力 τ 轴。在横轴上取 OO' 等于 $(\sigma_1 + \sigma_3)/2$，以 O' 为圆心，$(\sigma_1 - \sigma_3)/2$ 为半径作圆即可。该圆与横轴交于 A 点和 B 点，则 OA 等于大主应力，OB 等于小主应力，如图 5-1（b）所示。由于莫尔应力圆是以 $\sigma - \tau$ 为坐标平面绘出的，因而圆周上任意点的纵、横坐标值，即表示单元体中与大主应力面成某一角的相应面上的剪应力 τ 和法向应力 σ 大小。

莫尔应力圆圆周上的任意点，都代表着单元土体中相应面上的应力状态，因此，就可以把莫尔应力圆与库仑抗剪强度定律互相结合起来，通过两者之间的对照来对土所处的状态进行判别。当莫尔应力圆在强度线以内时，如图 5-2 中 A 圆所示，说明此时单元土体中任一平面上的剪应力都小于该面上相应的抗剪强度，故土单元体处于稳定状态，没有剪破；当莫尔应力圆与抗剪强度线相切时，如图 5-2 中 B 圆所示，说明此时单元土体中有一对平面上的剪应力达到它的抗剪强度，故该土体已

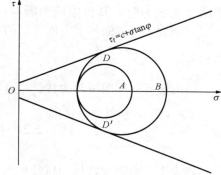

图 5-2 单元土体所受的状态

处于濒临破坏的极限平衡状态。把莫尔应力圆与库仑抗剪强度线相切时的应力状态，即 $\tau = \tau_f$ 时的极限平衡状态作为土破坏准则，即莫尔—库仑破坏准则。它是目前判别土体所处状态的最常用或最基本的准则。根据这一准则，当土处于极限平衡状态，即应理解为破坏状态，此时的莫尔应力圆称为极限应力圆或破坏应力圆（即图中的 B 圆）。相应的一对平面称为剪切

破坏面（简称剪破面）。

5.1.3　土的极限平衡条件

根据莫尔—库仑破坏准则，当单元土体达到极限平衡状态时，莫尔应力圆恰好与库仑抗剪强度线相切，如图 5-3（a）所示。这时的应力条件及其大、小主应力之间的关系，称为土的极限平衡条件。

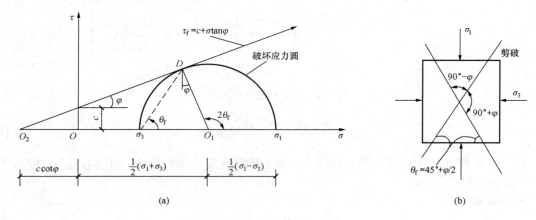

图 5-3　土的极限平衡条件

（a）极限平衡状态；（b）剪破状态

根据图中的几何关系可得

$$\sin\varphi = \frac{(\sigma_1 - \sigma_3)/2}{(\sigma_1 + \sigma_3)/2 + c\cot\varphi} \tag{5-3}$$

经过三角变换得

$$\sigma_3 = \sigma_1 \tan^2\left(45° - \frac{\varphi}{2}\right) - 2c\tan\left(45° - \frac{\varphi}{2}\right) \tag{5-4}$$

或

$$\sigma_1 = \sigma_3 \tan^2\left(45° + \frac{\varphi}{2}\right) + 2c\tan\left(45° + \frac{\varphi}{2}\right) \tag{5-5}$$

上式即为土的极限平衡条件。从图中还可以看出，按照莫尔—库仑破坏准则，当土处于极限平衡状态时，其极限应力圆与抗剪强度线相切于 D 点，这说明此时土体中已出现了一对剪破面。剪破面与大主应力面的夹角 θ_f 称为破坏角，从图中的几何关系可得到的理论剪破角为

$$\theta_f = 45° + \frac{\varphi}{2} \tag{5-6}$$

而两剪破面间的夹角为 $(90° - \varphi)$ 或（$90° + \varphi$），如图 5-3（b）所示。

5.2　抗剪强度测定方法

测定土抗剪强度指标的试验称为剪切试验。剪切试验可以在实验室内进行，也可在现场原位条件下进行。按常用的试验仪器可将剪切试验分为直接剪切试验、三轴压缩试验、无侧限抗压强度试验和十字板剪切试验四种。其中除十字板剪切试验可在现场原位条件下进行外，其他三种试验均需从现场取回土样，在室内进行试验。

影响土的抗剪强度的因素很多，如土的密度、含水率、初始应力状态、应力历史以及固结程度和试验中的排水条件等。因此，为了求得可供设计或计算分析用的土的强度指标，在

试验室中测定土的抗剪强度时，应采取具有代表性的土样而且还必须采用一种能够模拟现场条件的试验方法来进行。根据现有的测试设备和技术条件，要完全模拟现场条件仍有困难，只是尽可能地做近似模拟。

对于砂土和砾石，测定其抗剪强度时可采用扰动试样进行试验；对于黏性土，由于扰动对其强度影响很大，因而必须采用原状的试样进行抗剪强度的测定。但研究土的剪切性状时，只能用重塑土进行。土的抗剪强度与土的固结程度和排水条件有关。对于同一种土，即使在剪切面上具有相同的法向总应力 σ，由于土在剪切前后的固结程度和排水条件不同，它的抗剪强度也不同。

5.2.1 直接剪切试验

用直剪仪来测量土的抗剪强度的试验称为直接剪切试验（简称直剪试验），它是测定预定剪破面上抗剪强度的最简便和最常用的方法。直剪仪分应变控制式和应力控制式两种。前者以等应变速率使试样产生剪切位移直至剪破，后者是分级施加水平剪应力并测定相应的剪切位移。目前我国使用较多的是应变控制式直剪仪，如图 5-4 所示。它主要由可互相错动的上、下两个金属盒组成。盒的内壁呈圆柱形，试样高 2cm，面积 30cm²，下盒可自由移动，上盒与一端固定的量力钢环相接触。钢环的作用是测出上盒在试验时的位移并据此换算出剪切面上的剪应力。试验时，将试样放入剪切盒中，并根据试验条件，在试样上、下面各放一透水石（允许排水）或不透水板（不允许排水），再在透水石或不透水板顶部放一金属的传压活塞，并根据试验要求在其上施加第一级竖向压力 σ_1，然后以规定的速率对下盒逐渐施加水平推力 T；随着水平推力的施加，上、下盒即沿水平接触面发生相对位移（即剪切变形）而使试样受剪并在剪切面上产生剪应力。在施加水平推力后，即刻读出试样的剪位移，计算相应的剪应力，并绘出剪应力与剪位移的关系曲线。该曲线即为抗剪强度线，如图 5-5 所示。图中直线与纵轴的截距即为黏聚力 c，直线与水平轴的夹角即为该土样的内摩擦角 φ。

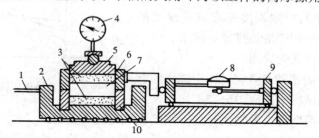

图 5-4　应变控制式直剪仪

1—轮轴；2—底座；3—透水石；4—百分表；5—加压活塞；

6—上盒；7—土样；8—百分表；9—量力钢环；10—下盒

直剪试验过程中，不能量测孔隙水应力，也不能控制排水，所以只能以总应力法来表示土的抗剪强度。但是，为了考虑固结程度和排水条件对抗剪强度的影响，根据加载速率的快慢将直剪试验划分为快剪（Q）、固结快剪（R）和慢剪（S）三种试验类型。

1. 快剪试验

《土工试验方法标准》（GB/T 50123—2019）规定，快剪试验适用于渗透系数小于 10^{-6}cm/s 的细粒土。试验时，施加垂直压力后，立即拔去固定销钉，宜采用 0.8～1.2mm/min 的速率剪切，每分钟 4～6 转的均匀速度旋转手轮，使试样在 3～5min 内剪损。当剪应力的读数达

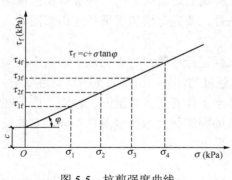

图 5-5　抗剪强度曲线

到稳定或有显著后退时，表示试样已剪损，宜剪至剪切变形达到 4mm。当剪应力读数继续增加时，剪切变形应达到 6mm 为止。该试验所得强度称为快剪强度，相应指标称为快剪强度指标，以 c_Q、φ_Q 表示。

2. 固结快剪试验

固结快剪试验也适用于渗透系数小于 10^{-6}cm/s 的细粒土。试验时，在试样上施加规定的垂直压力后，记录垂直变形读数，当每小时垂直变形读数变化不大于 0.005mm 时，认为已达到固结稳定。试样也可在其他仪器上固结，然后移至剪切盒内，继续固结至稳定后，再进行剪切。该试验所得强度称为固结快剪强度，相应指标称为固结快剪强度指标，以 c_R、φ_R 表示。

3. 慢剪试验

慢剪试验是对试样施加垂直压力后，待试样固结稳定后进行剪切，剪切速率应小于 0.02mm/min。该试验所得强度称为慢剪强度，相应指标称为慢剪强度指标，以 c_S、φ_S 表示。

上述三种试验方法的结果（见图 5-6）为：$c_Q > c_R > c_S$，而 $\varphi_Q < \varphi_R < \varphi_S$。

直剪试验的设备简单，试样制备和安装方便，且操作容易掌握，至今仍为工程单位广泛采用。

直剪试验存在的缺点有以下几方面：

（1）剪切破坏面固定为上下盒之间的水平面不符合实际情况，因为该面不一定是土样的最薄弱的面。

（2）试验中试样的排水程度是靠试验速度的快、慢来控制的，做不到严格地排或不排水。这一点对透水性强的土来说尤为突出。

（3）由于上下盒的错动，剪切过程中试样的有效面积逐渐减小，使试样中的应力分布不均匀，主应力方向发生变化。当剪切变形较大时这一缺陷表现得更为突出。

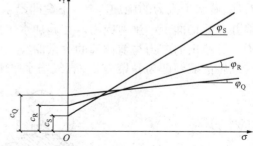

图 5-6　三种直剪试验方法成果的比较

为克服直剪试验存在的问题，对重大工程及一些科学研究，应采用更为完善的三轴压缩试验。

5.2.2　三轴压缩试验

三轴压缩试验直接量测的是试样在不同恒定周围压力下的抗压强度，然后利用莫尔—库仑破坏理论间接求出土的抗剪强度。

三轴压缩仪主要由压力室、加压系统和量测系统三大部分组成。图 5-7 是三轴压力室的示意图。它是一个由金属顶盖、底座和透明有机玻璃圆筒组成的密闭容器。试样为圆柱形，高度与直径之比按《土工试验方法标准》（GB/T 50123—2019），采用 2～2.5。试样安装在压力室中，外面用柔性橡皮膜包裹，橡皮膜扎紧在试样帽和底座上，不让压力室中的水进入试样。试样上下两端可根据试验要求放置透水石或不透水板。试验时，试样的排水应由顶部连通的排水阀来控制。试样底部与孔隙水应力测量系统相连接，必要时用以量测试验过程中试样内的孔隙水应力变化。试样的周围压力，由与压力室直接相连的压力源（空压机或其他稳压装置）来供给。试样的轴向压力增量，由与顶部试样帽直接接触的传压活塞杆来传递（对于应变控制式三轴仪，轴向力的大小可由经过率定的量力环测定，轴向力除以试样的横断面积后可得附加轴向压力 q，又称为偏应力），使试样受剪，直至剪破。在受剪过程中要同时测读试样的轴向压缩量，以便计算轴向应变 ε。三轴是指一个竖向和两个侧向。由于压力室和试样均为圆柱形，因此，两个侧向（或称周围）的应力相等并为最小主应力 σ_3，而竖向（或轴向）的应力为最大主应力 σ_1，在增加 σ_1 时保持 σ_3 不变，这种条件下的试验称为常规三轴试验。

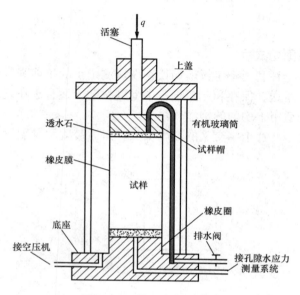

图 5-7　三轴压力室示意图

该试验通常采用同一种土的试样重复 3～4 次。每次均改变周围应力增量 σ_3 的值，可得到 3～4 个破坏应力圆。绘制这些破坏应力圆的包络线（公切线），即可求得该土的抗剪强度曲线及相应的强度指标 c、φ 值。如图 5-8 所示。

三轴试验根据试样的固结和排水条件的不同，可分为不固结不排水剪（UU）、固结不排水剪（CU）和固结排水的（CD）三种方法。

5.2.3　无侧限抗压强度试验

三轴压缩试验中，当周围压力 $\sigma_3 = 0$ 时即为无侧限试验条件，这时只有 $q = \sigma_1$。所以，也可称为单轴压缩试验。由于试样的侧向压力为零，在轴向受压时，其侧向变形不受限制，故又称为无侧限压缩试验，如图 5-9（a）所示。同时，又由于试样是在轴向压缩的条件下破坏的，因此，把这种情况下土所能承受的最大轴向压力称为无侧限抗压强度，用 q_u 表示。在施加轴向压力的过程中，相应地量测试样的轴向压缩变形，并绘制轴向压力 q 与轴向应变 ε 的关系曲线。当轴向压力与轴向应变的关系曲线出现明显的峰值时，则以峰值处的最大轴向压

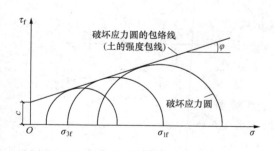

图 5-8　抗剪强度曲线及相应的强度指标

力作为土的无侧限抗压强度 q_u；当轴向压力与轴向应变的关系曲线不出现峰值时，则取轴向应变 ε=20%处的轴向压力作为土的无侧限抗压强度 q_u，如图 5-9（b）所示。求得土的无侧限抗压强度 q_u 后，即可绘出极限应力圆。由于 $\sigma_3=0$，所以无侧限压缩试验的结果只能求得一个通过坐标原点的极限应力圆。一个极限应力圆是无法得到强度包线的，不过由三轴压缩试验对饱和黏土进行不固结不排水剪试验的结果证明，这种土的 $\varphi_u=0$（φ_u 即不固结不排水剪试验测得的内摩擦角），只有黏聚力 c_u（通常简称不排水强度）。因此，可借助于三轴压缩试验的这个结论，绘制出一条水平的抗剪强度包线，如图 5-9（c）所示。于是，根据无侧限抗压强度 q_u 即可求出饱和土的不排水强度，即

$$\tau_f = c_u = \frac{q_u}{2} \tag{5-7}$$

5.2.4　原位十字板剪切试验

十字板剪切试验是一种利用十字板剪切仪在现场测定土的抗剪强度的方法。这种试验方法避免了试样在采取、运送、保存和制备过程中受到扰动，适合于在现场测定饱和黏性土的原位不排水强度，特别适用于均匀的饱和软黏土。

十字板剪切仪主要由两片十字交叉的金属板头、扭力装置和量测设备三部分组成。

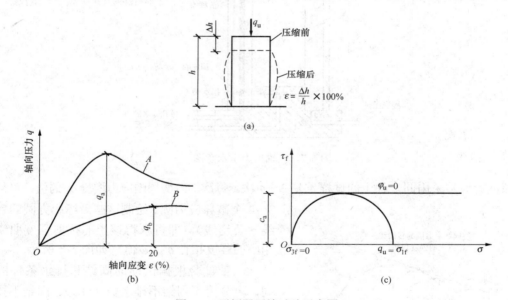

图 5-9　无侧限压缩试验示意图
（a）试样变形情况；（b）应力与应变关系；（c）强度包线

金属板的高度与宽度之比一般为 2:1，如图 5-10（a）所示。十字板剪切试验可在现场钻孔内进行。试验时，先将十字板插到要进行试验的深度，如图 5-10（b）所示；再在十字板剪切仪上端的加力架上以一定的转速对其施加扭力矩，使板头内的土体与其周围土体产生相对扭剪，直至剪破，测出其相应的最大扭力矩。然后，根据力矩的平衡条件，推算出圆柱形剪破面上土的抗剪强度。在推算强度时，做了以下两点假定：

（1）剪破面为一圆柱面，圆柱面的直径与高度分别等于十字板板头的宽度 D 和高度 H。
（2）圆柱面的侧面和上下端面上的抗剪强度 τ_f 为均匀分布并且相等，如图 5-11 所示。

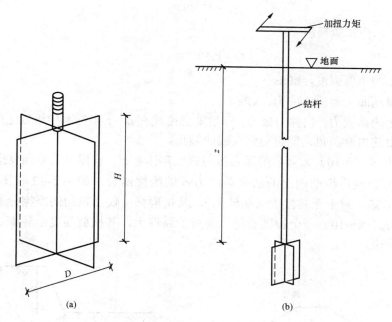

图 5-10　十字板剪切仪及其试验示意图

（a）板头；（b）试验情况

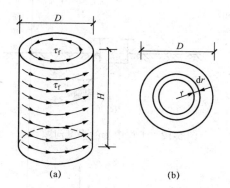

图 5-11　圆柱形破坏面上强度的分布

根据施加于十字板剪切仪上的最大扭力矩 M_{max} 应等于圆柱侧面上的抗剪力对轴心的抵抗力矩 M_1 和上下两端面上的抗剪力对轴心的抵抗力矩 M_2 之和的原理，推求土的抗剪强度。其抗剪强度的表达式为

$$\tau_f = \frac{M_{max}}{\frac{\pi D^2}{2}\left(H + \frac{D}{3}\right)} \tag{5-8}$$

5.3　土 的 抗 剪 强 度 指 标

1773 年，库仑（coulomb）根据砂土的直剪试验，得到抗剪强度的表达式为

$$\tau_f = \sigma \tan \varphi \qquad\qquad (5\text{-}9)$$

对于黏性土，由试验得出

$$\tau_f = c + \sigma \tan \varphi \qquad\qquad (5\text{-}10)$$

式中　　τ_f——土的抗剪强度，kPa；

　　　　σ——滑动面上的法向应力，kPa；

　　　　c——土的黏聚力，也称内聚力，即抗剪强度线在 $\sigma - \tau$ 坐标系中纵轴上的截距，kPa；

　　　　φ——土的内摩擦角，即抗剪强度线的倾角。

　　式（5-9）和式（5-10）为著名的库仑抗剪强度定律。c、φ 称为抗剪强度指标。该定律说明，土的抗剪强度是滑动面上的法向总应力 σ 的线性函数，如图 5-12 和图 5-13 所示。同时由该定律可知，对于无黏性土（如砂土），其抗剪强度仅由粒间的摩擦分量所构成。此时 $c=0$，仅作为式（5-10）一个特例看待，而对于黏性土，其抗剪强度由黏聚力分量和摩擦分量两部分所构成。

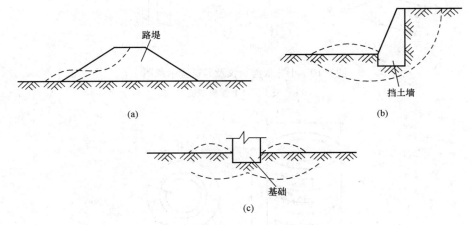

图 5-12　工程中土的强度问题

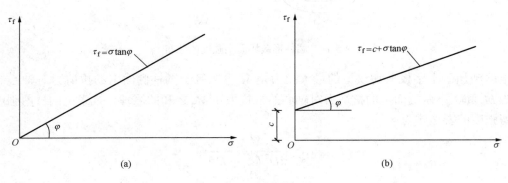

图 5-13　土的抗剪强度

（a）砂土；（b）黏性土

　　根据固体间摩擦的讨论和土的抗剪强度定义，如果土的强度特性类似于固体间的摩擦，则只要单元土体中剪切面上的剪应力 τ 为已知，即可按照下列条件判断土体所处的状态。当

$\tau < \tau_f$ 时，该单元土体没有剪破，处于稳定状态；当 $\tau = \tau_f$ 时，该单元土体处于极限平衡状态；而 $\tau > \tau_f$ 是不可能的。

【例5-1】 已知土的抗剪强度指标 $c = 60\text{kPa}$，$\varphi = 30°$，若作用在该土某平面上的总应力为 $\sigma_\theta = 170\text{kPa}$，倾角 $\theta = 37°$，试问土会不会在该平面发生剪切破坏？

解 该平面上的正应力为 σ，剪应力为 τ，即

$$\sin\theta = \frac{\tau}{\sigma_\theta} \qquad \cos\theta = \frac{\sigma}{\sigma_\theta}$$

$$\tau = \sigma_\theta \sin\theta = 170 \times \sin 37° = 102(\text{kPa})$$

$$\sigma = \sigma_\theta \cos\theta = 170 \times \cos 37° = 136(\text{kPa})$$

该平面上的抗剪强度为

$$\tau_f = c + \sigma\tan\varphi = 60 + 136 \times \tan 30° = 138.5(\text{kPa})$$

因为 $\tau < \tau_f$，故不会在该平面发生剪切破坏。

5.4 应 力 路 径

5.4.1 应力路径的概念

同一种土样，在不同的试验方法和不同的加载方式下剪破时，所经历的应力变化是不相同的。为了分析土体剪切过程中的应力变化对于土的力学性质的影响，对加载过程中的土体内某点，其应力状态的变化可在应力坐标中以特征应力点的移动轨迹表示。这种轨迹称为应力路径。常用特征应力点是应力圆顶点。图 5-14（a）代表三轴试验中 σ_3 不变，增加至 σ_1 剪破的情况，AB 为最大剪应力面上的应力路径。图 5-14（b）表示 σ_1 不变，逐步减少 σ_3 至剪破的情况，则应力路径为 AC。

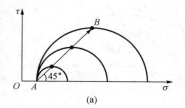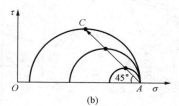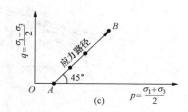

图 5-14 最大剪应力面的总应力路径

（a）σ_3 不变，增加 σ_1；（b）σ_1 不变，减少 σ_3；（c）σ_3 不变，增加 σ_1

5.4.2 应力路径表示的方法

土的强度可以用有效应力和总应力表示，应力路径也可用有效应力和总应力表示。所谓总应力路径是反映受荷土体中某点以总应力表示的特征应力点在应力坐标系中变化的轨迹，而有效应力路径则是土体相应点以有效应力表达的特征应力点的轨迹。图 5-15 表示正常固结土固结不排水剪的总应力路径和有效应力路径，图中 K_f 和 K_f' 线分别为以总应力和有效应力表示的极限应力圆顶点的连线。

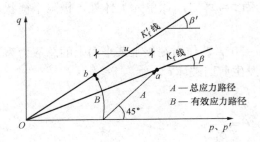

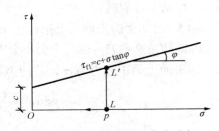

图 5-15　正常固结土固结不排水剪应力路径　　　　图 5-16　直接剪切试验应力路径

对于正常固结土，总应力路径为直线 A，而有效应力路径为曲线 B，它们的破坏点分别由 a，b 两点表示。b 与 a 之间的水平距离 u 就是破坏时的孔隙水压力值。A、B 两条线上相应的各点的水平距离表示加载过程中孔隙水压力的变化，因此 B 线可简捷地由 A 线上各点 p 值减去相应的孔隙水压力 u 值而得到，即 $p'=p-u$。

直剪试验中常把试件已定剪破面上法向应力和剪应力作为特征应力点，采用 $\sigma-\tau$ 坐标系表示它的变化轨迹。

在直剪试验中，先施加垂直压力 p，而后在 p 不变的条件下逐渐增大剪应力，直至土样被剪破。所以受剪面的应力路径先是一条水平线，达 p 值后变为一条竖直线，至抗剪强度线而终止，如图 5-16 中所示，OLL' 为相应的应力路径。

图 5-17（a）中 AB 线是由 $\sigma-\tau$ 坐标系表达的莫尔圆顶点的应力路径。显然，由 $\frac{1}{2}(\sigma_1-\sigma_3)\sim\frac{1}{2}(\sigma_1+\sigma_3)$ 坐标系表达的应力路径形式更佳。因为图 5-17（b）中 AB 线上各点很直观地表示了土的应力状态，应用更为方便。

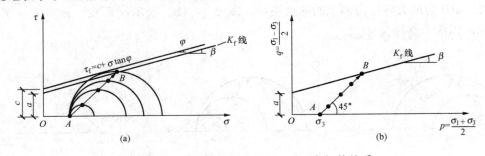

图 5-17　应力路径及 a、β 和 c、φ 之间的关系

图 5-17（b）中的 K_f 线是土样在不同周围压力 σ_3 条件下受剪时，以总应力表示的极限应力圆顶点的连线。它的坡度 β 和它与纵坐标轴的截距 a 值，可由抗剪强度指标 c、φ 通过土体的极限平衡条件推算而得。

当土体处于极限平衡状态时，由式（5-3）知　　$\sin\varphi=\dfrac{\sigma_1-\sigma_3}{\sigma_1+\sigma_3+2c\cot\varphi}$

上式改写为　　$\dfrac{1}{2}(\sigma_1-\sigma_3)=\dfrac{1}{2}(\sigma_1+\sigma_3)\sin\varphi+c\cos\varphi$

而由图 5-17（b）知 K_f 线的表达式为　　$\dfrac{1}{2}(\sigma_1-\sigma_3)=\dfrac{1}{2}(\sigma_1+\sigma_3)\tan\beta+a$

上两式比较得 $\qquad$ $\tan\beta = \sin\varphi$, $\quad a = c\cos\varphi$

$$\varphi = \arcsin(\tan\beta) \tag{5-11}$$

$$c = \frac{a}{\cos\varphi} \tag{5-12}$$

这样,由试验求得 K_f 线,则可根据式(5-11)和式(5-12) K_f 线的坡度 β 和它与纵坐标截距 a 反算土体抗剪强度指标 c、φ 值。

5.4.3 应用

(1)利用应力路径整理三轴试验成果,求出抗剪强度指标 c、φ 值。

【例 5-2】 某土样的三轴试验结果见表 5-1,请在 $\frac{1}{2}(\sigma_1-\sigma_3)\sim\frac{1}{2}(\sigma_1+\sigma_3)$ 坐标系中绘出抗剪强度线,并求出 c、φ 的值。

表 5-1   某土样的三轴试验结果

σ_1(kPa)	220	295	368	467
σ_3(kPa)	80	120	150	200

解 将三轴试验结果用 $\frac{1}{2}(\sigma_1+\sigma_3)$,$\frac{1}{2}(\sigma_1-\sigma_3)$ 表示列于表 5-2 中。

表 5-2   三 轴 试 验 结 果

$\frac{1}{2}(\sigma_1+\sigma_3)$(kPa)	150	207.5	259	333.5
$\frac{1}{2}(\sigma_1-\sigma_3)$(kPa)	70	87.5	109	133.5

先在 $\frac{1}{2}(\sigma_1-\sigma_3)\sim\frac{1}{2}(\sigma_1+\sigma_3)$ 坐标图中绘出 K_f 线,从图上量得 $\beta=20°$,$a=20\text{kPa}$,然后将 β、a 代入式(5-11)和式(5-12)中,得

$$\varphi = \arcsin(\tan\beta) = \arcsin(\tan20°) = 21.34°$$

$$c = \frac{a}{\cos\varphi} = \frac{20}{\cos21.34°} = 21.47 \text{(kPa)}$$

然后再以 c、φ 值在同一坐标图上绘出抗剪强度线,如图 5-18 所示。

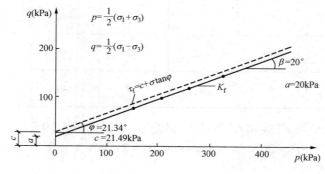

图 5-18 [例 5-2] 图

（2）由应力路径求土样破坏时的主应力。

【**例 5-3**】　某饱和黏土试样做固结不排水剪试验，结果见表 5-3。

表 5-3　　　　　　　　　　　某饱和黏土试样固结不排水剪试验结果

$\sigma_1 - \sigma_3$ （kPa）	0	152	256	280	328	336（破坏）
u （kPa）	0	72	136	192	256	296

当 $\sigma_3 = 600 \, kPa$ 时：

1）绘出试样破坏时的应力路径；

2）若试样在围压 600kPa 下固结后，在充分排水条件下剪切，根据应力路径求土样破坏时的大主应力。

解　1）绘出试样破坏时的应力路径。

当对试样做不排水剪三轴试验时，可绘出总应力路径 L 线。由于不排水剪可测出相应荷载作用下的孔隙水压力，故又可绘出有效应力路径 L' 线。根据试验结果，经整理得表 5-4，在 $\frac{1}{2}(\sigma_1 + \sigma_3) \sim \frac{1}{2}(\sigma_1 - \sigma_3)$ 坐标图中绘出应力路径，如图 5-19 所示。

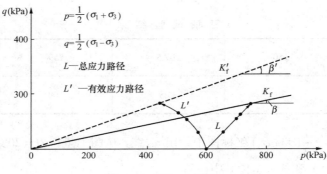

图 5-19　［例 5-3］图

表 5-4　　　　　　　　　　　试样不排水剪三轴试验结果

$\frac{1}{2}(\sigma_1 + \sigma_3)$ (kPa)	600	676	728	740	746	768
$\frac{1}{2}(\sigma_1 - \sigma_3)$ (kPa)	0	76	128	140	164	168
$\frac{1}{2}(\sigma_1' + \sigma_3')$ (kPa)	600	604	592	548	508	472
$\frac{1}{2}(\sigma_1' - \sigma_3')$ (kPa)	0	76	128	140	164	168

2）因固结不排水剪的 K_f 线和 K_f' 线过坐标原点，所以由图 5-19 知

$$\beta' = 20°, \quad \varphi' = \arcsin(\tan\beta) = 21.34°, \quad c' = 0$$

破坏时的大主应力为

$$\sigma_1' = \sigma_3' \tan^2\left(45° + \frac{\varphi'}{2}\right) = 600 \times \tan^2\left(45° + \frac{21.34°}{2}\right) = 1286.50 \ (\text{kPa})$$

（3）用应力路径分析在修建建筑物过程中地基的受荷情况。

在实际地基中，不同的加载情况，会有不同的应力路径。如基坑开挖，为简化计算，取竖直开挖基坑边缘处的一个微元体进行分析。开挖使水平向应力 $\sigma_3 = k_0 \gamma z$ 减至零，而竖直方向上应力 $\sigma_1 = \gamma z$ 保持不变，如图 5-20 所示。应力路径如图 5-21 所示，图中 LL' 表示 σ_1 保持不变，σ_3 逐渐减小。

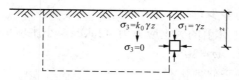

图 5-20 开挖基坑竖直面上一点的应力变化

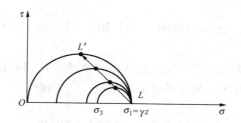

图 5-21 开挖基坑竖直面上一点的应力路径

对于软土地基，采用应力路径则可合理控制施工步骤，解决软土地基加固问题。

5-1 何谓土的抗剪强度？砂土与黏性土的抗剪强度表达式有何不同？

5-2 土体中发生剪切破坏的平面是不是剪应力最大的平面？在什么情况下，破裂面与最大剪应力面是一致的？

5-3 一般情况下，破裂面与大主应力面呈什么角度？

5-4 测定土的抗剪强度指标主要有哪几种方法？

5-5 何谓土的极限平衡状态和极限平衡条件？

5-1 已知一砂土层中某点应力达到极限平衡时，过该点的最大剪应力平面上的法向应力和剪应力分别为 264kPa 和 132kPa。试求：

（1）该点处的大主应力 σ_1 和小主应力 σ_3；

（2）该砂土内摩擦角；

（3）过该点的剪切破坏面上的法向应力 σ_f 和剪应力 τ_f。

5-2　某饱和黏性土无侧限抗压强度试验得不排水抗剪强度 $c_u = 70\,\text{kPa}$，如果对同一土样进行三轴不固结不排水试验，施加周围压力 $\sigma_3 = 150\,\text{kPa}$，问试件将在多大的轴向压力作用下发生破坏？

5-3　设砂土地基中一点的大、小主应力分别为 500kPa 和 180kPa，其内摩擦角 $\varphi = 36°$。求：

（1）该点最大剪应力是多少？最大剪应力面上的法向应力为多少？

（2）此点是否已达到极限平衡状态？为什么？

（3）如果此点未达到平衡状态，令大主应力不变，而改变小主应力，使该点达到极限平衡状态，这时小主应力应为多少？

5-4　地基中某一单元土体上的大主应力为 420kPa，小主应力为 180kPa。通过试验测得土的抗剪强度指标 $c=20\text{kPa}$，$\varphi = 30°$。

（1）判别该单元土体处于何种状态？

（2）该点破坏时，破裂面与大主应力的作用面夹角是多少？

参考答案：

5-1：（1）$\sigma_1 = 396\text{kPa}$，$\sigma_3 = 132\text{kPa}$；（2）$30°$；（3）$\sigma_f = 198\text{kPa}$，$\tau_f = 114.3\text{kPa}$。

5-2：290kPa。

5-3：（1）160kPa，340kPa；（2）未达到极限平衡状态；（3）129.8kPa。

5-4：（1）土体未发生破坏，处于弹性平衡状态；（2）$60°$。

*注册岩土工程师考试题选

5-1　土在有侧限条件下测得的模量被称为（　　）。

A. 变形模量　　　　　　　　　　　B. 回弹模量

C. 弹性模量　　　　　　　　　　　D. 压缩模量

5-2　饱和黏土的总应力 σ、有效应力 σ'、孔隙水压力 u 之间存在的关系是什么？（　　）

A. $\sigma = u - \sigma'$　　　　　　　　B. $\sigma = \sigma' + u$

C. $\sigma' = \sigma + u$　　　　　　　　D. $\sigma' = u - \sigma$

5-3　采用不固结不排水试验方法对饱和黏性土进行剪切试验，土样破坏面与水平面的夹角是多少？（　　）

A. $45° + \varphi/2$　　　　　　　　B. $45°$

C. $45° - \varphi/2$　　　　　　　　D. $0°$

5-4　某土样的排水剪指标 $c' = 20\text{kPa}$，$\varphi' = 30°$。当所受总应力为 $\sigma_1 = 500\text{kPa}$，$\sigma_3 = 177\text{kPa}$ 时，土样内孔隙水压力 $u = 50\text{kPa}$ 时，土样处于什么状态？（　　）

A. 安全状态　　　　　　　　　　　B. 极限平衡状态

C. 破坏状态　　　　　　　　　　　D. 静力平衡状态

5-5　在软土地基上（地下水位在地面下 0.5m）快速填筑土堤，验算土堤的极限高度时应采用下列（　　）抗剪强度试验指标。

A. 排水剪　　　　　　　　　　　　B. 固结不排水剪

C. 不固结不排水剪　　　　　　　　D. 残余抗剪强度

（参考答案：5-1：D；5-2：B；5-3：B；5-4：B；5-5：C）

本章知识点思维导图

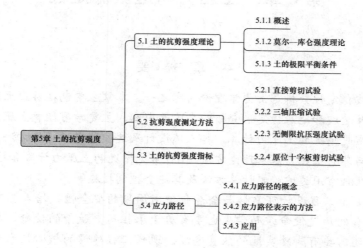

第6章 土压力与边坡稳定性

本 章 提 要

土压力与边坡稳定性分析是土力学理论内容之一。本章主要包括静止土压力、主动土压力、被动土压力及边坡和地基稳定性分析四个方面内容。主要学习朗肯土压力理论、库仑土压力理论、几种常见情况的土压力计算、挡土墙设计及边坡稳定性评价方法。学完本章后应掌握朗肯土压力与库仑土压力基本理论方法，几种常见情况的土压力计算和挡土墙设计方法、安全防护措施，几种常用边坡稳定计算方法及其安全控制措施等。

科学方法决定了工程设计可靠性与全寿命使用周期的安全性。培养具有探索与创新精神合格人才是教育的历史使命；而学生也要有勇于承担历史赋予的使命，要有敢为人先的创新精神，同时还需要有脚踏实地的认真态度。现代工程建设的核心技术与关键问题都是多学科交叉融合技术，对于土木工程建设而言，没有哪一门课程能够独立于其他学科之外，因此掌握相关学科知识，利用这些交叉融合技术去解决实际工程问题，可以起到事半功倍的效果。

6.1 作用在挡土墙上的土压力

6.1.1 挡土墙的用途

在建筑工程中，遇到在土坡上、下修筑建筑物时，为了防止土坡发生滑坡和坍塌，需用各种类型的挡土结构物加以支挡（见图6-1）。挡土墙是最常用的支挡结构物。土体作用在挡土墙上的压力称为土压力。土压力的大小是挡土墙设计的重要依据。

6.1.2 土压力种类

墙体位移的方向和大小决定着土压力的性质和大小，根据墙的位移情况和墙后土体所处的应力状态，土压力可分为以下三种。

（1）主动土压力：当挡土墙离开土体方向偏移至土体达到极限平衡状态时，作用在墙上的土压力称为主动土压力，用 E_a 表示，如图6-2（a）所示。

（2）被动土压力：当挡土墙向土体方向偏移至土体达到极限平衡状态时，作用在挡土墙上的土压力称为被动土压力，用 E_p 表示，如图6-2（b）所示。桥台受到桥上荷载推向土体时，土体对桥台产生的侧压力属被动土压力。

（3）静止土压力：当挡土墙静止不动，土体处于平衡状态时，土体对墙的压力称为静止土压力，用 E_0 表示，如图6-2（c）所示。地下室外墙可视为受静止土压力的作用。

挡土墙计算均按平面应变问题考虑，故在土压力计算中，均取一延米墙的长度，单位取kN/m，而土压力强度单位为kPa。土压力的计算理论主要有古典的 W. J. M. 朗肯（Rankine，1857年）理论和 C.A.库仑（Coulomb，1773年）理论。自从库仑理论发表以来，通过各种挡土墙模型实验、原型观测和理论研究，其研究结果（见图 6-3）表明，在相同条件下，主动土压力小于静止土压力，而静止土压力又小于被动土压力，即 $E_a < E_0 < E_p$，而且产生被动土压力所需的位移 Δ_p 远超过产生主动土压力所需的位移 Δ_a。

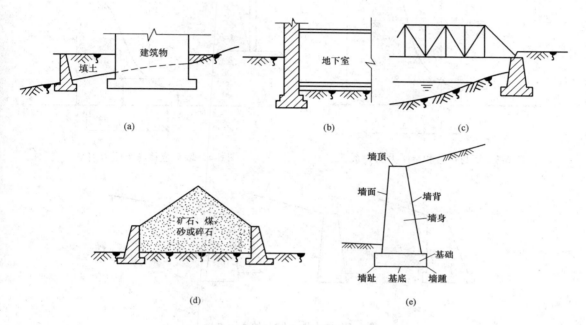

图 6-1　挡土墙应用及各部位名称

（a）支撑建筑物周围填土的挡土墙；（b）地下室侧墙；（c）桥台；

（d）贮藏粒状物的挡墙；（e）挡土墙各部位名称

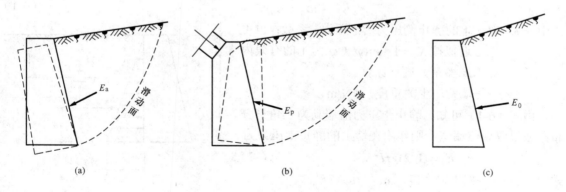

图 6-2　挡土墙侧的三种土压力

（a）主动土压力；（b）被动土压力；（c）静止土压力

6.1.3　静止土压力计算

静止土压力：挡土墙静止不动，墙后土体由于墙的侧限作用而处于静止状态，如图 6-4 中的 o 点。此时墙后土体作用在墙背上的土压力称为静止土压力，以 E_0 表示，如图 6-5（a）所示。

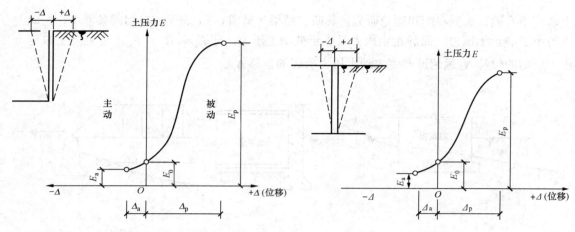

图 6-3　墙身位移和土压力的关系　　　　　图 6-4　墙身位移与土压力关系

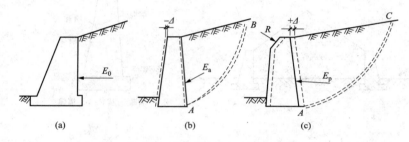

图 6-5　挡土墙上的三种土压力

　　在填土表面下任意深度 z 处取一微单元体（见图 6-6），其上作用着竖向的土体自重应力 γz，则该处的静止土压力强度 σ_0 即可按下式计算：

$$\sigma_0 = K_0 \gamma z \qquad (6\text{-}1)$$

式中　K_0——土的静止侧压力（土压力）系数；也可
　　　　　　近似按 $K_0 = 1 - \sin\varphi'$（φ' 为土的有效内
　　　　　　摩擦角）进行计算。
　　　　γ——墙背填土的重度，kN/m³。

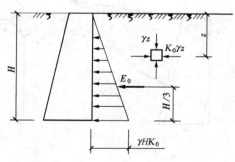

　　由式（6-1）可知，静止土压力沿墙高为三角形分布。如果取单位墙宽，则作用在墙上的静止土压力为

$$E_0 = (1/2)\gamma H^2 K_0 \qquad (6\text{-}2)$$

式中　H——挡土墙高度，m；其余符号同前。
　　E_0 的作用点在距墙底 $H/3$ 处。

图 6-6　静止土压力的分布

6.2　朗肯土压力理论

　　朗肯土压力理论是根据半空间的应力状态和土的极限平衡条件而得出的土压力计算方法。图 6-7（a）表示地表为水平面的半空间，即土体向下和沿水平方向都伸展至无穷远，在离地表 z 处取一微单元体 M，当整个土体都处于静止状态时，各点都处于弹性平衡状态。设

土的重度为 γ，显然 M 单元体水平截面上的法向应力等于该处土的自重应力，即

$$\sigma_z = \gamma z$$

而竖直截面上的水平法向应力相当于静止土压力 σ_0，为

$$\sigma_x = \sigma_0 = K_0 \gamma Z$$

由于半空间内每一竖直面都是对称面，因此竖直截面和水平截面上的剪应力都等于零，因而相应截面上的法向应力 σ_z 和 σ_x 都是主应力，此时的应力状态用莫尔圆表示为如图 6-7（d）所示中的圆 I。由于该点处于弹性平衡状态，故莫尔圆没有与抗剪强度包线相切。

假设由于某种原因将使整个土体在水平方向均匀地伸展或压缩，使土体由弹性平衡状态转为塑性平衡状态。如果土体在水平方向伸展，则 M 单元体竖直截面上的法向应力逐渐减少，而在水平截面上的法向应力 σ_z 是不变的。当满足极限平衡条件时，即莫尔圆与抗剪强度包线相切，如图 6-7（d）所示中的圆 II 所示，称为主动朗肯状态。此时 σ_x 达最低限值，它是小主应力，而 σ_z 是大主应力。若土体继续伸展，则只能造成塑性流动，而不改变其应力状态。反之，如果土体在水平方向压缩，那么 σ_x 不断增加，而 σ_z 仍保持不变，直到满足极限平衡条件，称为被动朗肯状态，这时 σ_x 达到极限值，是大主应力，而 σ_z 是小主应力，莫尔圆为图 6-7（d）中的圆 III。

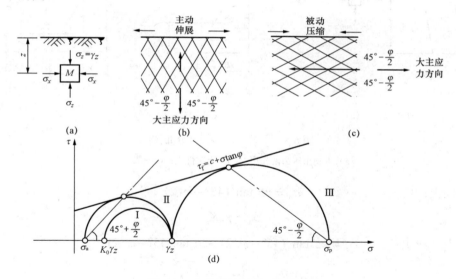

图 6-7　半空间的极限平衡状态

（a）半空间内的微单元体；（b）半空间的主动朗肯状态；（c）半空间的被动朗肯状态；

（d）用莫尔圆表示主动和被动朗肯状态

由于土体处于主动朗肯状态时大主应力 σ_1 所作用的面是水平面，故剪切破坏面与竖直面的夹角为 $(45° - \varphi / 2)$ ［见图 6-7（b）］；当土体处于被动朗肯状态时，大主应力 σ_1 的作用面是竖直面，剪切破坏面则与水平面的夹角为 $(45° - \varphi / 2)$ ［见图 6-7（c）］，整个土体各由相互平行的两簇剪切面组成。

朗肯将上述原理应用于挡土墙土压力计算中，设想用墙背直立的挡土墙代替半空间左边的土（见图 6-6），则墙背与土的接触面上满足剪应力为零的边界应力条件以及产生主动或被动朗肯状态的边界变形条件。由此可以推导出主动和被动土压力的计算公式。

6.2.1 主动土压力

主动土压力：当挡土墙在墙后土体的推力作用下向前移动，墙后土体随之向前移动。土体下方阻止移动的强度发挥作用，使作用在墙背上的土压力减小。当墙向前位移达到 $+\Delta$ 值时，土体中产生 AB 滑裂面，同时在此滑裂面上产生的抗剪强度全部发挥，此时墙后土体达到主动极限平衡状态，墙背上作用的土压力减至最小。因土体主动推墙，称为主动土压力，以 E_a 表示，如图 6-5（b）所示。

对于如图 6-8 所示的挡土墙，设墙背光滑（为了满足剪应力为零的边界应力条件）、竖直、填土面水平。当挡土墙偏移土体时，由于墙背任意深度 z 处的竖向应力 $\sigma_z = \gamma z$ 不变，即大主应力 σ_1 不变；而水平应力 σ_x 逐渐减少，直至产生主动朗肯状态，σ_x 即为小主应力 σ_3，也就是主动土压力强度 σ_a。由极限平衡条件：$\sigma_3 = \sigma_1 \tan^2(45° - \varphi/2)$，$\sigma_3 = \sigma_1 \tan^2(45° - \varphi/2) - 2c\tan(45° - \varphi/2)$，分别得

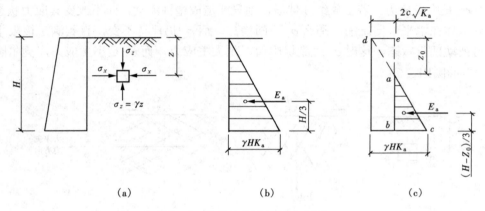

(a)　　　　　　　　　(b)　　　　　　　　　(c)

图 6-8　主动土压力强度分布图

（a）主动土压力的作用；（b）无黏性土；（c）黏性土

无黏性土：
$$\sigma_a = \gamma z \tan^2(45° - \varphi/2) \tag{6-3a}$$

或
$$\sigma_a = \gamma z K_a \tag{6-3b}$$

黏性土、粉土：
$$\sigma_a = \gamma z \tan^2(45° - \varphi/2) - 2c\tan(45° - \varphi/2) \tag{6-4a}$$

或
$$\sigma_a = \gamma z K_a - 2c\sqrt{K_a} \tag{6-4b}$$

$$K_a = \tan^2(45° - \varphi/2)$$

式中　K_a——朗肯主动土压力系数；

γ——墙后填土的重度，kN/m^3，地下水位以下采用有效重度；

c——填土的黏聚力，kPa；

φ——填土的内摩擦角，（°）；

z——所计算的点离填土面的深度，m。

由式（6-3）可知，无黏性土的主动土压力强度与 z 呈正比，沿墙高呈三角形分布，如图 6-8（b）所示。如取单位墙长计算，则无黏性土的主动土压力为

$$E_a = (1/2)\gamma H^2 \tan^2(45° - \varphi/2) \tag{6-5a}$$

或
$$E_a = (1/2)\gamma H^2 K_a \qquad (6\text{-}5b)$$

E_a 通过三角形的形心，即作用在离墙底 $H/3$ 处。

由式（6-4）可知，黏性土和粉土的主动土压力强度包括两部分。一部分是土自重引起的土压力 $\gamma z K_a$，另一部分是由黏聚力 c 引起的负侧压力 $2c\sqrt{K_a}$。这两部分土压力叠加的结果如图 6-8（c）所示。其中，ade 部分是负侧压力，对墙背是拉力，但实际上土体的抗拉强度几乎为零，因此 ade 部分是不合理解，需要略去。黏性土和粉土的土压力分布仅是 abc 部分。

a 点离填土面的深度 z_0 常称为临界深度，在填土面无荷载的条件下，可令式（6-4b）为零，求得 z_0 值，即

$$\sigma_a = \gamma z_0 K_a - 2c\sqrt{K_a} = 0 \qquad (6\text{-}6)$$

取单位墙长计算，则黏性土和粉土的主动土压力 E_a 为

$$E_a = (H - z_0)(\gamma H K_a - 2c\sqrt{K_a})/2 \qquad (6\text{-}7a)$$

$$E_a = \gamma H^2 K_a/2 - 2cH\sqrt{K_a} + 2c^2/\gamma \qquad (6\text{-}7b)$$

主动土压力 E_a 通过在三角形压力分布图 abc 的形心，即作用在离墙底 $(H-z_0)/3$ 处。

【例 6-1】 有一挡土墙，高 5 m，墙背直立、光滑，填土面水平。填土的物理力学性质指标如下：$c = 10$ kPa，$\varphi = 20°$，$\gamma = 18$ kN/m³。试求主动土压力及其作用点，并绘出主动土压力分布图。

解　在墙底处的主动土压力强度按朗肯土压力理论为

$$\begin{aligned}
\sigma_a &= \gamma H \tan^2(45° - \varphi/2) - 2c\tan(45° - \varphi/2)\\
&= 18 \times 5 \times \tan^2(45° - 20°/2) - 2 \times 10 \times \tan(45° - 20°/2) = 30.1(\text{kPa})
\end{aligned}$$

主动土压力为

$$\begin{aligned}
E_a &= \frac{1}{2}\gamma H^2 \tan^2(45° - \varphi/2) - 2cH\tan(45° - \varphi/2) + 2c^2/\gamma\\
&= \frac{1}{2} \times 18 \times 5^2 \times \tan^2(45° - 20°/2) - 2 \times 10 \times 5 \times \tan(45° - 20°/2) + 2 \times \frac{10^2}{18}\\
&= 51.4(\text{kN/m})
\end{aligned}$$

临界深度　　$z_0 = 2c/\gamma\sqrt{K_a} = 2 \times 10/[18\tan^2(45° - 20°/2)] \approx 1.59(\text{m})$

主动土压力 E_a 作用点离墙底的距离为

$(H - z_0)/3 = (5 - 1.59)/3 = 1.14(\text{m})$

主动土压力强度分布图如图 6-9 所示。

6.2.2　被动土压力

被动土压力：如图 6-5（c）所示，若挡土墙在外力作用下，向后移动推向填土，则填土受墙的挤压，使作用在墙背上的土压力增大。当挡土墙向填土方向的位移量达到 $+\Delta'$ 时，墙后土体即将被挤出产生滑裂面 AC。在此滑裂面上的抗剪强度全部发

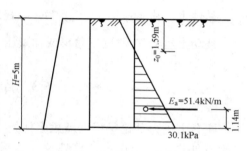

图 6-9　[例 6-1] 图

挥，墙后土体达到被动极限平衡状态，墙背上作用的土压力增至最大。因土体是被动地被墙推移，故称为被动土压力，以 E_p 表示。

当墙受到外力作用而推向土体时［见图 6-10（a）］，填土中任意一点的竖向应力 $\sigma_z = \gamma z$ 仍不变，它是小主应力 σ_3 不变；而水平向应力 σ_x 却逐渐增大，直至出现被动朗肯状态，达最大极限值，是大主应力 σ_1，它就是被动土压力强度 σ_p。于是由式 $\sigma_1 = \sigma_3 \tan^2(45° + \varphi/2)$ 和式 $\sigma_1 = \sigma_3 \tan^2 + 2c\tan(45° + \varphi/2)$ 可得

无黏性土：
$$\sigma_p = \gamma z K_p \tag{6-8}$$

黏性土、粉土：
$$\sigma_p = \gamma z K_p + 2c\sqrt{K_p} \tag{6-9}$$

$$K_p = \tan^2(45° + \varphi/2)$$

式中　K_p——朗肯被动土压力系数。

其余符号同前。

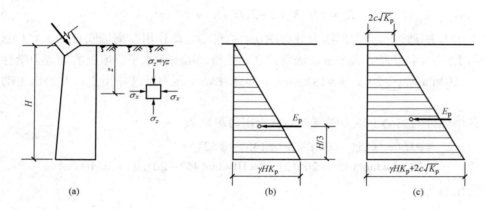

图 6-10　被动土压力强度分布图

（a）被动土压力的作用；（b）无黏性土；（c）黏性土

由式（6-8）和式（6-9）可知，无黏性土的被动土压力强度呈三角形分布［见图 6-10（b）］，黏性土和粉土的被动土压力强度呈梯形分布［见图 6-10（c）］。取单位墙长计算，则被动土压力可由下式计算：

无黏性土：
$$E_p = (1/2)\gamma H^2 K_p \tag{6-10}$$

黏性土、粉土：
$$E_p = (1/2)\gamma H^2 K_p + 2cH\sqrt{K_p} \tag{6-11}$$

被动土压力 E_p 通过三角形或梯形压力分布图的形心。

6.3　库仑土压力理论

库仑土压力理论是根据墙后土体处于极限平衡状态并形成一滑动楔体时，从楔体的静力平衡条件得出的土压力计算理论。其基本假设：①墙背俯斜，倾角为 α，如图 6-11 所示；

②墙背粗糙，墙土摩擦角 δ；③填土为理想散粒体 $c=0$；④填土表面倾斜，坡角为 β；⑤滑动破坏面为一平面。

6.3.1　主动土压力

一般挡土墙的计算按平面应变问题考虑，即沿墙的长度方向取 $1\,\mathrm{m}$ 进行分析，如图 6-11（a）所示。当墙向前移动或转动而使墙后土体沿某一破坏面 $\overline{BC}$ 破坏时，土楔 ABC 向下滑动而处于主动极限平衡状态。此时，作用于土楔 ABC 上的力有：

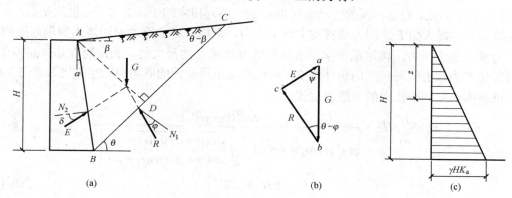

图 6-11　库仑理论的主动土压力

（a）土楔上的作用力；（b）力矢三角形；（c）主动土压力分布

（1）土楔体的自重，$G=\triangle ABC \cdot \gamma$。$\gamma$ 为填土的重度，只要破坏面 $\overline{BC}$ 的位置一确定，G 的大小就是已知值，其方向向下。

（2）破坏面 $\overline{BC}$ 上的反力 R，其大小是未知的。反力 R 与破坏面 $\overline{BC}$ 的法线 N_1 之间的夹角等于土的内摩擦角 φ，并位于 N_1 的下侧。

（3）墙背对土楔体的反力 E，与它大小相等、方向相反的作用力就是墙背上的土压力。反力 E 的方向必与墙背的法线 N_2 成 δ 角，δ 角为墙背与填土之间的摩擦角，称为外摩擦角。当土楔体下滑时，墙对土楔体的阻力是向上的，故反力 E 必在 N_2 的下侧。

土楔体在以上三力作用下处于静力平衡状态，因此必构成一个闭合的力矢三角形［见图 6-11（b）］。由正弦定律可知

$$E=G\sin(\theta-\varphi)/\sin(\theta-\varphi+\psi) \tag{6-12}$$

$$\psi=90°-\alpha-\delta$$

土楔重

$$G=\triangle ABC \cdot \gamma = \gamma \cdot \overline{BC} \cdot \overline{AD}/2 \tag{6-13}$$

在三角形 ABC 中，利用正弦定律可得

$$\overline{BC}=\overline{AB}\cdot\sin(90°-\alpha+\beta)/\sin(\theta-\beta) \tag{6-14}$$

因为

$$\overline{AB}=H/\cos\alpha$$

故

$$\overline{BC}=H\cos(\alpha-\beta)/[\cos\alpha\sin(\theta-\beta)] \tag{6-15}$$

通过 A 点作 $\overline{BC}$ 线的垂线 $\overline{AD}$，由 $\triangle ADB$ 得

$$\overline{AD}=\overline{AB}\cdot\cos(\theta-\alpha)=H\cos(\theta-\alpha)/\cos\alpha \tag{6-16}$$

将式（6-14）和式（6-15）代入式（6-13）得

$$G = \frac{\gamma H^2}{2} \cdot \frac{\cos(\alpha - \beta)\cos(\theta - \alpha)}{\cos^2 \alpha \sin(\theta - \beta)}$$

将上式代入式（6-12）得 E 的表达式为

$$E = \frac{1}{2}\gamma H^2 \cdot \frac{\cos(\alpha - \beta)\cos(\theta - \alpha)\sin(\theta - \varphi)}{\cos^2 \alpha \sin(\theta - \beta)\sin(\theta - \varphi + \psi)}$$

在式（6-16）中，γ、H、α、β 和 φ、δ 都是已知的，而滑动面 BC 与水平面的倾角 θ 是任意假定的，因此，假定不同的滑动面可以得出一系列相应的土压力 E 值。也就是说，E 是 θ 的函数。E 的最大值 $E_{\max}$ 即为墙背的主动土压力。其所对应的滑动面即是土楔最危险的滑动面。为求主动土压力，可用微分学中求极值的方法求 E 的最大值。为此可令 $\mathrm{d}E/\mathrm{d}\theta = 0$，从而解得使 E 为极大值时填土的破坏角 θ_{cr}，这就是真正滑动面的倾角，将 θ_{cr} 值代入式（6-12），整理后可得库仑主动土压力的一般表达式

$$E_a = \frac{1}{2}\gamma H^2 \cdot \frac{\cos^2(\varphi - \alpha)}{\cos^2 \alpha \cos(\alpha + \delta)\left[1 + \sqrt{\dfrac{\sin(\varphi + \delta)\sin(\varphi - \beta)}{\cos(\alpha + \delta)\cos(\alpha - \beta)}}\right]^2} \tag{6-17}$$

$$E_a = \gamma H^2 K_a / 2 \tag{6-18}$$

式中　K_a ——库仑主动土压力系数，是式（6-17）的后面部分，或查表 6-1 确定；

　　　H ——挡土墙高度，m；

　　　γ ——墙后填土的重度，kN/m³；

　　　φ ——墙后填土的内摩擦角，度；

　　　α ——墙背的倾斜角，度，俯斜时取正号，仰斜时为负号；

　　　β ——墙后填土面的倾角，度；

　　　δ ——土对挡土墙背的摩擦角，查表 6-2 确定。

表 6-1　　　　　　　　　　　　库仑主动土压力系数 K_a 值

δ	α	β＼φ	15°	20°	25°	30°	35°	40°	45°	50°
0°	−20°	0°	0.497	0.380	0.287	0.212	0.153	0.106	0.070	0.043
		10°	0.595	0.439	0.323	0.234	0.166	0.114	0.074	0.045
		20°		0.707	0.401	0.274	0.188	0.125	0.080	0.047
		30°				0.498	0.239	0.147	0.090	0.051
		40°						0.301	0.116	0.060
	−10°	0°	0.540	0.433	0.344	0.270	0.209	0.158	0.117	0.083
		10°	0.644	0.500	0.389	0.301	0.229	0.171	0.125	0.088
		20°		0.785	0.482	0.353	0.261	0.190	0.136	0.094
		30°			0.614	0.331	0.226	0.155	0.104	
		40°				0.433	0.200	0.123		
	0°	0°	0.589	0.490	0.406	0.333	0.271	0.217	0.172	0.132
		10°	0.704	0.569	0.462	0.374	0.300	0.238	0.186	0.142
		20°		0.883	0.573	0.441	0.344	0.267	0.204	0.154
		30°			0.750	0.436	0.318	0.235	0.172	
		40°				0.587	0.303	0.206		

δ	α	β＼φ	15°	20°	25°	30°	35°	40°	45°	50°
	10°	0°	0.652	0.560	0.478	0.407	0.343	0.288	0.238	0.194
		10°	0.784	0.655	0.550	0.461	0.384	0.318	0.261	0.211
		20°		1.105	0.685	0.548	0.444	0.360	0.291	0.231
		30°				0.925	0.566	0.443	0.337	0.262
		40°					0.785	0.437	0.316
	20°	0°	0.736	0.648	0.569	0.498	0.434	0.375	0.322	0.274
		10°		0.663	0.572	0.492	0.421	0.358	0.302
		20°		0.768	0.834	0.688	0.576	0.484	0.405	0.337
		30°	0.896	1.205		1.169	0.740	0.586	0.474	0.385
		40°						1.064	0.620	0.469
5°	−20°	0°	0.457	0.352	0.267	0.199	0.144	0.101	0.067	0.041
		10°	0.557	0.410	0.302	0.220	0.157	0.108	0.070	0.043
		20°		0.688	0.380	0.259	0.178	0.119	0.076	0.045
		30°				0.484	0.228	0.140	0.085	0.049
		40°						0.293	0.111	0.058
	−10°	0°	0.503	0.406	0.324	0.256	0.199	0.151	0.112	0.080
		10°	0.612	0.474	0.369	0.286	0.219	0.164	0.120	0.085
		20°		0.776	0.463	0.339	0.250	0.183	0.131	0.091
		30°				0.607	0.321	0.218	0.149	0.100
		40°						0.428	0.195	0.120
	0°	0°	0.556	0.465	0.387	0.319	0.260	0.210	0.166	0.129
		10°	0.680	0.547	0.444	0.360	0.289	0.230	0.180	0.138
		20°		0.886	0.558	0.428	0.333	0.259	0.199	0.150
		30°				0.753	0.428	0.311	0.229	0.168
		40°						0.589	0.299	0.202
	10°	0°	0.622	0.536	0.460	0.393	0.333	0.280	0.233	0.191
		10°	0.767	0.636	0.534	0.448	0.374	0.311	0.255	0.207
		20°		1.305	0.676	0.538	0.436	0.354	0.286	0.228
		30°				0.943	0.563	0.428	0.333	0.259
		40°						0.801	0.436	0.314
	20°	0°	0.709	0.627	0.553	0.485	0.424	0.368	0.318	0.271
		10°	0.887	0.755	0.650	0.562	0.484	0.416	0.355	0.300
		20°		1.250	0.835	0.684	0.571	0.480	0.402	0.335
		30°				1.212	0.746	0.587	0.474	0.385
		40°						0.103	0.627	0.472
10°	−20°	0°	0.427	0.330	0.252	0.188	0.137	0.096	0.064	0.039
		10°	0.529	0.388	0.286	0.209	0.149	0.103	0.068	0.041
		20°		0.675	0.364	0.248	0.170	0.114	0.073	0.044
		30°				0.475	0.220	0.135	0.082	0.047
		40°						0.288	0.108	0.056
	−10°	0°	0.477	0.385	0.309	0.245	0.191	0.146	0.109	0.078
		10°	0.590	0.455	0.354	0.275	0.211	0.159	0.116	0.082
		20°		0.773	0.450	0.328	0.242	0.177	0.127	0.088
		30°				0.605	0.313	0.212	0.146	0.098
		40°						0.426	0.191	0.117

δ	α	β＼φ	15°	20°	25°	30°	35°	40°	45°	50°
	0°	0°	0.533	0.447	0.373	0.309	0.253	0.204	0.163	0.127
		10°	0.664	0.531	0.431	0.350	0.282	0.225	0.177	0.136
		20°		0.897	0.549	0.420	0.326	0.254	0.195	0.148
		30°				0.762	0.423	0.306	0.226	0.166
		40°					0.596	0.297	0.201
	10°	0°	0.603	0.520	0.448	0.384	0.326	0.275	0.230	0.189
		10°	0.759	0.626	0.524	0.440	0.369	0.307	0.253	0.206
		20°		1.064	0.674	0.534	0.432	0.351	0.284	0.227
		30°				0.969	0.564	0.427	0.332	0.258
		40°					0.823	0.438	0.315
	20°	0°	0.695	0.615	0.543	0.478	0.419	0.365	0.316	0.271
		10°	0.890	0.752	0.646	0.558	0.482	0.414	0.354	0.300
		20°		1.308	0.844	0.687	0.573	0.481	0.403	0.337
		30°				1.268	0.758	0.594	0.478	0.388
		40°						1.155	0.640	0.480
15°	−20°	0°	0.405	0.314	0.240	0.180	0.132	0.093	0.062	0.038
		10°	0.509	0.372	0.275	0.201	0.144	0.100	0.066	0.040
		20°		0.667	0.352	0.239	0.164	0.110	0.071	0.042
		30°				0.470	0.214	0.131	0.080	0.046
		40°						0.284	0.105	0.055
	−10°	0°	0.458	0.371	0.298	0.237	0.186	0.142	0.106	0.076
		10°	0.576	0.442	0.344	0.267	0.205	0.155	0.114	0.081
		20°		0.776	0.441	0.320	0.237	0.174	0.125	0.087
		30°				0.607	0.308	0.209	0.143	0.097
		40°						0.428	0.189	0.116
	0°	0°	0.518	0.434	0.363	0.301	0.248	0.201	0.160	0.125
		10°	0.656	0.522	0.423	0.343	0.277	0.222	0.174	0.135
		20°		0.914	0.546	0.415	0.323	0.251	0.194	0.147
		30°				0.777	0.422	0.305	0.225	0.165
		40°						0.608	0.298	0.200
	10°	0°	0.592	0.511	0.441	0.378	0.323	0.273	0.228	0.189
		10°	0.760	0.623	0.520	0.437	0.366	0.305	0.252	0.206
		20°		0.103	0.679	0.535	0.432	0.351	0.284	0.228
		30°				1.005	0.571	0.430	0.334	0.260
		40°						0.853	0.445	0.319
	20°	0°	0.690	0.611	0.540	0.476	0.419	0.366	0.317	0.273
		10°	0.904	0.757	0.649	0.560	0.484	0.416	0.357	0.303
		20°		1.383	0.862	0.697	0.579	0.486	0.408	0.341
		30°				1.341	0.778	0.606	0.487	0.395
		40°						1.221	0.659	0.492
20°	−20°	0°			0.231	0.174	0.128	0.090	0.061	0.038
		10°			0.266	0.195	0.140	0.097	0.064	0.039
		20°			0.344	0.233	0.160	0.108	0.069	0.042
		30°				0.468	0.210	0.129	0.079	0.045
		40°						0.283	0.104	0.054
	−10°	0°			0.291	0.232	0.182	0.140	0.105	0.076
		10°			0.337	0.262	0.202	0.153	0.113	0.080
		20°			0.437	0.316	0.233	0.171	0.124	0.086
		30°				0.614	0.306	0.207	0.142	0.096
		40°						0.433	0.188	0.115

续表

δ	α	β \ φ	15°	20°	25°	30°	35°	40°	45°	50°
	0°	0°			0.357	0.297	0.245	0.199	0.160	0.125
		10°			0.419	0.340	0.275	0.220	0.174	0.135
		20°			0.547	0.414	0.322	0.251	0.193	0.147
		30°				0.798	0.425	0.306	0.225	0.166
		40°					0.625	0.300	0.202
	10°	0°			0.438	0.377	0.322	0.273	0.229	0.190
		10°			0.521	0.438	0.367	0.306	0.254	0.208
		20°			0.690	0.540	0.436	0.354	0.286	0.230
		30°				1.015	0.582	0.437	0.338	0.264
		40°						0.893	0.456	0.325
	20°	0°			0.543	0.479	0.422	0.370	0.321	0.277
		10°			0.659	0.568	0.490	0.423	0.363	0.309
		20°			0.891	0.715	0.592	0.496	0.417	0.349
		30°				1.434	0.807	0.624	0.501	0.406
		40°						1.305	0.685	0.509
25°	−20°	0°				0.170	0.125	0.089	0.060	0.037
		10°				0.191	0.137	0.096	0.063	0.039
		20°				0.229	0.157	0.106	0.069	0.041
		30°				0.470	0.207	0.127	0.078	0.045
		40°						0.284	0.103	0.053
	−10°	0°				0.228	0.180	0.139	0.104	0.075
		10°				0.259	0.200	0.151	0.112	0.080
		20°				0.314	0.232	0.170	0.123	0.086
		30°				0.620	0.307	0.207	0.142	0.096
		40°						0.441	0.189	0.116
	0°	0°				0.296	0.245	0.199	0.160	0.126
		10°				0.340	0.275	0.221	0.175	0.136
		20°				0.418	0.324	0.252	0.195	0.148
		30°				0.828	0.432	0.309	0.228	0.168
		40°						0.647	0.306	0.205
	10°	0°				0.379	0.325	0.276	0.232	0.193
		10°				0.443	0.371	0.311	0.258	0.211
		20°				0.551	0.443	0.360	0.292	0.235
		30°				1.112	0.600	0.448	0.346	0.270
		40°						0.944	0.471	0.335
	20°	0°				0.488	0.430	0.377	0.329	0.284
		10°				0.582	0.502	0.433	0.372	0.318
		20°				0.740	0.612	0.512	0.430	0.360
		30°				1.553	0.846	0.650	0.520	0.421
		40°						1.414	0.721	0.532

表 6-2　　　　　　　　　　　　**土对挡土墙墙背的摩擦角 δ**

挡土墙情况	外摩擦角 δ	挡土墙情况	外摩擦角 δ
墙背平滑、排水不良	$(0 \sim 0.33)\varphi$	墙背很粗糙、排水良好	$(0.5 \sim 0.67)\varphi$
墙背粗糙、排水良好	$(0.33 \sim 0.5)\varphi$	墙背与填土间不能滑动	$(0.67 \sim 1.0)\varphi$

注　φ 为墙背填土的内摩擦角。

当墙背垂直（$\alpha = 0$），光滑（$\delta = 0$），填土面水平（$\beta = 0$）时，式（6-17）可写为

$$E_a = \frac{1}{2} \gamma H^2 \tan^2(45° - \varphi/2) \qquad (6-19)$$

可见，在上述条件下，库仑公式和朗肯公式相同。

由式（6-18）可知，主动土压力强度沿墙高的平方呈正比。离墙顶为任意深度 z 处的主动土压力强度 σ_a，可将 E_a 对 z 取导数而得，即

$$\sigma_a = \frac{dE_a}{dz} = \frac{d}{dz}\left(\frac{1}{2}\gamma z^2 K_a\right) = \gamma z K_a \qquad (6-20)$$

由上式可见，主动土压力强度沿墙高呈三角形分布 [见图 6-11（c）]。主动土压力的作用点在离墙底 $H/3$ 处，作用线方向与墙背法线的夹角为 δ。必须注意，在图 6-11（c）所示的土压力强度分布图中只表示其大小，而不代表其作用方向。

【**例 6-2**】 挡土墙高 4m，墙背倾斜角 $\alpha = 10°$（俯斜），填土坡角 $\beta = 30°$，填土重度 $\gamma = 18\,\text{kN/m}^3$，$\varphi = 30°$，$c = 0$，填土与墙背的摩擦角 $\delta = 2\varphi/3$。试按库仑理论求主动土压力 E_a 及其作用点。

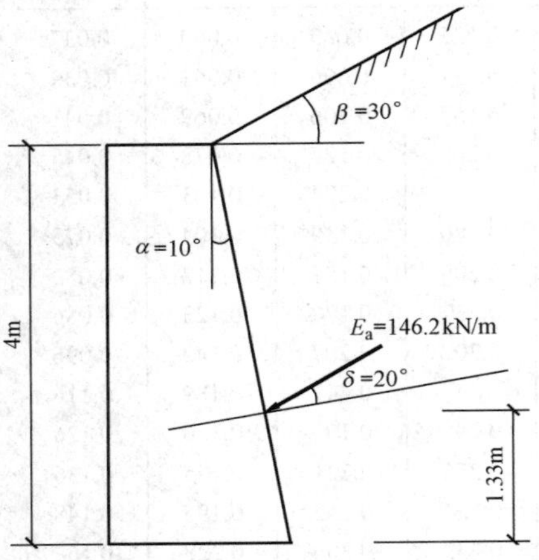

解　根据 $\delta = 2\varphi/3 = 20°$，$\alpha = 10°$，$\beta = 30°$，$\varphi = 30°$，由式（6-17）的后半部分或查表 6-1，得库仑主动土压力系数 $K_a = 1.015$，由式（6-17）计算主动土压力

$$E_a = \frac{\gamma H^2 K_a}{2} = \frac{18 \times 4^2 \times 1.015}{2} = 146.2 \text{(kN/m)}$$

土压力作用点在离墙底 $H/3 = 4/3 = 1.33\text{m}$ 处，如图 6-12 所示。

图 6-12　[例 6-2] 图

6.3.2　被动土压力

当墙受外力作用推向填土，直至土体沿某一破坏面 $\overline{BC}$ 破坏时，土楔 ABC 向上滑动，并处于被动极限平衡状态 [见图 6-13（a）]。此时土楔 ABC 在其自重 G 和反力 R 和 E 的作用下平衡 [见图 6-13（b）]，R 和 E 的方向都分别在 $\overline{BC}$ 和 $\overline{AB}$ 面法线的上方。按上述求主动土压力同样的原理，可求得被动土压力的库仑公式

$$E_p = \frac{1}{2}\gamma H^2 \cdot \frac{\cos^2(\varphi + \alpha)}{\cos^2\alpha\cos(\alpha - \delta)\left[1 - \sqrt{\dfrac{\sin(\varphi + \delta)\sin(\varphi + \beta)}{\cos(\alpha - \delta)\cos(\alpha - \beta)}}\right]^2} \qquad (6-21)$$

或　　　　　　　　　　　　　$$E_p = \frac{1}{2}\gamma H^2 K_p \qquad (6-22)$$

式中　K_p——库仑被动土压力系数，是式（6-21）的后面部分；其余符号同前。

如墙背垂直（$\alpha = 0$），光滑（$\delta = 0$），以及墙后填土面水平（$\beta = 0$）时，则式（6-21）变为

$$E_p = \frac{1}{2}\gamma H^2 \tan^2(45° + \varphi/2) \qquad (6-23)$$

可见，在上述条件下，库仑被动土压力公式也与朗肯公式相同。

被动土压力强度 σ_p 可按下式计算：

$$\sigma_p = \frac{\mathrm{d}E_p}{\mathrm{d}z} = \frac{\mathrm{d}}{\mathrm{d}z}\left(\frac{1}{2}\gamma z^2 K_p\right) = \gamma z K_p \tag{6-24}$$

被动土压力强度沿墙高也呈三角形分布，如图 6-13（c）所示。必须注意，土压力强度分布图只表示其大小，不代表其作用方向。被动土压力的作用点在距离墙底 $H/3$ 处。

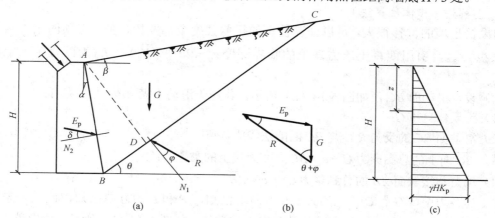

图 6-13　按库仑理论求被动土压力

（a）土楔上的作用力；（b）力矢三角形；（c）被动土压力的分布图

6.3.3　朗肯理论与库仑理论的比较

朗肯土压力理论和库仑土压力理论分别根据不同的假设，以不同的分析方法计算土压力，只有当 $\alpha = 0$、$\beta = 0$、$\delta = 0$ 条件下，两种理论计算结果才相同，否则将得出不同的结果。

朗肯土压力理论应用半空间中的应力状态和极限平衡理论的概念比较明确，公式简单，便于记忆，对于黏性土、粉土和无黏性土都可以用该公式直接计算，故在工程中得到广泛应用。但为了使墙后的应力状态符合半空间的应力状态，必须假设墙背是直立的、光滑的，墙后填土是水平的，因而其他情况时计算繁杂，并由于该理论忽略了墙背与填土之间摩擦影响，使计算的主动土压力偏大，而计算的被动土压力偏小。

库仑土压力理论根据墙后滑动土楔的静力平衡条件推导得出土压力计算公式，考虑了墙背与土之间的摩擦力，并可用于墙背倾斜，填土面倾斜的情况，但由于该理论假设填土是无黏性土，因此不能用库仑理论的原始公式直接计算黏性土或粉土的土压力。库仑理论假设墙后填土破坏时，破坏面是一平面，而实际上却是一曲面。实验证明，在计算主动土压力时，只有当墙背的斜度不大，墙背与填土间的摩擦角较小时，破坏面才接近于一平面，因此，计算结果与按曲线滑动面计算的有出入。在通常情况下，这种偏差在计算主动土压力时约为 2%～10%，可以认为已满足实际工程所要求的精度；但在计算被动土压力时，由于破坏面接近于对数螺线，因此计算结果误差较大，有时可达 2～3 倍，甚至更大。

6.4　几种常见情况的土压力

6.4.1　库仑土压力公式应用于黏性土

库仑土压力理论假设墙后填土是理想的散体，也就是填土只有内摩擦角 φ 而没有黏聚力

c，因此，从理论上说只适用于无黏性土。但在实际工程中常不得不采用黏性土，为了考虑黏性土和粉土的黏聚力 c 对土压力数值的影响，在应用库仑公式时，曾有将内摩擦角 φ 增大，采用所谓"等代内摩擦角 φ_D"来综合考虑黏聚力对土压力的效应，但误差较大。在这种情况下，可用以下方法确定：

1. 图解法（楔体试算法）

如果挡土墙的位移很大，足以使黏性土的抗剪强度全部发挥，在填土顶面 z_0 深度处将出现张拉裂缝，引用朗肯土压力理论的临界深度 $z_0 = 2c/(\gamma\sqrt{K_a})$（$K_a$ 为朗肯主动土压力系数）。

先假设一滑动面 $\overline{BC}$，如图 6-14（a）所示，作用于滑动土楔 ABC 上的力有：

（1）土楔体自重 G；

（2）滑动面 $\overline{BC}$ 的反力 R，与 $\overline{BC}$ 面的法线成 φ 角；

（3）$\overline{BC}$ 面上的总黏聚力 $C = c_a \cdot \overline{BC}$，$c$ 为填土的黏聚力；

（4）墙背与接触面 AB 的总黏聚力 $C_a = c_a \cdot \overline{AB}$。

在上述各力中，G、C、c_a 的大小和方向均已知，R 和 E 的方向已知，但大小未知，考虑到力系的平衡，由力矢多边形可以确定 E 的数值，如图 6-14（b）所示。假定若干滑动面按以上方法试算，其中最大值即为主动土压力 E_a。

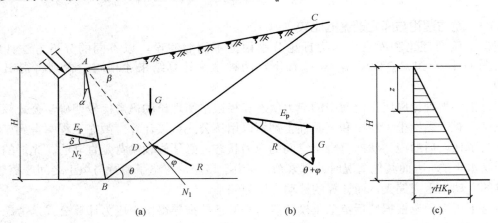

图 6-14　黏性填土的图解法

2. 规范推荐公式

《建筑地基基础设计规范》（GB 50007—2011）推荐的公式，采用楔体试算法相似的平面滑裂面假定，得到黏性土和粉土的主动土压力为

$$E_a = \psi_c \frac{1}{2}\gamma H^2 K_a \tag{6-25}$$

式中　ψ_c——主动土压力增大系数；土坡高度小于 5m 时取 1.0，高度为 5～8m 时取 1.1，高度大于 8m 时取 1.2。

　　　γ——填土重度，kN/m^3。

　　　H——挡土墙高度，m。

　　　K_a——规范主动土压力系数。

$$K_a = \frac{\sin(\alpha' + \beta)}{\sin^2 \alpha' \sin^2(\alpha' + \beta - \varphi - \delta)}$$

$$\times \{K_a[\sin(\alpha' + \beta)\sin(\alpha' - \delta) + \sin(\varphi + \delta)\sin(\varphi - \beta)] + 2\eta \sin \alpha' \cos \varphi \times \cos(\alpha' + \beta - \varphi - \delta)$$

$$- 2[k_q \sin(\alpha' + \beta)\sin(\varphi - \delta) + \eta \sin \alpha' \cos \varphi$$

$$\times (k_q \sin(\alpha' - \delta)\sin(\varphi + \delta) + \eta \sin \alpha' \cos \varphi]^{1/2}\}$$

$$k_q = 1 + 2q \sin \alpha' \cos \beta / [\gamma H \sin(\alpha' + \beta)]$$

$$\eta = 2c/\gamma H$$

式中　　q ——地表均布荷载（以单位水平投影面上的荷载强度计）；

　　φ、c ——填土的内摩擦角和黏聚力；

　　α'、β、δ 如图 6-15 所示。

6.4.2　墙后填土分层

如图 6-16 所示的挡土墙，墙后有几层不同种类的水平土层。在计算土压力时，第一层的土压力按均质土计算，土压力的分布为图中的 *abc* 部分；计算第二层土压力时，将第一层土按重度换算成与第二层土相同的当量土层，即其当量土层厚度为 $h_1' = h_1 \gamma_1 / \gamma_2$，然后以（$h_1' + h_2$）为墙高，按均质土计算土压力，但只在第二层土层厚度范围内有效，如图中的 *bdfe* 部分。必须注意，由于各层土的性质不同，朗肯主动

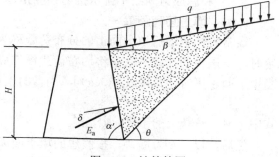

图 6-15　计算简图

土压力系数 K_a 值也不同。图中所示的土压力强度计算是以无黏性填土（$\varphi_1 < \varphi_2$）为例。

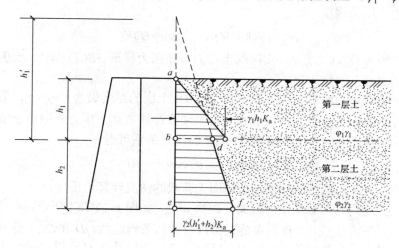

图 6-16　墙后填土分层时

6.4.3　填土中有地下水

挡土墙后的回填土常会部分或全部处于地下水位以下，由于地下水的存在将使土的含水量增加，抗剪强度降低，而使土压力增大，因此，挡土墙应该有良好的排水措施。

当墙后填土有地下水时，作用在墙背上的侧压力有土压力和水压力两部分，地下水位以

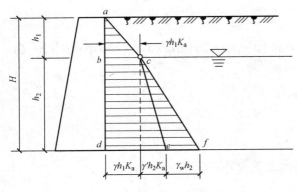

图 6-17　墙后填土有地下水时

下土的重度应采用有效重度，地下水位以上和以下土的抗剪强度指标也可能不同，因而有地下水的情况，也是成层填土的一种特定情况。计算如图 6-17 所示填土中有地下水时的土压力时，假设地下水位上下土的内摩擦角 φ 相同，图中 $abdec$ 部分为土压力分布图，cef 部分为水压力分布图，总侧压力为土压力和水压力之和。图中所示的土压力强度计算也是以无黏性填土为例。当具有地区工程实践经验时，对黏性填土，也可按水、土合算原则计算土压力，地下水位以下取饱和重度（γ_{sat}）和总应力固结不排水抗剪强度指标（c_{cu}、φ_{cu}）计算。

6.4.4　填土面有超载

通常将挡土墙后填土面上的分布荷载称为超载。当挡土墙后填土面有连续均布荷载 q 作用时，土压力的计算方法是将均布荷载换算成当量的土重，即用假想的土重代替均布荷载。当填土面水平时［见图 6-18（a）］，当量的土层厚度为

$$h = q / \gamma \tag{6-26}$$

式中　γ——填土的重度，kN/m^3。

然后，以 $A'B$ 为墙背，按假想的填土面无荷载的情况计算土压力。以无黏性填土为例，则填土面 A 点的主动土压力强度，按朗肯土压力理论为

$$\sigma_{aA} = \gamma H K_a = q K_a \tag{6-27}$$

墙底 B 点的土压力强度

$$\sigma_{aB} = \gamma (h + H) K_a = (q + \gamma H) K_a \tag{6-28}$$

压力分布如图 6-18（a）所示，实际的土压力分布图为梯形 $ABCD$ 部分，土压力的 $ABCD$ 作用点在梯形的重心。

当填土面和墙背倾斜时［见图 6-18（b）］，当量土层的厚度仍为 $h = q / \gamma$，假想的填土面与墙背 AB 的延长线交于 A' 点，故以 $A'B$ 为假想墙背计算主动土压力。但由于填土面和墙背面倾斜，假想的墙高应为 $h' + H$。根据 $\triangle A'AE$ 的几何关系可得

$$h' = h \cos \beta \cos \alpha / \cos (\alpha - \beta) \tag{6-29}$$

然后，同样以 $A'B$ 为假想的墙背，按地面无荷载的情况计算土压力。

当填土表面上的均布荷载从墙背后某一距离开始，如图 6-19（a）所示，在这种情况下的土压力计算可按以下方法进行。自均布荷载起点 O 作两条辅助线 $\overline{OD}$ 和 $\overline{OE}$，分别与水平面的夹角为 φ 和 θ，对于垂直光滑的墙背，$\theta = 45° + \varphi / 2$，可以认为 D 点以上的土压力不受地面荷载的影响，E 点以下完全受均布荷载影响，D 点和 E 点间的土压力用直线连接，因此墙背 AB 上的土压力为图中阴影部分。若地面上均布荷载在一定宽度范围内时，如图 6-19（b）所示，从荷载的两端 O 点及 O' 点作两条辅助线 $\overline{OD}$ 和 $\overline{O'E}$，都与水平面成 θ 角。认为 D 点以上和 E 点以下的土压力都不受地面荷载的影响，D 点、E 点之间的土压力按均布荷载计算，AB 墙面上的土压力如图中阴影部分。

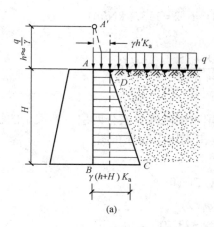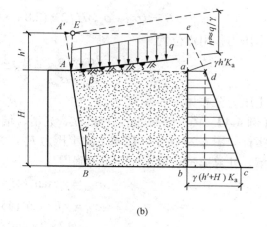

图 6-18　填土面有均布荷载时的主动土压力

（a）填土面水平；（b）填土面倾斜

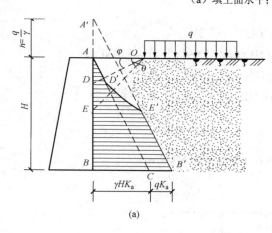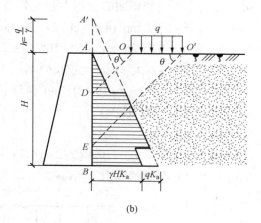

图 6-19　填土面有局部均布荷载时的主动土压力

【例 6-3】　挡土墙高 6m，填土的物理力学性质指标如下：$\varphi=34°$，$c=0$，$\gamma=19\text{kN/m}^3$，墙背直立、光滑，填土面水平并有均布荷载 $q=10\text{kPa}$。试求挡土墙的主动土压力 E_a 及作用点位置，并绘出土压力分布图。

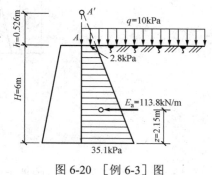

图 6-20　[例 6-3] 图

解　将地面均布荷载换算成填土的当量土层厚度

$$h=q/\gamma=10/19=0.526\ (\text{m})$$

在填土处的土压力强度为

$$\sigma_{a1}=\gamma hK_a=qK_a$$
$$=10\times\tan^2(45°-34°/2)=2.8(\text{kPa})$$

在墙底处的土压力强度

$$\sigma_{a2}=\gamma(h+H)K_a=(q+\gamma H)\tan^2(45°-\varphi/2)$$
$$=(10+19\times6)\times\tan^2(45°-34°/2)=35.1(\text{kPa})$$

总主动土压力

$$E_a = (\sigma_{a1} + \sigma_{a2})H/2 = (2.8 + +35.1) \times 6/2 = 113.7(kN/m)$$

土压力作用点位置

$$z = \frac{H}{3} \cdot \frac{2\sigma_{a1} + \sigma_{a2}}{\sigma_{a1} + \sigma_{a2}} = \frac{6}{3} \times \frac{2 \times 2.8 + 35.1}{2.8 + 35.1} = 2.15(m)$$

土压力分布如图 6-20 所示。

【例 6-4】 挡土墙高 5m，背直立、光滑，墙后填土面水平。共分两层，各层土的物理力学性指标如图 6-21 所示。试求主动土压力 E_a，并绘出土压力的分布图。

解 计算第一层填土的土压力强度

$$\sigma_{a0} = \gamma_1 z \tan^2(45° - \varphi_1/2) = 0$$

$$\sigma_{a1} = \gamma_1 h_1 z \tan^2(45° - \varphi_1/2)$$
$$= 17 \times 2 \times \tan^2(45° - 32°/2)$$
$$= 10.4(kPa)$$

第二层填土顶面和底面的土压力强度分别为

$$\sigma_{a1} = \gamma_1 h_1 \tan^2(45° - \varphi_2/2) - 2c_2 \tan^2(45° - \varphi_2/2)$$
$$= 17 \times 2 \times \tan^2(45° - 16°/2) - 2 \times 10 \times \tan(45° - 16°/2) = 4.2(kPa)$$

$$\sigma_{a2} = (\gamma_1 h_1 + \gamma_2 h_2) \tan^2(45° - \varphi_2/2) - 2c_2 \tan(45° - \varphi_2/2)$$
$$= (17 \times 2 + 19 \times 3) \times \tan^2(45° - 16°/2) - 2 \times 10 \times \tan(45° - 16°/2)$$
$$= 36.6(kPa)$$

主动土压力 E_a 为

$$E_a = 10.4 \times 2/2 + (4.2 + 36.6) \times 3/2 = 71.6(kN/m)$$

主动土压力分布如图 6-21 所示。

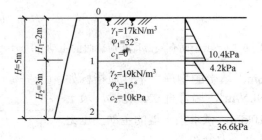

图 6-21 ［例 6-4］图

6.5 挡土墙设计

挡土墙是用来支撑土体的挡土结构物。挡土墙按结构形式可分为重力式挡土墙、悬臂式挡土墙、扶壁式挡土墙、锚杆式挡土墙、加筋土挡土墙。按建筑材料可分为砖砌挡土墙、块石挡土墙、素混凝土挡土墙、钢筋混凝土挡土墙。按刚度及位移方式可分为刚性挡土墙、柔性挡土墙。

6.5.1 挡土墙设计中结构形式的选择

选择原则：挡土墙的用途、高度与重要性；当地的地形、地质条件；就地取材、经济、安全。

1. 重力式挡土墙

这种挡土墙靠墙的自重保持稳定，一般多用于较低的挡土墙，墙高 $H<5m$ 时采用。材料多用块石、砖和素混凝土。墙背有俯斜、垂直和仰斜三种，其中仰斜式在挖方贴坡时采用较多。重力式挡土墙具有结构简单、施工方便、能就地取材等优点，在工程上应用较广 [见图 6-22（a）和图 6-23）]。

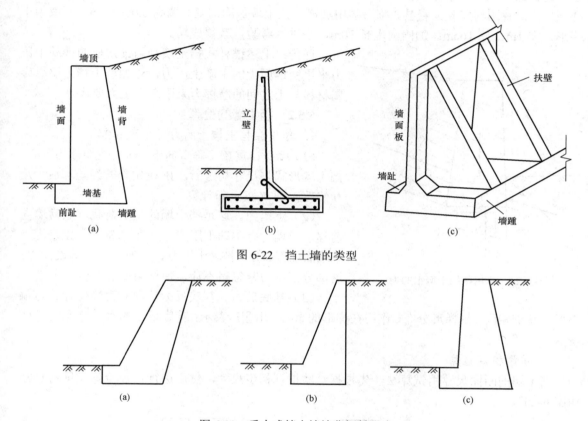

图 6-22　挡土墙的类型

图 6-23　重力式挡土墙墙背倾斜形式

2. 悬臂式挡土墙

悬臂式挡土墙用钢筋混凝土建造。墙的稳定主要靠墙踵悬臂以上的土重，墙体内的拉应力由钢筋承担。这种类型的挡土墙截面尺寸较小，应用于重要工程，墙高大于 5 m，地基土土质差、当地缺少石料等情况；市政工程和厂矿贮库中常用这种形式 [见图 6-22（b）]。

3. 扶壁式挡土墙

当墙高 $H>10m$ 时，为了增强悬臂式挡土墙的抗弯性能，沿长度方向每隔 $0.8\sim1.0 H$ 做一个扶壁以保持挡土墙的整体性 [见图 6-22（c）]。

4. 锚杆式挡土墙

它由钢筋混凝土板和锚杆组成，依靠锚固在岩土层内的锚杆的水平拉力以承受土体侧压力的挡土墙。为便于立柱和挡板安装，大多采用竖直墙面。立柱间距 2.5～3.5m，每根立柱视其高布置 2～3 根锚杆，锚杆的位置应尽量使立柱受弯分布均匀。锚杆一般水平向下倾斜 10°～

45°，并使锚杆长度尽可能短。锚杆的有效锚固长度在岩层中一般不小于 4m，在稳定土层内，应有 9～10m。锚孔内灌以膨胀水泥砂浆；锚孔口与墙面间一段锚杆采用沥青包扎防锈。挡墙分级设置时，每级高度不大于 6m，两级之间留有 1～2m 的平台，以利施工操作和安全。

5. 加筋土挡土墙

国外近十几年来采用加筋土挡土墙，需用大量镀锌铁皮和扁钢。如法国、意大利和美国在高速公路上应用这种加筋土挡土墙。这种挡土墙靠镀锌铁皮、扁钢和土之间的摩擦力来平衡土压力。我国浙江省天台县、临海县用加筋土挡土墙加固河堤。墙高 5.0～5.5m，面板为十字形，宽 1m，厚 16cm；加固河堤长 70m，经洪水考验，获得成功。

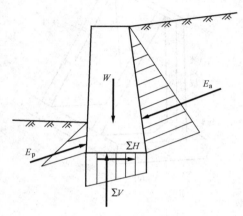

图 6-24 作用在挡土墙上的力

评价：上述锚杆式挡土墙利用锚定板的被动土压力来平衡墙面上的主动土压力，比加筋土挡土墙靠金属材料与土之间的摩擦力来平衡土压力要优越。

6.5.2 挡土墙的验算

1. 作用在挡土墙上的力（见图 6-24）

（1）墙身自重 W。垂直向下，作用在墙体的重心。挡土墙形式与尺寸初定后，W 确定。若经验算后，尺寸修改，则 W 需重新计算。

（2）土压力。这是挡土墙的主要荷载，通常墙向前移动，墙背有主动土压力 E_a；如基础有一定埋深，则墙面埋深部分有被动土压力 E_p。但在挡土墙设计中，这部分土压力常忽略不计，使结果偏于安全。

（3）基底反力。基底反力法向分力简化计算与偏心受压基础相同，呈梯形分布，作用在梯形的重心，用 $\sum V$ 表示；基底反力的水平分力用 $\sum H$ 表示。

2. 抗滑稳定验算

挡土墙的断面尺寸用试算法，先根据经验拟订初步尺寸，然后进行各种验算（见图 6-25 和图 6-26）。

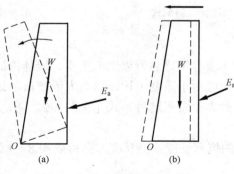

图 6-25 挡土墙的倾覆和移滑

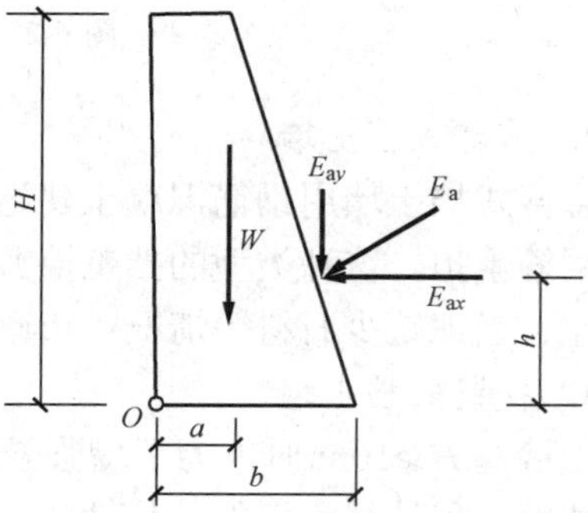

图 6-26 稳定性验算图

抗滑稳定验算应满足下式的要求：

$$K_s = \frac{抗滑力}{滑动力} = \frac{(W+E_{ay})\mu}{E_{ax}} \geqslant 1.3 \tag{6-30}$$

式中　　K_s ——抗滑稳定安全系数;

E_{ax}、E_{ay} ——主动土压力的水平分力和竖直分力,kN/m;

　　μ ——基底摩擦系数,可用试验测定或参考表 6-3。

表 6-3　　　　　　　　　挡土墙基底对地基的摩擦系数 μ 值

土 的 类 别		摩擦系数 μ
黏性土	可塑 硬塑 坚硬	0.25~0.30 0.30~0.35 0.35~0.45
粉土	$S_r \leqslant 0.50$	0.30~0.40
中砂、粗砂、砾砂 砂石土 软质岩石 表面粗糙的硬质岩石		0.40~0.50 0.40~0.60 0.40~0.60 0.65~0.75

注　对于易风化的软质岩石和 $I_p>22$ 的黏性土,μ 应通过试验确定。

若验算结果不满足式(6-30)。则应采取以下措施加以解决:

(1)修改挡土墙断面尺寸,通常是加大底宽,增加墙自重 W,以增大抗滑力;

(2)在挡土墙底面做砂、石垫层,以提高摩擦系数 μ 值,增大抗滑力;

(3)将挡土墙底做成逆坡,利用滑动面上部分反力来抗滑;

(4)在软土地基上,抗滑稳定安全系数较小,其他方法无效或不经济时,可在挡土墙踵后加拖板,利用拖板上的土重来抗滑。拖板与挡土墙之间用钢筋连接。

3. 抗倾覆稳定验算

挡土墙满足式(6-17)后,还应满足抗倾覆的稳定性(见图 6-25)。对墙趾点 O 取力矩,必须满足下列公式:

$$K_t = \frac{抗倾震力矩}{倾覆力矩} = \frac{Wa + E_{ay}b}{E_{ax}h} \geqslant 1.6 \qquad (6-31)$$

式中　　K_t ——抗倾覆安全系数;

a、b、h ——分别为 W、E_{ay}、E_{ax} 对 O 点的力臂

如不满足式(6-31)的要求,可选用以下措施:

(1)加大墙底宽,增大墙自重,以增大抗倾覆力矩。但这种方法要增加较多的工程量,通常并不经济。

(2)伸长墙前趾,增加混凝土工程量不多,但需多用钢筋。

(3)将墙背做成反坡,如图 6-27(a)所示,减小土压力,但施工不方便。在软土地基上,抗滑稳定安全系数较小,采取其他方法无效或不经济时,可以在挡墙墙踵后面加钢筋混凝土托板。利用托板上填土重量,增大抗滑力,同时还增加一个抗倾覆力矩。托板和挡墙之间用钢筋连接,如图 6-27(b)所示。

(4)在挡土墙垂直墙背上做卸荷台(见图 6-28)。卸荷台以上的土压力,不能传到卸荷台以下。土压力呈两个小三角形,因而减小了墙背总的土压力,同时还增加了一个抗倾覆力矩,增加挡土墙的安全性。

4. 地基承载力验算

与一般偏心受压基础验算方法相同，应同时满足：

$$\frac{1}{2}(\sigma_{\max} + \sigma_{\min}) \leqslant f_a$$

$$\sigma_{\max} \leqslant 1.2 f_a$$

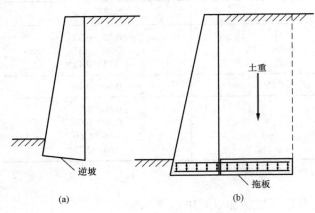

图 6-27　增加抗滑力的措施

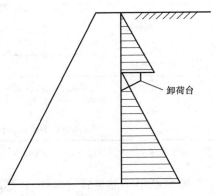

图 6-28　卸荷台

5. 挡土墙抗滑措施设计

一般挡土墙抗滑移能力与基底摩擦力大小相关。当挡土墙高度大、墙后填土黏聚力较小时，挡土墙的稳定性很难保障，因此如何应用挡土墙结构设计方案手段与措施提升挡土墙的抗滑与抗倾覆的安全性，是一项具有经济性、实用性和科学意义的创造。图 6-27 中（a）是通过将挡土墙基底做成逆坡，利用滑动面上部分反力抗滑，从而起到增大抗滑力的目的；图（b）中是在挡土墙后面加钢筋混凝土拖板，上填土重，增大抗滑力，如果拖板强度足够大，其抗倾覆力矩可以成倍地增大。图 6-29 中是某挡土墙设计的实例，其中基底强度为未风化的石灰石岩体，前端伸出部分起到增大抗倾覆力矩与抗滑移的目的。基座有两方面作用，一是进一步增大抗滑力，二是增大抗倾覆重力与力矩。后端伸出部分起到拖板作用，同时后端竖直面还有静止土压力作用，增大抗倾覆力矩。抗倾覆安全系数可以表示为式（6-32）。该项技术获得国家发明专利

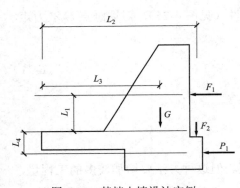

图 6-29　某挡土墙设计实例

（ZL201120140907.X）。类似情况还有多种，在实际设计中可以根据情况，进行多种不同组合。

$$K = \frac{F_2 L_2 + GL_3 + P_1 L_4}{F_1 L_1} \tag{6-32}$$

6.5.3　墙后回填土的选择

挡土墙后的回填土用什么土为好？根据上述土压力理论进行分析，希望作用在挡土墙上的土压力值最小。使挡土墙断面小，省方量，降低造价。也就是希望产生最小的主动土压力 E_a，而 E_a 的大小与墙后填土的种类和性质密切有关。

（1）理想的回填土为卵石、砾石、粗砂、中砂，要求砂砾料洁净、含泥量小。用这类填土可以使挡土墙产生较小的主动土压力。因为上述材料的内摩擦角大，使得主动土压力系数较小，主动土压力也就较小。

（2）可用的回填土为细砂、粉砂、含水率接近最优含水率的粉土、粉质黏土和低塑性黏土。如当地无粗粒土，且外运不经济，可就地取材。

（3）不能用的回填土为软黏土、成块的硬黏土、膨胀土和耕植土。因为这类土产生的土压力大，且性质不稳定，在冬季冰冻时或雨季吸水膨胀会产生额外压力，对挡土墙的稳定不利。

6.5.4　墙后排水措施

在挡土墙建成使用期间，如遇暴雨渗入墙后填土，使填土重度增加，内摩擦角降低，导致填土对墙的土压力的增大。同时墙后积水，增加水压力，对墙的稳定性不利。因此，墙背应做泄水孔，一般泄水孔直径为 5～10cm，间距 2～3m。泄水孔应高于墙前水位，以免倒灌（见图 6-30）。如墙后填土倾斜，还应做截水沟。

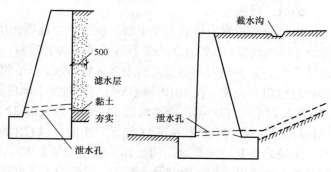

图 6-30　挡土墙的排水措施

【例 6-5】 已知某挡土墙墙高 $H=6$m，墙背倾斜 $\varepsilon=10°$，填土表面倾斜 $\beta=10°$，墙摩擦角 $\delta=20°$，墙后填土为中砂，内摩擦角 $\phi=30°$，重度 $\gamma=18.5$kN/m³，地基承载力设计值 $f=180$kPa。设计挡土墙的尺寸。

解　（1）应用库仑理论计算作用于墙上的主动土压力。查表 6-1，得 $K_a=0.46$，则 $E_a=\frac{1}{2}\gamma H^2 K_a=\frac{1}{2}\times18.5\times6^2\times0.46=153$(kN/m)

垂直分力　　　　　　　$E_{ay}=E_a\cos60°=153\times\frac{1}{2}=76.5$(kN/m)

水平分力　　　　　　　$E_{ax}=E_a\cos30°=153\times\frac{\sqrt{3}}{2}=132.4$(kN/m)

（2）设挡土墙断面尺寸为：顶宽 1m，底宽 5m，则墙自重
$$W=\frac{(1+5)H\times24}{2}=432(kN/m)$$

（3）抗滑稳定验算：

查表 6-3 得 $\mu=0.4$，则
$$K_s=\frac{(W+E_{ay})\mu}{E_{ax}}=\frac{(432+76.5)\times0.4}{132.4}=\frac{508.5\times0.4}{132.4}=1.54>1.3，满足要求。$$

为节省工程量，将底宽修改为 4m，此时
$$W=\frac{(1+4)H\times24}{2}=359(kN/m)$$

$$K_s=\frac{(W+E_{ay})\mu}{E_{ax}}=\frac{(359+76.5)\times0.4}{132.4}=1.32>1.3，满足要求。$$

（4）抗倾覆验算：

$$K_t = \frac{Wa + E_{ay}b}{E_{ax}h} = \frac{359 \times 2.2 + 76.5 \times 3.6}{132.4 \times 2} = 4.02 > 1.5，满足要求。$$

由上可见，一般挡土墙稳定验算中 K_t 容易满足要求。

6.6　土坡稳定性的影响因素

6.6.1　概述

土坡分为天然土坡和人工土坡。由于自然地质作用形成的土质边坡称为天然土坡，如山坡、江河岸坡等；人们在各类工程建设或资源开发时，开挖形成的土质边坡则称为人工边坡。滑坡诱发的灾害是人类要面对的主要灾害问题之一；据统计，我国有 10 万多处地质灾害隐患点随时可酿成大灾。仅 2010 年 1-5 月全国共发生地质灾害 4175 起，其中滑坡 2915 起、崩塌927 起、泥石流 138 起、地面塌陷 142 起、地裂缝 32 起；造成人员伤亡的地质灾害 71 起，131 人死亡；直接经济损失 6.11 亿元。由此可以看出滑坡是我国最主要的地质灾害之一。

土坡是指具有倾斜坡面的土体，包括天然土坡和人工土坡，如基坑、渠道、土坝、路堤等。当土坡的顶面和底面都是水平的，并延伸至无穷远，且由均质土体组成时称为简单土坡。图 6-31 给出了简单土坡的外形和各部分名称。由于土坡表面倾斜，土体在自重及外荷载作用下，将出现自上而下的滑移趋势。边坡上的岩土体沿某一明显界面发生剪切破坏,向坡下运动的现象称为滑坡或边坡失稳。小型滑坡可影响工程进度，大型滑坡则会导致交通中断，河流堵塞，厂矿城镇被掩埋，工程建设受阻，造成重大的人员伤亡和财产损失。例如：2008 年 8 月 1 日凌晨 1 时左右，山西省娄烦尖山铁矿发生排土场连同山体的滑坡事故，造成 45 人死亡和失踪。因此，对边坡稳定问题要引起足够的重视,且不同研究领域边坡构成特点与安全要求也不完全一致，不同领域边坡特点见表 6-4。

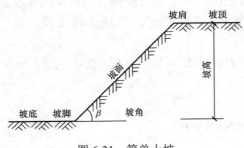

图 6-31　简单土坡

表 6-4　　　　　　　　　　　　　不同领域边坡类型及特点

研究领域	一般高边坡高度范围	边 坡 工 程 特 点
水电系统	人工：100～700m 自然：100～1000m	边坡高度大，地质结构及环境条件复杂，工程对边坡质量要求高，常需要保证永久稳定。
矿山系统	100～500m	边坡高度大，地质结构较复杂，工程对边坡质量有一定要求，但通常考虑极限设计。
铁道系统	人工：50～150m 自然：100～300m	边坡高度一般较大，地质结构及环境条件复杂，对边坡质量要求高，但通常要求线路快速通过。
公路系统	人工：30～80m 自然：30～150m	边坡高度一般较小，地质结构及环境条件相对简单，对边坡质量要求较高。
城建系统	人工：5～50m 自然：15～100m	边坡高度小，地质结构及环境条件相对简单，对边坡质量要求高。

6.6.2　环境工程地质条件变化的影响

影响土坡滑动的因素复杂多变，但其根本原因在于土体内部某个滑动面上的剪应力超过了它的抗剪强度，使平衡关系遭到破坏。一般致使土坡滑动失稳的原因有以下两种：①外部荷载作用或工程开挖扰动等导致土体内部剪应力加大。例如基坑开挖，堤坝施工中上部填土荷重的增加，降雨导致土体饱和增加重度，土体内部水的渗透力，坡顶荷载过大或由于地震、打桩等引起的动力荷载等。②由于外界环境因素影响变化导致土体抗剪强度降低，促使土坡失稳破坏。如孔隙水压力的升高，气候变化产生的干裂、冻融冻胀，新土夹层因雨水等侵入而软化以及黏性土蠕变导致的土体强度降低等。

边坡稳定性是高速公路、铁路、机场、深基坑开挖以及露天矿和水利水电大坝等工程建设中十分重要的问题，都需要保证边坡的稳定性；但由于影响边坡稳定的因素较多，许多问题需要深入研究，如滑动面破坏形式的确定，土体抗剪强度参数的选取，土的非均质性以及土坡水渗流的影响等。因此，需要掌握边坡稳定分析各种方法的基本原理。

建筑工程领域中岩土工程稳定问题一般包括三个方面：

（1）对于拟建边坡，根据给定的高度、土的性质、荷载大小及性质等已知条件设计出合理的断面尺寸，尤其是总体坡角的大小。

（2）对于已存在的边坡，验算其是否稳定。对于可能失稳的土坡，应根据其危害程度和经济条件，确定安全治理方案。

（3）地基承载力不足而失稳的问题。建（构）筑物基础在水平荷载作用下的倾覆和滑动失稳、基础在水平荷载作用下连同地基一起滑动失稳以及土坡坡顶建（构）筑物地基失稳，都是地基稳定性问题。

6.6.3　有渗流作用的土坡稳定分析

当土坡部分浸水时，水下土条的重力按饱和重度计算，同时还需考虑滑动面上的静水压力和作用在土坡坡面上的水压力。如图 6-32（a）所示，ef 线以下作用有滑动面上的静水压力 P_1、坡面上水压力 P_2 以及孔隙水重力和土粒浮力的反作用力 G_w。在静水状态，三力维持平衡，且由于 P_1 的作用线通过圆心 O，根据力矩平衡条件，P_2 对圆心 O 的力矩也恰好与 G_w 对圆心 O 的力矩相互抵消。因此，在静水条件下周界上的水压力对滑动土体的影响可用静水面以下滑动土体所受的浮力来代替，即相当于水下土条重量取有效重度计算。故稳定安全系数的计算公式与前述完全相同，只是将 ef 线以下土的重度用有效重度 γ' 计算即可。

当土坡两侧水位不同时，水将由高的一侧向低的一侧渗流。当坡内水位高于坡外水位时，坡内水将向外渗流，产生渗流力（动水力），其方向指向坡面，如图 6-32（b）所示。若已知浸润线或渗流水位线为 efg，滑动土体在浸润线以下部分（fgC）的面积为 A_w，则作用在该部分土体上的渗流力合力为 D。

$$D = JA_w = \gamma_w i A_w \tag{6-33}$$

式中　J ——作用在单位体积土体上的渗流力，kN/m^3；

　　　i ——浸润线以下部分面积 A_w 范围内水头梯度平均值，可近似地假定 i 等于浸润线两端 fg 连线的坡度。

渗流力合力 D 的作用点在面积 fgC 的形心，其作用方向假定与 fg 平行，D 对滑动面圆心 O 的力臂为 r，由此可得考虑渗流力后，毕肖普条分法分析土坡稳定安全系数计算公式

$$K = \frac{\sum \dfrac{1}{m_{\alpha i}} [c'b + (G_i - u_i b)\tan\varphi']}{\sum G_i \sin\alpha_i + \dfrac{r}{R} D} \qquad (6\text{-}34)$$

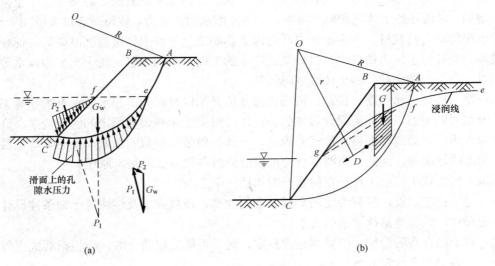

图 6-32　水渗流时的土坡稳定计算

（a）部分渗水土坡；（b）水渗流时的土坡

6.7　土 坡 的 稳 定 性

6.7.1　无黏性土坡的稳定性分析

1. 无黏性土坡的稳定性

图 6-33（a）给出一坡度为 β 的均质无黏性土坡。假设坡体及其地基为同一种土，并且完全干燥或完全浸水，即不存在渗流作用。由于砂土和碎石土等无黏性土在干燥或完全浸水饱和情况下，颗粒之间不存在黏聚力，只有摩擦力，因此，只要位于坡面上的土单元体能保持稳定，则整个土坡就是稳定的。

在坡面上任取一侧面竖直、底面与坡面平行的土单元体 M，不计单元体两侧应力对稳定性的影响，单元体自重为 G，土的内摩擦角为 φ，故使土单元下滑的剪切力为自重力沿坡面方向的分力 $T = G\sin\beta$；而阻止土体下滑的力称为抗滑力 T_f，其大小等于单元体自重沿坡面法线方向的分力 N 引起的摩擦力，即 $T_f = N\tan\varphi = G\cos\beta\tan\varphi$。抗滑力和滑动力的比值称为稳定安全系数，用 K 表示，即

$$K = \frac{T_f}{T} = \frac{G\cos\beta\tan\varphi}{G\sin\varphi} = \frac{\tan\varphi}{\tan\beta} \qquad (6\text{-}35)$$

由式（6-35）可见，对于均质无黏性土坡，理论上土坡的稳定性与坡高无关，只要坡角小于土的内摩擦角（$\beta < \varphi$），$K > 1$，土体就是稳定的。当坡角与土的内摩擦角相等（$\beta = \varphi$）时，稳定安全系数 $K = 1$，此时抗滑力等于滑动力，土坡处于极限平衡状态。相应的坡角就等于无黏性土的内摩擦角，特称为自然休止角（natural angle of repose）。通常为了保证

土坡具有足够的安全储备，可取 $K = 1.3 \sim 1.5$ 。

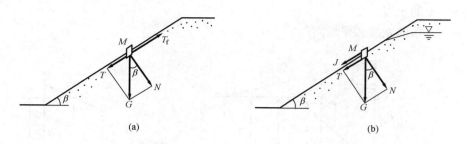

图 6-33　无黏性土坡的稳定性

（a）重力作用；（b）重力和渗流作用

2. 有渗流作用的土坡

对于水库蓄水、水库水位突然下降，或坑深低于地下水位的基坑边坡等情况，由于有地下水从边坡中渗出，会对边坡稳定性带来不利影响。当无黏性土坡受到一定的渗流力作用时，坡面上渗流溢出处的单元土体，除本身重量外，还受到渗流力 $J = \gamma_w i$ （ i 为水头梯度，$i = \sin \beta$ ）的作用，如图 6-33（b）所示。若渗流为顺坡出流，则溢出处渗流及渗流力方向与坡面平行，此时使土单元体下滑的剪切力为 $T + J = G \sin \beta + \gamma_w i$ ，且此时对于单位土体来说，土体自重 G 就等于有效重度 γ' ，故土坡的稳定安全系数变为

$$K = \frac{T_f}{T + J} = \frac{\gamma' \cos \beta \tan \varphi}{(\gamma' + \gamma_w) \sin \beta} = \frac{\gamma' \tan \varphi}{\gamma_{sat} \tan \beta} \qquad (6-36)$$

可见，与式（6-35）相比，相差 γ' / γ_{sat} 倍，此值约为 1/2。因此，当坡面有顺坡渗流作用时，无黏性土坡的稳定安全系数约降低一半，因此有渗流作用的土坡坡度必须减缓。

6.7.2　黏性土坡的稳定性分析

一、瑞典条分法

由于黏聚力的存在，对这类土坡进行稳定性分析与计算，有一种比较简单而实用的方法——瑞典条分法。即先假定一系列可能的滑裂面，然后将每个滑裂面以上土体分成若干垂直土条，对作用于各土条上的力进行平衡分析，求出在极限平衡状态下土体稳定的安全系数，其中最小的安全系数即为土坡的稳定安全系数，相应的滑裂面即为最危险的滑裂面。

实际工程中土坡轮廓形状比较复杂，由多层土构成，$\varphi > 0$ ，有时尚存在某些特殊外力，如渗流力，地震等作用力，此时滑弧上各区段土的抗剪强度各不相同，并与各点法向应力有关。为此，常将滑动土体分成若干条块，分析每一条块上的作用力，然后利用每一土条上的力和力矩的静力平衡条件，求出安全系数表达式。这统称为条分法（slice method），可用于圆弧或非圆弧滑动面情况。

该方法除假定滑动面为圆弧面及滑动土体为不变形的刚体外，同时忽略土条两侧面上的作用力，然后利用土条底面法向力的平衡和整个滑动土条力矩平衡两个条件求出各土条底面法向力 N_i 的大小和土坡的稳定安全系数 K 的表达式。

当土坡为均质土时（图 6-34），设滑动面为 AC ，圆心为 O ，半径为 R ，将滑动土体 ABC 分成若干土条，若取其中任一土条（第 i 条）分析其受力情况，则土条上作用着的力有：

（1）土条自重 G_i 。方向竖直向下，其值为

$$G_i = \gamma b_i h_i$$

式中　γ ——土的重度；

　　b_i，h_i ——土条的宽度和平均高度。

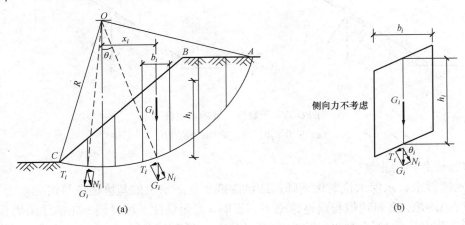

图 6-34　瑞典条分法计算图式

将 G_i 引至分条滑动面上，可分解为通过滑弧圆心的法向力 N_i 和与滑弧相切的剪切力 T_i。若以 θ_i 表示该土条底面中点的法线与竖直线的交角，则有

$$N_i = G_i \cos \theta_i$$

$$T_i = G_i \sin \theta_i$$

（2）作用于土条底面的法向力 N_i 与反力 N_i'。其大小相等，方向相反。

（3）作用于土体底面的抗剪力 T_i'。其可能发挥的最大值等于土条底面上土的抗剪强度与滑弧长度的乘积，方向与滑动方向相反。当土坡处于稳定状态，并假定各土条底部滑动面上的安全系数均等于整个滑动面上的安全系数时，其抗剪力为

$$T_{fi} = \frac{\tau_{fi} l_i}{K} = \frac{(c + \sigma_i \tan \varphi) l_i}{K} = \frac{c l_i + N_i' \tan \varphi}{K} \tag{6-37}$$

若将整个滑动土体内各土条对圆心 O 点取力矩平衡，则

$$\sum T_i R = \sum T_{fi} R$$

故安全系数

$$K = \frac{\sum (c l_i + N_i' \tan \varphi)}{\sum T_i} = \frac{\sum (c l_i + G_i \cos \theta_i \tan \varphi)}{\sum G_i \sin \theta_i} = \frac{\sum (c l_i + \gamma b_i h_i \cos \theta_i \tan \varphi)}{\sum \gamma b_i \sum h_i \sin \theta_i} \tag{6-38}$$

若所取各土条宽度相等，上式可简化为

$$K = \frac{cL + \gamma b \tan \varphi \sum h_i \cos \theta_i}{\gamma b \sum h_i \sin \theta_i} \tag{6-39}$$

式中　L ——滑弧的弧长。

此外，计算时还需注意土条的位置，如图 6-34（a）所示。当土条底面中心在滑弧圆心 O 的垂线右侧时，剪切力 T_i 方向与滑动方向相同，取剪切力为正号；而当土条底面中心在圆心的垂线左侧时，T_i 方向与滑动方向相反，起抗剪作用，取负号。$\bar{T_i}$ 则无论何处其方向均与滑动方向相反。

假定不同的滑弧，则可求出不同的 K 值，其中最小的 K 值即为土坡的稳定安全系数。瑞典条分法也可用有效应力法进行分析，此时土条底部实际发挥的抗剪力为

$$T_{fi} = \frac{\tau_{fi} l_i}{K} = \frac{[c' + (\sigma_i - u_i)\tan\varphi']l_i}{K} = \frac{c' l_i + (G_i\cos\theta_i - u_i l_i)\tan\varphi'}{K}$$

故

$$K = \frac{\sum[c' l_i + (G_i\cos\theta_i - u_i l_i)\tan\varphi']}{\sum G_i\sin\theta_i} \qquad (6\text{-}40)$$

式中，c'、φ' 为土的有效应力强度指标，u_i 为第 i 土条底面中点处的（超）孔隙水压力，其余符号意义同前。

这样，在确定了土的性质参数 c_i、φ_i（或 c_i'、φ_i'）和指定某一安全系数的条件下，第 i 土条底面上的法向反力 N_i 和切向反力 T_i，是线性相关的。所以 n 个土条上有 n 个未知量。

【例 6-6】　某一均质黏性土土坡，高 20m，坡比为 1:2，填土黏聚力 c 为 10kPa，内摩擦角 φ 为 20°，重度 γ 为 18kN/m³。试用瑞典条分法计算土坡的稳定安全系数。

解　（1）选择滑弧圆心，作出相应的滑动圆弧。按一定比例画出土坡剖面（见图 6-35）。因均质土坡，可由表 6-6 查得 $\beta_1 = 25°$，$\beta_2 = 35°$，作 BO 及 CO 线得交点 O。再求得点 E，作 EO 的延长线，在该延长线上任取一点 O_1 作为第一次试算的滑弧圆心，通过坡脚作相应的滑动圆弧，量得其半径 R 为 40m。

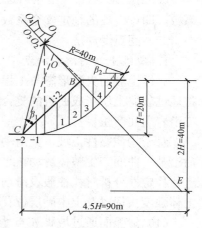

图 6-35　土坡剖面示意图

（2）将滑动土体分成若干土条并编号。为计算方便，土条宽度 b 取等宽为 $0.2R = 8$m。土条编号以滑弧圆心的垂线开始为 O，逆滑动方向的土条依次为 0、1、2、3…，顺滑动方向的土条依次为 -1、-2、-3…。

（3）量出各土条中心高度 h_i，并列表计算 $\sin\theta_i$、$\cos\theta_i$ 及 $\sum h_i\sin\theta_i$、$\sum h_i\cos\theta_i$ 等值（见表 6-5）。还应注意：取等宽时，土体两端土条的宽度不一定恰好等于 b，此时需将土条的实际高度折算成相应于 b 时的高度，对 $\sin\theta$ 也应按实际宽度计算，见表 6-5 备注栏所示。

（4）量得滑动圆弧的中心角 θ 为 98°，计算滑弧弧长。

$$L = \frac{\pi}{180} \times \theta \times R = \frac{\pi}{180} \times 98 \times 40 = 68.4(\text{m})$$

若考虑裂缝，滑弧长度只能算到裂缝为止。

表 6-5　　　　　　　瑞典法计算表（圆心编号：O_1，H：40m，土条宽：8m）

土条编号	h_i(m)	$\sin\theta_i$	$\cos\theta_i$	$h_i\sin\theta_i$	$h_i\sin\theta_i$	备　　注
-2	3.3	-0.383	0.924	-1.26	3.05	1. 从图上量出 "-2" 土条的实际宽度为 6.6m，实际高度为 4.0m，折算后的 "-2" 土条高度为 $$4.0 \times \frac{6.6}{8} = 3.3(\text{m})$$
-1	9.5	-0.2	0.980	-1.90	9.31	
0	14.6	0	1	0	14.60	
1	17.5	0.2	0.980	3.50	17.15	

续表

土条编号	h_i(m)	$\sin\theta_i$	$\cos\theta_i$	$h_i\sin\theta_i$	$h_i\sin\theta_i$	备注
2	19.0	0.4	0.916	7.60	17.40	2. $\sin\theta_{-2}=-\left(\dfrac{1.5b+0.5b_{-2}}{R}\right)$
3	17.9	0.6	0.800	10.20	13.60	$=-\left(\dfrac{1.5\times8+0.5\times6.6}{40}\right)$
4	9.0	0.8	0.600	7.20	5.40	
Σ				25.34	80.51	$=-0.383$

（5）计算安全系数。根据式（6-39）

$$K=\frac{c\hat{L}+\gamma b\tan\varphi\sum h_i\cos\theta_i}{\gamma b\sum h_i\sin\theta_i}=\frac{10\times68.4+18\times8\times0.364\times80.51}{18\times8\times25.34}=\frac{4904.0}{3650.4}=1.34$$

（6）在 EO 延长线上重新选择滑弧圆心 O_2、$O_3\cdots$，重复上述计算，即可求出最小安全系数，即该土坡的稳定安全系数。

二、圆弧滑动法

1. 黏性土坡的滑动特点

黏性土坡的失稳形态与工程地质条件密切相关。在非均质土层中，若土坡下存在软弱层，将通过软弱土层形成曲折的复合滑动面（见图6-36），而当土坡位于倾斜岩层面上时，滑动面将沿岩层面产生。

对于均质黏性土坡，其滑动面大多为曲面，破坏前，一般在坡顶首先出现张力裂缝，然后沿某一曲面产生整体滑动。此外，滑动体沿纵向也有一定范围，并且也是曲面。为了简化，进行稳定性分析时往往假设滑动面为圆弧面，并按平面应变问题处理。根据土坡的坡角大小、土体强度指标以及土中硬层位置的不同，滑弧面的形式一般有以下三种：

（1）滑弧面通过坡脚 B 点［见图6-36（a）］，称为坡脚圆；

（2）滑弧面通过坡面上 E 点，并与硬岩层相切［见图6-36（b）］，称为坡面圆；

（3）滑弧面通过坡脚之外的 A 点并与硬岩层相切［见图6-36（c）］，称为中点圆。

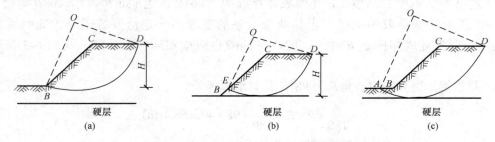

图6-36　均质黏性土土坡的三种圆弧滑动面

（a）坡脚圆；（b）坡面圆；（c）中点圆

2. 整体圆弧滑动法

对于均质简单土坡，假定黏性土坡失稳破坏时的滑动面为一圆弧面，将滑动面以上土体视为刚体，并视其为脱离体，在极限平衡条件下分析脱离体上作用的各种力的平衡关系，以整个滑动面上的平均抗剪强度与平均剪应力之比来定义土坡的稳定安全系数，即

$$K=\frac{\tau_f}{\tau} \tag{6-41}$$

土坡保持稳定时，土的抗剪强度并没有完全发挥，而是只发挥了与下滑力矩平衡所需的那部分。因此安全系数也可定义为整个滑动面上平均抗剪强度与平均剪应力之比，其结果与上式是完全一致的。

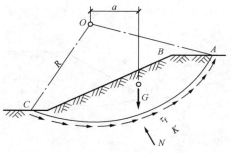

图 6-37　均质土坡的整体圆弧滑动

黏性土坡如图 6-37 所示，AC 为假定的滑动面，圆心为 O，半径为 R。当土体 ABC 保持稳定时必须满足力矩平衡条件，故稳定安全系数为

$$K = \frac{\tau_f \stackrel{\frown}{AC} R}{Ga} \qquad (6\text{-}42)$$

式中　$\stackrel{\frown}{AC}$——滑弧弧长；

　　　a——土体重心离滑弧圆心的水平距离。

一般情况下，土的抗剪强度由黏聚力 c 和摩擦力 $\sigma \tan\varphi$ 两部分组成，沿滑动面不同位置上的法向应力 σ 并不是常数，因此，土的抗剪强度也随滑动面位置的不同而变化。但对饱和黏土来说，在不排水剪条件下，$\varphi_u = 0$，故 $\tau_f = c_u$，因此上式可写为式（6-43），此分析方法通常称为 $\varphi_u = 0$ 等于零分析法。

$$K = \frac{c_u \stackrel{\frown}{AC} R}{Ga} \qquad (6\text{-}43)$$

由于计算安全系数时，滑动面为任意假定，并不是最危险滑动面，因此，所求结果并非最小安全系数。通常在计算时需假定一系列的滑动面，进行多次试算，计算工作量颇大。为此，W. 费伦纽斯（Fellenius，1927 年）通过大量计算分析，提出了确定最危险滑动面圆心的经验方法，一直被沿用。该方法的主要原理是：对于均质黏性土坡，当土的内摩擦角 $\varphi = 0$ 时，其最危险滑动面常通过坡脚。其圆心位置可由图 6-38（a）中 CO 与 BO 两线的交点确定，图中 β_1 及 β_2 的值可根据坡角由表 6-6 查出。当 $\varphi > 0$ 时，最危险滑动面的圆心位置可能在图 6-38（b）中 EO 的延长线上。自 O 点向外取圆心 O_1、$O_2 \cdots$，分别作滑弧，并求出相应的抗滑安全系数 K_1、$K_2 \cdots$，然后绘曲线找出最小值，即为所要求的最危险滑动面的圆心 O_m 和土坡的稳定安全系数 $K_{\min}$。当土坡非均质，或坡面形状及荷载情况比较复杂时，还需自 O_m 作 OE 线的垂直线，并在垂线上再取若干点作为圆心进行计算比较才能找出最危险滑动面的圆心和土坡稳定安全系数。

表 6-6　　　　　　　　　不同边坡的 β_1、β_2 数据表

坡比	坡角	β_1	β_2
1:0.58	60°	29°	40°
1:1	45°	28°	37°
1:1.5	33.79°	26°	35°
1:2	26.57°	25°	35°
1:3	18.43°	25°	35°
1:4	14.04°	25°	37°
1:5	11.32°	25°	37°

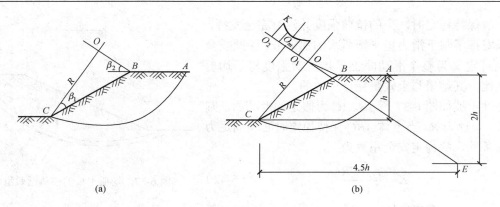

(a)   (b)

图 6-38 最危险滑动面圆心位置的确定

三、稳定系数法

如上所述，土坡的稳定分析大都需经过试算，计算工作量颇大，因此，有学者提出简化的图表计算法。图 6-39 给出根据计算资料整理得到的极限状态时均质土坡内摩擦角 φ、坡角 β 与稳定系数 N_s 之间的关系曲线，其中

$$N_s = \frac{c}{\gamma h} \tag{6-44}$$

式中 c ——上的黏聚力；
      γ ——土的重度；
      h ——土坡高度。

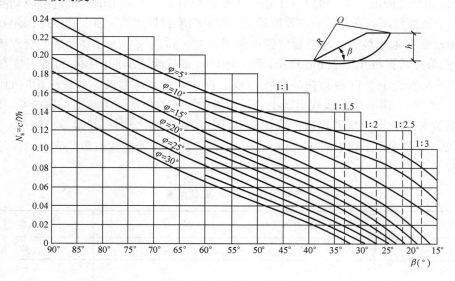

图 6-39 土坡稳定计算图

从图中可直接由已知的 c、φ、γ、β 确定土坡极限高度 h，也可由已知的 c、φ、γ、h 及安全系数 K 确定土坡的坡角 β。

【例 6-7】已知某土坡边坡坡比为 1:1（β 为 45°），土的黏聚力 $c=12\mathrm{kPa}$，内摩擦角 $\varphi=20°$，重度 $\gamma=17.0\mathrm{kN/m^3}$，试确定该土坡的极限高度 h。

解　根据 $\beta = 45°$ 和 $\varphi = 20°$，查图 6-39，得 $N_s = 0.065$，代入式（6-44）得土坡的极限高度为

$$h = \frac{c}{\gamma N_s} = \frac{12}{17 \times 0.065} = 10.9 \text{（m）}$$

四、折线滑动法

折线滑动法是假定边坡沿滑动面为折线，该方法主要应用于岩质边坡，或下层为岩质边坡，上层为黏性土层的边坡。在建设场区内，由于施工或其他因素的影响，有可能发生滑坡的地段，必须采取可靠的预防措施，防止产生滑坡。当滑体有多层滑动面（带）时，应取推力最大的滑动面（带）确定滑坡推力，且选择平行于滑动方向的几个具有代表性的断面进行计算。计算断面一般不少于 2 个，其中应有一个是滑动主轴断面（见图 6-40）。根据不同断面的推力设计相应的抗滑结构，当滑动面为折线形时，滑坡推力可按下式计算：

$$F_i = F_{i-1}\varphi + \gamma_t G_{it} - G_{in}\tan\varphi_i - c_i l_i \tag{6-45}$$

$$\psi = \cos(\beta_{i-1} - \beta_i) - \sin(\beta_{i-1} - \beta_i)\tan\varphi_i \tag{6-46}$$

式中　F_i，F_{i-1} ——第 i 块、第 $i-1$ 块滑体的剩余下滑力；

　　　　ψ ——传递系数；

　　　　γ_t ——滑坡推力安全系数；

　　　　G_{it}，G_{in} ——第 i 块滑体自重沿滑动面、垂直滑动面的分力；

　　　　φ_i ——第 i 块滑体沿滑动面土的内摩擦角标准值；

　　　　c_i ——第 i 块滑动面土体的黏聚力标准值；

　　　　l_i ——第 i 块滑体沿滑动面的长度。

滑坡推力作用点，取在滑体厚度的 1/2 处。滑坡推力安全系数，应根据滑坡现状及其对工程的影响等因素确定，对地基基础设计等级为甲级的建筑物宜取 1.25，设计等级为乙级的建筑物宜取 1.15，设计等级为丙级的建筑物宜取 1.05。滑动面上的抗剪强度可根据土（岩）的性质和当地经验，采用试验与滑坡反算相结合的方法确定。

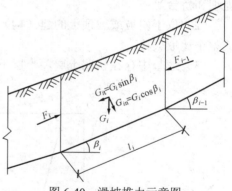

图 6-40　滑坡推力示意图

6.7.3　具有知识产权的边坡稳定性部分研究成果

边坡工程的破坏都表现为三维形态，而目前的边坡稳定性评价都简化为二维模型进行计算与分析，已被广大技术人员所接受并取得了良好的效果，但与真实情况还是有差距的。随着技术的进步与发展，建立三维评价体系的计算结果更加符合实际。"边坡三维稳定分析系统 V1.2"（软著登字第 0336065 号）是针对菱形对称破坏下滑力和抗滑力传递关系推导出来的三维边坡稳定性计算方法。当单元体尺寸小到一定程度时无限接近此种破坏的真解，详细内容可参阅其软件著作权介绍。

边坡稳定状态与其变形量呈反比，即边坡变形大则其稳定性差，国家授权发明专利《一种边坡岩体变形控制技术》（ZL201110120592.7）建立了边坡稳定性与形变刚度之间的函数关系及评价方法。一般狭窄凹形槽底面边坡体因受槽两侧帮挟制约束，其变形小和稳定性好；当槽宽度大到一定量值时，两侧约束作用消失，由此创建了具有自主知识产权的边坡稳定状

态局部控制与计算的新方法，解决了局部边坡稳定状态的控制问题。

任何监测仪器设备，无论多么精密，均不同程度地存在测量误差，一般边坡监测结果的当次位移量是指最近两次测量结果的差值，那么计算出来的差值究竟是位移量还是误差呢？国家授权发明专利《一种判别边坡地表移动的动态理论和方法》（ZL201110120593.1），基于测量误差椭圆理论建立了误差分布值域，然后再将监测位移差值绘在同一坐标系内，如果差值在误差椭圆内就判定为误差，而位于误差椭圆外就判定为位移值，从而避免误判造成损失，详细内容可参阅其专利说明书。

由于丘陵地区大量的高速公路、铁路，各类岩土工程建设及自然山、坡体等，形成了许多边坡工程，而边坡失稳破坏不仅直接导致工程无法正常使用，同时还会给下游居民生命财产及环境安全造成灾难性后果，因此进行滑坡预测预报具有重要经济价值与社会意义。国家发明专利《一种边坡变形预测方法》（ZL201310450744.9）建立了一种滑坡预测预警方法，为滑坡预报提供了一种方法，详细内容可以参阅其专利说明书。

6.8　地　基　的　稳　定　性

通常在下述情况可能发生地基的稳定性破坏：

（1）承受很大水平力或倾覆力矩的建（构）筑物，如受风荷载或地震作用的高层建筑或高耸构筑物，承受拉力的高压线塔架基础及锚拉基础，承受水压力或土压力的挡土墙、水坝、堤坝和桥台等；

（2）位于斜坡或坡顶上的建（构）筑物，由于荷载作用或环境因素影响，可能造成部分或整个边坡失稳；

（3）地基中存在软弱土层，土层下面有倾斜的岩层面、隐伏的破碎或断裂带，地下水渗流等。

6.8.1　基础连同地基一起滑动的稳定性

基础在经常性水平荷载作用下，连同地基一起滑动失稳的地基稳定性问题如下几种：

（1）如图 6-41 所示挡土墙剖面，滑动破坏面接近圆弧滑动面，并通过墙踵点（线）。分析时取绕圆弧中心点 O 的抗滑力矩与滑动力矩之比作为整体滑动的稳定安全系数，可粗略地按下式验算：

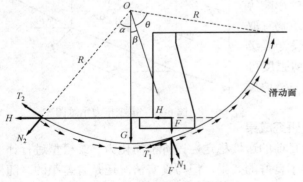

图 6-41　坡顶开裂时稳定计算

$$K = \frac{M_R}{M_S} \tag{6-47}$$

$$M_R = (\alpha + \beta + \theta)\ c_k \pi R / 180° + (N_1 + N_2 + G) R \tan \varphi_k$$

$$M_S = (T_1 + T_2) R$$

式中　　M_R——抗滑力矩；

　　　　M_S——滑动力矩；

c_k，　φ_k ——土的黏聚力标准值和内摩擦角标准值；

　F，H ——挡土墙基底所承受的垂直分力和水平分力；

　　R ——滑动圆弧的半径。

$$N_1 = F\cos\beta，\quad N_2 = H\sin\alpha，\quad T_1 = F\sin\beta，\quad T_2 = H\cos\alpha，\quad G = \gamma\left(\frac{\alpha\pi}{180°} - \sin\alpha\cos\alpha\right)R^2$$

若考虑土质的变化，也可采用类似于土坡稳定条分法计算稳定安全系数。同理，最危险圆弧滑动面必须通过试算求得，一般要求 $K_{min} \geqslant 1.2$。

（2）当挡土墙周围土体及地基土都比较软弱时，地基失稳时可能出现图 6-42 所示贯入软土层深处的圆弧滑动面。此时，同样可采用类似于土坡稳定分析的条分法计算稳定安全系数，通过试算求得最危险的圆弧滑动面和相应的稳定安全系数 K_{min}，一般要求 $K_{min} \geqslant 1.2$。

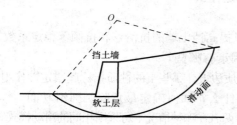

图 6-42　贯入软土层深处的圆弧滑动面

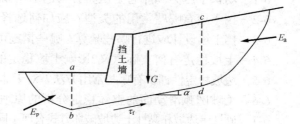

图 6-43　硬土层中的非圆弧滑动面

（3）当挡土墙位于超固结坚硬黏土层中时，其滑动破坏可能沿近似水平面的软弱结构面发生，为非圆弧滑动面（见图 6-43）。计算时，可近似地取土体 $abdc$ 为隔离体。假定作用在 ab 和 dc 竖直面上的力分别等于主动和被动土压力。设 bd 面为平面，沿此滑动面上总的抗剪强度为

$$\tau_f l = cl + G\cos\alpha\tan\varphi \tag{6-48}$$

式中　G ——土体 $abdc$ 的自重标准值；

　l，α ——bd 的长度和水平倾角；

　c，φ ——硬黏土的黏聚力标准值和内摩擦角标准值。

此时滑动面 bd 为平面，稳定安全系数 K 为抗滑力与滑动力之比，即

$$K = \frac{E_p + \tau_f l}{E_a + G\sin\alpha} \tag{6-49}$$

一般平面滑动要求 $K \geqslant 1.3$。

6.8.2　土坡坡顶建筑的地基稳定性

位于稳定土坡坡顶上的建筑，《建筑地基基础设计规范》（GB 50007—2011）规定，对于条形基础或矩形基础，当垂直于坡顶边缘线的基础底面边长≤3m 时，基础底面外边缘线至坡顶边缘线的水平距离（见图 6-44）应符合下式要求，但不得小于 2.5m。

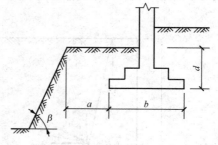

图 6-44　基础底面外边缘线至
坡顶的水平距离示意图

条形基础

$$a \geqslant 3.5b - \frac{d}{\tan\beta} \tag{6-50}$$

矩形基础 $$a \geqslant 2.5b - \frac{d}{\tan \beta}$$ （6-51）

式中　a——基础底面外边缘线至坡顶的水平距离；

　　　b——垂直于坡顶边缘线的基础底面边长；

　　　d——基础埋置深度；

　　　β——边坡坡角（°）。

当边坡坡角＞45°、坡高＞8m 时，尚应按式（6-47）验算坡体稳定性。

思　考　题

6-1　朗肯土压力和库仑土压力各自的适用条件是什么？

6-2　挡土墙有哪些常用的类型？应如何选择？

6-3　挡土墙设计应进行哪些验算？哪些措施可以提高挡土墙的抗滑移和抗倾覆稳定系数？

6-4　土坡稳定有何实际意义？影响土坡稳定的因素有哪些？

6-5　边坡稳定性评价有哪些常用方法？对于非岩质边坡，哪些土的性质指标起决定性作用？

6-6　土坡圆弧滑动面的整体稳定分析的原理是什么？如何确定最危险圆弧滑动面？

6-7　砂性土边坡和黏性土边坡破坏方式有何不同？两者在哪种情况下可采用相同的滑动模式？

6-8　在坡顶开裂和存在渗流时如何计算边坡稳定？

习　题

6-1　某挡土墙高 5m，墙背垂直光滑，墙后填土为砂土，$\gamma = 18 \, \text{kN/m}^3$，$\varphi = 40°$，$c = 0$，填土表面水平。试比较静止土压力、主动土压力和被动土压力值大小。

6-2　某挡土墙如图 6-45 所示，墙高 5m，墙背倾角 10°，填土为砂，填土面水平 $\beta = 0°$，墙背摩擦角 $\delta = 15°$，$\gamma = 19 \text{kN/m}^3$，$\varphi = 30°$，$c = 0$。试按库仑土压力理论和朗肯土压力理论计算主动土压力。

6-3　某混凝土挡土墙高 6m，如图 6-46 所示，分两层土，第一层土 $\gamma_1 = 19.5 \text{kN/m}^3$，$c_1 = 12 \text{kPa}$，$\varphi_1 = 15°$；第二层土 $\gamma_2 = 17.3 \text{kN/m}^3$，$c_2 = 0$，$\varphi_2 = 31°$。试计算主动土压力。

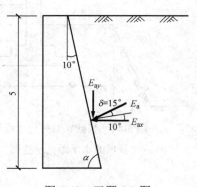

图 6-45　习题 6-2 图

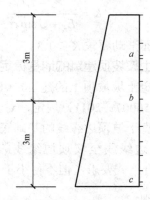

图 6-46　习题 6-3 图

6-4　某挡土墙高 6m，用毛石和 M5 水泥砂浆砌筑，砌体重度 $\gamma = 22\text{kN/m}^3$，抗压强度 $f_y = 160\text{MPa}$，填土 $\gamma = 19\text{kN/m}^3$，$\varphi = 40°$，$c = 0$，基底摩擦系数 $\mu = 0.5$，地基承载力特征值 $f_a = 180\text{kPa}$。试进行挡土墙抗倾覆、抗滑移稳定性和地基承载力验算。

6-5　一简单土坡，$c = 20\text{kPa}$，$\gamma = 18\text{kN/m}^3$，$\varphi = 20°$。①如坡角 $\beta=60°$，安全系数 $K=1.5$，试用稳定数法确定最大稳定坡高；②如坡高 $h=8.5$，安全系数仍为 1.5，试确定最大稳定坡角；③如坡高 $h=8$，坡角 $\beta=70°$，试确定稳定安全系数 K。

6-6　某砂土场地经试验测得砂土的自然休止角 $\varphi = 30°$，若取稳定安全系数 $K=1.2$，问开挖基坑时土坡坡角应为多少？若取 $\beta=20°$，则 K 又为多少？

（参考答案 6-1：81 kPa，49 kPa，1035 kPa；6-2：161.5 kPa，824.7 kPa；6-3：92.3 kPa；6-4：2.29，1.42，151.4 kPa；6-5：7.48m，$\beta=55°$，$K=1.11$；6-6：$K=1.59$）。

*注册岩土工程师考试题选

6-1　某工程现浇钢筋混凝土地下隧道，其剖面如图 6-47 所示。作用在填土地面上的活荷载为 $q=20\text{kN/m}^2$，通道周围填土为砂土，其重度为 20kN/m^3，静止土压力系数为 $K_0 =0.45$，地下水位在自然地面下 8m 处。

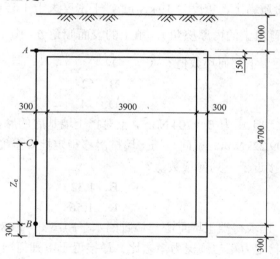

图 6-47　题选 6-1 图

（1）试问，作用在通道侧墙顶点（图中 A 点）处的水平侧压力强度值（kN/m^2），与下列何项数值最为接近？（　　）

A. 6　　　　　　　　　　　　　B. 12

C. 18　　　　　　　　　　　　D. 24

（2）假定作用在图中 A 点处的水平侧压力强度值为 20kN/m^2，试问：作用在单位长度 1m 侧墙上总的土压力（kN）与下列何项数值最为接近？（　　）

A. 180　　　　　　　　　　　B. 210

C. 260　　　　　　　　　　　D. 310

6-2　某毛石砌体挡土墙，其剖面尺寸如图 6-48 所示。墙背直立，排水良好。墙后填土与墙齐高，其表面倾角为 β，填土表面的均布荷载为 q。

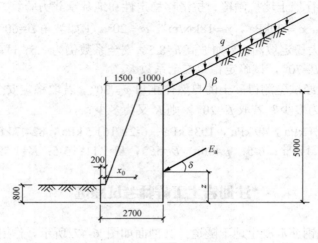

图 6-48　题选 6-2 图

（1）假定填土采用粉质黏土，重度为 $19\,\text{kN/m}^3$，干密度大于 $1.65\,\text{t/m}^3$，土对挡土墙背的摩擦角 $\delta=\dfrac{1}{2}\varphi$（$\varphi$ 为墙背填土的内摩擦角），填土的表面倾角 $\beta=10°$，$q=0$。试问：主动土压力 E_a（kN/m）最接近于下列何项数值？（　　　）

A. 60　　　　　　　　　　　　　　　B. 62

C. 70　　　　　　　　　　　　　　　D. 74

（2）假定挡土墙的主动土压力 $E_\text{a}=70\,\text{kN/m}$，土对挡土墙基底的摩擦系数 $u=0.4$，$\delta=13°$，挡土墙每延米自重 $G=209.22\text{kN/m}$。试问，挡土墙抗滑移稳定性安全度 K_s（即抵抗滑移与引起滑移的力的比值），最接近于下列何项数值？（　　　）

A. 1.29　　　　　　　　　　　　　　B. 1.32

C. 1.45　　　　　　　　　　　　　　D. 1.56

（3）条件同题（2），已求得挡土墙重心与墙趾的水平距离 $x_0=1.68\text{m}$。试问，挡土墙抗倾覆稳定性安全度 K_t（即稳定力矩与倾覆力矩之比）最接近于下列何项数值？（　　　）

A. 2.3　　　　　　　　　　　　　　B. 2.9

C. 3.5　　　　　　　　　　　　　　D. 4.1

[参考答案：6-1：（1）C；（2）B。6-2：（1）C；（2）B；（3）C]

本章知识点思维导图

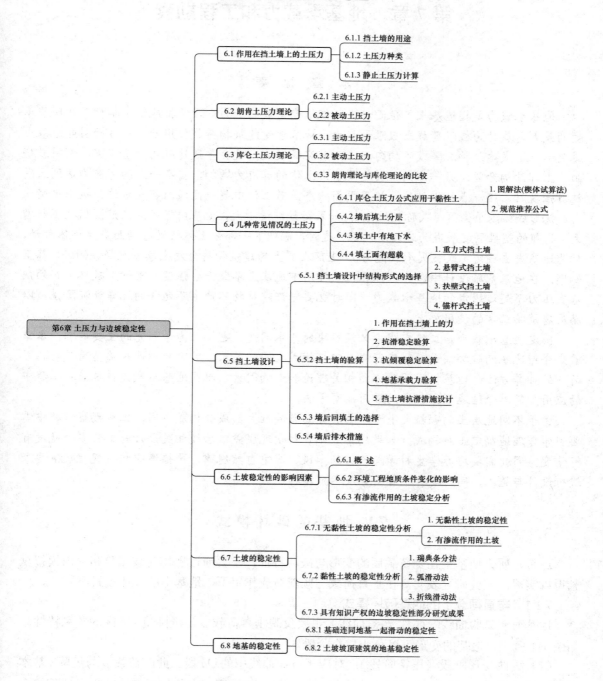

第 7 章　地基承载力和工程勘察

本　章　提　要

　　地基承载力是指地基土单位面积上所能承受荷载的能力。通常把地基上单位面积所能承受的最大荷载称为极限荷载或极限承载力。地基承受建筑物荷载作用后，一方面引起地基土体变形，造成建筑物沉降或不均匀沉降，若沉降过大，就会导致建筑物严重下沉、倾斜或挠曲、上部结构开裂；另一方面，引起地基内土体的剪应力增加，当某一点的剪应力达到土的抗剪强度时，这一点的土就处于极限平衡状态。若土体中某一区域内各点都达到极限平衡状态，就形成极限平衡区（或称塑性区）。如果荷载继续增大，地基内塑性区的范围随之不断增大，局部的塑性区发展成为连续滑动面，这时，基础下一部分土体将沿滑动面产生整体滑动，称为地基失去稳定（或丧失承载能力）。坐落在其上的建筑物将会发生急剧沉降、倾斜，甚至倒塌。在地基基础设计中，为保证在荷载作用下地基土不致产生强度（剪切）破坏，必须使基底压力不超过规定的地基承载力，同时也要保证建筑物不产生不允许的沉降和沉降差，以满足建筑物正常的使用要求。

　　确定地基承载力是工程实践中必须解决的基本问题，也是土力学研究的主要内容。本章首先介绍地基的破坏模式，地基荷载与破坏模式之间的关系；其次介绍地基临塑荷载与临界荷载的计算方法，地基极限承载力的相关理论和影响因素，以及地基承载力特征值在工程中的应用，简单介绍地基工程中的常用勘察方法。

　　由于不同地层土的颗粒大小和矿物成分的差异性大，成分构成不同，工程勘察过程中需要科学合理地确定土层构成。如果勘察基础资料出现误差，后续相关设计与工程安全就没有可信度。因此需要培养学生科学与严谨的学风，尊重自然规律，严格遵守相关规程规范要求进行设计与施工，同时要有吃苦耐劳及奉献精神。

7.1　地基的破坏模式

　　通常，研究地基土在受荷载后的变形与破坏特征，主要通过现场荷载试验和室内模拟试验得以实现。试验研究表明，在垂直荷载与倾斜荷载作用下，地基土的破坏模式不同。

7.1.1　垂直荷载下的地基破坏模式

　　地基荷载试验曲线（简称 p–s 曲线）主要反映垂直荷载 p 与沉降量 s 之间的关系特性。如图 7-1 所示，地基的变形可以分为三个阶段。

　　（1）线性变形阶段（压密阶段）：对应于 p–s 曲线中的 Oa 段。此时荷载 p 与沉降 s 基本上呈直线关系，地基中任意点的剪应力均小于土的抗剪强度，土体处于弹性状态。地基的变形主要是由于土的孔隙体积减小而产生的压密变形。

　　（2）塑性变形阶段（剪切阶段）：对应于 p–s 曲线中的 ab 段。此时荷载 p 与沉降 s 不再呈直线关系，沉降的增量与荷载的增量的比值（即 $\Delta s/\Delta p$）随荷载的增大而增加，p–s 之间呈曲线关系。在此阶段，地基土在局部范围内剪应力达到土的抗剪强度而处于极限平衡状态。产生剪切破坏的区域称为塑性区。随着荷载的增加，塑性区逐步扩大，由基础边缘开始逐渐向纵深发展。

（3）破坏阶段：对应于 $p{-}s$ 曲线中的 bc 阶段。随着荷载的继续增加，剪切破坏区不断扩大，最终在地基中形成一个连续的滑动面。此时基础急剧下沉，四周的地面隆起，地基发生整体剪切破坏。

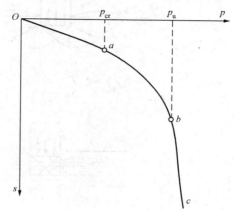

图 7-1　$p{-}s$ 曲线图

在垂直荷载下，如图 7-2 所示，地基具有三种破坏模式：整体剪切破坏、局部剪切破坏和冲切剪切破坏。

1. 整体剪切破坏

该破坏模式下地基将形成连续剪切滑动面，如图 7-2（a）所示。主要破坏特征：当垂直荷载达到一定值后，基础边缘点土体首先发生剪切破坏，随着垂直荷载的增大，剪切破坏区（塑性变形区）逐步扩大，最终形成连续的整体滑动面。此时，基础将急剧下降、倾斜，地面严重隆起，地基失去稳定性。整体破坏具有突发性，事发前不会出现较大的沉降。对于压缩性较低、密实砂土和坚硬黏土中较为常见。

2. 局部剪切破坏

该破坏模式下地基将形成局部剪切破坏区，如图 7-2（b）所示。主要破坏特征：垂直荷载作用下，基础边缘下方土体首先发生剪切破坏，随着荷载进一步增大，剪切破坏区逐步扩大，但滑动面不扩展到地面，发生地面轻微隆起，基础无明显倾斜和倒塌。但基础由于过大沉降而丧失继续的承载能力。

3. 冲切剪切破坏

该破坏模式下，地基无明显破坏区和滑动面，但基础沉降较大，如图 7-2（c）所示。主要破坏特征：垂直荷载超过一定值后，基础将连续"刺入"地基土，出现较大地基沉降，基础周围部分下陷，$p{-}s$ 曲线中无明显拐点。这在压缩性较大的松砂、软土和深埋基础中较为常见。

7.1.2　倾斜荷载下地基的破坏模式

建筑物地基有时候会承受倾斜荷载，可将倾斜荷载转化为垂直荷载和水平荷载两个方向的分力。如图 7-3 所示，图中 P_v 和 P_h 分别为垂直荷载与水平荷载，R 为倾斜荷载，δ 为倾斜

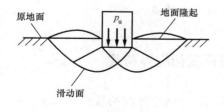

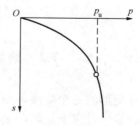

(a)

图 7-2　地基破坏模式（一）

（a）整体剪切破坏

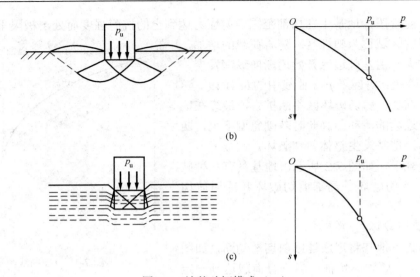

图 7-2　地基破坏模式（二）

（b）局部剪切破坏；（c）冲切剪切破坏

荷载与垂直荷载的夹角。倾斜荷载下，地基的破坏模式可能发生两种情况：①当垂直荷载较小时，地基的应力远未达到破坏状态，此时，水平荷载不足以让地基失稳而产生建筑物沿地基表面滑动，如图 7-3（a）所示。②当垂直荷载增大到一定程度时，地基中应力将达到极限平衡，在水平荷载的共同作用下，地基将产生连续滑动面，出现深层滑动，如图 7-3（b）所示。

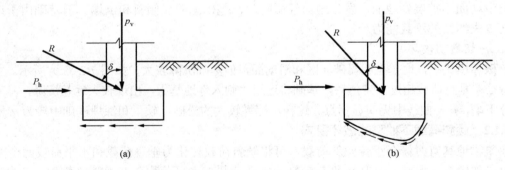

图 7-3　倾斜荷载下地基的破坏模式

（a）平面滑动；（b）深层滑动

7.2　地基的临塑荷载和临界荷载

对应于地基变形的三个阶段，如图 7-1 所示，有两个界限荷载：①从压缩阶段过渡到剪切阶段的界限荷载（对应于 a 点），称为临塑荷载（critical edge loading），记为 p_{cr}；②从剪切阶段过渡到破坏阶段的界限荷载（对应于 b 点），称为临界荷载（ultimate loading），记为 p_u。地基的剪切阶段是塑性区范围随着荷载的增加而不断发展的阶段。塑性区范围可通过塑性区边界方程进行确定。

7.2.1　塑性区边界方程

对于无基础埋深情况，如图 7-4（a）所示，在地基表面作用均布条形荷载 p，根据土中应力的计算方法，土中任意点 M 的最大与最小主应力 σ_1 及 σ_3 可表示为

$$\sigma_1 = \frac{p}{\pi}(\beta_0 + \sin\beta_0) \tag{7-1a}$$

$$\sigma_3 = \frac{p}{\pi}(\beta_0 - \sin\beta_0) \tag{7-1b}$$

考虑土体重力的影响时，则土中任意点 M 由土体重力产生的竖向应力为 $\sigma_{cz} = \gamma z$，水平方向应力为 $\sigma_{cx} = K_0\gamma z$。若假定土的侧压力系数为 $K_0 = 1$，则土的重力所产生的压应力将与静水压力一样，在各个方向都相等，均为 γz。则考虑土的重力时，M 点的最大及最小主应力为

$$\sigma_1 = \frac{p}{\pi}(\beta_0 + \sin\beta_0) + \gamma z \tag{7-2a}$$

$$\sigma_3 = \frac{p}{\pi}(\beta_0 - \sin\beta_0) + \gamma z \tag{7-2b}$$

对于有基础埋深情况，如图 7-4（b）所示，埋深为 D，计算基底下深度 z 处 M 点的主应力时，可将作用在基底水平面上的荷载（包括作用在基底的均布荷载 p 以及基础两侧埋置深度 D 范围内的自重应力 γD）分解为图 7-4（c）所示两部分，即无限均布荷载 γD 以及基底范围内的均布荷载 $p - \gamma D$。则由土自重作用在 M 点产生的主应力为 $\gamma(D+z)$，当基础有埋置深度 D 时，土中任意点 M 的主应力

$$\sigma_1 = \frac{p - \gamma D}{\pi}(\beta_0 + \sin\beta_0) + \gamma(D+z) \tag{7-3a}$$

$$\sigma_3 = \frac{p - \gamma D}{\pi}(\beta_0 - \sin\beta_0) + \gamma(D+z) \tag{7-3b}$$

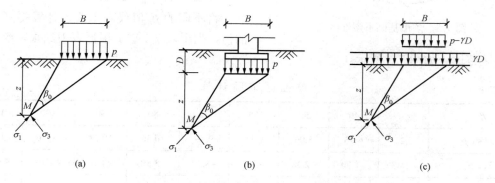

图 7-4　均布条形荷载作用下地基中的主应力

（a）无基础埋深；（b）有基础埋深；（c）有基础埋深时分解示意图

若 M 点位于塑性区的边界上，它就处于极限平衡状态。根据土体强度理论中的公式，知道土中某点处于极限平衡状态时，其土应力应满足下述条件

$$\sin\phi = \frac{\sigma_1 - \sigma_3}{\sigma_1 + \sigma_3 + 2c\cot\phi} \tag{7-4}$$

将式（7-3）代入式（7-4）得

$$\sin\phi = \frac{\dfrac{p-\gamma D}{\pi}\sin\beta_0}{\beta_0\dfrac{p-\gamma D}{\pi}+\gamma(D+z)+c\cot\phi}\qquad(7\text{-}5)$$

整理后得

$$z = \frac{p-\gamma D}{\pi\gamma}\left(\frac{\sin\beta_0}{\sin\phi}-\beta_0\right)-\frac{c\cot\phi}{\gamma}-D\qquad(7\text{-}6)$$

式（7-6）即为地基塑性区边界线方程。该方程表述了塑性区边界点坐标 z 与 β_0 角之间的关系。在给定基础尺寸 B、埋深 D、荷载 p 和土的指标 γ、c、ϕ 时，即可求出边界坐标点值，并根据不同坐标点值绘出塑性区的边界线。

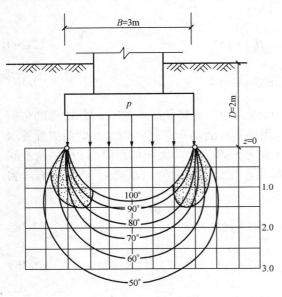

图 7-5　条形基础下塑性区

中塑性区范围，如图 7-5 所示。

【例 7-1】 有一条形基础，如图 7-5 所示，基础宽度 $B=3\mathrm{m}$，埋置深度 $D=2\mathrm{m}$，作用在基础底面的均布荷载 $p=190\mathrm{kPa}$。已知土的内摩擦角 $\varphi=15°$，黏聚力 $c=15\mathrm{kPa}$，重度 $\gamma=18\mathrm{kN/m^3}$。求此时地基中的塑性区范围。

解 根据地基中塑性区范围的计算公式（7-6），即

$$z = \frac{p-\gamma D}{\pi\gamma}\left(\frac{\sin\beta_0}{\sin\varphi}-\beta_0\right)-\frac{c\cot\varphi}{\gamma}-D$$
$$= \frac{190-18\times2}{\pi\times18}\left(\frac{\sin\beta_0}{\sin15}-\beta_0\right)-\frac{c\cot\varphi}{\gamma}-D$$
$$= 10.52\sin\beta_0 - 2.725\beta_0 - 5.11$$

将不同的 β_0 值代入上式，计算得到各项的值，列于表 7-1 中。根据表中结果，绘出土

表 7-1　　　　　　　　　　　　塑 性 区 范 围 计 算

β_0	30	40	50	60	70	80	90	100	110
$10.52\sin\beta_0$	5.26	6.76	8.06	9.11	9.89	10.36	10.52	10.36	9.89
$2.725\beta_0$	−1.43	−1.90	−2.38	−2.85	−3.33	−3.80	−4.28	−4.76	−5.23
−5.11	−5.11	−5.11	−5.11	−5.11	−5.11	−5.11	−5.11	−5.11	−5.11
$z(\mathrm{m})$	−1.28	−0.25	0.57	1.15	1.45	1.45	1.13	0.49	−0.46

7.2.2　临塑荷载与临界荷载

临塑荷载是指基础边缘土体刚要出现塑性变形时，基底单位面积上所承担的荷载。随着基础荷载的增大，基础两侧下方土体中的塑性区会对称性扩大，对应于某一荷载作用下，塑性区最大深度 $z_{\max}$ 可采用数学上求极值的方法得到，即对式（7-6）求极值

$$\frac{\mathrm{d}z}{\mathrm{d}\beta_0} = \frac{2(p-\gamma D)}{\pi\gamma}\left(\frac{\cos\beta_0}{\sin\varphi} - 1\right) = 0 \tag{7-7}$$

则有
$$\cos\beta_0 = \sin\varphi \ \text{或}\ \beta_0 = \frac{\pi}{2} - \varphi \tag{7-8}$$

将式（7-8）返回代入式（7-6），得到荷载 p 作用下的塑性区最大深度值

$$z_{\max} = \frac{p-\gamma D}{\pi\gamma}\left(\cot\varphi + \varphi - \frac{\pi}{2}\right) - \frac{c\cot\varphi}{\gamma} - D \tag{7-9}$$

由式（7-9）可得到基底均布荷载 p 的表达式

$$p = \frac{\pi}{\cot\varphi + \varphi - \frac{\pi}{2}}\gamma z_{\max} + \frac{\cot\varphi + \varphi + \frac{\pi}{2}}{\cot\varphi + \varphi - \frac{\pi}{2}}\gamma D + \frac{\pi\cot\varphi}{\cot\varphi + \varphi - \frac{\pi}{2}}c \tag{7-10}$$

当荷载从压缩阶段过渡到塑性阶段，刚好要出现塑性区时，$z_{\max} = 0$。则根据式（7-10）可推导出临塑荷载公式

$$p_{cr} = N_q\gamma D + N_c c \tag{7-11a}$$

$$N_q = \frac{\cot\varphi + \varphi + \frac{\pi}{2}}{\cot\varphi + \varphi - \frac{\pi}{2}}, \qquad N_c = \frac{\pi\cot\varphi}{\cot\varphi + \varphi - \frac{\pi}{2}} \tag{7-11b}$$

由式（7-11a）和式（7-11b）可知，临塑荷载由两部分组成。第一部分为基础两侧荷载作用，第二部分为地基土黏聚力影响。而这两个部分均受到内摩擦角的影响，且临塑荷载 p_{cr} 随 φ 和 c 的增大而增大。

临界荷载指允许地基产生一定范围塑性变形区所对应的荷载。如果工程设计中不允许地基产生塑性区，往往不能够充分发挥地基的承载能力，设计偏于保守，而地基若产生较大的塑性区则会失去稳定性。因此工程设计中既要有足够的安全度，又要考虑经济合理。根据工程实践经验，在中心荷载作用下，通常控制塑性区允许开展深度为基础宽度的 $1/4$，即 $z_{\max} = B/4$，代入式（7-10）可得

$$p_{\frac{1}{4}} = N_\gamma\gamma B + N_q\gamma D + N_c c \tag{7-12}$$

$$N_\gamma = \frac{\pi}{4\left(\cot\varphi + \varphi - \frac{\pi}{2}\right)}$$

式中　符号意义与式（7-11b）中相同。N_γ、N_q 和 N_c 统称为承载力系数，可由表 7-2 查得。

在式（7-11）和式（7-12）的应用中，应注意以下几点：

（1）公式是基于条形基础推导出来的，条形基础属于弹性力学平面应变问题，将这个解答用于矩形、方形、圆形基础时，结果显然偏于安全。

（2）公式是基于中心垂直荷载或均布荷载推导的，所以，如果实际工程中有明显的偏心或倾斜荷载，则上述公式不能应用，应进行修正或另推导公式。

表 7-2 　　　　　　　临塑荷载及临界荷载的承载力系数 N_γ、 N_q、 N_c 值

φ (°)	N_γ	N_q	N_c	φ (°)	N_γ	N_q	N_c
0	0.00	1.00	3.14	22	0.61	3.44	6.04
2	0.03	1.12	3.32	24	0.72	3.87	6.45
4	0.06	1.25	3.51	26	0.84	4.37	6.90
6	0.10	1.39	3.71	28	0.98	4.93	7.40
8	0.14	1.55	3.93	30	1.15	5.59	7.95
10	0.18	1.73	4.17	32	1.34	6.34	8.55
12	0.23	1.94	4.42	34	1.55	7.22	9.22
14	0.29	2.17	4.69	36	1.81	8.24	9.97
16	0.36	2.43	4.99	38	2.11	9.44	10.80
18	0.43	2.73	5.31	40	2.46	10.85	11.73
20	0.51	3.06	5.66	45	3.66	15.64	14.64

（3）公式的推导过程中，图 7-4 所示地基中任一点 M 处的附加应力 σ_1 及 σ_3 是一个特殊的方向，而自重应力场中 σ_1 和 σ_3 的方向分别是竖向和水平的。为了叠加方便，假定自重应力场均为静水应力场，即确定的深度处，任何方向上的应力都相等。显然，这种假定在饱和软黏土如淤泥中还算正确，误差不大，但对于大多数土都相差较大。对于这种情况，国内已有学者做了改进。在上述公式中，若土的内摩擦角 $\varphi = 0$ ，则出现 $\frac{\infty}{\infty}$ 或 $\frac{0}{0}$ 的形式，这时求解应先用数学上的洛必达法则进行处理后再求解，得到

$$p_{cr} = p_{\frac{1}{4}} = \pi c + \gamma D \tag{7-13}$$

这说明：土质越软，临塑荷载越小。地基中不允许出现塑性区，一旦出现了塑性区，就立即破坏。

7.3　地基极限承载力

地基极限承载力是指地基剪切破坏发展到即将失稳时的极限荷载，也称地基极限荷载。当前，地基极限承载力的理论，主要针对整体破坏模式进行推导，而对于局部剪切和冲切剪切破坏的情况，应根据经验进行相关修正。求解地基承载力的方法大致可以分为两类：一类是假定滑动面法。先假定在极限荷载作用时土中滑动面的形状，然后根据滑动土体的静力平衡条件求解。另一类是理论解。根据塑性平衡理论导出在已知边界条件下，滑动向的数学方程式来求解。

7.3.1　地基极限承载力理论

由于假定不同，计算极限荷载的公式的形式也各不相同。但不论哪种公式，都可写成如下基本形式

$$p_u = \frac{1}{2}\gamma b N_\gamma + N_q q + N_c c \tag{7-14}$$

下面介绍几种著名的极限荷载公式。

一、普朗德尔和赖斯纳极限承载力

1920 年，普朗德尔（Prandtl L.）根据塑性理论，研究了刚性物体压入均匀、各向同性、无质量的半无限刚塑性介质时，导出了介质达到破坏时的滑动面形状及相应的极限压应力公式。普朗德尔做如下假设：

（1）地基土是均匀、各向同性的无重量介质，即认为土的 $\gamma = 0$。

（2）基础底面光滑，即基础底面与土之间无摩擦力存在。因此水平面为大主应力面，竖直面为小主应力面。

（3）当地基处于极限（或塑性）平衡状态时，将出现连续的滑动面，其滑动区域将由朗肯主动区Ⅰ、径向剪切区（过渡区）Ⅱ及和朗肯被动区Ⅲ所组成，如图 7-6 所示。

根据弹塑性极限平衡理论及上述假定条件，得出极限承载力计算公式为

$$p_{\mathrm{u}} = cN_{\mathrm{c}} \tag{7-15a}$$

$$N_{\mathrm{c}} = \cot\varphi\left[\exp(\pi\tan\varphi)\tan^2\left(45° + \frac{\varphi}{2}\right) - 1\right] \tag{7-15b}$$

式中　　N_{c} ——承载力系数；

　　c、φ ——抗剪强度指标。

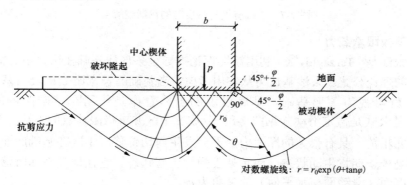

图 7-6　普朗德尔地基整体剪切破坏模式

赖斯纳（Reissner，1924 年）在普朗德尔解的基础上，考虑了基础埋深的影响，将基底以上的土视为作用在基底水平面上的柔性旁侧荷载，如图 7-7 所示。从而得到地基极限承载力公式为

$$p_{\mathrm{u}} = cN_{\mathrm{c}} + qN_{\mathrm{q}} \tag{7-16a}$$

$$N_{\mathrm{q}} = \exp(\pi\tan\varphi)\tan^2\left(45° + \frac{\varphi}{2}\right) \tag{7-16b}$$

$$q = \gamma_{\mathrm{m}}d$$

式中　　N_{c}，N_{q} ——承载力系数；

　　　q ——旁侧荷载；

　　　d ——基础埋深；

　　　γ_{m} ——埋深范围内土的平均重度。

值得注意的是，普朗德尔和赖斯纳极限承载力均假定土的重度 $\gamma = 0$。泰勒在 1948 年提出，在考虑土体重度时，其极限承载力公式应为

$$p_{\mathrm{u}} = \frac{1}{2}\gamma b N_{\gamma} + N_{\mathrm{q}}q + N_{\mathrm{c}}c \tag{7-17a}$$

$$N_{\gamma} = \tan\left(45^{\circ} + \frac{\varphi}{2}\right)\left[\exp(\pi\tan\varphi)\tan^{2}\left(45^{\circ} + \frac{\varphi}{2}\right) - 1\right] \tag{7-17b}$$

式中 N_{γ}，N_{c}，N_{q} ——承载力系数；

$\quad\quad\quad b$ ——基础宽度；

$\quad\quad\quad \gamma$ ——基底下土的重度。

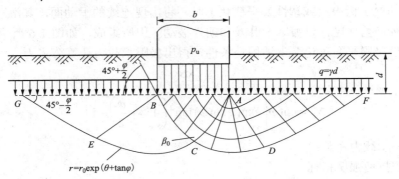

图 7-7　基础有埋置深度时的赖斯纳解

二、太沙基极限承载力

1943 年，太沙基（Terzaghi，K）利用塑性理论推导了条形浅基础在铅直中心荷载作用下，地基极限荷载的理论公式。太沙基认为从实用考虑，当基础的长宽比 $L/B \geqslant 5$，基础的埋置深度 $D \leqslant B$ 时，就可视为条形基础。基底以上的土体看作是作用在基础两侧的均布荷载 $q = \gamma D$。太沙基公式是假定滑动（见图 7-8）分成三个区并求极限荷载的方法。其假定为：

（1）基底面粗糙，具有很大的摩擦力，不会发生剪切位移。Ⅰ区在基础底面下的三角形弹性楔体，不是处于朗肯主动状态，而是处于弹性压密状态。它在地基破坏时随基础一同下沉。楔体与基底面（滑动面与水平面）的夹角为 φ。

（2）Ⅱ区（辐射受剪区）的下部近似为对数螺旋曲线。因为如果考虑土的重度，滑动面就不会是对数螺旋曲线，目前尚不能求得两组滑动面的解析解。太沙基忽略了土的重度对滑动面形状的影响，是一种近似解。Ⅲ区（朗肯被动状态区）下部为一斜直线，其与水平面夹角为 $\left(45^{\circ} - \frac{\varphi}{2}\right)$，塑性区（Ⅱ与Ⅲ）的地基，同时达到极限平衡。

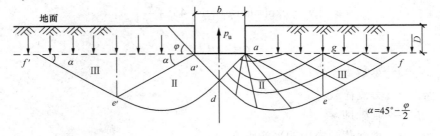

(a)

图 7-8　太沙基极限承载力解（一）

（a）完全粗糙基底

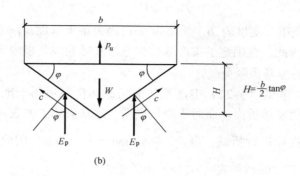

图 7-8　太沙基极限承载力解（二）

（b）弹性楔体受力分析

（3）基础两侧的土重量视为"边载荷" $q = \gamma D$，不考虑这部分土的抗剪强度。Ⅲ区的重量抵消了上举作用力，并通过Ⅱ、Ⅰ区阻止基础的下沉。

考虑单位长基础，根据对弹性楔体（基底下的三角形土楔体）的静力平衡条件，得出如下公式

$$p_u = c \tan \varphi + \frac{2 E_p}{B} - \frac{1}{4} \gamma b \tan \varphi \qquad (7\text{-}18)$$

太沙基认为从实际工程要求的精度，可用下述简化方法分别计算由三种因素引起的被动力的总和。

（1）土无质量，有黏聚力和内摩擦角，没有超载，即 $\gamma = 0$，$c \neq 0$，$\varphi \neq 0$，$q = 0$；

（2）土无质量，无黏聚力，有内摩擦角，有超载，即 $\gamma = 0$，$c = 0$，$\varphi \neq 0$，$q \neq 0$；

（3）土有质量，无黏聚力，有内摩擦角，没有超载，即 $\gamma \neq 0$，$c = 0$，$\varphi \neq 0$，$q = 0$。

最后代入式（7-15）可得太沙基的极限承载力公式

$$p_u = \frac{1}{2} \gamma b N_\gamma + N_q q + N_c c \qquad (7\text{-}19)$$

$$q = \gamma d$$

式中　　　　p_u ——地基极限承载力，kPa；

N_γ，N_c，N_q ——承载力系数（见图 7-9）；

　　　c，φ ——抗剪强度指标；

　　　　γ ——基底下土的重度。

值得注意的是，式（7-19）只适用于条形基础，对于圆形基础、方形基础或矩形基础，太沙基提出了半经验的极限荷载公式。

（1）圆形基础（半径为 R）：

整体剪切破坏　　　　　　$p_u = 0.6 \gamma R N_\gamma + N_q q + 1.2 N_c c \qquad (7\text{-}20a)$

局部剪切破坏　　　　　　$p_u = 0.6 \gamma R N_\gamma + N_q q + 0.8 N_c c \qquad (7\text{-}20b)$

（2）方形基础（边长为 b）：

整体剪切破坏　　　　　　$p_u = 0.4 \gamma b N_\gamma + N_q q + 1.2 N_c c \qquad (7\text{-}21a)$

局部剪切破坏 $$p_{\mathrm{u}} = 0.4\gamma bN_{\gamma} + N_{q}q + 0.8N_{c}c \qquad (7\text{-}21\mathrm{b})$$

（3）矩形基础（宽度为 b，长度为 l）：因为条形基础 $b/l \approx 0$，方形基础 $b/l = 1$，矩形基础 $0 < b/l < 1$。因此，在确定了条形基础和方形基础的地基极限承载力后，可通过内插的办法确定矩形基础的地基极限荷载。

式（7-20）和式（7-21）中，整体剪切破坏情况适用于地基土较为密实的情况下，其 $p\text{—}s$ 曲线具有明显转折点。而对于松软土质，地基破坏主要表现为局部剪切破坏，太沙基建议对抗剪强度指标进行折减，取 $c' = \dfrac{2}{3}c$，$\tan\varphi' = \dfrac{2}{3}\tan\varphi$。因此，式（7-20b）和式（7-21b）中的系数为式（7-20a）和式（7-21a）中的 2/3。

根据太沙基理论求得的是地基极限承载力，为了保证建筑物的安全，地基承载力的设计值应将地基极限承载力除以一个安全系数（见图 7-9）。用太沙基极限荷载公式计算地基承载力时，其安全系数一般可取 2~3。

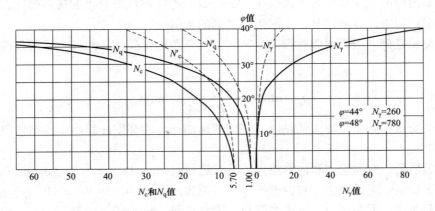

图 7-9　太沙基公式承载力系数

三、汉森极限承载力

太沙基极限荷载公式只适用于中心竖向荷载作用时的条形基础，同时不考虑基底以上土的抗剪强度作用。若基础上作用的荷载是倾斜的或有偏心，基底的形状是矩形或圆形，基础的埋置深度较深，计算时就需要考虑基底以上土的抗剪强度影响。汉森（Hanson，1970 年）提出的汉森公式是个半经验公式，它适用于倾斜荷载作用下，不同基础形状和埋置深度的极限荷载的计算。由于适用范围较广，对水利工程有实用意义，已被我国港口工程技术规范所采用。

汉森公式的普通形式（未列入地表面倾斜系数）为

$$p_{\mathrm{u}} = \frac{1}{2}\gamma bN_{\gamma}s_{\gamma}i_{\gamma} + qN_{q}s_{q}d_{q}i_{q} + cN_{c}s_{c}d_{c}i_{c}, \ b' = b - 2e_{b} \qquad (7\text{-}22)$$

式中　　　γ ——基础底下土重度；

　　　　　b' ——有效基础宽度；

　　　　　b ——基础宽度；

　　　　　e_{b} ——合力作用点的偏心距；

　　　　　q ——基础底面处的边荷载（$q = \gamma d$，d 为基础埋深，γ 为 d 深度内土的重度）；

c ——地基土的黏聚力；

N_γ，N_c，N_q ——承载力系数；

s_γ，s_c，s_q ——与基础形状有关的形状系数；

i_γ，i_c，i_q ——与作用荷载倾斜角有关的倾斜系数；

d_q，d_c ——与基础埋深有关的深度系数。

四、魏锡克极限承载力

魏锡克（Vesic，A.S.）于 20 世纪 70 年代在普朗德尔理论的基础上，考虑了土的自重和埋深，得到条形基础在中心荷载作用下的极限承载力公式

$$p_u = \frac{1}{2}\gamma b N_\gamma + N_q q + N_c c \qquad (7\text{-}23a)$$

$$N_q = \exp(\pi\tan\varphi)\tan^2\left(45° + \frac{\varphi}{2}\right) \qquad (7\text{-}23b)$$

$$N_c = (N_q - 1)\cot\varphi \qquad (7\text{-}23c)$$

$$N_\gamma = 2(N_q + 1)\tan\varphi \qquad (7\text{-}23d)$$

魏锡克根据影响承载力的各种因素，对式（7-23）进行了修正，提出了许多修正公式。

1. 基础形状的影响

式（7-23）适合于条形基础。对于方形和圆形基础，可采用以下经验公式：

$$p_u = \frac{1}{2}\gamma b N_\gamma s_\gamma + N_q q s_q + N_c c s_c \qquad (7\text{-}24)$$

式中　s_γ，s_c，s_q ——与基础形状有关的形状系数。

矩形基础（宽为 b，长为 l）：
$$\begin{cases} s_c = 1 + \dfrac{b}{l}\dfrac{N_q}{N_c} \\[2mm] s_q = 1 + \dfrac{b}{l}\tan\varphi \\[2mm] s_\gamma = 1 - 0.4\dfrac{b}{l} \end{cases} \qquad (7\text{-}25)$$

圆形和方形基础：
$$\begin{cases} s_c = 1 + \dfrac{N_q}{N_c} \\[2mm] s_q = 1 + \tan\varphi \\[2mm] s_\gamma = 0.6 \end{cases} \qquad (7\text{-}26)$$

2. 偏心和倾斜荷载的影响

偏心和倾斜荷载作用下，极限承载力将有所降低。对于偏心荷载，如为条形基础，用有效宽度 $b' = b - 2e$（e 为偏心距）来代替原来的宽度 b；如为矩形基础，则用有效面积 $A' = b'l'$ 代替原来面积 A。其中，$b' = b - 2e_b$，$l' = l - 2e_l$，e_b 和 e_l 分别为荷载在短边和长边方向的偏心距。

当偏心和倾斜荷载同时存在时，极限承载力按下式确定

$$p_u = \frac{1}{2}\gamma b N_\gamma s_\gamma i_\gamma + q N_q s_q i_q + c N_c s_c i_c \tag{7-25a}$$

$$i_c = \begin{cases} 1 - \dfrac{mH}{b'l'cN_c} & (\varphi = 0) \\[3mm] i_q - \dfrac{1-i_q}{N_c \tan\varphi} & (\varphi > 0) \end{cases} \tag{7-25b}$$

$$i_q = \left(1 - \frac{H}{Q + b'l'c \cot\varphi}\right)^m \tag{7-25c}$$

$$i_\gamma = \left(1 - \frac{H}{Q + b'l'c \cot\varphi}\right)^{m+1} \tag{7-25d}$$

式中　i_γ，i_c，i_q——与作用荷载倾斜角有关的倾斜系数；

$\quad\quad Q$，H——倾斜荷载在基底上的垂直分力和水平分力；

$\quad\quad l'$，b'——基础的有效长度和宽度；

$\quad\quad m$——系数。

对于条形基础，$m = 2$；当荷载在短边方向倾斜时，$m_b = \dfrac{2+(b/l)}{1+(b/l)}$；当荷载在长边方向倾斜时，$m_l = \dfrac{2+(b/l)}{1+(b/l)}$；如果荷载在任意方向（倾角为 θ_n）倾斜，$m_n = m_l \cos^2\theta_n + m_b \sin^2\theta_n$。

3. 基础两侧覆盖层抗剪强度的影响

式（7-25）忽略了基础底面以上两侧覆盖层土的抗剪强度，考虑这个影响，承载力应该有所提高，极限承载力的表达式为

$$p_u = \frac{1}{2}\gamma b N_\gamma s_\gamma i_\gamma d_\gamma + q N_q s_q i_q d_q + c N_c s_c i_c d_c \tag{7-26a}$$

$$d_q = \begin{cases} 1 + 2\left(\dfrac{d}{b}\right)\tan\varphi(1-\sin\varphi)^2 & (d \leqslant b) \\[3mm] 1 + 2\tan\varphi(1-\sin\varphi)^2 \arctan\left(\dfrac{d}{b}\right) & (d > b) \end{cases} \tag{7-26b}$$

$$d_c = \begin{cases} 1 + \dfrac{0.4d}{b} & (\varphi = 0, \ d \leqslant b) \\[3mm] 1 + 0.4\arctan^{-1}(d/b) & (\varphi = 0, \ d > b) \end{cases} \tag{7-26c}$$

$$d_\gamma = 1 \tag{7-26d}$$

式中　d_γ，d_q，d_c——与基础埋深有关的深度系数。

7.3.2　影响极限承载力的因素

影响极限承载力的因素主要有：土的重度 γ，土的抗剪强度指标 φ 和 c，基础埋深 d，基础宽度 b。并且由太沙基公式和汉森公式可以得出如下结论：

（1）土的内摩擦角 φ、黏聚力 c 和重度 γ 越大，极限承载力 p_u 也越大；

（2）基础底面宽度 b 增加，长期承载力将增大，特别是当土的 φ 值较大时影响会较显著，但短期承载力与 b 无关；

（3）基础埋深 d 增加，p_u 值也随之提高。

一般来说，γ、φ、c、d、b 越大，土的极限承载力也越大；但对于饱和软土，$\varphi = 0$，增大基础宽度 b 对 p_u 几乎没有影响。在这五个影响因素中，对极限承载力影响较大的是 φ 和 c，正确采用 φ 和 c 值是合理确定极限承载力的关键。

7.4　地基承载力特征值

在保证地基强度和稳定的条件下，使建筑物的沉降量和沉降差不超过允许值的地基承载力称为地基承载力特征值，以 f_a 表示。

由其定义可知，f_a 的确定取决于两个条件：一是要有一定的强度储备；二是地基变形不应大于相应的允许值。

确定地基承载力特征值的方法可以由现场载荷试验得到的 p–s 曲线确定，或按动力、静力触探等方法确定，或通过理论公式计算，或参照邻近建筑物的工程经验确定等。在具体工程中，应根据地基岩土条件并结合当地工程经验，选择确定地基承载力的适当方法，必要时可以按多种方法综合确定。下面介绍根据规范确定承载力特征值的方法，其他方法在下一小节中介绍。

一、根据《建筑地基基础设计规范》推荐的理论公式确定承载力特征值

当荷载偏心距 $e \leqslant 0.033b$（b 为偏心方向基础边长）时，可以采用《建筑地基基础设计规范》（GB 50007—2011）推荐的、以浅基础地基的临界荷载为基础的理论公式，计算地基承载力特征值，其计算公式为

$$f_a = M_b \gamma b + M_d \gamma_m d + M_c c_k \tag{7-27}$$

式中　M_b，M_d，M_c ——承载力系数，可通过《建筑地基基础设计规范》（GB 50007—2011）查表得到（见表 7-3）。

　　　　b ——基础底面宽度；大于 6m 时按 6m 取值，对于砂土，小于 3m 时按 3m 取值。

　　　　γ ——基底以下土的重度，地下水位以下取浮重度。

　　　　γ_m ——基底以上土的加权平均重度，地下水位以下取浮重度。

　　　　d ——基础埋深。

　　　　c_k ——土的黏聚力标准值。

表 7-3　　　　　　　　　　　　　承载力系数 M_b、M_d、M_c

土的内摩擦角标准值 φ_k（°）	M_b	M_d	M_c
0	0	1.00	3.14
2	0.03	1.12	3.32
4	0.06	1.25	3.51
6	0.10	1.39	3.71

土的内摩擦角标准值 φ_k （°）	M_b	M_d	M_c
8	0.14	1.55	3.93
10	0.18	1.73	4.17
12	0.23	1.94	4.42
14	0.29	2.17	4.69
16	0.36	2.43	5.00
18	0.43	2.72	5.31
20	0.51	3.06	5.66
22	0.61	3.44	6.04
24	0.80	3.87	6.45
26	1.10	4.37	6.90
28	1.40	4.93	7.40
30	1.90	5.59	7.95
32	2.60	6.35	8.55
34	3.40	7.21	9.22
36	4.20	8.25	9.97
38	5.00	9.44	10.80
40	5.80	10.84	11.73

二、由载荷试验或其他原位测试，并结合工程实践经验方法综合确定地基承载力特征值

1. 由平板载荷试验确定地基承载力特征值

平板载荷试验分浅层平板载荷试验及深层平板载荷试验。浅层平板载荷试验适用于确定浅部地基土层的承压板下应力主要影响范围内的承载力和变形参数。深层平板载荷试验适用于确定深部地基土层及大直径桩端土层在承压板下应力主要影响范围内的承载力和变形参数。

2. 按动力、静力触探等方法确定地基承载力特征值

原位测试方法除载荷试验外，还有动力触探、静力触探、十字板剪切试验和旁压试验等方法。各地应以载荷试验数据为基础，积累和建立相应的测试数据与地基承载力的相关关系，这种相关关系具有地区性、经验性，对于大量建设的丙级地基基础是非常适用的。

3. 依据工程实践经验确定

在拟建建筑物的邻近地区，常常有着各种各样不同时期内建造的建筑物，调查这些已有建筑物的形式、构造特点、基底压力大小，地基土层情况以及这些建筑物是否有裂缝、倾斜和其他损坏现象。再根据这些进行详细的分析和研究，对于新建建筑物地基土的承载力的确定具有一定的参考价值。这种方法一般适用于荷载不大的中小型工程。

三、修正后的地基承载力特征值

当基础宽度大于 3m 或埋置深度大于 0.5m 时，从载荷试验或其他原位测试、经验值等方法确定的地基承载力特征值，还应按下式修正。

$$f_a = f_{ak} + \eta_b \gamma (b - 3) + \eta_d \gamma_m (d - 0.5) \qquad (7\text{-}28)$$

式中　　f_a——修正后的地基承载力特征值，kPa。

　　　　f_{ak}——地基承载力特征值，kPa；按《建筑地基基础设计规范》（GB 50007—2011）第 5.2.3 条的原则确定。

　　η_b、η_d——基础宽度和埋置深度的地基承载力修正系数，按地基土的类别查表得到，见表 7-4 取值。

　　　　γ——基础底面以下土的重度，kN/m^3；地下水位以下取浮重度。

　　　　b——基础底面宽度，m；当基础底面宽度小于 3m 时按 3m 取值，大于 6m 时按 6m 取值。

　　　　γ_m——基础底面以上土的加权平均重度。

　　　　d——基础埋置深度，m；自室外地面标高算起。

表 7-4　　　　　　　　　　　　　　承 载 力 修 正 系 数

土 的 类 别		η_b	η_d
淤泥和淤泥质土		0	1.0
人工填土；e 或 I_L 大于等于 0.85 的黏性土		0	1.0
红黏土	含水比 $\alpha_w > 0.8$	0	1.2
	含水比 $\alpha_w \leqslant 0.8$	0.15	1.4
大面积压实填土	压实系数大于 0.95、黏粒含量 $\rho_c \geqslant 10\%$ 粉土	0	1.5
	最大干密度大于 2100kg/m³ 的级配砂石	0	2.0
粉土	黏粒含量 $\rho_c \geqslant 10\%$ 的粉土	0.3	1.5
	黏粒含量 $\rho_c < 10\%$ 的粉土	0.5	2.0
e 及 I_L 均小于 0.85 的黏性土		0.3	1.6
粉砂、细砂（不包括很湿与饱和时的稍密状态）		2.0	3.0
中砂、粗砂、砾砂和碎石土		3.0	4.4

【**例 7-2**】　用《建筑地基基础设计规范》（GB 50007—2011）推荐的理论公式确定如图 7-10 所示方形独立基础下的地基承载力特征值 f_a。

解　计算承载力系数 M_b 和 M_d

$$M_b = \dfrac{\pi}{4\left(\cot\varphi + \varphi - \dfrac{\pi}{2}\right)}$$

$$= \dfrac{\pi}{4\left(\cot 32° + 32\pi/180 - \dfrac{\pi}{2}\right)}$$

$$= 1.33$$

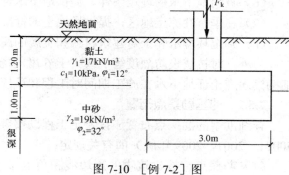

图 7-10　［例 7-2］图

$$M_{\mathrm{d}} = 1 + \frac{\pi}{\cot\varphi + \varphi - \dfrac{\pi}{2}} = 1 + \frac{\pi}{0.589} = 6.33$$

根据已知条件，代入式（7-27）可得

$$
\begin{aligned}
f_{\mathrm{a}} &= M_{\mathrm{b}}\gamma b + M_{\mathrm{d}}\gamma_{\mathrm{m}} d + M_{\mathrm{c}} c_{\mathrm{k}} \\
&= 1.33 \times 19 \times 3 + 6.33 \times (17 \times 1.2 + 19 \times 1) + 0 = 325.21 (\mathrm{kPa})
\end{aligned}
$$

7.5　地基场地的工程勘察

如前所述，地基承载力与地基土体的性能密切相关。在实际工程中，必须通过对地基场地进行工程勘察，根据建设工程的要求，查明、分析并评价场地的地质、环境特征和岩土工程条件，从而为确定场地地基承载力提供依据。本节简要介绍地基勘察中的主要内容。

7.5.1　地基勘察任务

地基勘察任务是对建筑物所在场地地基土层作出岩土工程评价，为地基基础设计提供岩土参数，并对地基基础设计和施工地基加固和不良地质现象的防治工程提出具体的方案和建议。通常，地基勘察的内容、方法和工程量取决于工程技术要求、规模、场地条件和岩土性质等。针对工业与民用建工程设计的场址选择、初步设计和施工图设计三个阶段，场地工程勘察一般也分为可行性研究勘察、初步勘察及详细勘察三个阶段。各阶段勘察的目的不同，具体内容和基本要求也有所差别。整个地基勘察阶段主要需要完成以下工作。

（1）了解拟建工程概况，包括取得附有坐标及地形的拟建建筑物总平面位置图，各建筑物的地面整平标高，建筑物的性质、规模、结构特点，可能采用的基础形式，对地基基础设计、施工的特殊要求等。

（2）查明场地及地基的稳定性、地层结构、持力层和下卧层的工程特性、土的应力历史和地下水条件及不良地质作用等。

（3）查明建筑物范围各层岩土的类别、结构、厚度、坡度、工程特性，计算和评价地基的稳定性和承载力。

（4）对需要进行沉降计算的建筑物，提供地基变形计算参数。

（5）查明埋藏的河道、沟滨、墓穴、防空洞、孤石等对工程不利的埋藏物。

（6）查明地下水的埋藏条件。提供地下水位及其变化幅度。

（7）在季节性冻土地区，提供场地土的标准冻结深度。

（8）判定环境水和土对建筑材料和金属的腐蚀性。

另外，对抗震设防烈度等于或大于 6 度的场地，勘察工作应包含相关规范要求内容。详细勘察还应论证地下水在施工期间对工程和环境的影响。

7.5.2　地基勘察点布置

详细勘察的勘探点布置应按岩土工程勘察等级确定，并应符合《岩土工程勘察规范》（GB 50021—2001，2009 年版）的有关规定：

（1）勘探点宜按建筑物的周边线和角点布置，对无特殊要求的其他建筑物可按建筑物或建筑群的范围布置。

（2）同一建筑范围内的主要受力层或有影响的下卧层起伏较大时，应加密勘探点，查明其变化。

（3）对重大设备基础应单独布置勘探点；对重大的动力机械基础和高耸构筑物，勘探点不宜少于 3 个。

（4）勘探手段应采用钻探与触探相配合，在复杂地质条件或特殊岩土地区宜布置适量的探井。

详细勘察的勘探点间距按地基复杂程度等级确定：一级（复杂）情况下间距 10～15m，二级（中等）情况下间距 15～30m，三级（简单）情况下间距 30～50m。此外，单栋高层建筑勘探点的平面分布还应满足对地基均匀性评价的要求，且不少于 4 个；密集高层建筑群的勘探点可适量减少，保证每栋建筑物至少 1 个控制性勘探点。

详细勘察的勘探深度自基础底面算起，应能控制地基主要受力层。对于需要计算沉降变形的建筑物地基，控制性勘探孔的深度应超过地基变形计算深度。

7.5.3　地基的现场原位勘察方法

常用的地基勘察方法主要有地球物理勘探、坑（槽）探、钻探和触探等。

（1）地球物理勘探（简称物探）是一种兼有勘探和测试双重功能的技术。物探是利用不同的土层和地质构造往往具有不同的物理性质，利用其诸如导电性、磁性、弹性、湿度、密度、天然放射性等的差异，通过专门的物探仪器的量测，就可以区别和推断有关地质问题。

（2）坑（槽）探是指在建筑场地开挖探坑、探井或探槽直接观察地基岩土层情况，并从坑槽取出高质量原状土进行室内试验分析。该方法用于浅层地基且地下水位较低的情况。

（3）钻探就是用钻机向地下钻孔以进行地质勘察，是目前应用最广的勘察方法，通过取土（岩）芯观察地基土层情况或试验分析，能了解地下水位较深且埋藏较深的土层情况。

（4）触探既是一种勘探方法，也是一种现场测试方法。触探是通过探杆用静力或动力将金属探头贯入土层，并量测能表征土对触探头贯入的阻抗能力的指标，从而间接地判断土层及其性质的一类勘探方法和原位测试技术。触探作为勘探手段，可用于划分土层，了解地层的均匀性；作为测试技术，则可估计地基承载力和土的变形指标等。

另外，为了更精准地获得土的力学特性，其他原位测试方法，包括荷载试验、旁压试验以及十字板剪切试验，也会在现场进行。

7.5.4　室内土工试验

室内土工试验是地基勘察的重要组成部分，指对从现场取回的土样进行物理力学测试，目的是取得地基土的物理性质、力学性质（强度与变形）、化学性质以及动力特性（如需要），作为地基计算和地基处理的依据。

地基勘察中必须进行的室内试验项目依地基计算的要求而定，可参考表 7-5。

室内试验通常要求从同一土层的不同部位取样，并开展多个组的试验，并对结果进行统计分析。一般情况下，同一项试验的个数不少于 6 个或 6 组。对 n 组试验的数据可计算参数平均值、标准差和变异系数，最后确定参数的标准值。

表 7-5   基础工程常用室内试验项目

目 的	应 用 指 标	试 验 项 目
定名和状态	1. 土的分类 黏性土和粉土：I_p（塑性指数） 粉土、砂土和碎石土：I_p，粒径 2. 土的状态 黏性土：e（孔隙比），I_L（液性指数） 粉土：e（孔隙比），w（含水率） 砂土：e（孔隙比），D_r（相对密度）	液限试验，塑限试验，颗粒分析试验，比重试验，含水量试验，密度试验
地基变形量和沉降关系计算	a（压缩系数），E_a（回弹压缩模量），p_c（预固结压力），c_v（固结系数）等	侧限压缩试验（固结试验）
地基承载力、边坡稳定和土压力计算	c（黏聚力），φ（内摩擦角）	三轴剪切试验或直剪试验
降水或排水	k（渗透系数）	渗透试验
填土质量控制	w_{op}（最优含水率），ρ_m（最大干密度）	击实试验

以土的强度指标为例。根据土的 n 组强度试验结果，可计算内摩擦角 φ、黏聚力 c 的平均值 μ_m，标准差 σ 和变异系数 δ。然后按照统计理论计算它们修正系数 ϕ_φ 和 ϕ_c，最后得到标准值 φ_k 和 c_k。

$$\mu_m = \frac{\sum_{i=1}^{n} \mu_i}{n} \tag{7-29a}$$

$$\sigma = \sqrt{\frac{\sum_{i=1}^{n} \mu_i^2 - n\mu_m^2}{n-1}} \tag{7-29b}$$

$$\delta = \frac{\sigma}{\mu_m} \tag{7-29c}$$

式中 μ_m——φ 或 c 的试验平均值，可记为 φ_m 和 c_m；

        σ ——φ 或 c 的标准差，σ_φ 和 σ_c；

        δ ——φ 或 c 的变异系数，δ_φ 和 δ_c。

按下列公式计算统计修正系数 ϕ_φ 和 ϕ_c：

$$\phi_\varphi = 1 - \left(\frac{1.704}{\sqrt{n}} + \frac{4.678}{n^2} \right) \delta_\varphi \tag{7-30a}$$

$$\phi_c = 1 - \left(\frac{1.704}{\sqrt{n}} + \frac{4.678}{n^2} \right) \delta_c \tag{7-30b}$$

最后根据试验平均值 μ_m 和修正系数，计算得到标准值

$$\varphi_k = \varphi_m \phi_\varphi, \quad c_k = c_m \phi_c \tag{7-31}$$

7.5.5 地基勘探报告

勘察报告书的编制必须配合相应的勘察阶段，针对场地的地质条件和建筑物的性质、规模以及设计和施工的要求，提出选择地基基础方案的依据和设计计算数据，指出存在的问题

以及解决问题的途径和办法。一个单项工程的勘察报告书一般包括下列内容：

文字部分：①拟建工程概述；②勘察目的、任务和要求及勘察工作概况；③勘察方法和勘察工作布置；④场地位置、地形、地貌、地层、地质构造、岩土性质、不良地质现象的描述与评价以及地震设计烈度；⑤场地的地层分布、岩石和土的均匀性、物理力学性质、地基承载力和其他设计计算指标；⑥地下水的埋藏条件和腐蚀性以及土层的冻结深度；⑦对建筑场地及地基进行综合的工程地质评价，对场地的稳定性和适宜性做出结论；⑧工程施工和使用期间可能发生的岩土工程问题的预测及监控、预防措施的建议。

图件部分：勘探点平面布置图；工程地质剖面图；地质柱状图或综合地质柱状图；其他必要的专门图件。

表格部分：土工试验成果图表；原位测试成果图表（如现场载荷试验、标准贯入试验、静力触探试验、旁压试验等）；地层岩性及土的物理力学性质综合统计表；其他必要的计算分析图表。

7.5.6　验槽

当基坑（槽）挖至设计标高后，应组织勘察、设计、监理、施工方和业主代表共同检查坑底土层是否与勘察、设计资料相符，是否存在填井、填塘、暗沟、墓穴等不良情况，这称为验槽。

1. 验槽的主要内容

（1）查验基槽平面位置、尺寸和深度是否符合设计要求；

（2）观察土质及地下水情况是否和勘察报告相符；

（3）检查是否有旧建筑物基础、洞穴及人防工程等；

（4）检查基坑开挖对附近建筑物稳定是否有影响；

（5）检查核实分析钎探资料，对存在异常的点位应进行复查。

2. 验槽的方法

验槽的方法以观察为主，辅以夯、拍或轻便勘探。

（1）观察：检查基坑（槽）的位置、断面尺寸、标高和边坡等是否符合设计要求；检查槽底是否已挖至老土层（地基持力层）上，是否继续下挖或进行处理；对整个槽底土进行全面观察：土的颜色是否均匀一致；土的坚硬程度是否均匀一致，有无局部过软或过硬；土的含水量情况，有无过干过湿；在槽底行走或夯拍，有无振颤现象或空穴声音等。

观察验槽应重点注意柱基、墙角、承重墙下受力较大的部位。仔细观察基底土的结构、孔隙、湿度、含有物等，并与设计勘察资料相比较，确定是否已挖到设计的土层。对于可疑之处应局部下挖检查。

（2）夯、拍验槽：夯、拍验槽是用木夯、蛙式打夯机或其他施工工具对干燥的基坑进行夯、拍（对潮湿和软土地基不宜夯、拍，以免破坏基底土层），从夯、拍声音判断土中是否存在土洞或墓穴。对可疑迹象，应用轻便勘探仪进一步调查。

（3）轻便勘探验槽：轻便勘探验槽是用钎探、轻便动力触探、手摇小螺纹钻、洛阳铲等对地基主要受力层范围的土层进行勘探，或对上述观察、夯或拍发现的异常情况进行探查。

思 考 题

7-1　地基的破坏形式有哪几种？影响地基破坏的因素有哪些？

7-2　影响地基承载力的因素有哪些？

7-3　何谓临塑荷载、临界荷载和极限荷载？

7-4　确定地基承载力的方法有哪些？

习　题

7-1　某条形基础，基底宽度 b=5m，埋深 d=1.2m，建于均质黏性地基土上，黏土的重度、黏聚力、内摩擦角分别为 γ=18kN/m³，φ=22°，c=15kPa。试求临塑荷载 p_{cr} 和 $p_{1/4}$。

7-2　某条形基础，基底宽度 b=1.5m，埋深 d=1.4m，地下水位埋深 7.8m，粉土的天然重度、黏聚力、内摩擦角分别为 γ=18kN/m³，φ=30°，c=10kPa。试按太沙基公式计算地基极限荷载 p_u。如果安全系数 K=3，则地基承载力设计值是多少？

（参考答案：7-1：164.8kPa，219.7kPa；7-2：1233.3kPa，411.1kPa）

*注册岩土工程师考试题选

7-1　在相同的砂土地基上，甲、乙两基础的底面均为正方形，且埋深相同。基础甲的面积为基础乙的 2 倍。根据荷载试验测到的承载力进行深度和宽度修正后，有：（　　　）

A．基础甲的承载力大于基础乙

B．基础乙的承载力大于基础甲

C．两个基础的承载力相等

D．根据基础宽度不同，基础甲的承载力可能大于或等于基础乙的承载力，但不会小于基础乙的承载力

7-2　深度相同时，随着离基础中心点距离的增大，地基中竖向附加应力将如何变化？（　　　）。

A．斜线增大　　　　　B．斜线减小　　　　　C．曲线增大　　　　　D．曲线减小

7-3　土中附加应力起算点位置为（　　　）。

A．天然地面　　　　　B．基础地面　　　　　C．室外设计地面　　　　　D．室内设计地面

7-4　一般而言，软弱黏性土地基发生的破坏形式为（　　　）。

A．整体剪切破坏　　　B．刺入式破坏　　　C．局部剪切破坏　　　D．连续式破坏

7-5　地基承载力特征值不需要进行宽度、深度修正的条件是（　　　）。

A．$b\leqslant$3m，$d\leqslant$0.5m　　　　　　　　B．$b>$3m，$d\leqslant$0.5m

C．b$\leqslant$3m，$d>$0.5m　　　　　　　　D．$b>$3m，$d>$0.5m

7-6　所谓临塑荷载，是指（　　　）。

A．地基土将出现塑性区时的荷载

B．地基土中出现连续滑动面时的荷载

C．地基土中出现某一允许大小塑性区时的荷载

D．地基土中即将发生整体剪切破坏时的荷载

（参考答案：7-1：D；7-2：D；7-3：B；7-4：B；7-5：A；7-6：A）

本章知识点思维导图

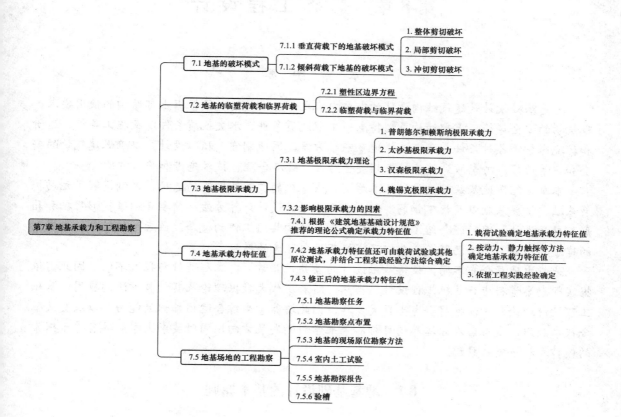

第8章 基础工程设计

本 章 提 要

地基基础设计是建筑结构设计的重要内容之一。设计时必须根据上部结构的使用要求、建筑物的安全等级、上部结构类型特点、工程地质条件、水文地质条件以及施工条件、造价和环境保护等各种条件，合理选择地基基础方案，因地制宜，精心设计，以确保建筑物的安全和正常使用。力求做到使基础工程安全可靠、经济合理、技术先进和施工方便。

本章介绍了地基基础设计的基本原则、浅基础的类型及埋深的选择，详细讲解了无筋扩展基础、扩展基础以及柱下钢筋混凝土条形基础的设计计算方法。简要介绍了筏形基础和箱形基础的设计，同时还介绍了地基基础与上部结构共同工作的概念。最后，针对工程中遇到的建筑物不均匀沉降问题，又介绍了减轻不均匀沉降的措施。

地基中地层分布不同，使得基础设计的差异性非常大，工程造价与投入不同，因此需依据实际勘察资料进行基础工程设计。当然，随着现代大数据理论及其计算方法的应用，基础工程设计理论、方法也将会发生巨大变革，因此培养学生综合运用知识的能力，以及交叉融合技术应用，是当前人才培养的目标和未来学科的发展方向，同时要求大学生具有勇于探索的精神和科技创新意识。

8.1 地基基础设计的基本原则

8.1.1 概述

进行地基基础设计时，必须根据建筑物的用途和设计等级、建筑布置和上部结构类型，充分考虑建筑场地和地基岩土条件，结合施工条件以及工期、造价等各方面的要求，合理选择地基基础方案。常见的地基基础方案有：天然地基或人工地基上的浅基础、深基础、深浅结合的基础（如桩—筏、桩—箱基础等）。上述每种方案中各有多种基础类型和做法，可以根据实际情况加以选择。一般而言，天然地基上的浅基础便于施工、工期短、造价低，如能满足地基的强度和变形要求，宜优先选用。

天然地基上浅基础设计的内容和一般步骤是：

（1）充分掌握拟建场地的工程地质条件和地质勘察资料。例如：不良地质现象和地震断层的存在及其危害性，地基土层分布的均匀性和软弱下卧层的位置和厚度，各层土的类别及其工程特性指标。

（2）在研究地基勘察资料的基础上，结合上部结构的类型，荷载的性质、大小和分布，建筑布置和使用要求以及拟建基础对原有建筑设施或环境的影响，并充分了解当地建筑经验、施工条件、材料供应、先进技术的推广应用等其他有关情况，综合考虑选择基础类型和平面布置方案。

（3）选择地基持力层和基础埋置深度。

（4）确定地基承载力。

（5）按地基承载力确定基础底面尺寸。

（6）进行必要的地基稳定性和变形验算，使地基的稳定性得到充分保证，并使地基的沉降不致引起结构损坏、建筑物倾斜与开裂，或影响其正常使用和外观。

（7）进行基础的结构设计，对基础进行内力分析、截面计算并满足构造要求，保证基础具有足够的强度、刚度和耐久性。

（8）绘制基础施工图，并提出必要的技术说明。

8.1.2　地基基础设计原则

地基基础设计应根据地基复杂程度、建筑物规模和功能特征以及由于地基问题可能造成建筑物破坏或影响正常使用的程度分为甲、乙、丙三级，设计时应根据具体情况，按表 8-1 选用。

表 8-1　　　　　　　　　　　　　地 基 基 础 设 计 等 级

设计等级	建 筑 和 地 基 类 型
甲级	• 重要的工业与民用建筑物； • 30 层以上的高层建筑； • 体型复杂，层数相差超过 10 层的高低层连成一体的建筑物； • 大面积的多层地下建筑物（如地下车库、商场、运动场等）； • 对地基变形有特殊要求的建筑物； • 复杂地质条件下的坡上建筑物（包括高边坡）； • 对原有工程影响较大的新建建筑物； • 场地和地质条件复杂的一般建筑物； • 位于复杂地基条件及软土地区的二层及二层以上地下室的基坑工程； • 开挖深度大于 15m 的基坑工程； • 周边环境条件复杂、环境保护要求高的基坑工程
乙级	除甲级、丙级以外的工业与民用建筑物
丙级	• 场地和地基条件简单、荷载分布均匀的七层及七层以下民用建筑及一般工业建筑物； • 次要的轻型建筑物

为了保证建筑物的安全与正常使用，根据建筑物地基基础设计等级及长期荷载作用下地基变形对上部结构的影响程度，地基基础设计应符合下列规定：

（1）所有建筑物的地基计算均应满足承载力计算的有关规定。

（2）设计等级为甲级、乙级的建筑物，均应按地基变形设计。

（3）设计等级为丙级的建筑物有下列情况之一时应做变形验算：①地基承载力特征值小于 130kPa，且体型复杂的建筑；②在基础上及其附近有地面堆载或相邻基础荷载差异较大，可能引起地基产生过大的不均匀沉降时；③软弱地基上的建筑物存在偏心荷载时；④相邻建筑距离近，可能发生倾斜时；⑤地基内有厚度较大或厚薄不均的填土，其自重固结未完成时。

（4）对经常受水平荷载作用的高层建筑、高耸结构和挡土墙等，以及建造在斜坡上或边坡附近的建筑物和构筑物，尚应验算其稳定性。

（5）基坑工程应进行稳定性验算。

（6）建筑地下室或地下构筑物存在上浮问题时，尚应进行抗浮验算。

表 8-2 所列范围内设计等级为丙级的建筑物可不做变形验算。

表 8-2　　　　　　　　　　　可不做地基变形验算的设计等级为丙级的建筑物范围

地基主要受力层情况	地基承载力特征值 f_{ak}（kPa）		$80 \leqslant f_{ak}$ <100	$100 \leqslant f_{ak}$ <130	$130 \leqslant f_{ak}$ <160	$160 \leqslant f_{ak}$ <200	$200 \leqslant f_{ak}$ <300
	各土层坡度（%）		≤5	≤10	≤10	≤10	≤10
建筑类型	砌体承重结构、框架结构（层数）		≤5	≤5	≤6	≤6	≤7
	单层排架结构（6m柱距）	单跨 吊车额定起重量(t)	10～15	15～20	20～30	30～50	50～100
		单跨 厂房跨度（m）	≤18	≤24	≤30	≤30	≤30
		多跨 吊车额定起重量(t)	5～10	10～15	15～20	20～30	30～75
		多跨 厂房跨度（m）	≤18	≤24	≤30	≤30	≤30
	烟囱	高度（m）	≤40	≤50	≤75	≤100	
	水塔	高度（m）	≤20	≤30	≤30	≤30	
		容积（m³）	50～100	100～200	200～300	300～500	500～1000

注　1. 地基主要受力层是指条形基础底面下深度为 3b（b 为基础底面宽度），独立基础下为 1.5b，且厚度均不小于 5m 的范围（二层以下一般的民用建筑除外）；

　　2. 地基主要受力层中如有承载力特征值小于 130kPa 的土层，表中砌体承重结构的设计，应符合《建筑地基基础设计规范》的有关要求；

　　3. 表中砌体承重结构和框架结构均指民用建筑，对于工业建筑可按厂房高度、荷载情况折合成与其相当的民用建筑层数；

　　4. 表中吊车额定起重量，烟囱高度和水塔容积的数值是指最大值。

8.1.3　作用效应与抗力限值

地基基础设计时，所采用的作用效应与相应的抗力限值应符合下列规定：

（1）按地基承载力确定基础底面积及埋深或按单桩承载力确定桩数时，传至基础或承台底面上的作用效应应按正常使用极限状态下作用的标准组合。相应的抗力应采用地基承载力特征值或单桩承载力特征值。

（2）计算地基变形时，传至基础底面上的作用效应应按正常使用极限状态下作用的准永久组合，不应计入风荷载和地震作用。相应的限值应为地基变形允许值。

（3）计算挡土墙、地基或滑坡稳定以及基础抗浮稳定时，作用效应应按承载能力极限状态下作用的基本组合，但其分项系数均为 1.0。

（4）在确定基础或桩基承台高度、支挡结构截面，计算基础或支挡结构内力，确定配筋和验算材料强度时，上部结构传来的作用效应和相应的基底反力、挡土墙土压力以及滑坡推力，应按承载能力极限状态下作用的基本组合，采用相应的分项系数。当需要验算基础裂缝宽度时，应按正常使用极限状态作用的标准组合。

（5）基础设计安全等级、结构设计使用年限、结构重要性系数应按有关规范的规定采用，但结构重要性系数（γ_0）不应小于 1.0。

8.2　浅基础的类型

浅基础根据结构形式可分扩展基础、柱下条形基础、柱下交叉条形基础、筏形基础、箱形基础和壳体基础等。根据基础所用材料的性能可分为无筋基础（刚性基础）和钢筋混凝土基础（柔性基础）。

8.2.1 扩展基础

墙下条形基础和柱下独立基础通常为扩展基础。扩展基础的作用是把墙或柱的荷载侧向扩展到土中，使之满足地基承载力和变形要求。扩展基础包括无筋扩展基础和钢筋混凝土扩展基础两种。

1. 无筋扩展基础

无筋扩展基础是指用砖、毛石、混凝土、毛石混凝土、灰土或三合土等材料组成的，且不需要配置钢筋的墙下条形基础或柱下独立基础，如图 8-1 所示，适用于多层民用建筑和轻型厂房。因其材料抗压性能较好，而抗拉、抗剪性能较差，为了使基础内产生的拉应力和剪应力不超过相应的材料强度设计值，设计时需要加大基础的高度。这种基础受荷载后几乎不发生挠曲变形和开裂，故习惯上称其为"刚性基础"。无筋扩展基础设计时一般只需规定基础的材料强度与质量，限制台阶宽高比，控制建筑层高及地基承载力。因而，一般无须进行繁杂的内力分析和截面强度计算。

采用砖或毛石砌筑无筋基础时，在地下水位以上可用混合砂浆，在地下或地基土潮湿时则应采用水泥砂浆。当荷载较大或要减小基础高度时，可采用混凝土基础，也可以在混凝土中掺入体积占 25%～30% 的毛石（石块尺寸不宜超过 300mm），做成毛石混凝土基础，以节约水泥。灰土基础宜在比较干燥的土层中使用，多用于我国华北和西北地区。灰土由石灰和土料配制而成。石灰以块状为宜，经熟化 1～2 天后过 5mm 筛立即使用；土料用塑性系数较低的粉土和黏性土，土料团粒应过筛，粒径不得大于 15mm。石灰和土料按体积比为 3:7 或 2:8 拌和均匀，在基槽内分层夯实，每层需虚铺 220～250mm，夯实至 150mm，称为"一步灰土"。根据需要可设计成二步灰土或三步灰土，即厚度为 300mm 或 450mm。在我国南方则常采用三合土基础，厚度不应小于 300mm。三合土是由石灰、砂和骨料（矿渣、碎砖或碎石）加水混合而成。

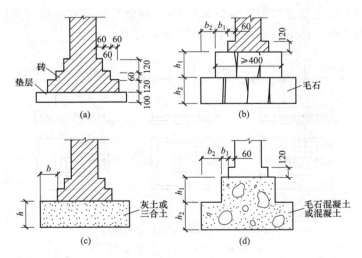

图 8-1　无筋扩展基础

（a）砖基础；（b）毛石基础；（c）三合土或灰土基础；（d）混凝土或毛石混凝土基础

独立基础是指整个或局部结构物下的无筋或配筋的单个基础，柱、烟囱、水塔、高炉、机器设备基础多采用独立基础。独立基础是柱基础中最常见和最经济的形式，其所用材料主要根据柱的材料、荷载大小和地质条件而定。条形基础是指基础长度远大于其宽度的一种基础形式，可分为墙下条形基础和柱下条形基础两种，墙下条形基础又有无筋和配筋两种。墙下无筋扩展基础在砌体结构中得到广泛应用，当上部墙体荷重较大而土质较差时，可考虑采用"宽基浅埋"的墙下钢筋混凝土条形基础。

　　2. 钢筋混凝土扩展基础

　　钢筋混凝土扩展基础指柱下钢筋混凝土独立基础和墙下钢筋混凝土条形基础。当基础荷载较大、地质条件较差时，为了满足无筋扩展基础的宽高比要求，基础的底面尺寸与埋深须相应增加，给基础布置和地基持力层选择、基坑开挖与排水等带来不便，并且有可能提高工程造价。此外，无筋扩展基础还有用料多、自重大等缺点。为此，对于竖向荷载较大、地基承载力不高以及承受水平力和力矩荷载等情况，可考虑采用抗弯和抗剪性能较好的钢筋混凝土基础。由于这类基础的高度不受台阶宽高比的限制，故适宜于需要"宽基浅埋"的场地。例如当软土地基表层有一定厚度的硬壳层时，便可考虑采用这类基础形式，用该层作为地基持力层。由于钢筋混凝土基础以钢筋受拉、混凝土受压为特点，即当考虑地基与基础相互作用时，将考虑基础的挠曲变形。因此，相对于刚性基础，也可称其为柔性基础。

　　（1）墙下钢筋混凝土条形基础。

　　墙下钢筋混凝土条形基础的构造如图 8-2 所示。一般情况下可采用无肋的墙基础。如果地基不均匀，为了增强基础的整体性和抗弯能力，可以采用有肋的墙下条形基础，肋部配置足够的纵向钢筋和箍筋，以承受由不均匀沉降引起的弯曲应力。

　　（2）柱下钢筋混凝土独立基础。

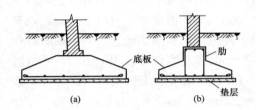

图 8-2　墙下钢筋混凝土条形基础

（a）无肋的；（b）有肋的

　　柱下钢筋混凝土独立基础的构造如图 8-3 所示。现浇柱的独立基础可做成锥形或阶梯形。预制柱则采用杯形基础，杯形基础常用于装配式单层工业厂房。

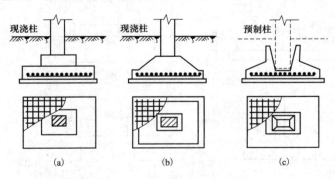

图 8-3　柱下钢筋混凝土独立基础

（a）阶梯形；（b）锥形；（c）杯形

8.2.2　柱下条形基础

　　当地基软弱而荷载较大时，若采用柱下扩展基础，可能因基底面积很大而使基础边缘互相接近甚至重叠。为增加基础的整体性并且方便施工，可将同一排的柱基础连通成为柱下钢筋混凝土条形基础（见图 8-4）。这种基础的抗弯刚度较大，因而具有调整不均匀沉降的能力，并能将所承受的集中柱荷载较均匀地分布到整个基底面积上，常用于软弱地基上的框架和排架结构。

采用柱下钢筋混凝土条形基础不能满足地基基础设计要求时，可在柱网上沿纵横两方向分别设置钢筋混凝土条形基础，从而形成柱下十字交叉条形基础（见图 8-5）。这种基础在纵横两方向均具有一定的刚度，当地基土软弱且两个方向的荷载和土质不均匀时，交叉条形基础具有良好的调整不均匀沉降的能力。

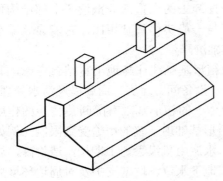

图 8-4 柱下条形基础

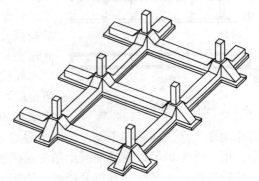

图 8-5 柱下十字交叉条形基础

8.2.3 筏形基础

当荷载很大且地基承载力不高，采用十字交叉条形基础也不能满足承载力要求时；或者地基土软弱，地基易发生过大沉降和不均匀沉降时，可在地基上用钢筋混凝土做成连续整片基础，即筏形基础（见图 8-6）。筏形基础由于其基底面积大，故可以减小基底压力，同时也可提高地基土的承载力，并能有效地增强基础的整体性，调整不均匀沉降。此外，筏形基础还具有前述各类基础所不具备的良好功能。例如：能跨越地下浅层小洞穴和局部软弱层；提供比较宽敞的地下使用空间；作为地下室、水池、油库等的防渗底板；增强建筑物的整体抗震性能；满足自动化程度较高的供应设备对不允许有差异沉降的要求，以及工艺连续作业和设备重新布置的要求等。

筏形基础在板幅较小或地基反力较小时，无须设梁，称为平板式筏形基础。平板式筏基施工简便，且有利于地下室空间的利用，使用较普遍；但是当柱荷载很大、地基不均匀沉降较大时，板的厚度较大。当板幅较大或基底反力较大时，须设置梁以防止弯曲破坏，称为梁板式筏形基础。梁板式筏基可以减小板的厚度，刚度更大，调整不均匀沉降的能力更强。

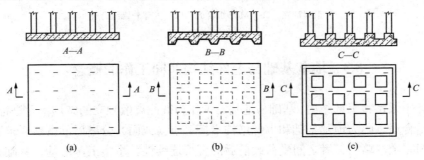

图 8-6 筏形基础

（a）平板式；（b）下翻梁板式；（c）上翻梁板式

8.2.4 箱形基础

箱形基础是由钢筋混凝土底板、顶板、外墙和内隔墙组成的具有一定高度的整体空间结构（见图 8-7），适用于软弱地基上的高层、重型或对不均匀沉降有严格要求的建筑物。与筏形基础相比，箱形基础具有更大的抗弯刚度，只能产生大致均匀的沉降和整体倾斜，从而基本上消除了因地基变形而使建筑开裂的可能性。箱形基础埋深较大，基础中空，从而使开挖卸去的土重部分抵偿了上部结构传来的荷载。因此，与一般实体基础相比，它能显著减小基底压力，降低基础沉降量。

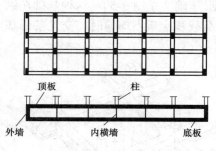

图 8-7 箱形基础

高层建筑的箱形基础往往与地下室结合考虑，其地下空间可作人防、设备间、库房、商店以及污水处理等。冷藏库和高温炉体下的箱形基础有隔断热传导的作用，以防止地基土产生冻胀和干缩。但由于内墙分隔，箱形基础地下室的用途受到限制，例如不能用作地下停车场等。钢筋混凝土箱形基础的钢筋、水泥用量很大，工期长，造价高，施工技术比较复杂，在进行深基坑开挖时，还需考虑降低地下水位、坑壁支护及对周边环境的影响等问题。

8.2.5 壳体基础

为了发挥混凝土抗压性能好的特性，可以将基础的形式做成壳体。常见的壳体基础形式有三种，即正圆锥壳、M 形组合壳和内球外锥组合壳（见图 8-8）。壳体基础可用做柱基础和筒形构筑物的基础。壳体基础的优点是材料省、造价低。据统计，中小型筒形构筑物的壳体基础可比一般梁、板式的钢筋混凝土基础少用混凝土 30%～50%，节约钢筋 30%以上。此外，一般情况下施工时不必支模，土方挖运量也较少。不过，由于较难实行机械化施工，因此施工工期长，施工工作量大，技术要求高。

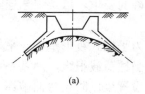 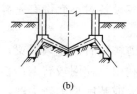 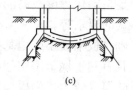

(a)　　　　　　　　　　　(b)　　　　　　　　　　　(c)

图 8-8 壳体基础

（a）正圆锥壳；（b）M 形组合壳；（c）内球外锥组合壳

8.3 地基基础与上部结构共同工作的概念

工程设计中通常将上部结构、基础与地基三者作为彼此离散独立的结构单元进行力学分析，这一做法不尽合理。因为地基基础和上部结构沿接触点（或面）分离后，虽然要求满足静力平衡条件，但却完全忽略了三者之间受荷载前后的变形连续性。事实上，地基、基础和上部结构三者是相互联系成整体来共同承担荷载并发生变形，三者都将按各自的刚度对变形产生相互制约作用，从而使整个体系的内力和变形发生变化。因此，合理的力学分析方法，原则上应该以地基、基础和上部结构之间必须同时满足静力平衡和变形协调两个条件为前提。只有这样，才能揭示外荷载作用下三者相互制约、彼此影响的内在联系，从而达到安全、经济、合理的目的。

8.3.1 地基与基础的相互作用

在常规设计中，通常假设基底反力呈线性分布。事实上基底反力的分布是非常复杂的，除了与地基的特性有关，还受基础及上部结构的制约。为了便于分析，下面仅考虑基础本身刚度的作用而忽略上部结构的影响。

一、柔性基础

抗弯刚度很小的基础可视为柔性基础。这样的基础就像放在地上的柔性薄膜，可以随地基的变形而任意弯曲，荷载的传递不受基础的约束，也无扩散作用，就像直接作用在地基上一样。因此，柔性基础的基底反力分布与作用于基础上的荷载分布完全一致，如图 8-9 所示。

按弹性半无限空间理论所得的计算结果及工程实践经验表明，均布荷载下柔性基础的沉降呈碟形，即中部大、边缘小，如图 8-9（b）所示。若要使柔性基础的沉降趋于均匀，就必须增大基础边缘的荷载，并使中部的荷载相应减少。这样，荷载和反力就变成图 8-9（b）所示的非均布的形状了。

二、刚性基础

刚性基础具有非常大的抗弯刚度，受荷载后基础不挠曲。假定基础绝对刚性，在其上方作用有均布荷载时，刚性基础将迫使基底下各点同步、均匀下沉，基底反力将向两侧集中，即边缘大、中部小。图 8-10 中的实线反力图是按弹性半无限空间理论求得的刚性基础基底反力图，在基底边缘处，其值趋于无穷大。事实上，由于地基土的抗剪强度有限，此处的反力将被限制在一定的数值范围内，随着反力的重新分布，最终的反力分布呈现图 8-10 中虚线所示的马鞍形。由此可见，刚性基础能跨越基底中部，将所承担的荷载相对集中地传至基底边缘，这种现象称为基础的"架越作用"。

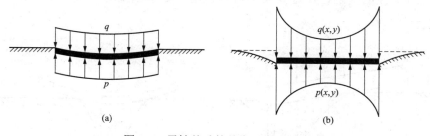

图 8-9 柔性基础的基底反力和沉降

（a）荷载不均时；（b）沉降均匀时

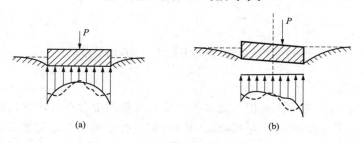

图 8-10 刚性基础基底反力和沉降

（a）中心荷载；（b）偏心荷载

三、地基软硬的影响

1. 软土地基

在淤泥或淤泥质土这类软土地基中，当基础的相对刚度较大时，基底反力分布可按直线计算。中心荷载作用下，基底反力均匀分布；偏心荷载作用下，基底反力呈梯形分布，如图8-11所示。

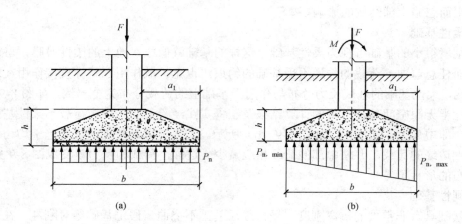

(a)　　　　　　　　　　　　　(b)

图 8-11　软土地基上反力分布

（a）中心荷载作用；（b）偏心荷载作用

2. 坚硬地基

坚硬地基包括岩石、密实卵石及坚硬黏性土地基，其上设置抗弯刚度很小的基础，如图 8-12 所示。当基础上作用集中荷载时，仅传递到荷载附近的地基中，远离荷载的地基不受力。若为相对柔性的基础，在远离集中荷载作用点处基底反力不仅为零，且可能与地基悬空。

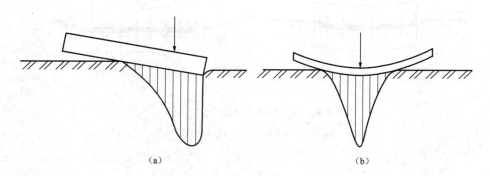

（a）　　　　　　　　　　　　　（b）

图 8-12　坚硬地基上薄板基础集中荷载的反力分布

3. 软硬悬殊地基

实际建筑工程常遇到各种软硬相差悬殊的地基，如基槽中存在古水井、古河沟、坟墓、暗塘以及防空洞、旧基础等情况，对基础梁的挠曲和内力影响很大。例如条形基础下，地基的中部软，两边硬，则加剧条基的挠曲程度，如图 8-13（d）所示。反之，地基中部硬、两边软，如图 8-13（c）所示，则可能使条基的正向挠曲变为反向挠曲。

四、荷载大小的影响

（1）有利影响。当地基中部坚硬，两侧软弱时，上部荷载大小不同，$P_1<P_2$，地基坚硬处荷载 P_2 大，地基软弱处荷载 P_1 小，对基础受力有利，如图 8-13（a）所示。当地基中部软弱，两侧坚硬时，上部荷载不等，$P_1>P_2$，较大的荷载 P_1 作用在地基坚硬处，较小的荷载 P_2 作用在地基软弱处，这样比 $P_1=P_2$ 情况对基础受力有利，如图 8-13（b）所示。

（2）不利影响。当上部荷载相等时，无论是地基中部坚硬，两侧软弱；还是中部软弱，两侧坚硬，对基础的受力均不利，如图 8-13（c）、（d）所示。

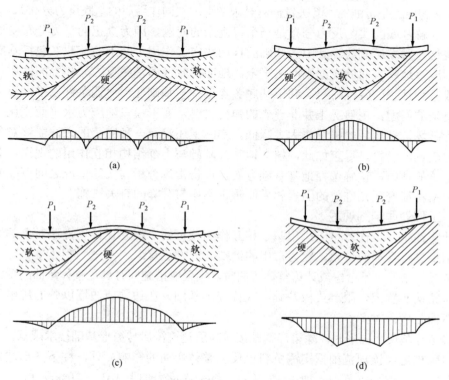

图 8-13 地基软硬悬殊及荷载大小对基础受力影响

（a）$P_1<P_2$；（b）$P_1>P_2$；（c）$P_1=P_2$；（d）$P_1=P_2$

8.3.2 基础与上部结构的相互作用

上部结构刚度对基础的受力状况影响很大。以基础梁为例，绝对刚性的上部结构（如长高比很小的现浇剪力墙结构），当地基变形时，由于上部结构不发生弯曲，各个柱子只能均匀下沉，当基础梁挠曲时，在柱墙处相当于不动支座。因此，在地基反力作用下，基础犹如一根倒置的连续梁。若上部结构为柔性结构（如刚度较小的框架结构），对基础的变形没有约束作用，此时上部结构不参加共同工作，只作为荷载直接作用在基础梁上，是最适合采用常规方法设计基础的结构类型。上部结构完全柔性和绝对刚性这两种极端情况，形成的基础的弯曲变形和内力也截然不同。

实际工程中，大多数建筑的刚度介于上述两种极端情况之间。在地基基础、荷载条件不变的情况下，随着上部结构刚度增加，基础的挠曲和内力将减小。与此同时，上部结构因柱端位移而产生次应力，若基础也有一定的刚度，则上部结构与基础的变形和内力必然受两者刚度的影响，这种影响可通过接触点处内力的分配来进行计算。

8.3.3　地基、基础与上部结构的共同作用

　　若把上部结构等价成一定的刚度，叠加在基础上，然后用叠加后的总刚度与地基进行共同作用的分析，求出基底反力分布曲线。这条曲线就是考虑地基、基础与上部结构共同作用后的反力分布曲线。将上部结构和基础作为一个整体，反力曲线作为边界荷载与其他外荷载一起加在该体系上，就可以用结构力学的方法求解上部结构和基础的挠曲和内力。反之，把反力曲线作用于地基上就可以用土力学的方法求解地基的变形。因此，原则上考虑地基、基础与上部结构共同作用，分析结构挠曲和内力是可能的，其关键问题是求解考虑共同作用后的基底反力分布。

　　显然，求解基底的实际反力分布是一个很复杂的问题，因为真正的反力分布受地基与基础变形协调这一要求所制约。其中，基础的挠曲决定了作用于其上的荷载（包括基底反力）和自身的刚度。地基表面的变形则取决于全部地面荷载（即基底反力）和土的性质，即使把地基土当成某种理想的弹性材料，利用基底各点地基与基础变形协调条件以推求反力分布就已经是个复杂的问题，更何况土并非理想的弹性材料，变形模量随应力水平而变化，而且容易产生塑性破坏，破坏后的模量将大大降低。实际上还没有一种完美的方法能够对各类地基条件均给出满意的解答。尽管如此，树立地基、基础与上部结构相互作用的观点，会有助于了解各类基础的性能，正确选择地基基础方案，评价常规分析与实际情况之间可能的差别，理解影响地基特征变形允许值的因素和采取防止不均匀沉降的有关措施。

8.3.4　工程处理中的规定

　　在设计实践中，设计者可以运用基于相互作用分析的"概念设计"方法对上部结构、基础的设计结果进行合理的调整。较为常用的调整处理方法有：

　　（1）按具体条件可不考虑或计算整体弯曲时，须采取措施同时满足整体弯曲的受力要求。

　　（2）从结构布置上，限制梁板基础（或称连续基础）在边柱或边墙以外的挑出尺寸，以减轻整体弯曲效应。

　　（3）确定地基反力图形时，除箱形基础按《高层建筑筏形与箱形基础技术规范》（JGJ 6—2011）的明确规定（该规范根据实测资料已反映整体弯曲的影响）外，柱下条形基础和筏形基础纵向两端起向内一定范围，如1～2开间，将平均反力加大10%～20%设计。

　　（4）基础梁板的受拉钢筋至少应部分通长配置，在合理的条件下，通长钢筋以多为好，尤其是顶面抵抗跨中弯曲的受拉钢筋。对筏形基础，这种钢筋应全部通长配置为宜。

8.4　基础埋置深度的选择

　　基础埋置深度（简称基础埋深）是指基础底面至天然地坪面的距离。选择基础理论是基础设计工作中的重要环节，因为基础埋深大小对建筑物的安全和正常使用、基础施工技术措施、施工工期和工程造价等影响很大。因此，确定基础埋深时须综合考虑建筑物自身条件（如使用条件、结构形式、荷载的大小和性质等）以及所处的环境（如地质条件、气候条件、邻近建筑的影响等），寻找一个技术上可靠、经济上合理的埋置深度。

8.4.1　建筑结构条件与场地环境条件

　　某些建筑物地下需具备一定的使用功能或宜采用某种基础形式，这些要求常成为其基础埋深选择的先决条件。因此，对须设置地下室或设备层的建筑物、半埋式结构物，须建造带

封闭侧墙的筏形或箱形基础的高层或重型建筑，带有地下设施的建筑物，具有地下部分的设备基础等，都应将建筑结构条件与基础埋深选择综合考虑。

如果有地下室、设备基础或地下设施时，基础埋深要求局部或全部加深。对不均匀沉降较敏感的建筑物，例如层数不多而平面形状又较复杂的框架结构，应将基础埋置在较坚实的土层上。当管道与基础相交时，基础埋深应低于管道。在基础上预留的孔洞应有足够的间隙（100～150mm），以防基础沉降时压坏管道。

为了保护基础不受人类和其他生物活动等的影响，基础宜埋置在地表以下，其最小埋深为 0.5m，且基础顶面宜低于室外设计地面 0.1m，同时又要便于周围排水沟的布置。

结构物荷载大小和性质不同，对地基土要求也不同，因而会影响基础埋深的选择。浅层土对荷载小的基础可能是很好的持力层，但对荷载大的基础就可能不宜作为持力层。荷载的性质对基础埋深的影响也很明显。对于承受水平荷载的基础，须有足够的埋置深度来获得土的侧向抗力，以保证基础的稳定性，减小建筑物的整体倾斜，防止倾覆及滑移。例如：对于高层建筑的筏形基础或箱形基础，在抗震设防区，其埋置深度不宜小于建筑物高度的 1/15；桩—箱或桩—筏基础的埋置深度（不计桩长）不宜小于建筑物高度的 1/18。承受上拔力的基础如输电塔基础，也要求有较大的埋深以满足抗拔要求。对于承受动荷载的基础，则不宜选择饱和疏松的粉细砂作为持力层，以免这些土层由于振动液化而丧失承载力，造成基础失稳。

8.4.2 相邻基础埋深的影响

在城市房屋密集的地方，往往新旧建筑物紧靠在一起，为了保证在新建建筑物施工期间相邻的原有建筑物的安全和正常使用，新建建筑物的基础埋深不宜大于相邻原有建筑物的基础埋深。有的新建建筑物荷载很大，楼层又高，基础埋深又一定要超过相邻原有建筑物的基础埋深，此时，为了避免新建建筑物对原有建筑物的影响，设计时应考虑与原有基础保持一定的净距。其距离应根据荷载大小和土质条件而定，一般取相邻两基础底面高差的 1～2 倍，如图 8-14 所示。若上述要求不能满足，也可以采用其他措施，如分段施工，设临时加固支撑，板桩、水泥搅拌桩挡墙或地下连续墙等施工措施，或加固原有建筑物基础等。

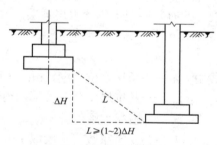

图 8-14 相邻基础的埋深

8.4.3 工程地质条件

直接支承基础的土层称为持力层，其下的各土层称为下卧层。为了满足建筑物对地基承载力和地基变形的要求，基础应尽可能埋置在良好的持力层上。当地基受力层（或沉降计算深度）范围内存在软弱下卧层时，软弱下卧层的承载力和地基变形也应满足要求。

在选择持力层和基础埋深时，应通过工程地质勘察报告详细了解拟建场地的地层分布、各土层的物理力学性质和地基承载力等资料。为了便于讨论，对于中小型建筑物，把处于坚硬、硬塑或可塑状态的黏性土层，密实或中密状态的砂土层和碎石土层，以及低、中压缩性的其他土层视作良好土层；而把处于软塑、流塑状态的黏性土层，松散状态的砂土层，未经处理的填土和其他高压缩性土层视作软弱土层。下面针对工程中常遇到的四种土层分布情况，说明基础埋深的确定原则。

（1）在地基受力层范围内，自上而下都是良好土层。这时基础埋深由其他条件和最小埋深确定。

　　（2）自上而下都是软弱土层。对于轻型建筑，仍可考虑按情况（1）处理。如果地基承载力或地基变形不能满足要求，则应考虑采用连续基础、人工地基或深基础方案。具体哪一种方案更好，需要从安全可靠、施工难易、造价高低等方面综合确定。

　　（3）上部为软弱土层而下部为良好土层。这时，持力层的选择取决于上部软弱土层的厚度。一般来说，软弱土层厚度小于 2m 时，应选取下部良好土层作为持力层；若软弱土层较厚，可按情况（2）处理。

　　（4）上部为良好土层而下部为软弱土层。这种情况在我国沿海地区较为常见，地表普遍存在一层厚度为 2～3m 的所谓"硬壳层"，硬壳层以下为孔隙比大、压缩性高、强度低的软土层。对于一般中小型建筑物或 6 层以内的住宅，宜选择这一硬壳层作为持力层，基础尽量浅埋，即采用"宽基浅埋"方案，以便加大基底至软弱土层的距离。

　　当地基持力层顶面倾斜时，同一建筑物的基础可以采用不同的埋深。为保证基础的整体性，墙下无筋基础应沿倾斜方向做成台阶形，并由深到浅逐渐过渡，台阶宽高比为 1:2。

8.4.4　水文地质条件

　　选择基础埋深时应注意地下水的埋藏条件和动态。对于天然地基上的浅基础设计，首先应尽量考虑将基础设置在地下水位以上，以避免施工、排水等麻烦。当基础必须埋在水位以下时，除应当考虑基坑排水、坑壁围护等措施以保护地基土不受扰动外，还要考虑可能出现的其他设计、施工问题：①出现涌土、流砂的可能性；②地下水对基础材料的化学腐蚀作用；③地下室防渗；④地下水浮托力影响基础底板的内力及基础的抗浮稳定性等。

　　当持力层下埋藏有承压含水层时，须控制基坑开挖深度，防止基坑因挖土减压而隆起开裂。此时基底至承压含水层顶层间须保留足够的土层厚度 h_0（见图 8-15）

$$h_0 \geqslant \frac{\gamma_w h}{\gamma_0 k} \tag{8-1}$$

式中　　h ——承压水位高度，m；从承压含水层顶算起。

　　　　γ_0 ——基坑底安全厚度范围内各土层的加权平均重度，kN/m^3；地下水位以下的土层取饱和重度，$\gamma_0 = (\gamma_1 z_1 + \gamma_2 z_2)/(z_1 + z_2)$。

　　　　k ——安全系数，一般取 1.0，对宽基坑宜取 0.7。

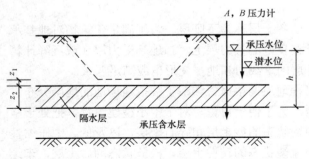

图 8-15　基坑下埋藏有承压含水层的情况

8.4.5　季节性冻土

　　在寒冷地区，应该考虑季节性冰冻对地基土的冻胀影响。当土层温度降至 0℃ 时，土孔隙中的水分开始冻结，体积增大，形成冰晶体，未冻结区水分的迁移使得冰晶体进一步增大，形成冻胀。如果冻胀产生的上抬力大于作用在基底的竖向力，会引起建筑物开裂甚至破坏。为了保证建筑物不受地基土季节性冻胀的影响，当地基土为可冻胀土时，基础底面应埋置在冻结深度线以下。

　　《建筑地基基础设计规范》根据土的类别、含水量大小和地下水位高低、冻土层的平均冻胀率等，将地基土分为不冻胀、弱冻胀、冻胀、强冻胀和特强冻胀五类。对于不冻胀地基，基础的埋深可不考虑冻胀深度的影响。对于季节性冻土地基的场地冻结深度 z_d 应按下式进行计算

$$z_d = z_0\psi_{zs}\psi_{zw}\psi_{ze} \tag{8-2}$$

式中　z_d——场地冻结深度，m；当有实测资料时，按 $z_d = h' - \Delta z$ 计算。

　　　h'——最大冻深出现时场地最大冻土层厚度，m。

　　　Δz——最大冻深出现时场地地表冻胀量，m。

　　　z_0——标准冻结深度，m；当无实测资料时，按《建筑地基基础设计规范》附录 F 采用。

　　　ψ_{zs}——土的类别对冻深的影响系数；黏性土取 1.0，细砂、粉砂、粉土取 1.2，中、粗、砾砂取 1.3，大块碎石土取 1.4。

　　　ψ_{zw}——土的冻胀性对冻深的影响系数；根据土的冻胀性类别，不冻胀、弱冻胀、冻胀、强冻胀和特强冻胀，分别取 1.00、0.95、0.90、0.85 和 0.80。

　　　ψ_{ze}——环境对冻深的影响系数；村、镇、旷野取 1.00，城市近郊取 0.95，城市市区取 0.90。

　　季节性冻土地区基础埋深宜大于场地冻结深度。对于深厚季节冻土地区，当建筑基础底面土层为不冻胀、弱冻胀、冻胀土时，基础埋深可以小于场地冻结深度，基础底面下允许冻土层最大厚度应根据当地经验确定，没有地区经验时可按《建筑地基基础设计规范》的有关规定确定。此时，基础最小埋深 d_{min} 可按下式计算

$$d = z_d - h_{max} \tag{8-3}$$

式中　h_{max}——基础底面下允许冻土层的最大厚度，m。

　　对于冻胀、强冻胀和特强冻胀地基上的建筑物，尚应采取相应的防冻害措施。

　　除此之外，在确定基础埋深时还应考虑施工技术条件，如施工设备、排水设备支撑要求，以及经济性等方面的影响。

　　综上所述，确定基础埋深时必须综合考虑建筑结构条件与场地环境条件、相邻基础埋深的影响、工程地质和水文地质条件、季节性冻土的影响等因素。对某一具体工程来说，往往是其中一两种因素起决定性作用，所以设计时应该从实际出发，抓住主要因素，确定合理的埋置深度。

8.5　基础底面尺寸的确定

　　在初步选择基础类型和埋置深度后，就可以根据持力层的承载力特征值计算基础底面尺寸。如果地基受力层范围内存在着承载力明显低于持力层的下卧层，则所选择的基底尺寸尚需满足对软弱下卧层验算的要求。此外，必要时还应对地基变形或地基稳定性进行验算。

8.5.1　按持力层的承载力计算基底尺寸

1．轴心荷载作用下的基础

　　当基础上仅有竖向荷载作用，并且荷载通过基础底面形心时，基础承受轴心荷载作用。假定基底反力呈直线均匀分布，如图 8-16 所示，则持力层地基承载力验算必须满足式（8-4）

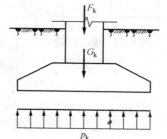

图 8-16　轴心荷载作用下的基础

$$p_k \leq f_a \tag{8-4}$$

$$p_k = \frac{F_k + G_k}{A} \tag{8-5}$$

式中　f_a——修正后的地基承载力特征值，kPa；

　　　　p_k——相应于作用的标准组合时，基础底面处的平均压力值，kPa；

　　　　A——基础底面面积，m^2；

　　　　F_k——相应于作用的标准组合时，上部结构传至基础顶面的竖向力值，kN；

　　　　G_k——基础自重和基础上的土重。对于一般实体基础，可近似取 $G_k = \gamma_G A d$（γ_G 为基础及回填土的平均重度，可取 $\gamma_G = 20kN/m^3$，d 为基础的平均埋深）；但在地下水位以下部分，应扣去浮托力，即 $G_k = \gamma_G A d - \gamma_w A h_w$（$h_w$ 为地下水位至基础底面的距离）。

将 G_k 代入式（8-5），由式（8-4）可得基础底面积计算公式如下

$$A \geq \frac{F_k}{f_a - \gamma_G d} \tag{8-6}$$

对于独立基础，按上式求出 A 后，先选定基底宽度 b 或长度 l，再计算另一边长，使 $A=bl$。一般取 $n=l/b=1.0\sim2.0$，则基础底面宽度为

$$b \geq \sqrt{\frac{1}{n} \cdot \frac{F_k}{f_a - \gamma_G d}} \tag{8-7}$$

对于墙下条形基础，通常沿墙长方向取 1m 进行计算，此时可得基础宽度

$$b \geq \frac{F_k}{f_a - \gamma_G d} \tag{8-8}$$

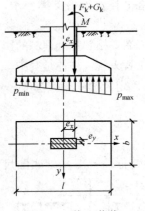

图 8-17　偏心荷载
作用下的基础

式中　F_k——基础每米长度上的外荷载，kN/m。

在按式（8-5）计算 A 时，需要先确定地基承载力特征值 f_a，而 f_a 值又与基础底面尺寸 A 有关，也即公式中的 A 与 f_a 都是未知数。因此，可能要通过反复试算确定。计算时，可先假定基底宽度 b 不大于 3m，对地基承载力特征值 f_{ak} 只进行深度修正，计算 f_a 值；然后按计算得到的基础底面宽度 b，考虑是否需要对 f_{ak} 进行宽度修正。如果需要，修正后重新计算基底宽度，如此反复计算一两次即可。最后确定的基底尺寸 b 和 l 均应为 100mm 的整数倍，以符合模数要求。

2. 偏心荷载作用下的基础

工程实践中，有时基础不仅承受竖向荷载，还可能承受柱、墩传来的弯矩及水平力作用。偏心荷载作用下（见图 8-17），除应满足式（8-4）外，尚应符合下式规定

$$p_{kmax} \leq 1.2 f_a \tag{8-9}$$

式中　p_{kmax}——相应于作用的标准组合时，基础底面边缘的最大压力值，kPa。

对于常见的单向偏心矩形基础，当偏心距 $e \leq l/6$ 时，基底最大压力可按下式计算

$$p_{kmax} = \frac{F_k + G_k}{A} + \frac{M_k}{W} = \frac{F_k + G_k}{bl}\left(1 + \frac{6e}{l}\right) \tag{8-10}$$

当偏心距 $e > l/6$ 时

$$p_{k \max} = \frac{2(F_k + G_k)}{3b(l/2 - e)} \qquad (8\text{-}11)$$

$$e = M_k / (F_k + G_k)$$

式中 l ——偏心方向的基础边长，一般为基础长边边长，m；

b ——垂直于偏心方向的基础边长，一般为基础短边边长，m；

M_k ——相应于作用的标准组合时，基础所有荷载对基底形心的合力矩，kN·m；

e ——偏心距，m；

其余符号意义同前。

为了保证基础不致过分倾斜，一般要求在中、高压缩性地基上的基础，或有吊车的厂房柱基础，e 不宜大于 $l/6$；对低压缩性地基上的基础，当考虑短暂作用的偏心荷载时，e 可放宽至 $l/4$。若上述条件不能满足时，则应调整基础底面尺寸，或者做成梯形底面形状的基础，使基础底面形心与荷载重心尽量重合。

确定偏心荷载作用下的基础底面尺寸时，为了同时满足式（8-4）和式（8-9）的条件，通常可按下述逐次渐近试算法进行：

（1）先按轴心荷载作用下的公式计算基础底面积 A_0。

（2）根据荷载偏心情况，将按轴心荷载作用计算得到的基底面积增大 10%～40%，使 $A = (1.1～1.4) A_0$。根据 A 的大小，初步选定矩形基础底面的长 l 和宽 b。

（3）考虑是否应对地基承载力特征值进行宽度修正。如果需要，在承载力修正后，重复上述（2），使选取的宽度前后一致。

（4）计算偏心距 e 和基底最大压力 $p_{k \max}$，并验算是否满足式（8-4）和式（8-9）。

（5）若 l、b 取值不合适，可调整尺寸再进行验算，如此反复一两次，便可确定出合适的尺寸。

【例 8-1】 某建筑物柱截面 350mm×400mm，作用在柱底的荷载为：$F_k = 700$kN，$M_k = 80$kN·m，$V_k = 15$kN。土层为黏性土，$\gamma = 17.5$kN/m，$e = 0.70$，$I_L = 0.78$，$f_{ak} = 226$ kPa，基础底面埋深 1.3m，其他参数见图 8-18。试根据持力层地基承载力确定基础底面尺寸。

解 （1）地基承载力特征值

根据 $e = 0.70$，$I_L = 0.78$，查表得 $\eta_b = 0.3$，$\eta_d = 1.6$，则 f_a（先不考虑对基础宽度进行修正）为 $f_a = f_{ak} + \eta_d \gamma_0 (d - 0.5)$

$$= 226 + 1.6 \times 17.5 \times (1.3 - 0.5) = 248.4 \text{ (kPa)}$$

（2）初步选择基底尺寸

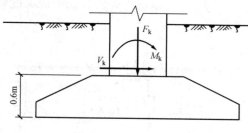

图 8-18 ［例 8-1］图

$$A_0 = \frac{F_k}{f_a - \gamma_G d} = \frac{700}{248.4 - 20 \times 1.3} = 3.15 \text{ (m}^2\text{)}$$

由于偏心不大，基础底面积按 20% 增大，即

$$A = 1.2 \times 3.15 = 3.78 \text{ (m}^2\text{)}$$

初步选择基础底面积 $A = b \times l = 1.6 \times 2.5 = 4.0 \text{ (m}^2\text{)}$，因 $b < 3$m，故不需再对 f_a 进行修正。

（3）验算持力层地基承载力

基础和回填土重

$$G_k = \gamma_G dA = 20 \times 1.3 \times 4 = 104 \text{(kN)}$$

偏心距

$$e = \frac{\sum M}{F_k + G_k} = \frac{80 + 15 \times 0.6}{700 + 104} = 0.11\text{(m)} < \frac{l}{6} = 0.42\text{(m)}$$

基底平均压力

$$p_k = \frac{F_k + G_k}{A} = \frac{700 + 104}{4} = 201 \text{(kPa)} < f_a \text{（满足）}$$

基底最大压力

$$p_{k\max} = \frac{F_k + G_k}{bl}\left(1 + \frac{6e}{l}\right) = \frac{700 + 104}{4}\left(1 + \frac{6 \times 0.11}{2.5}\right)$$

$$= 254.1\text{(kPa)} < 1.2 f_a = 1.2 \times 248.4 = 298.1\text{(kPa)} \text{（满足）}$$

所以，持力层地基承载力满足。

8.5.2 软弱下卧层承载力验算

软弱下卧层是指地基受力层范围内，承载力显著低于持力层的高压缩性土层。土层大多数是成层的，土层的强度通常随深度而增加，而外荷载引起的附加应力则随深度而减小。因此，只要基础底面持力层承载力满足设计要求就可以。但也有不少情况，持力层不厚，在持力层以下受力层范围内存在软弱下卧层。这时，除按持力层承载力确定基底尺寸外，还必须对软弱下卧层进行验算，要求作用在软弱下卧层顶面处的附加应力与自重应力之和不超过它的承载力特征值，即

$$p_z + p_{cz} \leq f_{az} \tag{8-12}$$

式中　　p_z——相应于作用的标准组合时，软弱下卧层顶面处的附加力值，kPa；

　　　　p_{cz}——软弱下卧层顶面处土的自重应力值，kPa；

　　　　f_{az}——软弱下卧层顶面处经深度修正后的地基承载力特征值，kPa。

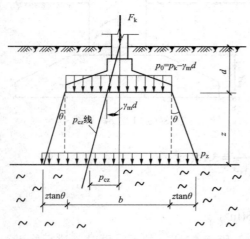

图8-19　软弱下卧层顶面附加应力简化计算图

根据弹性半空间体理论，下卧层顶面土体的附加应力，在基础底面中轴线处最大，向四周扩散呈非线性分布，如果考虑上下层土的性质不同，应力分布规律就更为复杂。《建筑地基基础设计规范》（GB 50007—2011）通过试验研究并参照双层地基中附加应力分布的理论解答提出了以下简化方法。

当持力层与软弱下卧层的压缩模量比值 E_{s1}/E_{s2} ≥3 时，对矩形和条形基础，假设基底处的基底附加压力（$p_0 = p_k - p_c$）在持力层内往下传递时按某一角度 θ（压力扩散线与垂直线的夹角）向外扩散，且均匀分布于较大面积上（见图 8-19），根据扩散前作用于基底平面处附加压力合力与扩散后作用于下卧层顶面处附加压力合力相等的条件，得到 p_z

的表达式。

条形基础：
$$p_z = \frac{b(p_k - \gamma_m d)}{b + 2z\tan\theta} \tag{8-13}$$

矩形基础：
$$p_z = \frac{bl(p_k - \gamma_m d)}{(b + 2z\tan\theta)(l + 2z\tan\theta)} \tag{8-14}$$

式中　b——矩形基础或条形基础底面的宽度，m；

　　　l——矩形基础底面的长度，m；

　　　p_k——基础底面处的平均压力值，kPa；

　　　γ_m——基础埋深范围内土的加权平均重度，kN/m³；

　　　z——基础底面至软弱下卧层顶面的距离，m；

　　　θ——地基压力扩散角，可按表 8-3 采用。

表 8-3　　　　　　　　　　　　　地 基 压 力 扩 散 角 θ

E_{s1}/E_{s2}	z/b	
	0.25	0.50
3	6°	23°
5	10°	25°
10	20°	30°

注　1. E_{s1} 为上层土压缩模量，E_{s2} 为下层土压缩模量。

　　2. $z/b < 0.25$ 时，取 $\theta=0°$，必要时，宜由试验确定；$z/b > 0.50$ 时 θ 值不变。

　　3. z/b 在 0.25 与 0.50 之间可插值使用。

如果软弱下卧层验算不满足要求，可以采取加大基底面积（使扩散面积加大）或减小基础埋深（使 z 值加大）的措施。前一措施虽然可以有效地减小 p_z，但却可能使基础的沉降量增加。因为附加压力的影响深度会随着基底面积的增加而加大，从而可能使软弱下卧层的沉降量明显增加。减小基础埋深可以使基底到软弱下卧层的距离增加，使附加压力在软弱下卧层中的影响减小，因而基础沉降随之减小。因此，当存在软弱下卧层时，基础宜浅埋，这样不仅使"硬壳层"充分发挥应力扩散作用，同时也减小了基础沉降。

【例 8-2】　某柱基础上的荷载标准值 $F_k=1050$kN，$M_k=105$kN·m（沿基础长边方向），$Q=67$kN，若基础底面尺寸为 $l×b=3.5$m×3.0m，试根据图 8-20 中的资料验算基底面积是否满足承载力要求。

解　（1）持力层承载力验算

埋深范围内土的加权平均重度

$\gamma_{m1}=[16×1.5+(19-10)×0.8]/(1.5+2.80)= 13.6$(kN/m³)

由粉质黏土 $e=0.80$，$I_L=0.74$，查表得 $\eta_b=0.3$，$\eta_d=1.6$。

持力层承载力特征值修正

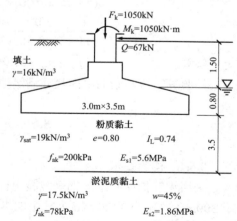

图 8-20　［例 8-2］图

$$f_a = f_{ak} + \eta_b \gamma (b-3) + \eta_d \gamma_{m1} (d-0.5)$$
$$= 200 + 0.3 \times (19-10) \times (3-3) + 1.6 \times 13.6 \times (2.3-0.5) = 239.2 (kPa)$$

基础及回填土重

$$G_k = (20 \times 1.50 + 10 \times 0.80) \times 3.0 \times 3.5$$
$$= 399 (kN)$$

总的弯矩标准值

$$\sum M_k = 105 + 67 \times (1.50 + 0.80)$$
$$= 259.1 (kN \cdot m)$$

偏心距

$$e = \frac{\sum M_k}{F_k + G_k} = \frac{259.1}{1100 + 399}$$
$$= 0.0173 (m) < l/6 = 0.583 (m)$$

持力层承载力验算

$$p_k = \frac{F_k + G_k}{A} = \frac{1050 + 399}{3.0 \times 3.5} = 138 (kPa) < f_a$$

$$p_{k max} = \frac{F_k + G_k}{bl} \left(1 + \frac{6e}{l} \right) = \frac{1050 + 399}{3.0 \times 3.5} \left(1 + \frac{6 \times 0.173}{3.5} \right) = 178.9 (kPa) < 1.2 f_a = 287.4 (kPa)$$

所以持力层的承载力满足要求。

（2）软弱下卧层承载力验算

软弱下卧层顶面处的自重应力

$$p_{cz} = 16 \times 1.5 + (19-10) \times (3.5+0.8) = 62.7 (kPa)$$

软弱下卧层顶面以上土的加权平均重度 $\gamma_{m2} = 62.7 \div 5.8 = 10.8 (kN/m^3)$

由淤泥质黏土，查表得 $\eta_d = 1.0$，所以

$$f_{az} = 78 + 1.0 \times 10.8 \times (5.8-0.5) = 135.2 (kPa)$$

由 $E_{s1}/E_{s2} = 5.6/1.86 = 3$，$z/b = 3.5/3 = 1.17 > 0.5$，查表 8-3 得地基压力扩散角 $\theta = 23°$。所以软弱下卧层顶面处的附加应力为

$$p_z = \frac{bl(p_k - \gamma_{m1}d)}{(b+2z\tan\theta)(l+2z\tan\theta)}$$
$$= \frac{3.0 \times 3.5 \times (138 - 13.6 \times 2.3)}{(3.0 + 2 \times 3.5 \tan 23°) \times (3.5 + 2 \times 3.5 \tan 23°)} = 29.0 (kPa)$$

验算　　　　$$p_z + p_{cz} = 29.0 + 62.7 = 91.7 (kPa) \leqslant f_{az}（满足）$$

经验算，该基础的底面尺寸满足地基承载力要求。

8.6 无筋扩展基础设计

8.6.1 构造要求

采用无筋扩展基础的钢筋混凝土柱，其柱脚高度 h_1 不得小于 b_1（见图 8-21），并不应小于 300mm 且不小于 $20d$（d 为柱中的纵向受力钢筋的最大直径）。当柱纵向钢筋在柱脚内的竖向锚固长度不满足锚固要求时，可沿水平方向弯折，弯折后的水平锚固长度不应小于 $10d$，也不应大于 $20d$。

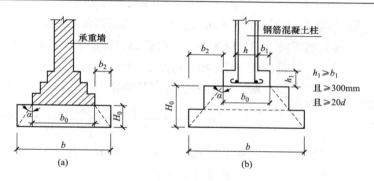

图 8-21 无筋扩展基础构造示意

8.6.2 台阶宽高比

无筋扩展基础的抗拉强度和抗剪强度较低，因此必须控制基础内的拉应力和剪应力。结构设计时可以通过控制材料强度等级和台阶宽高比（台阶的宽度与其高度之比）来确定基础的截面尺寸，而无须进行内力分析和截面强度计算。如图 8-21 所示，要求基础每个台阶的宽高比（$b_2 : H_0$）都不得超过表 8-4 所列的台阶宽高比的允许值（可用图中角度 α 的正切 $\tan\alpha$ 表示）。设计时一般先选择适当的基础埋深，然后根据地基承载力确定基础底面尺寸。按上述要求，基础高度应满足下列条件

$$H_0 \geqslant \frac{b - b_0}{2\tan\alpha} \qquad (8\text{-}15)$$

式中　b ——基础底面宽度，m；

　　　b_0 ——基础顶面的墙体宽度或柱脚宽度，m；

　　　H_0 ——基础高度，m；

　$\tan\alpha$ ——基础台阶宽高比 $b_2 : H_0$，其允许值可按表 8-4 选用；

　　　b_2 ——基础台阶宽度，m。

表 8-4　　　　　　　　　无筋扩展基础台阶宽高比的允许值

基础材料	质 量 要 求	台阶宽高比的允许值		
		$p_k \leqslant 100$	$100 < p_k \leqslant 200$	$200 < p_k \leqslant 300$
混凝土基础	C15 混凝土	1:1.00	1:1.00	1:1.25
毛石混凝土基础	C15 混凝土	1:1.00	1:1.25	1:1.50
砖基础	砖不低于 MU10、砂浆不低于 M5	1:1.50	1:1.50	1:1.50
毛石基础	砂浆不低于 M5	1:1.25	1:1.50	—
灰土基础	体积比为 3:7 或 2:8 的灰土，其最小干密度： 粉土 1550kg/m³ 粉质黏土 1500kg/m³ 黏土 1450kg/m³	1:1.25	1:1.50	—
三合土基础	体积比 1:2:4～1:3:6（石灰:砂:骨料），每层约虚铺 220mm，夯至 150mm	1:1.50	1:2.00	—

注　1．p_k 为荷载效应标准组合时基础底面处的平均压力值，kPa；

　　2．阶梯形毛石基础的每阶伸出宽度，不宜大于 200mm；

　　3．当基础由不同材料叠合组成时，应对接触部分做抗压验算；

　　4．基础底面处的平均压力值超过 300kPa 的混凝土基础，尚应进行抗剪验算。

【例 8-3】 某承重砖墙混凝土基础的埋深为 1.5m，上部结构传来的轴向压力 $F_k = 200 \text{kN/m}$。持力层为粉质黏土，其天然重度 $\gamma = 17.5 \text{ kN/m}^3$，承载力特征值 $f_a = 178 \text{ kPa}$，地下水位在基础底面以下。试设计此基础。

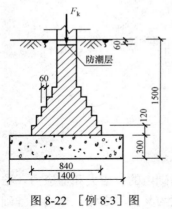

图 8-22　［例 8-3］图

解　（1）初步确定基础宽度

$$b \geqslant \frac{F_k}{f_a - \gamma_G d} = \frac{200}{(178 - 20 \times 1.5)} = 1.35 (\text{m})$$

初步选定基础宽度为 1.40m。

（2）基础剖面布置

初步选定基础高度 $H_0 = 0.3\text{m}$。大放脚采用标准砖砌筑，每皮宽度 $b_1 = 60\text{mm}$，$h_1 = 120\text{mm}$，共砌 5 皮，大放脚底面宽度 $b_0 = 240 + 2 \times 5 \times 60 = 840 (\text{mm})$，如图 8-22 所示。

（3）按台阶的宽高比要求验算基础的宽度

基础采用 C10 素混凝土砌筑，而基底的平均压力为

$$p_k = \frac{F_k + G_k}{A} = \frac{200 + 20 \times 1.4 \times 1.5}{1.4 \times 1.0} = 172.8 (\text{kPa})$$

查表 8-4 得台阶的允许宽高比 $\tan \alpha = b_2 / H_0 = 1.0$，于是

$$b \leqslant b_0 + 2H_0 \tan \alpha = 0.84 + 2 \times 0.3 \times 1.0 = 1.44 (\text{m})$$

取基础宽度为 1.4m，满足设计要求。

8.7　扩 展 基 础 设 计

8.7.1　扩展基础的构造要求

1. 一般要求

（1）锥形基础的边缘高度不宜小于 200mm［见图 8-23（a）］，且两个方向的坡度不宜大于 1:3；阶梯形基础的每阶高度，宜为 300～500mm［见图 8-23（b）］。

（2）垫层的厚度不宜小于 70mm，垫层混凝土强度等级不宜低于 C15。

（3）受力钢筋最小配筋率不应小于 0.15%，底板受力钢筋的最小直径不宜小于 10mm，间距不应大于 200mm，也不应小于 100mm。墙下钢筋混凝土条形基础纵向分布钢筋的直径不宜小于 8mm，间距不应大于 300mm；每延米分布钢筋的面积应不小于受力钢筋面积的 15%。当有垫层时钢筋保护层的厚度不应小于 40mm；无垫层时不应小于 70mm。当柱下钢筋混凝土独立基础的边长和墙下钢筋混凝土条形基础的宽度大于或等于 2.5m 时，底板受力钢筋的长度可取边长或宽度的 0.9 倍，并宜交错布置（见图 8-24）。

（4）混凝土强度等级不应低于 C20。

（5）钢筋混凝土柱和剪力墙纵向受力钢筋在基础内的锚固长度应根据《混凝土结构设计规范》（GB 50010—2010，2015 年版）确定。在抗震设防烈度不低于 6 度的地区，建筑工程为一级、二级、三级、四级抗震等级时，抗震锚固长度（l_{aE}）应分别取纵向受拉钢筋的锚固长度 l_a 的 1.15、1.15、1.05、1.00 倍。当基础高度小于 l_a（l_{aE}）时，纵向受力钢筋的锚固总长度除符合上述要求外，其最小直锚段的长度不应小于 $20d$，弯折段的长度不应小于

150mm。

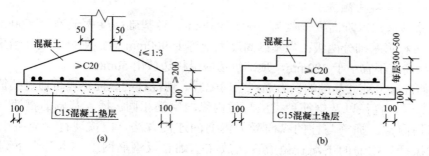

图 8-23 扩展基础构造的一般要求

（a）锥形基础；（b）阶梯形基础

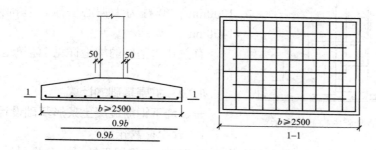

图 8-24 柱下独立基础底板受力钢筋布置

2. 墙下钢筋混凝土条形基础

钢筋混凝土条形基础底板在 T 形及十字形交接处，底板横向受力钢筋仅沿一个主要受力方向通长布置，另一方向的横向受力钢筋可布置到主要受力方向底板宽度 1/4 处（见图 8-25）。在拐角处底板横向受力钢筋应沿两个方向布置（见图 8-25）。

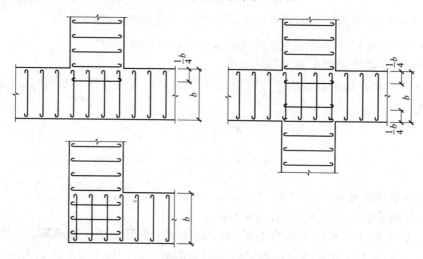

图 8-25 墙下条形基础纵横交叉处底板受力钢筋布置

当地基软弱时，为了减少不均匀沉降的影响，基础截面可采用带纵肋的板，肋的纵向钢筋和箍筋按经验确定。

3. 柱下钢筋混凝土独立基础

对于阶梯形基础每阶高度一般为 300～500mm。当基础高度大于等于 600mm 而小于 900mm 时，阶梯形基础分两级；当基础高度大于等于 900mm 时，则分三级。当采用锥形基础时，其边缘高度不宜小于 200mm，顶部每边应沿柱边放出 50mm。

柱下钢筋混凝土独立基础的受力筋应双向配置。现浇柱的纵向钢筋可通过插筋锚入基础中。插筋的数量、直径以及钢筋种类应与柱内纵向钢筋相同。插入基础的钢筋，上下至少应有两道箍筋固定。插筋与柱的纵向受力钢筋的连接方法，应按现行《混凝土结构设计规范》规定执行。插筋的下端宜做成直钩放在基础底板钢筋网上。当符合下列条件之一时，可仅将四角的插筋伸至底板钢筋网上，其余插筋锚固在基础顶面下 l_a 或 l_{aE} 处（见图 8-26）：①柱为轴心受压或小偏心受压，基础高度大于或等于 1200mm；②柱为大偏心受压，基础高度大于等于 1400mm。

有关杯口基础的构造详见《建筑地基基础设计规范》。

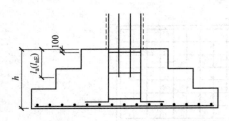

图 8-26　现浇柱的基础中插筋构造示意

8.7.2　扩展基础的计算

一、墙下钢筋混凝土条形基础设计

1. 轴心荷载作用

墙下钢筋混凝土条形基础在均布线荷载 F（kN/m）作用下的受力分析可简化为如图 8-27 所示的模型。它的受力情况如同一受 p_j 作用的倒置悬臂梁。p_j 是指由上部结构荷载 F 在基底产生的净反力（不包括基础自重和基础台阶上回填土重所引起的反力）。若取沿墙长度方向 $l = 1m$ 的基础板分析，则

$$p_j = \frac{F}{bl} = \frac{F}{b} \tag{8-16}$$

式中　p_j ——相应于作用的基本组合时的地基净反力设计值，kPa；

　　　F ——上部结构传至基础顶面的荷载设计值，kN/m；

　　　b ——墙下钢筋混凝土条形基础宽度，m。

在 p_j 作用下，将在基础底板内产生弯矩 M 和剪力 V，其值在图 8-27 中 Ⅰ-Ⅰ 截面（悬臂板根部）最大。

$$V = p_j a_1 \tag{8-17}$$

$$M = \frac{1}{2} p_j a_1^2 \tag{8-18}$$

式中：V ——基础底板根部的剪力值，kN/m。

　　　M ——基础底板根部的弯矩值，kN·m/m。

　　　a_1 ——Ⅰ-Ⅰ 截面至基础边缘的距离，m。对于墙下钢筋混凝土条形基础，其最大弯矩、最大剪力位置应符合：当墙体材料为混凝土时，取 $a_1 = b_1$；如为砖墙且放脚不大于 1/4 砖长时，取 $a_1 = b_1 + 1/4$ 砖长。

为了防止因 V、M 作用而使基础底板发生冲切破坏和弯曲破坏，基础底板应有足够的厚

度和配筋。

（1）基础底板厚度。

由于基础内不配箍筋和弯起钢筋，故基础底板厚度应满足混凝土的抗剪切条件

$$V \leqslant 0.7\beta_{hs}f_{t}h_{0} \tag{8-19}$$

或

$$h_{0} \geqslant \frac{V}{0.7\beta_{hs}f_{t}} \tag{8-20}$$

式中 f_{t} ——混凝土轴心抗拉强度设计值，kPa。

       h_{0} ——基础底板有效高度，m，即基础底板厚度减去钢筋保护层厚度（有垫层 40mm，无垫层 70mm）和 1/2 倍的钢筋直径。

       β_{hs} ——受剪切承载力截面高度影响系数，$\beta_{hs}=(800/h_{0})^{1/4}$；当 $h_{0}<800\text{mm}$ 时，取 $h_{0}=800\text{mm}$；当 $h_{0}>2000\text{mm}$ 时，取 $h_{0}=2000\text{mm}$。

（2）基础底板配筋。

基础底板配筋应符合《混凝土结构设计规范》中正截面受弯承载力计算公式，也可以按照简化矩形截面单筋板计算。取 $\zeta=x/h_{0}=0.2$ 时，按下式简化计算：

$$A_{s}=\frac{M}{0.9h_{0}f_{y}} \tag{8-21}$$

式中 A_{s} ——每米长基础底板受力钢筋截面积，mm^2/m；

       f_{y} ——钢筋抗拉强度设计值，N/mm^2。

2. 偏心荷载作用

先计算基底净反力的偏心距 e_{j0}

$$e_{j0}=\frac{M}{F} \quad （一般要求 e_{j0}\leqslant\frac{b}{6}） \tag{8-22}$$

基础边缘处的最大和最小净反力为

$$p_{\substack{jmax\\jmin}}=\frac{F}{bl}\left(1\pm\frac{6e_{j0}}{b}\right) \tag{8-23}$$

图 8-28 中悬臂根部截面 I - I 处的净反力为

$$p_{jI}=p_{jmin}+\frac{b-a_{1}}{b}(p_{jmax}-p_{jmin}) \tag{8-24}$$

基础的高度和配筋计算仍按式（8-20）和式（8-21）进行；不过，在计算剪力 V 和弯矩 M 时应改按式（8-25）和式（8-26）计算：

$$V=\frac{1}{2}(p_{jmax}+p_{jI})a_{1} \tag{8-25}$$

$$M=\frac{1}{6}(2p_{jmax}+p_{jI})a_{1}^{2} \tag{8-26}$$

$$p_{jI}=p_{jmin}+\frac{b-a_{1}}{b}(p_{jmax}-p_{jmin}) \tag{8-27}$$

式中 p_{jI} ——计算截面处的净反力设计值。

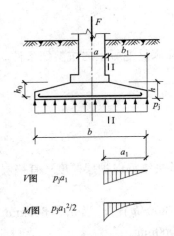
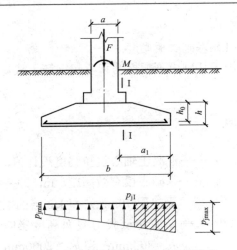

图 8-27　轴心荷载下的墙下条形基础　　　　　图 8-28　偏心荷载下的墙下条形基础

二、柱下钢筋混凝土独立基础设计

与墙下条形基础一样，在进行柱下独立基础的设计时，一般先由地基承载能力确定基础的底面尺寸，然后再进行基础截面的设计与计算。基础截面设计与计算的主要内容包括基础截面的抗冲切验算和纵、横方向的抗弯验算，并由此确定基础的高度和底板纵、横方向的配筋量。

1. 基础高度

基础高度由混凝土的受冲切承载力确定。在柱荷载作用下，如果基础高度（或阶梯高度）不足，则将沿着柱周边（或阶梯高度变化处）产生冲切破坏，形成 45°斜裂面的角锥体（见图 8-29）。因此，由冲切破坏锥体以外的地基净反力所产生的冲切力应小于冲切面处混凝土的抗冲切能力。对于矩形基础，柱短边一侧往往先产生冲切破坏，所以一般只需根据短边一侧冲切破坏条件来确定底板高度，即要求对矩形截面柱的矩形基础，应验算柱与基础交接处以及基础变阶处的受冲切承载力（见图 8-30）。按式（8-28）验算：

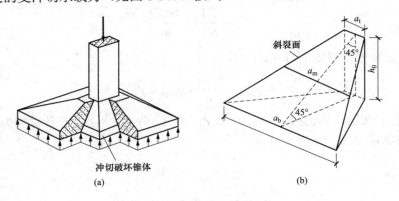

图 8-29　基础冲切破坏示意

（a）基础冲切破坏；（b）冲切斜裂面边长

$$F_l \leqslant 0.7\beta_{hp}f_t a_m h_0 \tag{8-28}$$

$$a_m = (a_t + a_b)/2$$

式（8-28）右边部分为混凝土抗冲切能力，左边部分为冲切力

$$F_l = p_j A_l \qquad\qquad (8\text{-}29)$$

两式中　p_j——相应于作用的基本组合时的地基净反力，kPa；对偏心受压基础可取基础边
　　　　　　　缘处最大地基净反力。

　　　　f_t——混凝土轴心抗拉设计强度，kPa。

　　　　h_0——基础冲切破坏锥体的有效高度，m。

　　　　β_{hp}——受冲切承载力截面高度影响系数。当 h 不大于 800mm 时，β_{hp} 取 1.0；当 h
　　　　　　　大于或等于 2000mm 时，β_{hp} 取 0.9；其间按线性内插法取用。

　　　　a_m——冲切破坏锥体最不利一侧计算长度，m；见图 8-29（b）。

　　　　a_t——冲切破坏锥体最不利一侧斜截面的上边长，m。当计算柱与基础交接处的受
　　　　　　　冲切承载力时，取柱宽；当计算基础变阶处的冲切承载力时，取上阶宽。

　　　　a_b——冲切破坏锥体最不利一侧斜截面在基础底面积范围内的下边长，m。当冲切破
　　　　　　　坏锥体的底面落在基础底面以内（见图 8-30）时，计算柱与基础交接处的受冲
　　　　　　　切承载力时 [见图 8-30（a）]，取柱宽加两倍基础有效高度；当计算基础变阶
　　　　　　　处的受冲切承载力时 [见图 8-30（b）]，取上阶宽加两倍该处的基础有效高度。

　　　　A_l——冲切验算时取用的部分基底面积，即冲切力的作用面积，m²。

图 8-30 中的阴影 ABCDEF 的面积，可按下式计算：

$$A_l = \left(\frac{b}{2} - \frac{b_t}{2} - h_0\right)l - \left(\frac{l}{2} - \frac{a_t}{2} - h_0\right)^2$$

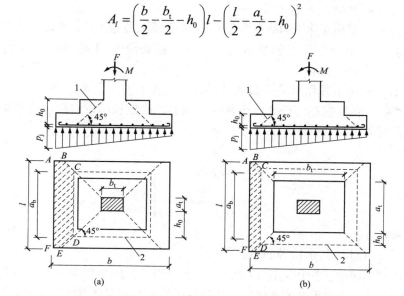

图 8-30　计算阶形基础的受冲切承载力截面位置

（a）柱与基础交接处；（b）基础变阶处

1—冲切破坏锥体最不利一侧的斜截面；2—冲切破坏锥体的底面线

2. 基础底板配筋

在地基净反力作用下，基础沿柱的周边向上弯曲。一般矩形基础的长宽比小于 2，故为
双向受弯。当弯曲应力超过了基础的抗弯强度时，就发生弯曲破坏。其破坏特征是裂缝沿柱

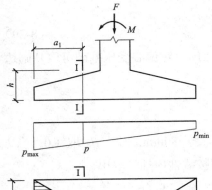

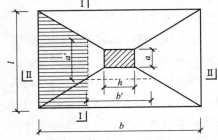

图 8-31　柱下独立基础弯矩计算示意图

角至基础角将基础底面分裂成四块梯形面积。故配筋计算时，将基础板看成四块固定在柱边的梯形悬臂板（见图 8-31）。

在轴心荷载或单向偏心荷载作用下，当台阶的宽高比不大于 2.5 且偏心距不大于 $b/6$（b 为基础偏心方向宽度）时，如图 8-31 所示，柱下矩形独立基础在纵向和横向两个方向的任意截面 I-I 和 II-II 的弯矩可按下式计算。

$$M_{\mathrm{I}} = \frac{1}{12} a_1^2 \left[(2l + a') \left(p_{\max} + p - \frac{2G}{A} \right) + (p_{\max} - p)l \right]$$

（8-30）

$$M_{\mathrm{II}} = \frac{1}{48} (l - a')^2 (2b + b') \left(p_{\max} + p_{\min} - \frac{2G}{A} \right)$$

（8-31）

式中　M_{I}、M_{II}——相应于作用的基本组合时，任意截面 I-I、II-II 处的弯矩设计值，kN·m；

　a_1——任意截面 I-I 至基底边缘最大反力处的距离，m；

　l、b——基础底面的边长，m；

　$p_{\max}$、$p_{\min}$——相应于作用的基本组合时的基础底面边缘最大和最小地基反力设计值，kPa；

　p——相应于作用的基本组合时在任意截面 I-I 处基础底面地基反力设计值，kPa；

　G——考虑作用分项系数的基础自重及其上的土自重，kN。

柱下独立基础的底板应在两个方向配置受力钢筋，底板长边方向和短边方向的受力钢筋面积 A_{sI} 和 A_{sII} 分别为

$$\left. \begin{array}{l} A_{\mathrm{sI}} = \dfrac{M_{\mathrm{I}}}{0.9 f_{\mathrm{y}} h_0} \\[3mm] A_{\mathrm{sII}} = \dfrac{M_{\mathrm{II}}}{0.9 f_{\mathrm{y}} (h_0 - d)} \end{array} \right\}$$

（8-32）

式中　d——钢筋直径。

h_0、d 均以 mm 计，其余符号同前。

当柱下独立基础底面长短边之比 ω 介于 2~3 之间时，应将短向全部钢筋面积乘以 λ 的钢筋均匀分布在与柱中心线重合的宽度等于基础短边的中间带宽范围内，其余的短向钢筋则均匀分布在中间带宽的两侧；长向配筋应均匀分布在基础全宽范围内。其中 λ 按式（8-33）计算

$$\lambda = 1 - \omega/6$$

（8-33）

【例 8-4】 已知某教学楼外墙厚 370mm，传至基础顶面的竖向力 $F_k = 267$ kN/m。室内外高差 0.9m，基础埋深按 1.3m 计算（自室外地面算起），地基承载力特征值 $f_a = 130$ kPa（已进行深度修正）。试设计该墙下钢筋混凝土条形基础。

解　（1）求基础宽度

$$b \geqslant \frac{F_k}{f_a - \gamma_G d} = \frac{267}{130 - 20 \times 1.75} = 2.81(\text{m})$$

取基础宽度 $b = 2.8\text{m} = 2800\text{mm}$。

（2）基础底板厚度及基础抗剪切验算

按 $h = b/8 = 2800/8 = 350(\text{mm})$，根据墙下钢筋混凝土基础构造要求，初步绘制基础剖面图，如图 8-32 所示。

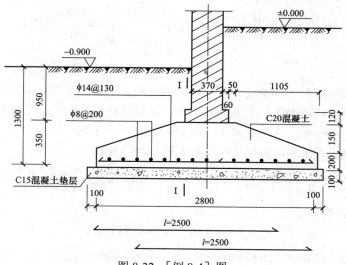

图 8-32 ［例 8-4］图

由荷载标准值计算荷载设计值时，取荷载分项系数 1.35，可得上部结构传至基础顶面的竖向力设计值 F，从而可计算得到地基净反力

$$p_j = \frac{F}{b} = \frac{1.35 F_k}{b} = \frac{1.35 \times 267}{2.8} = 128.7(\text{kPa})$$

I - I 截面的剪力设计值

$$V = p_j a_1 = 128.7 \times (1.155 + 0.06) = 156.7(\text{kN/m})$$

选用 C20 混凝土，$f_c = 1.1\text{N/mm}^2$，假设基础底板受力钢筋直径为 20mm，基础底板有效高度 $h_0 = 350 - 40 - 20/2 = 300(\text{mm})$，则

$$0.7 \beta_{hs} f_t h_0 = 0.7 \times (800/800)^{1/4} \times 1.1 \times 300 = 231(\text{kN/m}) > V$$

所以，基础底板厚度取 350mm，满足要求。

（3）底板配筋计算

I - I 截面的弯矩：

$$M = \frac{1}{2} p_j a_1^2 = \frac{1}{2} \times 128.7 \times (1.155 + 0.06)^2 = 95.0(\text{kN} \cdot \text{m/m})$$

选用 HPB300 级钢筋，$f_y = 300\text{N/mm}^2$，每米长基础底板受力钢筋为

$$A_s = \frac{M}{0.9 h_0 f_y} = \frac{95.0 \times 10^6}{0.9 \times 300 \times 300} = 1172.8 \, (\text{mm}^2)$$

选用 $\phi14@130$，实配 $A_s = 1184\text{mm}^2$，分布筋选用 $\phi8@200$，基础剖面如图 8-32 所示。

【例 8-5】 某柱下锥形基础的底面尺寸为 2.2m×3.0m，上部结构柱荷载 $N = 750\text{kN}$，$M=$

110kN·m，柱截面尺寸为 400mm×500mm，基础采用 C20 级混凝土和 HPB300 钢筋。试确定基础高度并进行基础配筋。

解 （1）设计基本数据

根据构造要求，可在基础下设置 100mm 厚的混凝土垫层，强度等级为 C10。从规范中可查得 C20 级混凝土 $f_t=1.1\,N/mm^2$，HPB300 钢筋 $f_y=210\,N/mm^2$。$l=2.2m$，$b=3.0m$

（2）基础边缘处的最大和最小净反力

$$p_{jmin}^{max}=\frac{N}{A}\pm\frac{M}{W}=\frac{750}{3.0\times2.2}\pm\frac{110}{\frac{1}{6}\times2.2\times3.0^2}=\frac{150.0}{80.3}(kPa)$$

（3）基础高度

初步选定基础高度 $h=500mm$，假设基础底板受力钢筋直径 20mm，则基础有效高度：
$h_0=500-40-20/2=450(mm)$。采用锥形基础，仅验算柱与基础交接处的受冲切承载力。

$b_t=500mm$，$a_t=400mm$，$a_t+2h_0=0.4+2\times0.45=1.3(m)<l=2.2m$

$a_b=a_t+2h_0=1.3m$，$a_m=(a_t+a_b)/2=(0.4+1.3)/2=0.85(m)$

$$A_l=\left(\frac{b}{2}-\frac{b_t}{2}-h_0\right)l-\left(\frac{l}{2}-\frac{a_t}{2}-h_0\right)^2=\left(\frac{3.0}{2}-\frac{0.5}{2}-0.45\right)\times2.2-\left(\frac{2.2}{2}-\frac{0.4}{2}-0.45\right)^2=1.56(m^2)$$

因偏心受压，p_j 取 $p_{j\,max}$。

$$F_l=p_jA_l=150.0\times1.56=234(kN)$$

$0.7\beta_{hp}f_ta_mh_0=0.7\times1.0\times1.1\times850\times450=294.5\times10^3(N)=294.5(kN)<F_l$，满足。

（4）配筋计算

设计控制截面在柱边处，此时 $a'=0.4m$，$b'=0.5m$，p_{jI} 值为

$$p_{jI}=80.3+(150.0-80.3)\times\frac{3.0+0.4}{2\times3}=119.8(kPa)$$

长边方向
$$M_I=\frac{1}{12}a_t^2[(2l+a')(p_{jmax}+p_{jI})+(p_{jmax}-p_{jI})l]$$

$$=\frac{1}{12}\times\left(\frac{3-0.5}{2}\right)^2\times[(2\times2.2+0.4)\times(150.0+119.8)+(150.0-119.8)\times2.2]$$

$$=177.3(kN\cdot m)$$

短边方向
$$M_{II}=\frac{1}{48}(l-a')^2(2b+b')(p_{jmax}+p_{jmin})$$

$$=\frac{1}{48}\times(2.2-0.4)^2\times(2\times3.0+0.5)\times(150.0+80.3)=101.0(kN\cdot m)$$

长边方向配筋
$$A_{sI}=\frac{177.3\times10^6}{0.9\times450\times300}=1459(mm^2)$$

选用 8φ16@300 （$A_{sI}=1608mm^2$）

短边方向配筋
$$A_{sII}=\frac{101\times10^6}{0.9\times(450-16)\times300}\times10^6=862(mm^2)$$

选用 11φ10@200 （$A_{sII}=863.5mm^2$）

基础的配筋布置如图 8-33 所示。

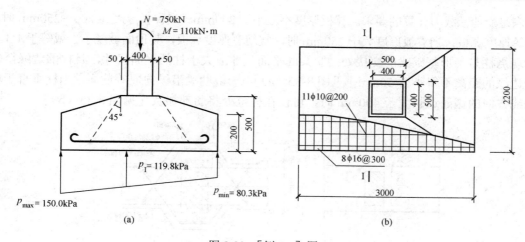

图 8-33 ［例 8-5］图

（a）基础剖面与受力；（b）基础配筋

8.8 柱下钢筋混凝土条形基础设计

柱下条形基础是常用于软弱地基上框架或排架结构的一种基础类型。它具有刚度大、调整不均匀沉降能力强的优点。一般情况下，柱下应首先考虑设置独立基础。但当上部结构传给柱基的荷载较大，而地基土承载力较低时，则需增大基础底面积，若因受相邻建筑物或已有的地下构筑设施的限制，独立基础的底面积不能再扩展，此时可采用柱下钢筋混凝土条形基础。又如，当各柱荷载差异过大，或地基土强度不均，若采用柱下独立基础，则可能引起各基础间较大的沉降差。为防止过大的不均匀沉降，减小地基变形，则应加大基础整体刚度。此时也应采用柱下钢筋混凝土条形基础。

8.8.1 柱下钢筋混凝土条形基础的构造要求

柱下条形基础的横截面一般为倒 T 形截面，基础底板挑出部分为翼板，其余部分称肋梁（见图 8-34）。柱下条形基础的构造，除应符合扩展基础的一般构造要求外，尚应符合下列规定：

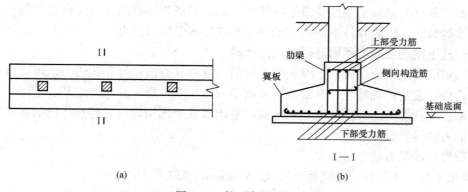

图 8-34 柱下条形基础

（a）平面图；（b）横剖面图

为了具有较大的抗弯刚度以便调整不均匀沉降，肋梁高度不宜太小，一般为柱距的 1/8～1/4，并应满足受剪承载力计算的要求。翼板厚度不应小于200mm。当翼板厚度为200～250mm时，宜用等厚度翼板；当翼板厚度大于250mm时，宜用变厚度翼板，其顶面坡度小于或等于1:3。

现浇柱与条形基础梁的交接处，肋梁的平面尺寸应大于柱的平面尺寸，且柱的边缘至基础梁边缘的距离不得小于50mm［见图8-35（a）］。一般肋梁沿纵向取等截面，当柱垂直于肋梁轴线方向的截面边长大于400mm时，可仅在柱位处将肋部加宽［见图8-35（b）］。

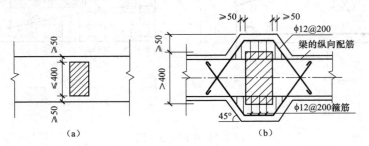

图 8-35　现浇柱与肋梁的平面连接和构造配筋
（a）肋宽不变；（b）肋宽变化

为了调整基底形心位置，使基底压力分布较为均匀，并使各柱下弯矩与跨中弯矩趋于均衡以利配筋，条形基础端部应沿纵向从两端边柱外伸，外伸长度宜为第一跨距的0.25。当荷载不对称时，两端伸出长度可不相等，以使基底形心与荷载合力作用点重合。但也不宜伸出太多，以免基础梁在柱位处正弯矩太大。

肋梁顶部和底部的纵向受力钢筋除应满足计算要求外，顶部钢筋应按计算配筋全部贯通，底部通长钢筋不应少于底部受力钢筋截面总面积的1/3。

当肋梁的腹板高度不小于450mm时，应在梁的两侧沿高度配置直径大于10mm纵向构造腰筋，每侧纵向构造腰筋（不包括梁顶、底部受力架立钢筋）的截面面积不应小于梁腹板截面面积的0.1%，其间距不宜大于200mm。肋梁中的箍筋应按计算确定，箍筋应做成封闭式。当肋梁宽度 $b_0<350$mm 时，可用双肢箍；当350mm≤$b_0<800$mm 时，可用四肢箍；当 $b_0≥800$mm 时，可用六肢箍。箍筋直径6～12mm，间距50～200mm，在距柱中心线为25%～30%柱距范围内箍筋应加密布置。底板受力钢筋按计算确定，直径不宜小于10mm，间距为100～200mm。

柱下条形基础的混凝土强度等级不应低于C20。当条形基础的混凝土强度等级小于柱的混凝土强度等级时，应验算柱下条形基础梁顶面的局部受压承载力。

8.8.2　柱下钢筋混凝土条形基础的内力计算

柱下钢筋混凝土条形基础由于梁长度方向的尺寸与其截面高度相比较大，可以看成地基上的受弯构件，它的挠曲特性、基底反力和截面内力相互关联，并且与地基、基础、上部结构的相对刚度特性有关。因此，应该从地基、基础以及上部结构三者相互作用的观点出发，选择适当的方法进行设计计算。

一、弹性地基梁方法

1. 基床系数法（又称"文克勒法"，E. Winkler，1837 年）

基本假定：地基上任一点所受的压力强度 p 与该点的沉降 s 呈正比，关系式如下：

$$p = ks \tag{8-34}$$

式中　k——比例常数，称为基床反力系数，简称"基床系数"，kN/m^3。

　　根据这个假定，既然地面上某点的沉降与作用于别处的压力无关，所以，实质上就是把地基看成无数分割开的小土柱组成的体系，见图 8-36（a）。或者，进一步用一根根弹簧代替土柱，则地基是由许多互不相连的弹簧所组成，见图 8-36（b）。这就是著名的文克勒地基模型。由式（8-34）可知，文克勒模型的基底反力图与基础的竖向位移图是相似的。如果基础是刚性的，则基底反力图按线性分布，见图 8-36（c），这就是基底反力简化计算方法所依据的计算图式。

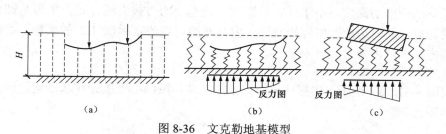

图 8-36　文克勒地基模型

（a）侧面无摩阻力的土柱体系；（b）弹簧模型；（c）文克勒地基上的刚性基础

　　按照文克勒模型，地基的沉降只发生在基底范围以内，这与实际情况不符。其原因在于忽略了地基中的剪应力，而正是由于剪应力的存在，地基中的附加应力 σ_z 才能向旁边扩散分布，使基底以外的地表发生沉降。为了弥补这个缺陷，有人曾经在文克勒模型的基础上做了改进。例如：考虑相邻小土柱之间存在摩阻力的弗拉索夫模型，以及在弹簧上加一拉紧的无伸缩性的薄膜组成的菲洛宁柯—鲍罗基契模型等。

　　文克勒模型的适用条件：抗剪强度很低的半液态土（如淤泥、软黏土等）地基或塑性区相对较大土层上的柔性基础，采用该方法比较合适。此外，厚度不超过梁或板的 1/2 短边宽度的薄压缩层地基（如薄的碎岩层）上的柔性基础也适合采用该方法。

　　2. 半无限弹性体法

　　基本假定：假定地基为半无限弹性体，将柱下条形基础作为放在半无限弹性体表面上的梁，当荷载作用在半无限弹性体表面时，某点的沉降不仅与作用在该点上的压力大小有关，同时也和邻近处作用的荷载有关。

　　半无限弹性体空间模型虽然具有能够扩散应力和变形的优点，但是，它的扩散能力往往超过地基的实际情况，所以计算所得的沉降量和地表的沉降范围，往往比实测结果要大。这与它具有无限大的压缩层有关；尤其是它未能考虑到地基的成层性、非均匀性以及土体应力—应变关系的非线性等重要因素。

　　适用条件：用于压缩层深度较大的一般土层上的柔性基础，并要求地基土的弹性模量和泊松比值较为准确。当作用于地基上的荷载不很大，地基处于弹性变形状态时，用这种方法计算才较符合实际。

　　二、简化的内力计算方法

　　简化的内力计算方法主要有倒梁法和剪力平衡法（静定分析方法）两种。这两种方法均假设基底净反力呈线性分布，要求基础具有足够的相对刚度。

　　1. 倒梁法

　　基本假定：基础梁与地基土相比具有足够刚度，基础的弯曲挠度不致改变地基压力分布；地基压力分布呈直线分布。

　　倒梁法认为上部结构是刚性的，各柱之间没有沉降差异，因而可把柱脚视为条形基础的铰支座，支座间不存在相对的竖向位移。除柱的竖向集中力外，各种荷载作用（包括柱传来的力矩）均已知，按倒置的普通连续梁计算梁的纵向内力。这种计算模型，只考虑出现于柱间的局部弯曲，而略去基础全长发生的整体弯曲，因而所得的柱位处截面的正弯矩与柱间最大负弯矩绝对值相比较，比其他方法均衡，所以基础不利截面的弯矩最小。

《建筑地基基础设计规范》规定，在比较均匀的地基上，上部结构刚度较好，荷载分布较均匀，且条形基础梁的高度不小于 1/6 柱距时，地基反力可按直线分布，条形基础梁的内力可按连续梁计算，此时边跨跨中弯矩及第一内支座的弯矩值宜乘以 1.2 的系数；否则，宜按弹性地基梁方法求解内力。

内力计算：

（1）如图 8-37（a）所示，根据柱传至梁上的荷载，按偏心受压计算基础梁边缘处最大和最小地基净反力。

$$\frac{p_{\mathrm{jmax}}}{p_{\mathrm{jmin}}} = \frac{\sum F_i}{bl} \pm \frac{\sum M_i}{W} \tag{8-35}$$

式中　　$\sum F_i$ ——上部结构作用在基础梁上的竖向荷载设计值总和（不包括基础及回填土重力），kN；

　　　　$\sum M_i$ ——外荷载对基底形心弯矩设计值的总和，kN·m；

　　　　$b、l$ ——分别为条基的宽度和长度，m；

　　　　W ——基础底面的抵抗矩，m³。

（2）如图 8-37（b）所示，将柱底视为不动铰支座，以地基净反力为荷载，按多跨连续梁方法求得梁的内力。

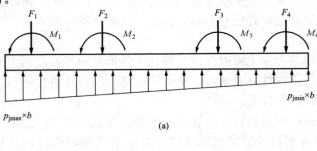

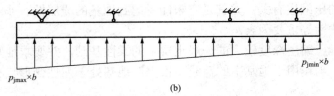

图 8-37　用倒梁法计算地基梁简图

（a）基底净反力分布图；（b）按连续梁求内力

（3）倒梁法求得的支座反力可能会不等于原先用于基底净反力的竖向柱荷载。如下述［例 8-6］中的 C 支座的反力（1660kN）比原来的竖向柱荷载（1754kN）减少了 94kN。这即可理解为上部结构的整体刚度对基础整体弯曲的抑制作用，使柱荷载的分布均匀化；也反映了倒梁法计算所得的支座反力与基底反力不平衡的这一主要缺点。对此，实践中有采用所谓"基底反力局部调整法"，即可将支座处的不平衡力均匀分布在本支座两侧各 1/3 跨度范围内，从而将地基反力调整为台阶状，再按倒梁法计算出内力后叠加。

2. 剪力平衡法（静定分析方法）

假定地基反力按直线分布，其值仍按式（8-35）计算。求出净反力分布后，基础上所有的作用力都已确定，可按静力平衡条件（剪力平衡）计算出任意截面 i 上的弯矩 M_i 和剪力 V_i。

剪力平衡法未考虑地基基础与上部结构的相互作用，因而在荷载和直线分布的基底反力作用下产生整体弯曲。与其他方法比较，这样计算所得的基础不利截面上弯矩绝对值一般较大。此法只宜用于上部为柔性结构且自身刚度较大的条形基础以及联合基础。

【例 8-6】 试确定图 8-38（a）所示条形基础的底面尺寸，并用简化计算方法分析内力。已知：基础埋深 $d=1.5\text{m}$，地基承载力特征值 $f_{ak}=120\text{kPa}$，其余数据见图。

解 （1）确定基础底面尺寸

各柱竖向力的合力，距图中 A 点的距离 x 为

$$x = \frac{960\times14.7+1754\times10.2+1740\times4.2}{960+1754+1740+554} = 7.85(\text{m})$$

考虑构造需要，基础伸出 A 点外 $x_1=0.5\text{m}$，如果要求竖向力合力与基底形心重合，则基础必须伸出图中 D 点之外 x_2

$$x_2 = 2\times(7.85+0.5)-(14.7+0.5) = 1.5(\text{m}) \quad (\text{等于边距的 } 1/3)$$

基础总长度 $\quad l = 14.7+0.5+1.5 = 16.7(\text{m})$

需基础底板宽度 b

$$b \geqslant \frac{1}{l}\cdot\frac{\sum F_k}{f_a-\gamma_G d} = \frac{410+1289+1300+711}{16.7\times(120-20\times1.5)} = 2.47(\text{m})$$

取 $b=2.5\text{m}$ 设计。

（2）内力分析

1）倒梁法

因荷载的合力通过基底形心，故地基反力是均布的，沿基础每米长度上的净反力值：

$$q_n = (960+1754+1740+554)/16.7 = 300(\text{kN/m})$$

以柱底 A、B、C、D 为支座，按弯矩分配法分析三跨连续梁，其弯矩 M 和剪力 V 值见图 8-38（b）。

2）剪力平衡法

按静力平衡条件计算内力

$$M_A = \frac{1}{2}\times300\times0.5^2 = 38(\text{kN}\cdot\text{m})$$

$$V_{A左} = 300\times0.5 = 150(\text{kN})$$

$$V_{A右} = 150-554 = -404(\text{kN})$$

AB 跨内最大负弯矩的截面至 A 点的距离 $a_1 = \dfrac{554}{300}-0.5 = 1.35(\text{m})$，则

$$M_1 = \frac{1}{2}\times300\times(0.5+1.35)^2-554\times1.35 = -234(\text{kN}\cdot\text{m})$$

$$M_B = \frac{1}{2}\times300\times(0.5+4.2)^2-554\times4.2 = 987(\text{kN}\cdot\text{m})$$

$$V_{B左} = 300\times(0.5+4.2)-554 = 856(\text{kN})$$

$$V_{B右} = 856-1740 = -884(\text{kN})$$

其余各截面的 M、V 均仿此计算，结果见图 8-38（c）。

比较两种方法的计算结果，按剪力平衡法算出的支座弯矩较大；按倒梁法算得的跨中弯矩较大。

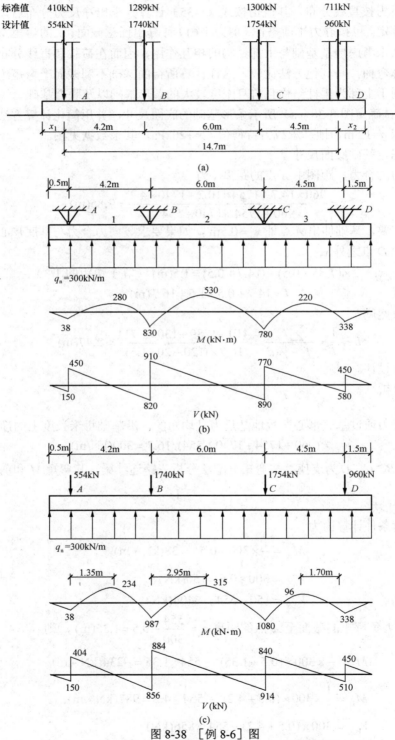

图 8-38　［例 8-6］图

（a）条形基础示意图；（b）倒梁法计算简图；（c）剪力平衡法计算简图

【例 8-7】 某柱网布置图如图 8-39 所示。已知 B 轴线上荷载设计值边柱 F_1=1080kN，中柱 F_2=1310kN，初选基础埋深为 1.5m，地基承载力特征值 f_a=120kPa。试设计 B 轴线上条形基础。

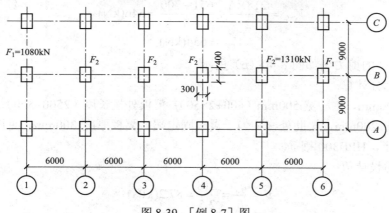

图 8-39 ［例 8-7］图

解（1）确定基底面积

基础两边各放出：$l/3 = 6/3 = 2(\text{m})$

基础底宽度（综合荷载分项系数取 1.35）：

$$b \geqslant \frac{\sum F/1.35}{l(f_a - 20d)} = \frac{1310 \times 4 + 1080 \times 2}{[(6 \times 5 + 2 \times 2) \times (120 - 20 \times 1.5)] \times 1.35} = 2.48(\text{m})$$

取 $b = 2.50\text{m}$ 设计。

（2）梁的弯矩计算

在对称荷载作用下，由于基础底面反力为均匀分布，因此单位长度地基的净反力为

$$q_n = \frac{\sum F}{l} = \frac{7400}{34} = 218(\text{kN/m})$$

基础梁可看成在均布线荷载 q_n 作用下以柱为支座的五跨等跨度连续梁。为了计算方便，可将图 8-40（a）分解为图 8-40（b）和（c）两部分。图 8-40（b）用力矩分配法计算，A 截面处的固端弯矩为

$$M_A^G = \frac{1}{2}q_n l^2 = \frac{1}{2} \times 218 \times 2.0^2 = 436(\text{kN} \cdot \text{m})$$

在图 8-40（c）的荷载作用下，利用五跨等跨度连续梁的相应弯矩系数 m，可得有关截面的弯矩。

支座 B（和 B'）：$M_B = m_B q_n l^2 = -0.105 \times 218 \times 6^2 = -824(\text{kN} \cdot \text{m})$

其余同（略）。

将图 8-40（b）和（c）的弯矩叠加，即为按倒梁法计算所得的 JL-2 梁的弯矩图，如图 8-40（d）所示。

（3）梁的剪力计算

$$V_{A左} = 218 \times 2.0 = 436(\text{kN})$$

$$V_{A右} = \frac{q_n l}{2} - \frac{M_B - M_A}{l} = \frac{218 \times 6}{2} - \frac{700 - 436}{6} = 610(\text{kN})$$

$$V_{B左} = \frac{q_n l}{2} + \frac{M_B - M_A}{l} = \frac{218 \times 6}{2} + \frac{700 - 436}{6} = 698(\text{kN})$$

$$V_{B右} = \frac{218 \times 6}{2} - \frac{651 - 700}{6} = 662(kN)$$

$$V_{C左} = \frac{218 \times 6}{2} + \frac{651 - 700}{6} = 646(kN)$$

$$V_{C右} = 654(kN)$$

基础梁 TL-2 的剪力图如图 8-40（e）所示。

（4）梁板部分计算

基底宽 2500mm，主肋宽 500mm（400+2×50），翼板外挑长度（2500−500）/2=1000(mm)，翼板外边缘厚度 200mm，梁肋处（相当于翼板固定端）翼板厚度 300mm。见图 8-41。翼板采用 C20 混凝土，HPB300 钢筋。

基底净反力设计值：

$$p_j = \frac{q_n}{b} = \frac{218}{2.5} = 87.2(kPa)$$

1）斜截面抗剪强度验算（按每米长计）

$$V = 87.2 \times 1.0 = 87.2(kN/m)$$

$$h_0 = \frac{V}{0.7\beta_{hs}f_t} = \frac{87.2}{0.7 \times 1.0 \times 1.1} = 113.2(mm)$$

有垫层，受力钢筋直径暂按 20mm，实际 h_0=300−40−10=250(mm)＞113.2mm，满足要求。

2）翼板受力筋计算

$$M = \frac{1}{2} \times 87.2 \times 1.0^2 = 43.6(kN \cdot m/m)$$

$$A_s = \frac{M}{0.9h_0 f_y} = \frac{43.6 \times 10^6}{0.9 \times 250 \times 270} = 718(mm^2/m)$$

选配φ12@120，实配 A_s=942mm²。

（5）肋梁部分计算

肋梁高取 l/6=6000/6=1000(mm)，宽 500mm。主筋用 HRB335 钢筋，箍筋用 HPB300 钢筋，C20 混凝土。

1）正截面强度计算

根据图 8-40（d）的 JL-2 梁 M 图，对各支座、跨中分别按矩形、T 形截面进行正截面强度计算。

轴②支座处（M＝700kN · m），由 $\alpha_s = \frac{M}{f_c b h_0^2} = \frac{700 \times 10^6}{9.6 \times 500 \times 950^2} = 0.162$，查混凝土设计手册可得 $\rho = 0.569$

$$A_s = \rho b h_0 = 0.569 \times 500 \times 950 = 2702(mm^2)$$

2）斜截面强度计算

轴②左边截面（V=698kN）：$0.7\beta_{hs}f_t h_0 = 0.7 \times 9(800/950)^{1/4} \times 1.1 \times 950 = 698(kN)$

配φ10@250 箍筋（四肢箍）。$[V_{cs}]$=702kN＞698kN，满足要求。

各部分的正、斜截面配筋均可列表计算，此略。

统一调整后，JL-2 梁的配筋见图 8-41。

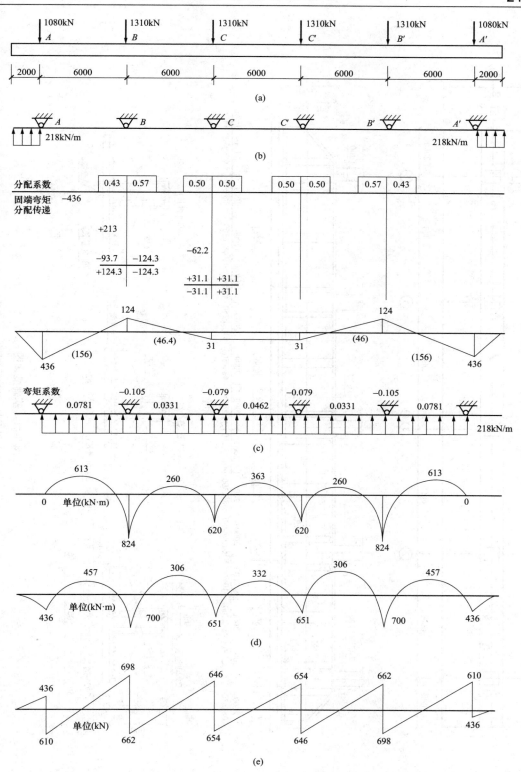

图 8-40 基础梁内力分析

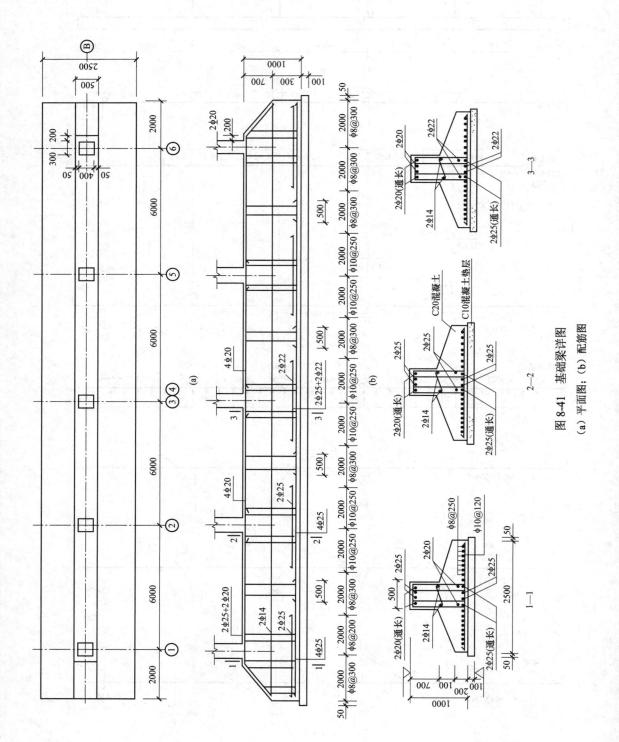

图 8-41　基础梁详图
(a) 平面图；(b) 配筋图

8.9 筏 形 基 础 设 计

筏形基础分为梁板式和平板式两种类型（见图 8-6）。其选型应根据地基土质、上部结构体系、柱距、荷载大小、使用要求以及施工条件等因素确定。框架—核心筒结构和筒中筒结构宜采用平板式筏形基础。

8.9.1 构造要求

筏形基础的混凝土强度等级不应低于 C30，当有地下室时应采用防水混凝土，防水混凝土的抗渗等级应根据《建筑地基基础设计规范》的规定选用。对重要建筑，宜采用自防水并设置架空排水层。

筏形基础的板厚应按受冲切和受剪承载力确定。平板式筏基的最小板厚不宜小于 500mm，当柱荷载较大时，可将柱位下筏板局部加厚或增设柱墩，也可采用设置抗冲切箍筋来提高受冲切承载能力。梁板式筏基的板厚不应小于 400mm，且板厚与最大双向板格的短边净跨之比不应小于 1/4。当筏形基础的厚度大于 2000mm 时，宜在板厚中间部位设置直径不小于 12mm、间距不大于 300mm 的双向钢筋网。

考虑到整体弯曲的影响，筏形基础的配筋除应满足计算要求外，①对梁板式筏基，纵横方向的支座钢筋应有 1/2～1/3 贯通全跨，且配筋率不应小于 0.15%；跨中钢筋应按计算配筋全部贯通。②对平板式筏基，柱下板带和跨中板带的底部钢筋应有 1/2～1/3 贯通全跨，且配筋率不应小于 0.15%；顶部钢筋按计算配筋全部贯通。

采用筏形基础的地下室，地下室钢筋混凝土外墙厚度不应小于 250mm，内墙厚度不应小于 200mm。墙的截面设计除了应满足计算承载力要求外，尚应考虑变形、抗裂及防渗等要求。墙体内应设置双面钢筋，竖向和水平钢筋的直径不应小于 12mm，间距不应大于 300mm。

地下室底层柱、剪力墙与梁板式筏基的基础梁连接构造应符合下列规定：①柱、墙的边缘至基础梁边缘的距离不应小于 50mm，见图 8-42；②当交叉基础梁的宽度小于柱截面的边长时，交叉基础梁连接处应设置八字角，角柱与八字角之间的净距不应小于 50mm，见图 8-42（a）；③单向基础梁与柱的连接，可按图 8-42（b）、（c）采用；基础梁与剪力墙的连接可采用图 8-42（d）所示的构造要求。

筏板与地下室外墙的接缝、地下室外墙沿高度处的水平接缝应严格按施工缝要求施工，必要时可设通长止水带。

8.9.2 筏形基础的结构和内力计算

确定筏形基础底面形状和尺寸时首先应考虑使上部结构荷载的合力点接近基础底面的形心。如果荷载不对称，宜调整筏板的外伸长度，但伸出长度从轴线算起横向不宜大于 1500mm，纵向不宜大于 1000mm，且同时宜将肋梁挑至筏板边缘。无外伸肋梁的筏板，其伸出长度宜适当减小。如上述调整措施不能完全达到目的，对上肋式、地面架空的布置形式，尚可采取调整筏上填土（或其他荷载）等措施以改变合力点位置。

对单栋建筑物，在地基土比较均匀的条件下，基底平面形心宜与结构竖向永久荷载重心重合。当不能重合时，在作用的准永久组合下，偏心距 e 宜符合下式规定：

$$e \leq 0.1W/A \qquad (8-36)$$

式中　W ——与偏心距方向一致的基础底面边缘的抵抗矩；

A ——基础底面积。

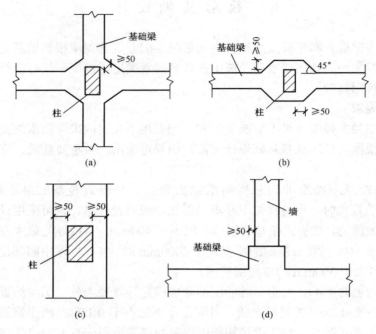

图 8-42　地下室底层柱或剪力墙与基础梁连接的构造要求

1. 内力计算

（1）弹性地基板法。

当地基比较复杂、上部结构刚度较差，或柱荷载及柱距变化较大时，筏基内力宜按弹性地基板法进行分析。对于平板式筏基，可用有限差分法或有限单元法进行分析；对于梁板式筏基，则宜划分肋梁单元和薄板单元，而以有限单元法进行分析。

（2）简化计算方法——"倒楼盖"法。

"倒楼盖"法如同倒梁法，是将筏形基础看作一个放置在地基上的楼盖，柱、墙视为该楼盖的支座，地基净反力视为作用在该楼盖上的外荷载，按混凝土结构中的单向或双向梁板的肋梁楼盖、无梁楼盖方法进行计算。按"倒楼盖"法简化计算时，一般只计算局部弯曲，并假定基底反力为直线分布（或平面分布）；如果地基地质比较均匀、上部结构和基础的刚度足够大，这种假设才认为是合理的。对柱下梁板式筏形基础，如果框架柱网在两个方向的尺寸比小于 2，且柱网内无小基础梁时，筏板按双向多跨连续板、肋梁按多跨连续梁计算内力，若柱网内设有小基础梁，把底板分割成长短边比大于 2 的矩形格板时，筏板按单向板计算，主、次肋梁仍按多跨连续梁计算内力。对柱下平板式筏形基础，可仿效无梁楼盖计算方法，分别截取柱下板带与柱间板带进行计算。

《建筑地基基础设计规范》规定，当地基土比较均匀、地基压缩层范围内无软弱土层或可液化土层、上部结构刚度较好，柱网和荷载较均匀，相邻柱荷载及柱间距的变化不超过 20%，且梁板式筏基梁的高跨比或平板式筏基板的厚跨比不小于 1/6 时，筏形基础可仅考虑局部弯曲作用。筏形基础的内力，可按基底反力直线分布进行计算，计算时基底反力应扣除底板自重及其上填土的自重。当不满足上述要求时，筏基内力可按弹性地基梁板方法进行分析计算。

对于矩形筏形基础，基底反力可按下列偏心受压公式进行简化（见图 8-43）：

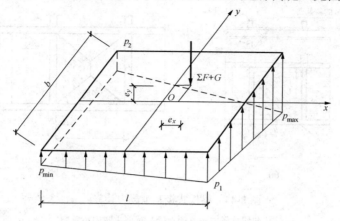

图 8-43　基底反力简化计算

$$\begin{smallmatrix}p_{\max},p_1\\p_{\min},p_2\end{smallmatrix}=\frac{\sum F+G}{lb}\left(1\pm\frac{6e_x}{l}\pm\frac{6e_y}{b}\right) \tag{8-37}$$

$$G=20dlb$$

$$e_x=\frac{M_y}{\sum F+G} \tag{8-38}$$

$$e_y=\frac{M_x}{\sum F+G} \tag{8-39}$$

式中　$p_{\max}$、$p_{\min}$、p_1、p_2 ——分别为基底四个角的基底压力值，kPa；

$\sum F$ ——筏板上的总竖向荷载设计值，kN；

G ——基础及其上土的重力，kN；

l、b ——筏板底面长与宽，m；

d ——筏板的埋置深度，m；

e_x、e_y ——上部结构荷载在 x、y 方向对基底形心的偏心距（x、y 轴通过基底形心）；

M_x、M_y ——竖向荷载设计值的合力点对 x、y 轴的力矩，kN·m。

确定筏基底面积时同样要求符合式（8-4）和式（8-9）的要求。

2. 梁板式筏基承载力计算

梁板式筏基底板除计算正截面受弯承载力外，其厚度尚应满足受冲切承载力、受剪切承载力的要求。

（1）抗冲切承载力计算。

$$F_l\leqslant 0.7\beta_{hp}f_tu_mh_0 \tag{8-40}$$

式中　F_l ——作用在图 8-44（a）中阴影部分面积上的地基土平均净反力设计值；

u_m ——距基础梁边 $h_0/2$ 处冲切临界截面的周长；

β_{hp} ——受冲切承载力截面高度影响系数。当 h 不大于 800mm 时，β_{hp} 取 1.0；当 h 大于或等于 2000mm 时，β_{hp} 取 0.9；其间按线性内插法取用。

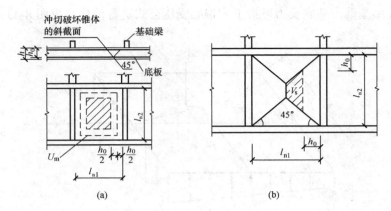

图 8-44　梁板式筏基承载力计算

（a）抗冲切承载力示意图；（b）抗剪承载力示意图

当底板区格为矩形双向板时，底板受冲切所需的厚度 h_0 按下式计算：

$$h_0 = \frac{(l_{n1}+l_{n2}) - \sqrt{(l_{n1}+l_{n2})^2 - \dfrac{4pl_{n1}l_{n2}}{p_n + 0.7\beta_{hp}f_t}}}{4} \tag{8-41}$$

式中　l_{n1}、l_{n2}——计算板格的短边和长边的净长度，m；

　　　　p_n——相应于作用的基本组合时的基底平均净反力设计值，kPa。

（2）抗剪切承载力计算。

$$V_s \leqslant 0.7\beta_{hs}f_t(l_{n2}-2h_0)h_0 \tag{8-42}$$

$$\beta_{hs} = (800/h_0)^{1/4} \tag{8-43}$$

式中　V_s——距梁边缘 h_0 处，作用在图 8-44（b）中阴影部分面积上的基底平均净反力产生的剪力设计值；

　　　　β_{hs}——受剪切承载力截面高度影响系数。板的有效高度 h_0 小于 800mm 时，h_0 取 800mm；h_0 大于 2000mm 时，h_0 取 2000mm。

当底板板格为单向板时，其斜截面受剪承载力应按墙下条形基础验算，其底板厚度不应小于 400mm。

8.10　箱形基础设计

箱形基础是指由底板、顶板、外墙和相当数量的纵横内隔墙构成的单层或多层箱形钢筋混凝土结构，用以作为整个建筑物或建筑物主体部分的基础。所以它是一种具有很大底面积、埋深和整体刚度的基础，与一般基础相比，有以下几个主要的特点：

（1）有很大的刚度，能有效地扩散上部结构传给地基的荷载，同时又能较好地抵抗由于局部地层土质不均匀或受力不均匀所引起的地基不均匀变形，减少沉降对上部结构的影响。

（2）基础的宽度和埋深大，增加地基的稳定性，提高承载力。

（3）进行了大面积深开挖。由于挖除了大量地基土，抵消上部结构传来的部分附加压力，发挥补偿性基础的作用，从而减小地基的沉降量。

（4）与地下室结合，充分利用建筑物的地下空间。

8.10.1 构造要求

箱形基础的平面布置与尺寸，应根据地基土的性质、建筑平面布置以及荷载分布等因素确定。平面形状力求简单、对称。通过形状布置，尽量使基底平面形心与结构竖向永久荷载重心重合。

箱形基础的高度应满足结构承载力、整体刚度和使用功能的要求，其值不宜小于箱形基础长度（不包括底板悬挑部分）的 1/20，并不宜小于 3m。箱形基础顶板、底板及墙身厚度应根据受力情况、整体刚度及防水要求确定。一般底板厚度不应小于 300mm，外墙厚度不应小于 250mm，内墙厚度不应小于 200mm。顶、底板厚度应满足受剪承载力验算的要求，底板尚应满足受冲切承载力的要求。

墙体水平截面总面积（扣除洞口部分）不宜小于箱形基础外墙外包尺寸的水平投影面积的 1/10。对基础平面长宽比不大于 4 的箱形基础，其纵横水平截面面积不得小于箱形基础外墙外包尺寸水平投影面积的 1/18。

墙体内应设置双面钢筋，竖向和水平钢筋的直径不应小于 10mm，间距不应大于 200mm。除上部为剪力墙外，内、外墙的墙顶处宜配置两根直径不小于 20mm 的通长构造钢筋。

箱形基础的埋置深度应根据建筑物对地基承载力、基础倾覆及滑移稳定性、建筑物整体倾斜以及抗震设防烈度等的要求确定，一般可取等于箱形基础的高度，在抗震设防区不宜小于建筑物高度的 1/15。高层建筑同一结构单元内的箱形基础埋深宜一致，且不得局部采用箱形基础。

门洞宜设在柱间居中部位，洞边至上层柱中心的水平距离不宜小于 1.2m，洞口上过梁的高度不宜小于层高的 1/5，洞口面积不宜大于柱距与箱形基础全高乘积的 1/6。墙体洞口四周应设置加强钢筋。

箱形基础的混凝土强度等级不应低于 C25。

8.10.2 简化计算

当箱形基础上部框架结构层数不多，刚度不太大时，可不考虑上部结构刚度的影响，只考虑基底反力及上部结构荷载对箱基的作用，这样可使内力分析工作简化，是一种实用的简化计算方法。

箱形基础的内力分析实质上是一个求解地基、基础与上部结构相互作用的课题。由于箱形基础本身是一个复杂的空间体系，要严格分析仍有不少困难，因此，目前采用的分析方法是根据上部结构整体刚度的强弱选择不同的简化计算方法。

可将箱形基础视为弹性地基上的巨大刚性整体基础，该基础由足够的纵横隔墙将顶板、底板连成整体，其整体弯曲可按如同一空盒式的梁来计算顶板、底板的内力，局部弯曲可按前面介绍的方法计算内力。

具体计算步骤如下：

（1）首先验算地基强度。此时应考虑上部结构荷载及箱形基础自重。

（2）将底板均匀划分成正方形或矩形区格，整个基底的反力呈鞍形分布，各区格的平均反力值由地基反力系数求得。

（3）以求得的地基反力作为底板荷载，可将箱形基础墙板作为底板的支点，按连续板求算底板内力。若板的支座两边弯矩不相等时，应以偏于安全的弯矩值作为配筋依据。

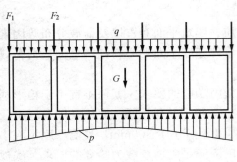

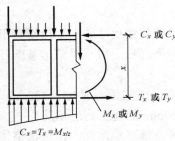

$$C_x = T_x = M_x/z$$

图 8-45　箱形基础整体弯曲时在顶板
和底板内引起的轴向力

（4）在地基反力及外荷载作用下，如同一空盒式梁的箱形基础将产生双向弯曲应力。为了避免对板作复杂的双向受弯计算，分析顶板、底板整体弯曲时，简化为在 x，y 两方向分别进行单向受弯计算，即先将基础视为沿长度方向的梁，用静定分析法算出任一截面上的总弯矩 M_x 和总剪力 Q_x，且假定 M_x、Q_x 在截面横向均布。再将基础视为沿宽度方向的梁，算出 M_y、Q_y。弯矩 M_x、M_y 会在两个方向使顶、底板分别处于轴向受压和轴向受拉状态，而剪力 Q_x、Q_y 则分别由箱形基础的横向和纵向墙承担，以上即箱形基础的整体受弯计算（见图 8-45）。

注意，上述计算是将荷载及地基反力在纵横方向重复使用，算得的整体弯曲应力必然被夸大，况且也没有考虑与箱形基础不可截然分离的上部结构的分担作用（实际上上部结构与箱形基础的共同工作状态不应该完全忽略），为了减少因设计造成的浪费，依上部结构相对刚度的大小，可将以上方法算得的整体弯曲弯矩进行折减。

（5）根据整体弯曲的弯矩 M_x、M_y，按下式即可算出顶板和底板的轴向压力 C 和轴向拉力 T。

x-x 轴向：
$$T_x = C_x = \frac{M_x}{BH} \tag{8-44}$$

y-y 轴向：
$$T_y = C_y = \frac{M_y}{BH} \tag{8-45}$$

式中　T_x、T_y ——x、y 轴向底板每米的拉力，kN/m；

$\quad\quad C_x$、C_y ——x、y 轴向顶板每米的压力，kN/m；

$\quad\quad M_x$，M_y ——整体弯曲时 x，y 方向的弯矩，kN/m；

$\quad\quad B$ ——底板宽度，m；

$\quad\quad H$ ——箱形基础的计算高度，即顶板与底板的中距，m。

（6）因顶、底板架空支承在箱形基础内外墙上，且直接承受着分布载荷，所以顶、底板又作为受弯构件产生局部弯曲应力。因此，顶、底板应按局部受弯方法进行计算，且底板计算所得的局部弯曲产生的弯矩应乘以 0.8 的系数。

8.11　地基变形验算与减轻不均匀沉降的措施

8.11.1　地基变形验算

1. 地基变形特征

由于不同建筑物的结构类型、整体刚度、使用要求的差异，对地基变形的敏感程度、危害、变形要求也不同。对于各类建筑物而言，对其最不利的沉降形式称为"地基变形特征"，需要控制其地基变形特征值，使之不影响建筑物的安全和正常使用。

地基变形特征一般分为：沉降量、沉降差、倾斜和局部倾斜，如图 8-46 所示。

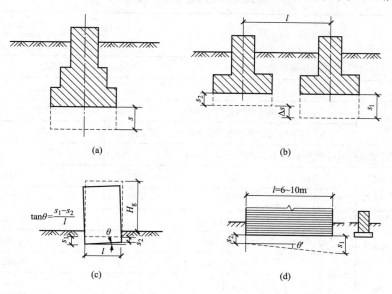

图 8-46　地基变形特征示意图

（a）沉降量；（b）沉降差；（c）倾斜；（d）局部倾斜

（1）沉降量是指基础某一点的沉降值，通常指基础中点的沉降量。沉降量若过大，将影响建筑物的正常使用，如造成室内外上下水管、煤气管道的断裂等。对于单层排架结构，在低压缩性地基上一般不会因沉降而损坏，但在中高压缩性地基上，应该限制柱基沉降量，尤其是要限制多跨排架中受荷载较大的中排柱基的沉降量，以免支承于其上的相邻屋架发生对倾而使端部相碰。

（2）沉降差是指相邻柱基中点的沉降量之差。过大的沉降差会导致上部结构产生次生应力，严重时建筑物将发生裂缝、倾斜甚至破坏。框架结构主要因柱基的不均匀沉降而使结构受剪扭曲而损坏，设计时应由相邻柱基的沉降差控制。

（3）倾斜是指基础倾斜方向两端点的沉降差与其距离的比值。对于高耸结构及长高比很小的高层建筑，如烟囱、电视塔等，其地基变形控制性指标是整体倾斜。

（4）局部倾斜是指砌体承重结构沿纵墙 6～10m 内基础两点的沉降差与其距离的比值。局部倾斜过大将会使其挠曲变形、开裂，影响正常使用，是砌体结构变形的控制性指标。

对不同类型的建筑，应控制相应的地基变形特征值不超过变形允许值，以确保建筑物的正常使用和安全，这是地基基础设计的一个基本原则。《建筑地基基础设计规范》通过对各类建筑物的实际沉降观测资料的分析和综合，提出了地基变形允许值，见表 8-5。

2. 地基变形验算

《建筑地基基础设计规范》按不同建筑物的地基变形特征要求其地基变形计算值不应大于地基变形允许值，即

$$s \leqslant [s]$$

（8-46）

式中 s ——地基变形计算值；

$[s]$ ——地基变形允许值，查表 8-5。

表 8-5 建筑物的地基变形允许值

变 形 特 征		地基土类别	
		中、低压缩性土	高压缩性土
砌体承重结构基础的局部倾斜		0.002	
工业与民用建筑相邻柱基的沉降差	框架结构	0.002l	0.003l
	砌体墙填充的边排柱	0.002l	0.003l
	当基础不均匀沉降时不产生附加应力的结构	0.005l	0.005l
单层排架结构（柱距为 6m）柱基的沉降量（mm）		（120）	200
桥式吊车轨面的倾斜（按不调整轨道考虑）	纵向	0.004	
	横向	0.003	
多层和高层建筑的整体倾斜	$H_g \leqslant 24$	0.004	
	$24 < H_g \leqslant 60$	0.003	
	$60 < H_g \leqslant 100$	0.0025	
	$H_g > 100$	0.002	
体型简单的高层建筑基础的平均沉降量（mm）		200	
高耸结构基础的倾斜	$H_g \leqslant 20$	0.008	
	$20 < H_g \leqslant 50$	0.006	
	$50 < H_g \leqslant 100$	0.005	
	$100 < H_g \leqslant 150$	0.004	
	$150 < H_g \leqslant 200$	0.003	
	$200 < H_g \leqslant 250$	0.002	
高耸结构基础的沉降量（mm）	$H_g \leqslant 100$	400	
	$100 < H_g \leqslant 200$	300	
	$200 < H_g \leqslant 250$	200	

注 1．本表数值为建筑物地基实际最终变形允许值；

    2．有括号者仅适用于中压缩性土；

    3．l 为相邻柱基的中心距离（mm）；H_g 为自室外地面起算的建筑物高度（m）；

    4．倾斜指基础倾斜方向两端点的沉降差与其距离的比值；

    5．局部倾斜指砌体承重结构沿纵向 6～10m 内基础两点的沉降差与其距离的比值。

8.11.2 减轻不均匀沉降的措施

地基的过量变形将使建筑物损坏或影响其使用功能。特别是高压缩性土、膨胀土、湿陷性黄土以及软硬不均等不良地基上的建筑物，由于不均匀沉降较大，如果设计时考虑不周，就更易因不均匀沉降而开裂损坏，设计时必须考虑如何防止或减轻不均匀沉降造成的损害。解决这一问题的途径有两种：一是设法增强上部结构对不均匀沉降的适应能力；二是设法减少不均匀沉降或总沉降量。具体的措施如下：

（1）采用柱下条形基础、筏形基础和箱形基础等，以减少地基的不均匀沉降。

（2）采用桩基础或其他深基础，以减少总沉降量（不均匀沉降相应减少）。

（3）对地基某一深度范围或局部进行人工处理。

（4）从地基、基础、上部结构相互作用的观点出发，在建筑、结构和施工方面采取措施，以增强上部结构对不均匀沉降的适应能力。

前三种措施造价偏高，有的需具备一定的施工条件才能采用。对于采用地基处理方案的建筑物往往还需同时辅以某些建筑、结构和施工措施，才能取得预期的效果。因此，对于一般的中小型建筑物，应首先考虑在建筑、结构和施工方面采取减轻不均匀沉降危害的措施，必要时才采用其他的地基基础方案。

一、建筑措施

1. 建筑物的体型应力求简单

建筑物的体型指的是其在平面和立面上的轮廓形状。体型简单的建筑物，其整体刚度大，抵抗变形的能力强。因此，在满足使用要求的前提下，软弱地基上的建筑物应尽量采用简单的体型，如等高的"一"字形。

平面形状复杂的建筑物（如"L""T""H"形等），由于基础密集，地基附加应力互相重叠，在建筑物转折处的沉降必然比别处大。加之这类建筑物的整体性差，各部分的刚度不对称，因而很容易因地基不均匀沉降而开裂（见图 8-47）。

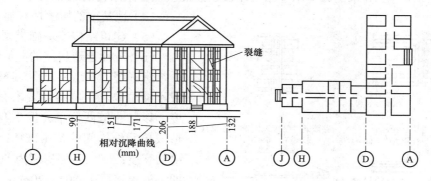

图 8-47 某"L"形建筑物一翼墙身开裂

建筑物高低（或轻重）变化太大，在高度突变的部位，常由于荷载轻重不一而产生过量的不均匀沉降。据调查，软土地基上紧接高差超过一层的砌体承重结构房屋，低者很容易开裂（见图 8-48）。因此，当地基软弱时，建筑物的紧接高差以不超过一层为宜。

2. 控制建筑物的长高比及合理布置墙体

建筑物在平面上的长度和从基础底面起算的高度之比，称为建筑物的长高比。长高比大的砌体承重房屋，其整体刚度差，纵墙很容易因挠曲过度而开裂（见图 8-49）。调查结果表明，两层以上的砌体承重房屋，当预估的最大沉降量超过 120mm 时，长高比不宜大于 2.5；对于平面简单，内外墙贯通，横墙间隔较小的房屋，长高比的限制可放宽至不大于 3.0。不符合上述条件时，可考虑设

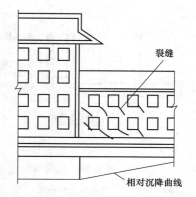

图 8-48 建筑物高差太大而开裂

置沉降缝。

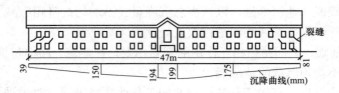

图 8-49　建筑物因长高比过大而开裂

合理布置纵、横墙，是增强砌体承重结构房屋整体刚度的重要措施之一。因此，当地基不良时，应尽量使内、外纵墙不转折或少转折，内横墙间距不宜过大，且与纵墙之间的连接应牢靠，必要时还应增强基础的刚度和强度。

3. 设置沉降缝

当建筑物的体型复杂或长高比过大时，可以用沉降缝将建筑物分割成两个或多个独立的沉降单元。每个单元一般应体型简单、长高比小、结构类型相同以及地基比较均匀，具有较大的整体刚度，宜在下列部位设置沉降缝。

（1）建筑物平面的转折处。

（2）建筑物高度或荷载有很大差别处。

（3）长高比不合要求的砌体承重结构以及钢筋混凝土框架结构的适当部位。

（4）地基土的压缩性有显著变化处。

（5）建筑结构或基础类型不同处。

（6）分期建造房屋的交界处。

沉降缝的构造参见图 8-50。缝内一般不能填塞。沉降缝还要求有一定的宽度，以防止缝两侧单元发生互倾沉降时造成单元结构间的挤压破坏。一般沉降缝的宽度：二、三层房屋为 50～80mm；四、五层房屋为 80～120mm；六层及以上房屋不小于 120mm。

沉降缝的造价颇高，并且会增加建筑及结构处理上的困难，所以不宜轻率使用。沉降缝可结合伸缩缝设置，在抗震区，最好与抗震缝共用。

4. 控制相邻建筑物基础的间距

由于地基附加应力的扩散作用，使相邻建筑物产生附加不均匀沉降，可能导致建筑物的开裂或互倾。这种相邻房屋影响主要发生在：

（1）同期建造的两相邻建筑间的影

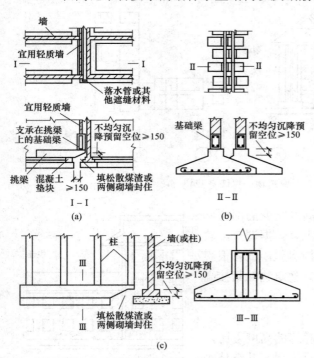

图 8-50　沉降缝构造示意图

（a）、（b）适用于砌体结构房屋；（c）适用于框架结构房屋

响，特别是两建筑物轻（低）重（高）差别太大时，轻者受重者影响更甚。

（2）原有建筑物受邻近新建重型或高层建筑物的影响（见图 8-51）。

为避免相邻建筑物的影响，建造在软弱地基上的建筑基础间要有一定的净距，其值视地基的压缩性、相邻建筑物的规模和重量以及受影响建筑物的刚度等因素而定，参见表 8-6。

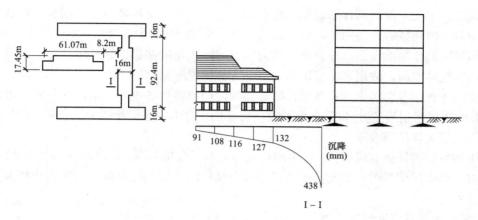

图 8-51　相邻建筑影响实例

表 8-6　　　　　　　　　　　　　相邻建筑物基础间的净距　　　　　　　　　　　　　　　　m

影响建筑物的预估平均沉降量 s（mm）	被影响建筑物的长高比	
	$2.0 \leqslant L/H_f < 3.0$	$2.0 \leqslant L/H_f < 3.0$
70～150	2～3	3～6
160～250	3～6	6～9
260～400	6～9	9～12
>400	9～12	≥12

注　1. 表中 L 为房屋长度或沉降缝分隔的单元长度（m）；H_f 为自基础底面标高算起的建筑物高度（m）；
　　2. 当被影响建筑的长高比为 $1.5 < L/H_f < 2.0$ 时，净距可适当缩小。

5. 调整建筑物的局部设计标高

沉降改变了建筑物原有的标高，严重时将影响建筑物的使用功能，这时可采取下列措施进行调整。

（1）根据预估的沉降量，适当提高室内地坪或地下设施的标高。

（2）建筑物各部分（或设备之间）有联系时，可将沉降较大者的标高适当提高。

（3）在建筑物与设备之间，应留有足够的净空。

（4）有管道穿过建筑物时，应预留足够尺寸的孔洞，或采用柔性管道接头等。

二、结构措施

1. 减轻建筑物的自重

建筑物的自重（包括基础及覆土重）在基底压力中所占的比例很大，据估计，工业建筑为 1/2 左右，民用建筑可达 3/5 以上。因此，减轻建筑物自重可以有效地减少地基沉降量。具体的措施有：

（1）减少墙体的重量。如采用空心砌块、多孔砖或其他轻质墙。

（2）选用轻型结构。如采用预应力混凝土结构、轻钢结构及各种轻型空间结构。

（3）减少基础及其上回填土的重量。可以选用覆土少、自重轻的基础形式，如壳体基础、空心基础等。若室内地坪较高，可以采用架空地板代替室内厚填土。

2. 设置圈梁

圈梁的作用在于提高砌体结构抵抗弯曲的能力，即增强建筑物的抗弯刚度。它是防止砖墙出现裂缝和阻止裂缝开展的一项有效措施。当建筑物产生碟形沉降时，墙体产生正向挠曲，下层的圈梁将起作用；反之，墙体产生反向挠曲时，上层的圈梁则起作用。由于不容易正确估计墙体的挠曲方向，故通常在房屋的上、下方都设置圈梁。

圈梁的布置，多层房屋宜在基础面附近和顶层门窗顶处各设置一道，其他各层可隔层设置（必要时也可层层设置），位置在窗顶或楼板下面。对于单层工业厂房及仓库，可结合基础梁、连梁、过梁等酌情设置。

圈梁必须与砌体结合成整体，每道圈梁应尽量贯通全部外墙、承重内纵墙及主要内横墙，即在平面上形成封闭系统。当没法连通（如某些楼梯间的窗洞处）时，应利用搭接圈梁进行搭接。

3. 减小或调整基底附加压力

（1）设置地下室（或半地下室）。其作用之一是以挖除的土重去抵消（补偿）一部分甚至全部的建筑物重量，从而达到减小基底附加压力和沉降的目的。地下室（或半地下室）还可只设置于建筑物荷载特别大的部位，通过这种方法可以使建筑物各部分的沉降趋于均匀。

（2）调整基底尺寸。加大基础的底面积可以减小沉降量，为了减小沉降差异，可以将荷载大的基础的底面积适当加大。

4. 采用对不均匀沉降欠敏感的结构形式

砌体承重结构、钢筋混凝土框架结构对不均匀沉降很敏感，而排架、三铰拱（架）等铰接结构则对不均匀沉降有很大的顺从性，支座发生相对位移时不会引起很大的附加应力，故可以避免不均匀沉降的危害。铰接结构的这类结构形式通常只适用于单层的工业厂房、仓库和某些公共建筑。必须注意的是，严重的不均匀沉降仍会对这类结构的屋盖系统、围护结构、吊车梁及各种纵、横联系构件造成损害，因此应采取相应的防范措施，例如避免用连续吊车梁及刚性屋面防水层，墙面加设圈梁等。

三、施工措施

在软弱地基上进行工程建设时，采用合理的施工顺序和施工方法至关重要，这是减小或调整不均匀沉降的有效措施之一。

1. 遵照先重（高）后轻（低）的施工程序

当拟建的相邻建筑物之间轻（低）重（高）悬殊时，一般应按照先重后轻的程序进行施工，必要时还应在重的建筑物竣工后间歇一段时间，再建造轻的邻近建筑物。

2. 注意堆载、沉桩和降水等对邻近建筑物的影响

在已建成的建筑物周围，不宜堆放大量的建筑材料或土方等重物，以免地面堆载引起建筑物产生附加沉降。拟建的密集建筑群内如有采用桩基础的建筑物，桩的设置应首先进行，并应注意采用合理的沉桩顺序。在进行降低地下水位及开挖深基坑时，应密切注意对邻近建筑物可能产生的不利影响，必要时可以采用设置截水帷幕、控制基坑变形量等措施。

3. 注意保护坑底土体的原状结构

在淤泥及淤泥质土地基上开挖基坑时，要注意尽保持土的原状结构，在雨期施工时，要避免坑底土体受雨水浸泡。开挖基槽时可暂不开挖到基底标高，在坑底保留大约 200mm 厚的原土层，待施工混凝土垫层时才用人工临时挖去。当基础埋置在易风化的岩层上，施工时应在基坑开挖后立即铺筑垫层。如发现坑底软土被扰动，可挖去扰动部分，用砂、碎石（砖）等回填处理。

思 考 题

8-1 《建筑地基基础设计规范》是如何划分地基基础设计等级的？

8-2 地基基础设计时，所采用的荷载效应按哪些规定执行？

8-3 基础工程设计的基本原则是什么？

8-4 天然地基上浅基础的设计包括哪些内容？

8-5 何谓地基基础与上部结构共同工作？研究此问题有何实际意义？

8-6 浅基础有哪些类型？各自有何特点？

8-7 影响基础埋深的主要因素有哪些？

8-8 基础底面尺寸如何确定？为什么要验算下卧软弱层的承载力？

8-9 无筋扩展基础和扩展基础有什么区别？如何进行无筋扩展基础的设计？

8-10 如何进行墙下钢筋混凝土条形基础和柱下钢筋混凝土独立基础的设计？

8-11 在什么情况下适宜采用柱下钢筋混凝土条形基础？有何构造要求？

8-12 如何进行柱下钢筋混凝土条形基础的简化计算？

8-13 简述筏形基础的适用条件、特点及种类。

8-14 箱形基础有何特点？在什么情况下适宜采用箱形基础？

8-15 建筑物的变形特征有哪些？降低建筑物不均匀沉降的措施有哪些？

习 题

8-1 某方形截面柱的基础，作用在基础顶面的轴心荷载为 F_k=1.05MN，基础埋深为 1.0m，砂土的重度为 γ=18.0kN/m^3，地基承载力特征值为 f_{ak}=280kPa。试确定该方形基础底面边长。

8-2 某场地土层分布如图 8-52 所示，作用于条形基础顶面的荷载标准值 F_k=300kN/m，弯矩 M_k=35kN·m/m，取基础埋置深度 d=0.8m，底宽 b=2.0m，试按承载力要求验算所选基础底面尺寸是否合适。

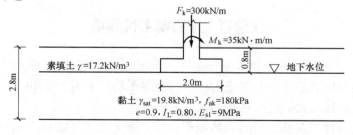

图 8-52 习题 8-2 图

8-3　图 8-53 所示柱下独立基础的底面尺寸为 3m×4.8m，持力层为黏土，f_{ak}=155kPa，下卧层为淤泥，f_{ak}=60kPa，地下水位在天然地面下 1m 深处，荷载标准值及其他有关数据如图所示。试验算该基础底面尺寸是否合适。

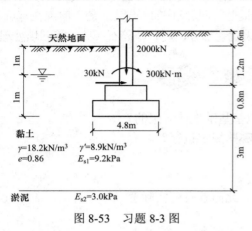

图 8-53　习题 8-3 图

8-4　已知某 240mm 厚的承重砖墙作用在条形基础顶面的轴心荷载标准值 F_k=180kN/m，地质资料如图 8-54 所示，试设计此刚性基础。

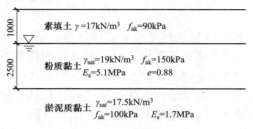

图 8-54　习题 8-4 图

8-5　某钢筋混凝土内柱截面尺寸为 300mm×300mm，作用在基础顶面的轴心荷载 F_k=400kN。自地面算起的土层情况为：素填土，松散，厚度 1.0m，γ=16.4kN/m³；细砂，厚度 2.6m，γ=18kN/m³，，γ_{sat}=20kN/m³，f_{ak}=140kPa；黏土，硬塑，厚度较大。地下水位在地面下 1.6m 处。试设计该柱下独立基础。

8-6　试设计柱下条形基础，荷载和柱距如图 8-55 所示。边柱荷载 P_1=1252kN，内柱荷载 P=1838kN，柱距 6m，共 9 跨，悬臂 1.1m，基础长度 L=56.2m。修正后的地基承载力特征值 f_a=140kPa，基础埋深 1.4m。

参考答案：

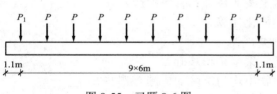

图 8-55　习题 8-6 图

8-1：方形基础边长 b=2m。

8-2：软弱下卧层承载力不满足，尺寸不合适。

8-3：合适。

8-4：取埋深 d=1m，采用混凝土条基宽 1.3m。

8-5：取埋深 d=1m，方形基础 b=l=1.7m，C20 混凝土，HPB300 级钢筋，双向配筋 10ф10。

8-6：无。

*注册岩土工程师考试题选

8-1　钢筋混凝土墙下条形基础，基础剖面及土层分布如图 8-56 所示。每延米基础底面处相应于正常使用极限状态下荷载效应的标准组合的平均压力值为 250kN，基础的加权平均重度取 20kN/m³，地基压力扩散角取 θ=12°。

试问，基础底面处土层修正后的天然地基承载力特征值 f_a（kPa），应与下列哪项数值最接近？（　　）

A．160　　　　　　　　B．169　　　　　　　　C．173　　　　　　　　D．190

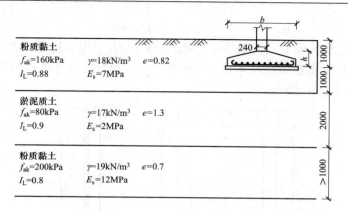

图 8-56 题选 8-1 图

8-2 条件同 8-1 题，按地基承载力确定的条形基础宽度 b（mm），最小不应小于下列哪项数值？（   ）

A．1800   B．2500   C．3100   D．3800

8-3 某柱下扩展锥形基础，柱截面尺寸为 0.4m×0.5m，基础尺寸、埋深及地基条件见图 8-57。基础及其上土的加权平均重度取 20kN/m³。

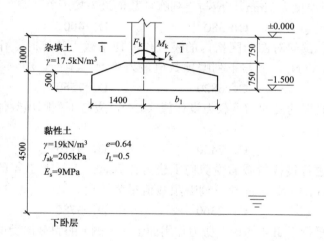

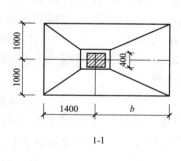

1-1

图 8-57 题选 8-3～8-5 图

荷载效应标准组合时，柱底竖向力 F=1100kN，力矩 M_k=141kN·m，水平力 V_k=32kN。为使基底压力在该组合下均匀分布，试问，基础尺寸 b_1（m），应与下列哪项数值最接近？（   ）

A．1.4   B．1.5   C．1.6   D．1.7

8-4 条件同 8-3 题，假设 b_1 为 1.4m，试问，基础底面处土层修正后的天然地基承载力特征值 f_a（kPa），最接近于下列哪项数值？（   ）

A．223   B．234   C．238   D．248

8-5 条件同 8-3 题，假定黏性土层的下卧层为淤泥质土，其压缩模量 E_s=3MPa。假定基础只受轴心荷载作用，且 b_1=1.4；相应于荷载效应标准组合时，柱底的竖向力 F_k=1120kN。试问，荷载效应标准组合时，软弱下卧层顶面处的附加压力值 p_z（kPa），最接近于下列哪项数值？（   ）

A. 28 B. 34 C. 40 D. 46

8-6 某 17 层建筑的梁板式筏形基础，如图 8-58 所示，采用 C35 级混凝土，f_t=1.57N/mm²；筏板基础底面处相应于荷载效应基本组合的地基土平均净反力设计值 p_j=320kPa。（提示：设计时取钢筋保护层厚度 a=50mm。）

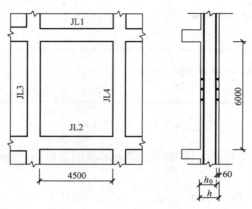

图 8-58 题选 8-6～题选 8-11 图

试问，设计时初步估算得到的筏板厚度 h（mm），应与下列哪项数值最为接近？（ ）

A. 320 B. 360 C. 380 D. 400

8-7 假定：筏板厚度取 450mm。试问对图示区格内的筏板作冲切承载力验算时，作用在冲切面上的最大冲切力设计值 F_l（kN），应与下列哪项数值最为接近？（ ）

A. 5440 B. 6080 C. 6820 D. 7560

8-8 筏板厚度同题 8-7。试问，底板的受冲切承载力设计值（kN），应与下列哪项数值最为接近？（ ）

A. 6500 B. 8335 C. 7420 D. 9110

8-9 筏板厚度同题 8-7。试问，进行筏板斜截面受剪切承载力计算时，平行于 JL4 的剪切面上（一侧）的最大剪力设计值 V_s（kN），应与下列哪项数值最为接近？（ ）

A. 1750 B. 1910 C. 2360 D. 3780

8-10 筏板厚度同题 8-7。试问，平行于 JL4 的最大剪力作用面上（一侧）的斜截面受剪承载力设计值 V（kN），应与下列哪项数值最为接近？（ ）

A. 2237 B. 2750 C. 3010 D. 3250

8-11 假定筏板厚度为 880mm，采用 HRB335 级钢筋（f_y=300N/mm²）；已计算出每米区格板的长跨支座及跨中的弯矩设计值，均为 M=280kN·m。试问，筏板在长跨方向的底部配筋，采用下列哪项才最为合理？（ ）

A. Φ12@200 通长筋+Φ12@200 支座短筋

B. Φ12@100 通长筋

C. Φ12@200 通长筋+Φ14@200 支座短筋

D. Φ14@100 通长筋

（参考答案：8-1：B；8-2：B；8-3：D；8-4：B；8-5：B；8-6：D；8-7：B；8-8：D；8-9：B；8-10：B；8-11：C）

本章知识点思维导图

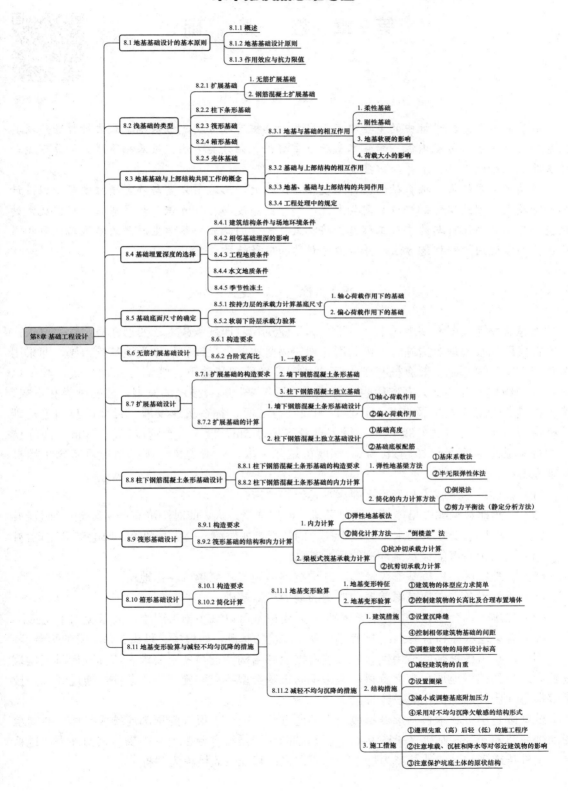

第9章 桩 基 础

本章配套资源

本 章 提 要

桩基础是深基础设计中的重要内容，主要包括桩基础分类、桩基础承载力计算理论及其桩基础设计方法三方面内容。学完本章后应掌握桩基础分类方法、桩基础承载力计算理论与方法及桩基础的设计技术等知识技能。

不同的地层组成，桩基础的设计深度相差比较大，而地层分类与确定精准度对工程设计影响比较大，因此实际勘察过程需要严谨、科学的态度与责任意识；如果基础资料出现大的偏差，后续相关设计与施工及工程造价将相差巨大，因此应培养学生严谨的学风与使命担当意识，科学运用规程规范方法，并保持对科学的敬畏精神。

9.1 概 述

当建筑场地浅层地基土质不良，不能满足建筑物对地基承载力、变形和稳定性的要求，也不宜采用地基处理等措施时，可利用深部较为坚实的土层或岩层作为地基持力层，即采用深基础方案。深基础主要有桩基础、沉井基础、墩基础和地下连续墙等几种形式，其中以桩基础的历史最为悠久，其应用也十分广泛。近年来，随着技术的发展，桩的种类和形式、施工机具、施工工艺以及桩基设计理论和设计方法等，都在快速发展。目前，我国桩基础的桩身混凝土强度可达 C80 以上，最大直径已超过 5m，最大入土深度已达 150m，海洋结构物桩基础最大直径已经超过 8m，深度可达几十米。一般说来，下列情况可考虑采用桩基础方案：

（1）天然地基承载力和变形不能满足建筑物要求；

（2）天然地基承载力虽能基本满足要求，但沉降量过大，或对沉降有严格限制的建筑物；

（3）需以桩承受较大的水平力或上拔力的情况，如桥梁、码头、烟筒、输电塔等建筑物；

（4）地基土有可能被水流冲刷的桥梁基础；

（5）在地震区，以桩基作为地震区结构抗震措施或者穿越可液化地层；

（6）重型设备，需要减弱其振动影响的动力机器基础；

（7）当施工水位或者地下水位较高时，采用桩基可以减小施工困难，并避免水下施工；

（8）需穿越水体和软弱土层的港湾与海洋构筑物基础，如栈桥、码头、海上采油平台等。

因此，在考虑桩基础适用性时，必须根据上部结构特征与使用要求，认真分析研究建筑物建设地点的工程地质和水文资料，考虑不同桩基类型特点和施工环境条件，通过经济、技术等多方面比较选择优化的设计方案。

桩基础是由桩和承台两部分组成，它是通过承台把若干根桩的顶部连接成整体，共同承受动静荷载的一种深基础（见图 9-1）。桩基础的作用是将承台以上结构物传来的外力通过承台，由桩传递到较深的地基持力层中去。通常将桩基础中的桩称为基桩。

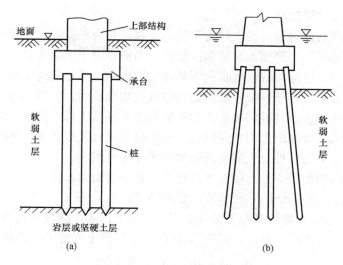

图 9-1　桩基础示意图

（a）低桩承台基础；（b）高桩承台基础

　　桩基础是一种古老的基础形式，早在新石器时代，人类远祖就已经在湖泊和沼泽地带打木桩来支承房屋。我国汉朝时期已用木桩来修桥，宋代石器桩基技术已经比较成熟，到了明清更加完善，广泛应用在了房屋、塔、桥梁和水利等各类土建工程中。

　　随着科学技术的进步，桩的材料、种类、施工工艺和桩基形式、桩基设计计算理论和方法、桩的原型试验和检测方法等各方面都有了很大的发展。由于具有承载力高、稳定性好、沉降均匀等优点，桩基础已成为在土质不良地区修建各种建筑物所普遍采用的基础形式，在高层建筑、桥梁、港口和近海结构等工程中得到广泛应用。

　　与浅基础对比，桩基础承载力高，稳定性好，沉降量小而均匀，能承受一定的水平荷载，又有一定的抗震能力。

　　与其他深基础相比，桩基础具有以下优点：

　　（1）可节省材料和开挖基坑的土石方量；

　　（2）可免去深基坑施工中经常遇到的防水、防漏和坑壁支护等复杂问题。

　　（3）施工方法灵活，既可采用预制桩，又可以采用现场灌注桩。

　　（4）通过改变桩长可以适应持力层面起伏不平的变化。

　　（5）既能承受压力，又能承受拉力、弯矩，易于适用不同的工作方式。

　　但是桩基础的造价较高，施工较复杂；桩基础施工时有震动及噪声，影响环境；桩基础工作机理比较复杂，其设计方法相对还不完善。

9.2　单桩轴向承载特性

9.2.1　单桩轴向荷载的传递机理

　　桩的承载力是桩与土共同作用的结果，因此了解单桩在轴向荷载下桩土间的传力途径、单桩承载力的构成特点以及单桩受力破坏形态等基本概念，将对正确确定单桩承载力有指导意义。

一、桩身轴力和截面位移

桩在轴向压力荷载作用下，桩顶将发生轴向位移，它为桩身弹性压缩和桩底以下土层压缩之和。置于土中的桩与其侧面土是紧密接触的，当桩相对于土向下位移时就产生土对桩向上作用的桩侧摩阻力。桩顶荷载沿桩身向下传递的过程中，要不断地克服这种摩阻力，桩身轴向力随深度逐渐减小，传至桩底的轴向力也即桩底支承反力，它等于桩顶荷载减去全部桩侧摩阻力。桩顶荷载由桩通过桩侧摩阻力和桩底阻力传递给土体。因此，单桩轴向荷载的传递过程就是桩侧阻力与桩端阻力的发挥过程。桩顶荷载通过发挥出来的侧阻力传递到桩周土层中去，从而使桩身轴力与桩身压缩变形随深度递减 ［见图 9-2（c）（e）］。一般说来，靠近桩身上部土层的侧阻力先于下部土层发挥，侧阻力先于端阻力发挥。

图 9-2（a）表示长度为 $\mathrm{d}z$ 的竖直单桩在桩顶轴向力 $n_0 = Qd$ 作用下，在桩身任一深度 z 处横截面上所引起的轴力 N_z 将使截面下桩身压缩、桩端下沉 δ_1，致使该截面向下位移了 δ_z。

由作用于深度 z 处，周长为 u_p，厚度为 $\mathrm{d}z$ 的微小桩段上力的平衡条件

$$N_z - \tau_z u_p \mathrm{d}z - (N_z + \mathrm{d}N_z) = 0 \tag{9-1}$$

可得桩侧摩阻力 τ_z 与桩身轴力 N_z 的关系

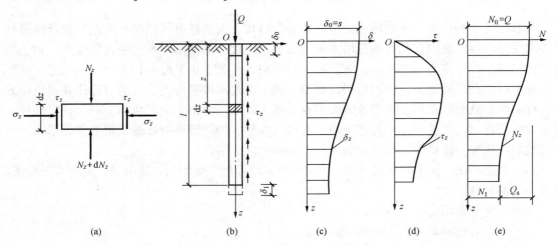

图 9-2　单桩轴向荷载传递

（a）微桩段的作用力；（b）轴向受压的单桩；（c）截面位移曲线；（d）摩阻力分布曲线；（e）轴力分布曲线

$$\tau_z = -\frac{1}{u_\mathrm{p}} \cdot \frac{\mathrm{d}N_z}{\mathrm{d}z} \tag{9-2}$$

τ_z 也就是桩侧单位面积上的荷载传递量。由于桩顶轴力 Q 沿桩身向下通过桩侧摩阻力逐步传递给桩周土，因此轴力 N_z 就相应地随深度而递减，所以上式右端带负号。桩底的轴力 N_l 即桩端总阻力，$Q_\mathrm{p} = N_l$，而桩侧总阻力 $Q_\mathrm{s} = Q - Q_\mathrm{p}$。

根据桩身 $\mathrm{d}z$ 长度的压缩变形 δ_z 与桩身轴力 N_z 之间的关系 $\mathrm{d}\delta_z = -N_z \dfrac{\mathrm{d}z}{A_\mathrm{p} E_\mathrm{p}}$，可得

$$N_z = -A_\mathrm{p} E_\mathrm{p} \frac{\mathrm{d}\delta_z}{\mathrm{d}z} \tag{9-3}$$

式中　A_p，E_p ——桩身横截面面积和弹性模量。

将式（9-3）代入式（9-2）得

$$\tau_z = \frac{A_p E_p}{u_p} \cdot \frac{\mathrm{d}^2 \delta_z}{\mathrm{d}z^2} \qquad (9-4)$$

式（9-4）是单桩轴向荷载传递的基本微分方程。它表明桩侧摩阻力 τ 是桩截面对桩周土的相对位移 δ 的函数 $[\tau = f(\delta)]$，其大小制约着土对桩侧表面向上作用的正摩阻力 τ 的发挥程度。

由图 9-2（a）可知，任一深度 z 处的桩身轴力 N_z 应为桩顶荷载 $N_0 = Q$ 与 z 深度范围内的桩侧总阻力之差。

$$N_z = Q - \int_0^z u_p \tau_z \mathrm{d}z \qquad (9-5)$$

桩身截面位移 δ_z 则为桩顶位移 $\delta_0 = s$ 与 z 深度范围内的桩身压缩量之差

$$\delta_z = s - \frac{1}{A_p E_p} \int_0^z N_z \mathrm{d}z \qquad (9-6)$$

上述二式中如取 $z = l$，则式（9-5）变为桩底轴力 N_l（即桩端总阻力 Q_p）表达式；式（9-6）则变为桩端位移 δ_l（即桩的刚体位移）表达式。

单桩静荷载试验时，除了测定桩顶荷载 Q 作用下的桩顶沉降 s 外，如还通过沿桩身若干截面预先埋设的应力或位移量测元件（钢筋应力计、应变片、应变杆等）获得桩身轴力 N_z 分布图，便可利用式（9-2）及式（9-6）作出摩阻力 τ_z 和截面位移 δ_z 分布图 [见图 9-2（c）（d）（e）] 了。

二、影响荷载分布的因素

在任何情况下，桩的长径比 l/d（桩长与桩径之比）对荷载传递都有较大的影响。根据 l/d 的大小，桩可分为短桩（$l/d < 10$）、中长桩（$l/d > 10$）、长桩（$l/d > 40$）和超长桩（$l/d > 100$）。

通过线弹性理论分析，得到影响单桩荷载传递的因素主要有，以下几项。

1. 桩顶的应力水平

当桩顶的应力水平较低时，桩上部侧土阻力得到逐渐发挥；当桩顶应力水平增高时桩侧土摩阻力自上而下发挥，而且桩端阻力随着桩身轴力传递到桩端土而慢慢发挥。桩顶应力水平继续增高时，桩端阻力的发挥度一般随着桩端土位移的增大而增大。

2. 桩身混凝土与桩侧土的刚度比 E_p / E_s

E_p / E_s 越大，桩端阻力所分担的荷载比例越大，但当 E_p / E_s 超过 1000 后，对桩端阻力分担荷载比的影响不大，而对于 $E_p / E_s \leqslant 10$ 的中长桩，其桩端阻力分担的荷载几乎接近于零，这说明对于砂桩、碎石桩、灰土桩等低刚度桩组成的基础，应按复合地基工作原理进行设计。

3. 桩端土与桩侧土的刚度比 E_b / E_s

当 $E_b / E_s = 0$ 时，荷载全部由桩侧摩阻力所承担，属纯摩擦桩。在均匀土层中的纯摩擦桩，摩阻力接近于均匀分布。

当 $E_b / E_s = 1$ 时，属均匀土层的端承摩擦桩，其荷载传递曲线和桩侧摩阻力分布与纯摩擦桩相近。

当 $E_b / E_s = \infty$ 且为短桩时，为纯端承桩。当为中长桩时，桩身荷载上段随深度减小，下段近乎沿深度不变。即桩侧摩阻力上段可得到发挥，下段由于桩土相对位移很小（桩端无位移）而无法发挥出来。桩端由于土的刚度大，可分担 60% 以上荷载，属摩擦端承桩。

4. 桩的长径比 l/d

随 l/d 的增大，传递到桩端的荷载减小，桩身下部侧阻力的发挥值相应降低。在均匀土层中的长桩，其桩端阻力分担的荷载比趋于零；对于超长桩，不论桩端土的刚度多大，其桩端阻力分担的荷载都小到可略而不计，即桩端土的性质对荷载传递不再有任何影响，且上述各影响因素均失去实际意义。可见，长径比很大的桩都属于摩擦桩，在设计这样的桩时，试图采用扩大桩端直径来提高承载力，实际上是徒劳无益的。

5. 桩端扩大头直径与桩身直径之比 D/d

D/d 越大，桩端阻力分担的荷载比越大。对于均匀土层中的中长桩，当 $D/d=3$ 时，桩端阻力分担的荷载比将由等直径桩（$D/d=1$）的约5%增至约35%。

6. 桩侧表面粗糙度

一般桩侧表面越粗糙，桩侧阻力发挥度越高，桩侧表面越光滑，则桩侧阻力发挥度越低，所以打桩施工方式是影响单桩荷载传递的重要因素。

钻孔桩由于钻孔使桩侧土应力松弛，同时由于泥浆护壁使桩侧表面光滑而减少了界面摩擦力，所以普通钻孔灌注桩的侧阻力发挥程度不高。如果对钻孔桩的桩土界面实行注浆，实质上是提高了其界面粗糙度同时也相对扩大了桩径，从而提高了侧阻力。

预应力管桩等挤土桩由于打桩挤土对软土桩土界面的土层有扰动，从而在短期内降低了桩侧摩阻力，当然长期休止后，随着软土的触变恢复，桩侧摩阻力会慢慢提高。

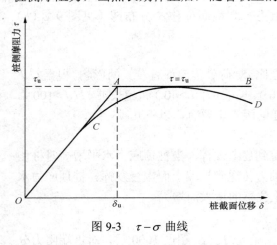

图 9-3 $\tau-\sigma$ 曲线

三、桩侧摩阻力和桩端阻力

桩基在竖向荷载作用下，桩身混凝土产生压缩，桩侧土抵抗向下位移而在桩—土界面产生向上的摩擦阻力称为桩侧摩阻力，定义为正摩阻力。

桩侧摩阻力 τ 与桩—土界面相对位移 δ 的函数关系，可用图 9-3 中曲线 OCD 表示，并且常常简化为折线 OAB。OA 段表示桩—土界面相对位移 δ 小于某一限值 δ_u 时，摩阻力 τ 随 δ 线性增大；AB 段则表示一旦桩—土界面相对滑移超过某一限值，摩阻力 τ 将保持极限值 τ_u 不变。按照传统经验，桩侧摩阻力达到极限值 τ_u 所需的桩—土相对滑移极限值 δ_u 基本只与土的类别有关，而与

桩径大小无关。根据试验资料，黏性土滑移极限值约为 4～6mm，砂类土滑移极限值 6～10mm；极限摩阻力 τ_u 可表达为式（9-7）。

$$\tau_u = c_a + \sigma_x \tan \varphi_a \tag{9-7}$$

式中　c_a，φ_a——桩侧表面与土之间的附着力和摩擦角；

　　　　σ_x——深度 z 处作用于桩侧表面的法向压力。

σ_x 与桩侧土的竖向有效应力 σ_v' 呈正比例，即

$$\sigma_x = K_s \sigma_v' \tag{9-8}$$

式中　K_s——桩侧土的侧压力系数。对挤土桩 $K_0 < K_s < K_p$；对非挤土桩，因桩孔中土被清除，而使 $K_a < K_s < K_0$。此处 k_a、k_0、k_p 分别为主动土压力、静止土压力和被动土压力系数。

以式（9-7）、式（9-8）的有效应力法计算深度 z 处的单位极限侧阻力时，如取 $\sigma_v' = r'z$，则侧阻力将随深度线性增大。然而砂土中的模型桩试验表明，当桩入土深达某一临界深度后，侧阻力就不随深度增加了，这个现象称为侧阻力的深度效应。它表明邻近桩周的竖向有效应力不等于覆盖厚度的压应力，而是线性增加到临界深度（ z_c ）时达到一个限值（ σ_{vc}' ），所以桩周土中竖向自重应力 σ_v' 的理想化分布如图 9-4（a）所示。

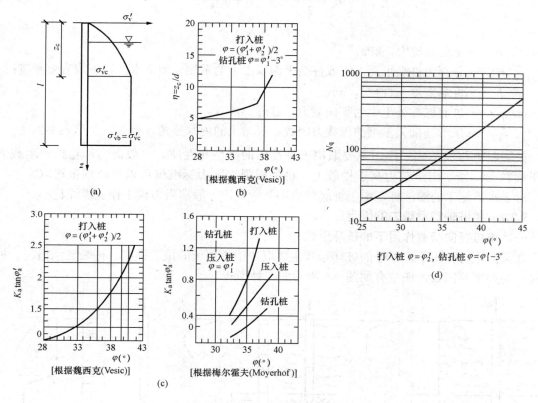

图 9-4　单桩承载力计算用图

（a） σ_v' 的理想分布；（b）无黏性土中桩的 η 值；（c）无黏性土中的 $K_a \tan \varphi_a'$ 值；（d）圆形基础承载力系数 N_q 值

综上理论研究与实验分析，可知桩侧极限摩阻力与所在的深度、土的类别和性质、成桩方法等诸多因素有关，即发挥极限桩侧摩阻力 τ_u 所需的桩—土相对滑移极限值 δ_u 不仅与土的类别有关，还与桩径大小、施工工艺、土层性质和分布位置有关。

桩端阻力是指桩顶荷载通过桩身和桩侧土传递到桩端土所承受的力。极限桩端阻力在量值上等于单桩竖向极限承载力减去桩的极限侧阻力。桩端阻力与土的性质、桩端位移、覆盖层厚度、桩径、桩底作用力、作用时间以及桩端进入持力层的深度等因素有关。其中最主要的影响因素是桩端持力层的性质。桩端持力层的受压刚度和抗剪强度越大，桩端阻力就越大。

桩端阻力的发挥不仅滞后于桩侧摩阻力，而且其充分发挥所需的桩底位移值比桩侧摩阻力到达极限所需的桩身截面位移值大得多。试验表明，桩底极限位移与桩径的比值，对砂类土约为 0.08～0.1，一般黏性土约为 0.25，硬黏土约为 0.1。因此，在工作状态下，单桩桩端阻力的安全储备一般都大于桩侧阻力的安全储备。

另外，试验表明，与侧阻力的深度效应类似，当桩端入土深度小于某一临界深度时，极限端阻力随深度线性增加，当大于某深度后端阻力大小则保持不变，且侧阻力与端阻力的临界深度之比约为 0.3～1.0。

按土体极限承载力理论方法，用于计算桩端阻力的极限平衡理论公式有很多，但可统一表达为

$$q_{pu} = \frac{1}{2}brN_r + cN_c + qN_q \qquad\qquad (9-9)$$

$$q = \gamma l$$

式中　　c——土的黏聚力，kPa；

　　　　r——分别为桩端平面以下或桩端平面以上土的重度，地下水位以下取有效重度；

　　　　b——桩端宽度（直径），mm；

　　　　q——桩底标高处土中的竖向应力，kPa；

N_r, N_c, N_q——条形基础无量纲的承载力因数，仅与土的内摩擦角 φ 有关，参见表 7-2。

桩端阻力与浅基础一样，主要取决于桩端土的类型和性质。一般而言，粗粒土承载力高于细粒土；密实土承载力高于松散土。桩的极限端阻力标准值可以查阅规范选取。

对于水下施工的灌注桩，由于桩底沉渣不易清理，一般端阻力比干作业灌注桩小。

9.2.2　单桩轴向承载力的确定

一、单桩竖向荷载作用下的破坏形式

在竖向压力作用下，单桩的破坏形式主要取决于桩周土的抗剪强度、桩端支承情况、桩的尺寸与类型等因素，通常有如图 9-5 所示的三种形式。

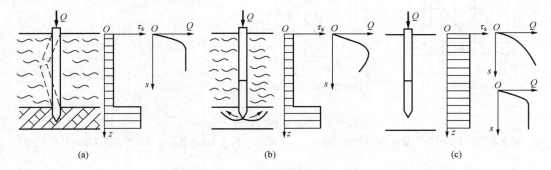

图 9-5　竖向压力作用下单桩的破坏形式

(a) 屈曲破坏；(b) 整体剪切破坏；(c) 刺入破坏

1. 屈曲破坏

如图 9-5（a）所示，当桩底支撑在坚硬的土层或岩层上，且桩周土层极为软弱时，桩身无约束或无侧向抵抗力。桩在竖向压力作用下，就如同一细长压杆，可发生侧向失稳，出现屈曲破坏。荷载—沉降曲线为"急剧破坏"的陡降型，沉降量很小，此时其承载力取决于桩身的材料强度。穿越深厚淤泥质土层中的小直径端承桩或嵌岩桩等多发生此种破坏。

2. 整体剪切破坏

对于桩身强度足够且长度不大的桩，当其穿过抗剪强度较低的土层，而达到强度较高的土层时，在竖向压力作用下，由于桩底上部土层不能阻止滑动土楔的形成，桩底土体可形成滑动面而出现整体剪切破坏，如图 9-5（b）所示。此时桩的沉降量较小，桩侧摩阻力

难以充分发挥，竖向压力主要由桩端阻力承受，Q-s 曲线也为陡降型，可求得确定的极限荷载。桩的承载力主要取决于桩端土的支承力。一般打入式短桩、钻扩短桩等均发生此种破坏。

3. 刺入破坏

当桩的入土深度较大或桩周土层抗剪强度较均匀时，在竖向压力作用下，桩将出现刺入破坏，如图 9-5（c）所示。此时桩顶竖向压力主要由桩侧摩阻力承受，桩端阻力很小，桩的沉降量较大。一般情况下，当桩周土质较软弱时，Q-s 曲线为"渐进破坏"的缓变型，无明显拐点，极限荷载难以判断，桩的承载力主要取决于上部结构所能要求的极限沉降 s。

当桩周土的抗剪强度较高时，CF-s 曲线可能为陡降型，有明显拐点，桩的承载力主要取决于桩周土的强度。常规设置的钻孔灌注桩，其破坏多属于此种类型。

二、单桩竖向极限承载力的概念

由于桩的承载条件不同，桩的承载力可分为竖向承载力及水平承载力两种，其中竖向承载力又包括竖向抗压承载力和抗拔承载力。

单桩竖向极限承载力是指单桩在竖向荷载作用下，不丧失稳定性，不产生过大变形时，单桩所能承受的最大荷载。因此，单桩的竖向极限承载力表示单桩承受竖向荷载的能力，主要取决于土对桩的支承力及桩身材料的强度。

三、单桩竖向极限承载力标准值

单桩竖向承载力标准值是用以表示设计过程中相应的桩基所采用的单桩竖向极限承载力的基本代表值。该代表值用统计方法加以处理，是具有一定概率的最大荷载值。

单桩竖向极限荷载标准值的确定，为以后群桩基础的基桩竖向承载力设计值的确定打下了基础。

四、按土对桩的支承力确定单桩竖向极限承载力

按土对桩的支承力确定单桩承载力的方法主要有现场的静载荷实验法、经验参数法、原位测试成果的经验方法及静力分析计算法等。其中，静载荷实验确定单桩竖向承载力可靠性最好。下面介绍两种方法：静载荷实验方法和经验参数法。

1. 静载荷试验

挤土桩在设置后须隔一段时间才开始载荷试验。这是因为打桩时土中产生的孔隙水压力有待消散，且土体因打桩扰动而降低的强度也有待随时间而部分恢复。所需的间歇时间：①预制桩在砂类土中不得少于 7 天；②粉土和黏性土不得少于 15 天；③饱和软黏土不得少于 25 天；④灌注桩应在桩身混凝土达到设计强度后才能进行。

在同一条件下，进行静载荷试验的桩数不宜少于总桩数的 1%，且不应少于 3 根。

试验装置主要包括加载稳压部分、提供反力部分和沉降观测部分。静荷载一般由安装在桩顶的油压千斤顶提供。千斤顶的反力可通过锚桩承担［见图 9-6（a）］，或借压重平台上的重物来平衡［图 9-6（b）］。量测桩顶沉降的仪表主要有百分表或电子位移计等。根据试验记录，可绘制各种试验曲线，如荷载—桩顶沉降（Q-s）曲线［见图 9-7（a）］和沉降—时间（对数）（s-$\lg t$）曲线［见图 9-7（b）］，并由这些曲线的特征判断桩的极限承载力。

关于单桩竖向静载荷试验的方法、终止加载条件以单桩竖向极限承载力的确定详见《建筑地基基础设计规范》（GB 50007—2011）附录 Q。

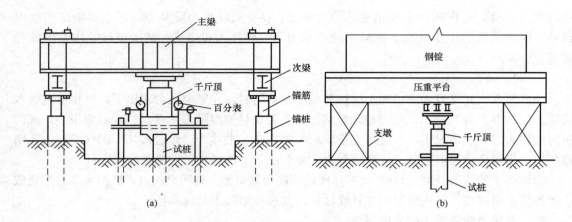

图 9-6　单桩静载荷试验的加载装置

（a）锚桩横梁反力装置；（b）压重平台反力装置

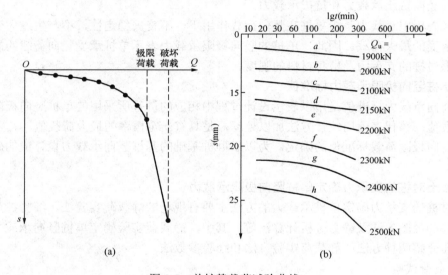

图 9-7　单桩静载荷试验曲线

（a）单桩 Q–s 曲线；（b）单桩 s–$\lg t$ 曲线

单桩竖向静载荷试验的极限承载力必须进行统计分析，计算出各试验桩极限承载力的平均值，当满足其极差不超过平均值的 30% 时，可取其平均值作为单桩竖向极限承载力 Q_u；当极差超过平均值的 30% 时，应增加试桩数并分析离差过大的原因，结合工程具体情况确定极限承载力 Q_u。对桩数为 3 根及 3 根以下的柱下桩台，则取最小值为单桩竖向极限承载力 Q_u。

将单桩竖向极限承载力标准值除以安全系数 $K = 2$，作为单桩竖向承载力特征值 R_a。

2. 确定单桩竖向承载力特征值的规范经验公式

一般情况下土对桩的支承作用由两部分组成：一部分是桩尖处土的端阻力；另一部分是桩侧四周土的摩阻力。单桩的竖向荷载是通过桩端阻力和桩侧摩阻力来平衡的。

《建筑桩基技术规范》（JGJ 94—2008，简称《桩基规范》）在大量经验及资料积累的基础上，针对不同的常用桩型，推荐如下单桩竖向极限承载力标准值的估算经验参数公式：

一般的预制桩及中小直径灌注桩：

$$Q_{uk} = Q_{sk} + Q_{pk} = u\Sigma q_{sik}l_i + q_{pk}A_p \tag{9-10}$$

式中　Q_{uk}——单桩竖向承载力标准值，kN。

　　　Q_{sk}——单桩总极限侧阻力标准值，kN。

　　　Q_{pk}——单桩总极限端阻力标准值，kN。

　　　q_{sik}——桩侧第 i 层土的极限侧阻力标准值，kPa；当地无经验时，可参照表 9-1 取值。

　　　q_{pk}——桩端持力层极限端阻力标准值，kPa；当地无经验时，可参照表 9-2 取值。

　　　A_p——桩底横截面面积。

　　　u——桩身周边长度，m；

　　　l_i——第 i 层岩土的厚度，m。

表 9-1　　　　　　　　　　桩的极限侧阻力标准值 q_{sik}　　　　　　　　　　kPa

土的名称	土的状态		混凝土预制桩	泥浆护壁钻（冲）孔桩	干作业钻孔桩
填土			22～30	20～28	20～28
淤泥			14～20	12～18	12～18
淤泥质土			22～30	20～28	20～28
黏性土	流塑	$I_L>1$	24～40	21～38	21～38
	软塑	$0.75<I_L\leq1$	40～55	38～53	38～53
	可塑	$0.50<I_L\leq0.75$	55～70	53～68	53～66
	硬可塑	$0.25<I_L\leq0.50$	70～86	68～84	66～82
	硬塑	$0<I_L\leq0.25$	86～98	84～96	82～94
	坚硬	$I_L\leq0$	98～105	96～102	94～104
红黏土	$0.7<a_w\leq1$		13～32	12～30	12～30
	$0.5<a_w\leq0.7$		32～74	30～70	30～70
粉土	稍密	$e>0.9$	26～46	24～42	24～42
	中密	$0.75\leq e\leq0.9$	46～66	42～62	42～62
	密实	$e<0.75$	66～88	62～82	62～82
粉细砂	稍密	$10<N\leq15$	24～48	22～46	22～46
	中密	$15<N\leq30$	48～66	46～64	46～64
	密实	$N>30$	66～88	64～86	64～86
中砂	中密	$15<N\leq30$	54～74	53～72	53～72
	密实	$N>30$	74～95	72～94	72～94
粗砂	中密	$15<N\leq30$	74～95	74～95	76～98
	密实	$N>30$	95～116	95～116	98～120
砾砂	稍密	$5<N_{63.5}\leq15$	70～110	50～90	60～100
	中密(密实)	$N_{63.5}>15$	116～138	116～130	112～130
圆砾、角砾	中密、密实	$N_{63.5}>10$	160～200	135～150	135～150
碎石、卵石	中密、密实	$N_{63.5}>10$	200～300	140～170	150～170
全风化软质岩		$30<N\leq50$	100～120	80～100	80～100
全风化硬质岩		$30<N\leq50$	140～160	120～140	120～150
强风化软质岩		$N_{63.5}>10$	160～240	140～200	140～220
强风化硬质岩		$N_{63.5}>10$	220～300	160～240	160～260

注　1．对于尚未完成自重固结的填土和以生活垃圾为主的杂填土，不计算其侧阻力。

　　2．a_w 为含水比，$a_w=w/w_L$，w 为土的天然含水量，w_L 为土的液限。

　　3．N 为标准贯入击数；$N_{63.5}$ 为重型圆锥动力触探击数。

　　4．全风化、强风化软质岩和全风化、强风化硬质岩是指其母岩分别为 $f_{rk}\leq15MPa$，$f_{rk}>30MPa$ 的岩石。

表9-2　　桩的极限端阻力标准值 q_{pk}　　　　　kPa

土名称	土的状态	桩型	混凝土预制桩桩长 l（m）				泥浆护壁钻（冲）孔桩桩长 l（m）				干作业钻孔桩桩长 l（m）		
			$l≤9$	$9<l≤16$	$16<l≤30$	$l>30$	$5≤l<10$	$10≤l<15$	$15≤l<30$	$30≤l$	$5≤l<10$	$10≤l<15$	$15≤l$
黏性土	软塑	$0.75<I_L≤1$	210~850	650~1400	1200~1800	1300~1900	150~250	250~300	300~450	300~450	200~400	400~700	700~950
	可塑	$0.50<I_L≤0.75$	850~1700	1400~2200	1900~2800	2300~3600	350~450	450~600	600~750	750~800	500~700	800~1100	1000~1600
	硬可塑	$0.25<I_L≤0.50$	1500~2300	2300~3300	2700~3600	3600~4400	800~900	900~1000	1000~1200	1200~1400	850~1100	1500~1700	1700~1900
	硬塑	$0<I_L≤0.25$	2500~3800	3800~5500	5500~6000	6000~6800	1100~1200	1200~1400	1400~1600	1600~1800	1600~1800	2200~2400	2600~2800
粉土	中密	$0.75≤e≤0.9$	950~1700	1400~2100	1900~2700	2500~3400	300~500	500~650	650~750	750~850	800~1200	1200~1400	1400~1600
	密实	$e<0.75$	1500~2600	2100~3000	2700~3600	3600~4400	650~900	750~950	900~1100	1100~1200	1200~1700	1400~1900	1600~2100
粉砂	稍密	$10<N≤15$	1000~1600	1500~2300	1900~2700	2100~3000	350~500	450~600	600~700	650~750	500~950	1300~1600	1500~1700
	中密、密实	$N>15$	1400~2200	2100~3000	3000~4500	3800~5500	600~750	750~900	900~1100	1100~1200	900~1000	1700~1900	1700~1900
细砂	中密、密实	$N>15$	2500~4000	3600~5000	4400~6000	5300~7000	650~850	900~1200	1200~1500	1500~1800	1200~1600	2000~2400	2400~2700
中砂	中密、密实	$N>15$	4000~6000	5500~7000	6500~8000	7500~9000	850~1050	1100~1500	1500~1900	1900~2100	1800~2400	2800~3800	3600~4400
粗砂	中密、密实	$N>15$	5700~7500	7500~8500	8500~10000	9500~11000	1500~1800	2100~2400	2400~2600	2600~2800	2900~3600	4000~4600	4600~5200
砾砂		$N>15$	6000~9500		9000~10500		1400~2000		2000~3200		3500~5000		
角砾、圆砾	中密、密实	$N_{63.5}>10$	7000~10000		9500~11500		1800~2200		2200~3600		4000~5500		
碎石、卵石		$N_{63.5}>10$	8000~11000		10500~13000		2000~3000		3000~4000		4500~6500		
全风化软质岩		$30<N≤50$	4000~6000				1000~1600				1200~2000		
全风化硬质岩		$30<N≤50$	5000~8000				1200~2000				1400~2400		
强风化软质岩		$N_{63.5}>10$	6000~9000				1400~2200				1600~2600		
强风化硬质岩		$N_{63.5}>10$	7000~11000				1800~2800				2000~3000		

注
1. 砂土和碎石类土中桩的极限端阻力取值，宜综合考虑土的密实度，桩端进入持力层的深径比 h_b/d，土越密实，h_b/d 越大，取值越高。
2. 预制桩的岩石极限端阻力指桩端支承于中、微风化基岩表面或进入强风化岩、软质岩一定深度条件下极限端阻力。
3. 全风化、强风化软质岩和强风化硬质岩指其母岩为 $f_{rk}≤15MPa$、$f_{rk}>30MPa$ 的岩石。

【例 9-1】 某预制桩截面尺寸为 450mm×450mm，桩长 16m（从地面起算），依次穿越：①厚度 $h_1 = 4$m，液性指数 $I_L = 0.75$ 的黏土层；②厚度 $h_2 = 5$m，孔隙比 $e = 0.805$ 的粉土层；③厚度 $h_3 = 4$m，中密的粉细砂层。进入密实的中砂层 3m，假定承台埋深 1.5m。试确定该预制桩的竖向承载力特征值。

解 由表 9-1 查得桩的极限侧阻力标准值 q_{sik}

黏土层：$q_{s1k} = 55$kPa

粉土层：$q_{s2k} = 46\sim66$kPa，取 $q_{s2k} = 56$kPa

粉细砂层：$q_{s3k} = 48\sim66$kPa，取 $q_{s3k} = 57$kPa

中砂层：$q_{s4k} = 74\sim95$kPa，取 $q_{s4k} = 85$kPa

桩的入土深度 $16 - 1.5 = 14.5$ (m)，由表 9-2 查得桩的极限端阻力标准值 $q_{pk} = 5000\sim7000$ kPa，取 $q_{pk} = 6300$ kPa

单桩竖向极限承载力标准值为

$$Q_{uk} = Q_{sk} + Q_{pk} = u\Sigma q_{sik}l_i + q_{pk}A_p$$
$$= 4\times0.45\times(55\times2.5 + 56\times4.0 + 85\times3.0) + 0.45\times0.45\times6300 = 2385.45 \text{ (kN)}$$

该预制桩的竖向承载力特征值为

$$R_a = \frac{1}{K}Q_{uk} = \frac{2385.45}{2} = 1192.7 \text{ (kN)}$$

当根据土的物理指标与承载力参数之间的经验关系，确定大直径单桩竖向极限承载力标准值时，需要考虑桩侧阻力、桩端阻力尺寸效应系数，见表 9-3。

表 9-3　　　　　　　　　　　　　大直径灌注桩 φ_p、φ_m

土的类别	黏性土、粉土	砂土、碎石类土
侧阻力尺寸效应系数 φ_m	1	$\left(\dfrac{0.8}{D}\right)^{\frac{1}{3}}$
端阻力尺寸效应系数 φ_p	$\left(\dfrac{0.8}{D}\right)^{\frac{1}{4}}$	$\left(\dfrac{0.8}{D}\right)^{\frac{1}{3}}$

五、单桩抗拔承载力

1. 单桩抗拔承载力标准值

（1）一级建筑物应通过现场单桩上拔静载荷试验确定。

（2）对于二、三级建筑物可用当地经验或按下式计算：

$$U_K = \Sigma\lambda q_{sik}u_il_i \tag{9-11}$$

式中　U_K ——基桩抗拔极限承载力标准值，kN。

　　　u_i ——破坏表面周长。对于等直径桩，取 $u = \pi d$；对于扩底桩，自桩底起算的长度 $l_i \leqslant 5d$ 时，$u_i = \pi D$，其余 $u_i = \pi d$。

　　　q_{sik} ——桩侧表面第 i 层土的抗压极限侧阻力标准值，可查表 9-1 得到。

　　　λ ——抗拔系数。砂 $\lambda = 0.50\sim0.70$；黏性土、粉土 $\lambda = 0.70\sim0.80$；桩的长径比 $l/d < 20$ 时，λ 取小值。

2. 单桩抗拔承载力设计值

经验公式

$$T_{\mathrm{d}} = \frac{1}{K} u_{\mathrm{p}} \Sigma \lambda_i q_{si} l_i + 0.9W \qquad (9\text{-}12)$$

式中 T_{d} ——单桩抗拔承载力设计值，kN；

    K ——安全系数，一般取 K=2～3；

    λ_i ——抗拔与抗压极限侧阻力之比值；

    q_{si} ——桩周土摩擦力标准值，kPa（见表 9-1）；

    w ——桩身有效自重，扣除水的浮力，kN。

3. 桩身材料验算

除按上述方法确定单桩承载力外，还应根据国家标准《混凝土结构设计规范》规定，将桩身混凝土的抗压强度与钢筋的抗压强度分别计算进行叠加；同时考虑桩的长细比与压杆稳定问题，对桩身材料进行强度验算。桩身材料强度按式（9-13）进行验算。

$$\gamma_0 N \leqslant \phi(\psi_{\mathrm{c}} f_{\mathrm{c}} A + f_{\mathrm{y}}' A_{\mathrm{s}}') \qquad (9\text{-}13)$$

式中 γ_0 ——建筑桩基重要性系数；对于一、二、三级建筑桩基，分别取 γ_0=1.1，1.0，0.9；对于柱下单桩的一级建筑桩基，取 1.2。

    N ——桩的轴向力设计值，即单桩竖向承载力设计值，kN。

    ϕ ——构件稳定系数，取决于桩的长细比，即桩的计算长度与截面边长之比，$\phi \leqslant 1$。

    f_{c} ——混凝土轴心抗压强度设计值，按混凝土强度等级取值，N/mm²。

    A ——桩的横截面面积，mm²。

    f_{y}' ——钢筋抗压强度设计值，根据钢筋的种类与等级取值，N/mm²。

    A_{s}' ——桩的全部纵向钢筋截面面积，按桩的纵向受力主筋计算，mm²。

    ψ_{c} ——基桩施工工艺系数。对混凝土预制桩，ψ_{c}=1.0；对干作业非挤土灌注桩，ψ_{c}= 0.9；对泥浆护壁和套管护壁非挤土灌注桩、部分挤土灌注桩、挤土灌注桩，ψ_{c}=0.8。

9.3 单桩水平承载特性

9.3.1 水平力作用下单桩的破坏模式

一、水平载荷作用下桩的工作状态

建筑工程中的桩基础大多以承受竖向荷载为主，但在风荷载、地震荷载、机械制动荷载或土压力、水压力等作用下，也将承受一定的水平荷载。尤其是桥梁工程中的桩基，除了满足桩基的竖向承载力要求之外，还必须对桩基的水平承载力进行验算。

桩在水平荷载作用下发生位移，会使桩周土发生变形而产生抗力。当水平荷载较低时，这一抗力主要是由靠近地面部分的土提供的，土的变形也主要是弹性压缩变形。随着荷载的加大，桩的变形也加大，表层土将逐步发生塑性屈服，从而使水平荷载向更深土层传递。当变形增大到桩所不能允许的程度，或者桩周土失去稳定时，就达到了桩的水平极限承载能力。

单桩水平承载力，也如竖向抗压承载力一样，应满足如下三个要求：

（1）桩周土不会丧失稳定；

（2）桩身不会发生断裂破坏；

（3）建筑物不会因桩顶水平位移过大而影响其正常使用。

显然，能否满足要求，直接取决于桩周土的土质条件、桩的入土深度、桩的截面刚度、桩的

材料强度以及建筑物的性质等因素。土质越好，桩入土深度越深，土的抗力越大，桩的水平承载力也就越高。抗弯性能差的桩，如低配筋率的灌注桩，常因桩身断裂而破坏；而抗弯性能好的桩，如钢筋混凝土桩和钢桩，承载力往往受周围土体的性质所控制。为保证建筑物能正常使用，按工程经验，应控制桩顶水平位移不大于 10mm，而对水平位移敏感的建筑物，则不大于 6mm。

另外，影响桩的水平承载力的因素还有桩顶的嵌固条件和群桩中各桩的相互影响。当有刚性承台约束时，桩顶不能转动，只能平移，在同样的水平荷载下，它使承台的水平位移减小，而使桩顶的弯矩加大。图 9-8 表示不同类型的桩在有无桩顶嵌固条件下变形与破坏性状的示意图。群桩的影响表现为：水平荷载使各桩发生水平位移，前排桩的位移所留下的空隙使后排桩的抗力减小；当桩数较多且桩距较小时，这种影响尤为显著。

依据桩、土相对刚度的不同，水平载荷作用下的桩可分为刚性桩和弹性桩。

1. 刚性桩

刚性桩是指桩的相对刚度较大。当桩很短或桩周土很软弱，桩的刚度远大于土的刚度时，即属于刚性桩。在水平载荷作用下，由于刚性桩桩身挠曲变形不明显，因而桩顶自由的刚性桩将发生绕靠近桩段的一点做全桩长的刚体转动，桩顶嵌固的刚性桩则发生平移。刚性基桩的破坏已安置发生于桩周土中，桩体本身不发生破坏。如图 9-8（a）和图 9-8（b）所示。

2. 弹性桩

弹性桩包括半刚性桩（中长桩）和柔性桩（长桩），其桩、土相对刚度较低。在水平荷载作用下，桩身将发生挠曲变形，桩的下端可视为固定于土中而不能转动。随着水平荷载的增大，桩周土的屈服区逐渐向下扩展，桩身最大弯矩截面因上部土抗力减小而向下部转移。一般半刚性桩的桩身位移曲线只出现一个位移零点，而柔性桩则出现两个以上位移零点和弯矩零点，如图 9-8（b）、（c）、（e）、（f）所示。随着水平位移的不断增大，可能在桩身较大弯矩处发生断裂，也可能是桩的侧向位移超过桩或结构物的变形允许值而趋于破坏。

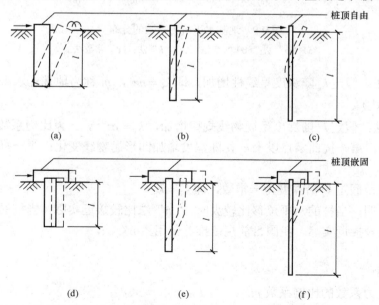

图 9-8　水平荷载作用下桩变形与破坏性状

（a）、（d）刚性桩；（b）、（e）半刚性桩；（c）柔性桩（均为桩顶自由）；（f）柔性桩（均为桩顶嵌固）

二、水平荷载作用下弹性桩的计算

水平荷载作用下弹性桩的分析计算主要有地基反力系数法、弹性理论法和有限元法等，我国目前常用地基反力系数法。

地基反力系数法是应用文克勒（E.Winker，1867年）地基模型，把承受水平荷载的单桩看作弹性地基中的竖直梁，该弹性地基由水平向弹簧组成。通过求解梁的挠曲微分方程来计算桩身的弯矩、剪力以及桩的水平承载力。

（一）基本概念

将土体视为线性变形体，根据文克勒假定，在水平荷载作用下，若单桩在深度 z 处沿水平方向产生位移 x，则对应的水平抗力为

$$\sigma_x = k_x x \tag{9-14}$$

式中　　σ_x——深度 z 处的水平抗力，kPa；

　　　　k_x——地基土水平抗力系数，也称水平基床系数，或横向抗力系数，kN/m^3。

地基土水平抗力系数的大小及分布与地基土的类别有关，其直接影响挠曲微分方程的求解和桩身截面内力的变化。根据 k_x 的变化规律，目前有四种较为常用的分布图，如图 9-9 所示。

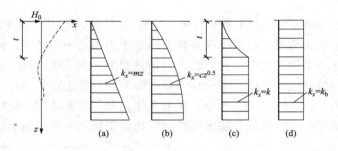

图 9-9　地基水平抗力系数的分布

（a）"m"法；（b）"c"法；（c）"k"法；（d）常数法

（1）"m"法：假定 k_x 随深度呈线性增加，即 $k_x = mz$，m 称为地基土水平抗力系数的比例系数（MN/m^4）。

（2）"c"法：假定 k_x 随深度呈抛物线规律增加，$k_x = cz^{0.5}$，c 为比例系数。

（3）"k"法：第一挠曲零点以上 k_x，随深度增加凹形抛物线变化；第一挠曲零点以下，k_x 为常数 k。

（4）常数法：假定 k_x 沿深度为一常数，即 $k_x = k_h$。

实测资料表明，当桩的水平位移比较大时，"m"法比较接近实际。当桩的水平位移比较小时，"c"法比较接近实际。我国目前规范推荐使用"m"法。

（二）"m"法

1．计算参数

（1）水平抗力系数的比例系数 m。

桩侧土水平抗力系数的比例系数 m，宜通过单桩水平静载试验确定，当无静载试验资料时，可按表 9-4 取值。

表 9-4　　　　　　　　　　　　　地基土水平抗力系数的比例系数 m 值

序号	地基土类别	预制桩、钢桩		灌注桩	
		m （MN/m^4）	相应单桩在地面处水平位移（mm）	m （MN/m^4）	相应单桩在地面处水平位移（mm）
1	淤泥；淤泥质土；饱和湿陷性黄土	2～4.5	10	2.5～6	6～12
2	流塑（$I_L>1$）、软塑（$0.75<I_L\leqslant1$）状黏性土；$e>0.9$ 粉土；松散粉细砂；松散、稍密填土	4.5～6	10	6～14	4～8
3	可塑（$0.25<I_L\leqslant0.75$）状黏性土、湿陷性黄土；$e=0.75～0.9$ 粉土；中密填土；稍密细砂	6～10	10	14～35	3～6
4	硬塑（$0<I_L\leqslant0.25$）、坚硬（$I_L\leqslant0$）状黏性土、湿陷性黄土；$e<0.75$ 粉土；中密的中粗砂；密实老填土	10～22	10	35～100	2～5
5	中密、密实的砾砂、碎石类土	—	—	100～300	1.5～3

注　1. 当桩顶水平位移大于表列数值或灌注桩配筋率较高（≥0.65%）时，m 值应适当降低；当预制桩的水平向位移小于 10mm 时，m 值可适当提高；

　　2. 当水平荷载为长期或经常出现的荷载时，应将表列数值乘以 0.4 降低采用；

　　3. 当地基为可液化土层时，应将表列数值乘以相应的土层液化折减系数 Ψ_L。

（2）桩身的计算宽度。

单桩在水平荷载作用下所引起的桩周土的抗力不仅分布于荷载作用的平面内，而且受桩截面形状影响，计算时可简化为平面受力，取桩截面计算宽度 b_0 为

圆形桩：当直径 $d\leqslant1\mathrm{m}$ 时，$b_0=0.9(1.5d+0.5)$；

　　　　当直径 $d>1\mathrm{m}$ 时，$b_0=0.9(d+1)$；

方形桩：当边宽 $b\leqslant1\mathrm{m}$ 时，$b_0=1.5b+0.5$；

　　　　当边宽 $b>1\mathrm{m}$ 时，$b_0=b+1$。

（3）桩身抗弯刚度。

计算柱身抗弯刚度 EI 时，对于钢筋混凝土桩，桩身弹性模量取混凝土弹性模量的 0.85 倍。

2. 单桩挠曲微分方程

用 "m" 法计算弹性桩时，单桩在桩顶荷载和地基水平抗力的作用下产生挠曲，由弹性挠曲微分方程得

$$EI\frac{\mathrm{d}^4x}{\mathrm{d}z^4}=-\sigma_x b_0=-k_x x b_0 \qquad (9\text{-}15)$$

$$\frac{\mathrm{d}^4x}{\mathrm{d}z^4}+\frac{k_x b_0}{EI}x=0 \qquad (9\text{-}16)$$

由 "m" 法，$k_x=mz$，代入式（9-16）得

$$\frac{\mathrm{d}^4x}{\mathrm{d}z^4}+\frac{mb_0}{EI}zx=0 \qquad (9\text{-}17)$$

令 $\alpha=\sqrt[5]{\dfrac{mb_0}{EI}}$，$\alpha$ 称为桩的水平变形系数，其单位是 1m。将 α 表达式代入式（9-17），可得

$$\frac{d^4x}{dz^4} + \alpha^5 zx = 0 \tag{9-18}$$

此式为四阶线性微分方程，利用幂级数展开的方法，根据边界条件及材料力学梁的挠度转角、剪力、弯矩的微分关系，可得解答，从而求出桩身截面的内力 M、V 和位移 x、转角 φ 以及土的水平抗力 σ，如图 9-10 所示。计算时，可查阅已编制的系数表。

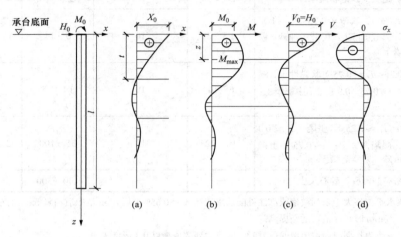

图 9-10　单桩挠度 x、弯矩 M、剪力 V 和水平抗力的分布曲线

（a）x 分布图；（b）M 分布图；（c）V 分布图；（d）水平抗力分布图

9.3.2　单桩水平承载力的确定

一、单桩水平静载荷试验

单桩的水平承载力取决于桩的材料强度、截面刚度、入土深度、桩侧土质条件、桩顶水平位移允许值和桩顶嵌固情况等因素。目前确定单桩水平承载力的方式有两种，一种是通过水平静载荷试验，另一种是通过理论计算。两者中前者更为可靠。

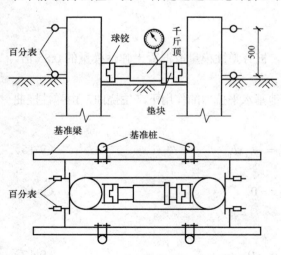

图 9-11　单桩静力水平荷载试验装置

对于受水平荷载较大的一级建筑桩基，其单桩水平承载力设计值，应通过单桩静力水平载荷试验确定。图 9-11 为试验的示意图。首先，可在现场制作两根相同的试桩，两桩间水平放置加载用的千斤顶。加载法常用循环加卸载法，以便与桩基所承载的瞬时、反复的水平荷载情况一致；对于受长期水平荷载的桩基，也可采用慢速加载法进行试验。

实验前首先取单桩预估水平极限承载力的 $1/15 \sim 1/10$ 作为每级的加载增量。每级荷载施加后，保持荷载 4 分钟测度水平位移，然后卸载到零，停 2 分钟测度残余水平位移，至此完成一个加卸载循环。如此循环 5 次便完成了一级荷载的试验观测。然后再进行下一级荷载的

试验，如此循环共约进行 $10 \sim 15$ 级荷载的试验。试验不得中途停顿，直至桩身折断或者水平

位移超过 30~40mm 时，可终止试验。

根据水平载荷试验，绘制水平荷载—时间—位移（H_0-t-x_0）曲线，取该曲线明显陡降的前一级荷载为极限荷载 H_u（kN），如图 9-12 所示。

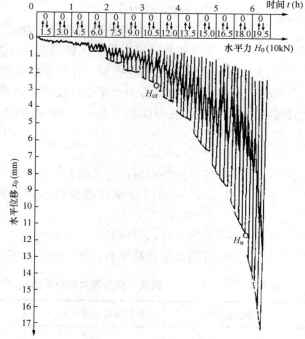

图 9-12 水平载荷试验曲线

二、单桩水平荷载特征值的确定

单桩的水平承载力特征值的确定应符合下列规定：

（1）对于受水平荷载较大的设计等级为甲级、乙级的建筑桩基，单桩水平承载力特征值应通过单桩水平静载荷试验 确定。

（2）对于钢筋混凝土预制桩、钢桩、桩身配筋率不小于 0.65% 的灌注桩，可根据静载荷试验结果取地面处水平位移为 10mm（对于水平位移敏感的建筑物取水平位移 6mm）所对应的荷载的 75% 为单桩水平承载力特征值。

（3）对于桩身配筋率小于 0.65% 的灌注桩，可取单桩水平静载荷试验的临界荷载的 75% 为单桩水平承载力特征值。

（4）当缺少单桩水平静载荷试验资料时，可按下列公式估算桩身配筋率小于 0.65% 的灌注桩的单桩水平承载力特征值。

$$R_{ha} = \frac{0.75\alpha\gamma_m f_t W_0}{v_M}(1.25+22\rho_g)\left(1\pm\frac{\zeta_N N_K}{\gamma_m f_t A_n}\right) \tag{9-19}$$

式中 α ——桩的水平变形系数。

R_{ha} ——单桩水平承载力特征值；±号根据桩顶竖向力（N）的性质确定，压力取"+"，拉力取"–"。

γ_m ——桩截面模量塑性系数；圆形截面：$\gamma_m=2$，矩形截面：$\gamma_m=1.75$。

f_t ——桩身混凝土抗拉强度设计值。

W_0 ——桩身换算截面受拉边缘的截面模量；圆形截面为 $W_0=\frac{\pi d}{32}[d^2+2(\alpha_E-1)\rho_g d_0^2]$，方形截面为：$W_0=\frac{b}{6}[b^2+2(\alpha_E-1)\rho_g b_0^2]$。其中，$d$ 为桩直径，d_0 为扣除保护层厚度的桩直径；b 为方形截面边长，b_0 为扣除保护层厚度的桩截面宽度；α_E 为钢筋弹性模量与混凝土弹性模量的比值。

v_M ——桩身最大弯矩系数；按表 9-5 取值，当单桩基础和单排桩基纵向轴线与水平力方向相垂直时，按桩顶铰接考虑。

ρ_g ——桩身配筋率。

A_n ——桩身换算截面积；圆形截面为：$A_n=\frac{\pi d^2}{4}[1+(\alpha_E-1)\rho_g]$，方形截面为：$A_n=$

$b^2[1+(\alpha_E-1)\rho_g]$。

ζ_N——桩顶竖向力影响系数；竖向压力取 0.5；竖向拉力取 1.0。

N_k——在荷载效应标准组合下桩顶的竖向力，kN。

（5）对于混凝土护壁的挖孔桩，计算单桩水平承载力时，其设计桩径取护壁内直径。

（6）当桩的水平承载力由水平位移控制，且缺少单桩水平静载荷试验资料时，可按下式估计预制桩、钢桩、桩身配筋率不小于 0.65% 的灌注桩单桩水平承载力特征值。

$$R_{ha}=0.75\frac{\alpha^3 EI}{\nu_x}\chi_{0a} \tag{9-20}$$

式中　EI——桩身抗弯刚度；对于钢筋混凝土桩，$EI=0.85E_cI_0$；其中，E_c 为混凝土弹性模量，I_0 为桩身换算截面惯性矩。对圆形截面，$I_0=W_0d_0/2$；对矩形截面，$I_0=W_0d_0/2$。

χ_{0a}——桩顶允许水平位移。

ν_x——桩顶水平位移系数；按表 9-5 取值，取值方法相同。

表 9-5　　　　桩顶（身）最大弯矩系数 ν_M 和桩顶水平位移系数 ν_x

桩顶约束情况	桩的换算埋深（αh）	ν_M	ν_x
铰接、自由	4.0	0.768	2.441
	3.5	0.750	2.502
	3.0	0.703	2.727
	2.8	0.675	2.905
	2.6	0.639	3.163
	2.4	0.601	3.526
固接	4.0	0.926	0.940
	3.5	0.934	0.970
	3.0	0.967	1.028
	2.8	0.990	1.055
	2.6	1.018	1.079
	2.4	1.045	1.095

注　1. 铰接（自由）的 ν_M 系桩身的最大弯矩系数，固接的 ν_M 系桩顶的最大弯矩系数；
　　2. 当 $\alpha h>4$ 时，取 $\alpha h=4.0$。

（7）验算永久荷载控制的桩基的水平承载力时，应将上述 2～5 款方法确定的单桩水平承载力特征值乘以调整系数 0.80；验算地震作用桩基的水平承载力时，宜将按上述 2～5 款方法确定的单桩水平承载力特征值乘以调整系数 1.25。

9.4　群桩基础的计算

当建筑物上部荷载远远大于单桩竖向承载力时，通常由多根桩组成群桩，共同承受上部荷载。本节主要讨论的即是群桩的受力情况与承载力计算，以及与单桩的区别和共同点。

9.4.1　竖向荷载下的群桩效应

1. 群桩效应

图 9-13（a）为单桩受力情况，桩顶轴向荷载 N，由桩端阻力与桩周摩擦力共同承受。图

9-13（b）为群桩受力情况，每根桩的荷载 N，由桩端阻力与桩周摩擦力共同承受。因桩的间距小，桩间摩擦力无法充分发挥作用，因此，在桩端产生应力叠加。即

$$R_n < nR \tag{9-21}$$

式中　R_n——群桩竖向承载力设计值，kN；

　　　n——群桩中的桩数；

　　　R——单桩竖向承载力设计值，kN。

R_n 与 nR 的比值称为群桩效应系数，以 η 表示。

$$\eta = \frac{R_n}{nR} \tag{9-22}$$

实践结果表明，群桩效应系数与桩距、桩数、桩径、桩的入土深度、桩的排列承台宽度及桩间土的性质等因素有关。其中以桩距为主要因素。

2. 桩承台效应

传统的桩基设计中，承台只起分配上部荷载至各桩，并将桩联合成整体共同承担上部荷载的联系作用，这种考虑仅仅在承台与地基土脱空条件下是合理的。而承台与地基土脱空的情况只有在下列几种特殊情况下才会出现，即承台下面存在可液化土、湿陷性黄土、高灵敏性软土、欠固结土、新填土、地震诱发的震陷、区域水位大幅度下降等。除此之外，一般情况下承台均与基础接触，其作用相当于一个筏板基础。

由摩擦型桩组成的低承台群桩基础，当其承受竖向荷载而沉降时，承台底必产生土反力，从而分担了一部分荷载，使桩基承载力随之提高。根据试验与工程实测资料，承台底面处土所分担的荷载，一般在零至20%～35%左右。

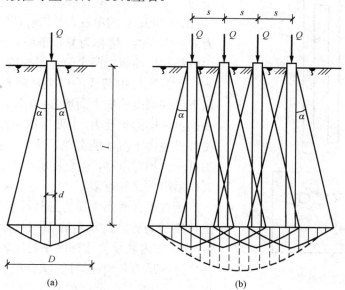

图 9-13　端承摩擦桩应力传布

（a）单桩；（b）群桩

3. 摩擦型群桩基础

（1）承台底面脱地的情况（非复合桩基）。

为便于讨论，先假设承台底面脱地的群桩基础中各桩均匀受荷 [见图 9-13（b）]。如同独

立单桩［见图 9-13（a）］那样，桩顶荷载（Q）主要通过桩侧摩擦阻力引起的附加压力按某一扩散角（α），沿桩长向下扩散分布在桩周土中。各桩在桩端平面土的附加压力分布的最大直径为 $D = d + 2l \tan \alpha$。当桩距 $s < d$ 时，群桩桩端平面上的应力因各邻桩桩周扩散应力的相互重叠而增大（图中虚线所示）。所以，摩擦型群桩的沉降大于独立单桩，对非条形承台下按常用桩距布桩的群桩，桩数越多则群桩与独立单桩的沉降量之比越大。原因在于以下两个方面：

一是地基土性质的影响：对打入较疏松的砂类土和粉土（摩擦性土）中的挤土群桩，其桩间土被明显挤密，致使桩侧和桩端阻力都因而提高；同类土中的非挤土桩群在受荷沉降过程中，桩间土会随之增密，桩侧法向应力增大，使桩侧摩阻力有所提高。

二是桩距 s 的影响：以上两项影响都是针对常用桩距（$s = 3d \sim 4d$）而言的；如果桩距过小（$s < 3d$），则桩长范围内和桩端平面上的土中应力重叠严重。桩长范围内的重叠使桩间土明显压缩下移，导致桩—土界面相对滑移减少，从而降低桩侧阻力的发挥；桩端平面上的重叠则导致桩端底面外侧竖向压力的增大，再加上邻桩的靠近，其结果都使桩底持力层的侧向挤出受阻，从而提高桩端阻力。此外，桩距的缩短还会加大各桩桩顶荷载配额的差异。反之，如果桩距很大（$s > d$，一般大于 $6d$），以上各项影响都将趋于消失，而各桩的工作性状就接近于独立单桩了。所以说，桩距是影响摩擦型群桩基础群桩效应的主导因素。

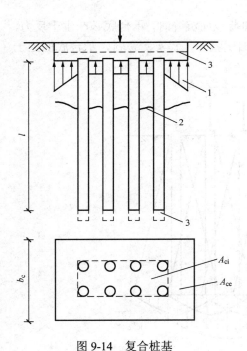

图 9-14　复合桩基
1—台底土反力；2—上层土位移；
3—桩端贯入、桩基整体下沉

（2）承台底面接地的情况。

承台底面接地的桩基，除了呈现承台脱地情况下的各种群桩效应外，还通过承台底面土反力分担上部结构荷载，使承台兼有浅基础的作用，称为复合桩基（见图 9-14）。它的单桩，因其承载力含有承台底土阻力的贡献在内，特称为复合单桩，以区别于承载力仅由桩侧和桩端阻力两个分量组成的非复合单桩。

承台底分担荷载的作用是随着群桩相对于基土向下位移幅度的加大而增强的：为了保证承台底接地并提供足够的土反力，主要应依靠桩端贯入持力层促使群桩整体下沉才能实现。当然，桩身受荷压缩引起的桩—土相对滑移，也会使承台底反力有所增加，但其作用所占比例有限。

刚性承台底面土反力呈马鞍形分布。如以群桩外围包络线为界，将承台底面积分为内外两区（见图 9-14），则内区反力比外区小且比较均匀，桩距增大时内外区反力差明显降低。承台底分担的荷载总值增加时，反力的塑性重分布不显著而保持反力图式基本不变。利用承台底反力分布的上述特征，可以通过加大外区与内区的面积比（A_{ce} / A_{ci}）来提高承台分担荷载的份额。

4. 端承型群桩基础

端承型桩基的桩底持力层刚硬，桩端贯入变形较小，由桩身压缩引起的桩顶沉降也不大，因而承台底面土反力很小。如图9-15所示，桩顶荷载基本上集中通过桩端传给桩底持力层，并近似地按某一压力扩散角向下扩散，且在距桩底某深度处之下产生应力重叠，但不足以引起坚实持力层明显的附加变形。因此，端承型群桩基础中各桩的工作性状接近于独立单桩，群桩基础承载力等于各单桩承载力之和，群桩效应系数$\eta = 1$。

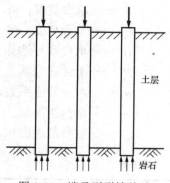

图9-15 端承型群桩基础

9.4.2 横向载荷下的群桩承载力

群桩基础（不含水平力垂直于单排桩基纵向轴线和力矩较大的情况）的基桩水平承载力特征值应考虑由承台、桩群、土相互作用产生的群桩效应，可按下列公式确定：

$$R_{\mathrm{h}} = \eta_{\mathrm{h}} R_{\mathrm{ha}} \tag{9-23}$$

考虑地震作用且$s/d \leqslant 6$时

$$\eta_{\mathrm{h}} = \eta_i \eta_{\mathrm{r}} + \eta_l \tag{9-24}$$

其他情况

$$\eta_{\mathrm{h}} = \eta_i \eta_{\mathrm{r}} + \eta_l + \eta_{\mathrm{b}} \tag{9-25}$$

$$\eta_i = \frac{\left(\dfrac{s_{\mathrm{a}}}{d}\right)^{0.015 n_2 + 0.45}}{0.15 n_1 + 0.10 n_2 + 0.19} \tag{9-26}$$

$$\eta_l = \frac{m \chi_{0\mathrm{a}} B_{\mathrm{c}}' h_{\mathrm{c}}^2}{2 n_1 n_2 R_{\mathrm{ha}}} \tag{9-27}$$

$$\chi_{0\mathrm{a}} = \frac{R_{\mathrm{ha}} \nu_x}{\alpha^3 EI} \tag{9-28}$$

$$B_{\mathrm{c}}' = B_{\mathrm{c}} + 1 \tag{9-29}$$

$$\eta_{\mathrm{b}} = \frac{\mu p_{\mathrm{c}}}{n_1 n_2 R_{\mathrm{h}}} \tag{9-30}$$

$$P_{\mathrm{c}} = \eta f_{\mathrm{ak}} (A - A_{\mathrm{ps}}) \tag{9-31}$$

式中 η_{h} ——群桩效应综合系数。

η_i ——桩的相互影响效应系数。

η_{r} ——桩顶约束效应系数（桩顶嵌入承台长度50~100mm时），按表9-6取值。

η_l ——求台侧向土水平抗力效应系数（承台外围回填土为松散状态时取$\eta_l = 0$）。

η_{b} ——承台底摩阻效应系数。

s_{a}/d ——沿水平荷载方向的距径比。

n_1, n_2 ——分别为沿水平荷载方向与垂直水平荷载方向每排桩中的桩数。

m ——承台侧面土水平抗力系数的比例系数，当无试验资料时可按表9-4取值。

$\chi_{0\mathrm{a}}$ ——桩顶（承台）的水平位移允许值。当以位移控制时，可取$\chi_{0\mathrm{a}} = 10\mathrm{mm}$（对水平位移；敏感的结构物取$\chi_{0\mathrm{a}} = 6\mathrm{mm}$）；当以桩身强度控制（低配筋率灌注桩）时，可近似按式（9-28）确定。

B_{c}' ——承台受侧向土抗力一边的计算宽度，m。

　　B_c ——承台宽度，m。

　　h_c ——承台高度，m。

　　μ ——承台底与地基土间的摩擦系数，可按表9-7取值。

　　P_c ——承台底地基土分担的竖向总荷载标准值。

　　η_c ——承台效应系数。

　　A ——承台总面积。

　　A_{ps} ——桩身截面面积。

表 9-6 　　　　　　　　　　　　桩顶约束效应系数 η_r

换算深度 αh	2.4	2.6	2.8	3.0	3.5	≥4.0
位移控制	2.58	2.34	2.20	2.13	2.07	2.05
强度控制	1.44	1.57	1.71	1.82	2.00	2.07

　　注　　$\alpha = \sqrt[5]{\dfrac{mb_0}{EI}}$ ，h 为桩的入土长度。

表 9-7 　　　　　　　　　　　承台底与地基土间的摩擦系数 μ

土 的 类 别		摩擦系数 μ
黏性土	可塑	0.25～0.30
	硬塑	0.30～0.35
	坚硬	0.35～0.45
粉土	密实、中密（稍湿）	0.30～0.40
中砂、粗砂、砂砾		0.40～0.50
碎石土		0.40～0.60
软岩、软质岩		0.40～0.60
表面粗糙的较硬岩、坚硬岩		0.65～0.75

9.4.3　桩的负摩擦阻力

一、产生负摩擦阻力的条件

　　在桩顶竖向荷载作用下，当桩相对于桩侧土体向下位移时，土对桩产生的向上作用的摩阻力，称为正摩阻力［见图9-2（b）］。但是，当桩侧土体因某种原因而下沉，且其下沉量大于桩的沉降，即桩侧土体相对于桩向下位移时，土对桩产生的向下作用的摩阻力，称为负摩阻力［见图9-16（a）］。负摩阻力的存在增大了桩身荷载和桩基的沉降。通常在下列几种情况下易产生负摩阻力作用：①位于桩周欠固结的软黏土或新填土在重力作用下产生固结；②大面积堆载使桩周土层压密；③由于地下水位全面降低，如长期抽取地下水，致使有效应力增加，因而引起大面积沉降；④自重湿陷性黄土浸水后产生湿陷；⑤地面因打桩时孔隙水压力剧增而隆起，其后孔压消散而固结下沉等。

　　桩侧负摩阻力问题，实质上和正摩阻力一样，只要得到土与桩之间的相对位移以及负摩阻力与相对位移之间的关系，就可以了解桩侧负摩阻力的分布和桩身轴力与截面位移。

　　图9-16（a）表示一根承受竖向荷载的桩，桩身穿过正在固结中的土层而达到坚实土层。

在图 9-16（b）中，曲线 1 表示土层不同深度的位移，曲线 2 为桩的截面位移曲线，曲线 1 和曲线 2 之间的位移差（图中画上横线部分）为桩土之间的相对位移；曲线 1 和曲线 2 的交点（O_1 点）为桩土之间不产生相对位移的截面位置，称为中性点。图 9-16（c）、（d）分别为桩侧摩阻力和桩身轴力曲线，其中 F_n 为负摩阻力的累计值，又称为下拉荷载；F_p 为中性点以下正摩阻力的累计值。中性点是摩阻力、桩土之间的相对位移和桩身轴力沿桩身变化的特征点。

从图中易知，在中性点 O_1 点之上，土层产生相对于桩身的向下位移，出现负摩阻力 τ_{nz}，桩身轴力随深度递增；在中性点 O_1 点之下的土层相对向上位移，因而在桩侧产生正摩阻力 τ_z，桩身轴力随深度递减。在中性点处桩身轴力达到最大值（$Q+F_n$），而桩端总阻力则等于 $Q+(F_n-F_p)$。可见，桩侧负摩阻力的发生，将使桩侧土的部分重力和地面荷载通过负摩阻力传递给桩，因此，桩的负摩阻力非但不能成为桩承载力的一部分，反而相当于是施加于桩上的外荷载，这就必然导致桩的承载力相对降低，桩基沉降加大。

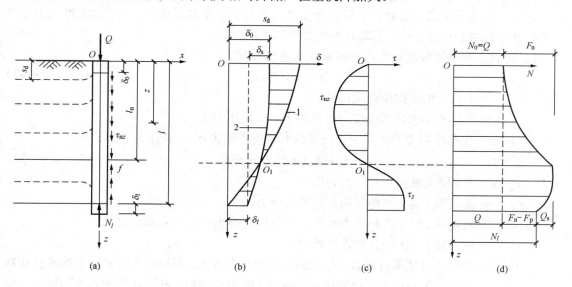

图 9-16 单桩在产生负摩阻力时的荷载传递

（a）单桩；（b）位移曲线；（c）桩侧摩阻力分布曲线；（d）桩身轴力分布曲线

1—土层竖向位移曲线；2—桩的截面位移曲线

二、负摩阻力的计算

1. 单桩负摩阻力的计算

（1）中性点位置。

要确定桩身负摩阻力的大小，须先确定中性点的位置和负摩阻力的大小。中性点的位置取决于桩与桩侧土的相对位移，原则上是根据桩沉降量与桩周土沉降量相等的深度来确定。但影响中性点位置的因素较多，与桩周土的性质和外界条件（堆载、降水、浸水等）变化有关。一般来说，桩周欠固结土层越厚，欠固结程度越大，桩底持力层越硬，中性点位置越深；如果在桩顶荷载作用下的桩自身沉降已经完成，以后是因外界条件变化桩周土层产生的固结，则中性点位置较深，且堆载强度或地下水降低幅度和范围越大，中性点位置越深。此外，中性点的位置在初期或多或少会有所变化，它随桩沉降的增加而向上移动，当沉降趋于稳定，中性点才稳定在某一固定的深度 l_n 处。因此，要精确计算中性点的位置是比较困难的。一般多采用近似的估算方法，或依据一定的试验结果得出的经验值。工程实测表明，在可压缩土层 l_0 的范围内，中性点的稳定深度 l_n 是随桩端持力层的强度和刚度的增大而增加的，其深度比 l_n / l_0 可按表 9-8 的经验值取用。

表 9-8 　　　　　　　　　　　　　中 性 点 深 度 l_n

持力层性质	黏性土、粉土	中密以上砂	砾石、卵石	基岩
中性点深度比 l_n / l_0	0.5～0.6	0.7～0.8	0.9	1.0

（2）负摩阻力强度。

负摩阻力 τ_n 的大小受控于桩周土层和桩端土的强度与变形性质、地面堆载的大小与范围、地下水位降低的幅度与范围、桩的类型与成桩工艺、桩顶荷载施加时间与发生负摩阻力时间之间的关系等因素。因此，准确计算负摩阻力大小是非常困难的。现有的负摩阻力计算方法都是近似的和经验性的，目前较常用的有以下两种。

1）对软土和中等强度黏土，可按太沙基建议的方法，取

$$\tau_n = q_u / 2 = c_u \tag{9-32}$$

式中　　q_u——土的无侧限抗压强度；

c_u——土的不排水抗剪强度，可采用十字板现场测定。

2）根据产生负摩阻力的土层中点的竖向有效覆盖压力 σ'_{vi}，按下式计算：

$$\tau_{ni} = K_i \tan \varphi' \sigma'_{vi} = \beta \sigma'_{vi} \tag{9-33}$$

式中　　τ_{ni}——第 i 层土桩侧负摩阻力强度；

σ'_{vi}——桩周第 j 层土平均竖向有效覆盖应力；

K_i——桩周第 i 层土的侧压力系数，可近似取静止土压力系数值 K_{oi}；

φ'——桩周第 i 层土的有效内摩擦角；

β——桩周土负摩阻力系数，与土的类别和状态有关。对粗粒土，β 随土的密度和粒径的增大而提高；对细粒土，则随土的塑性指数、孔隙比和饱和度的增大而降低。β 值可按表 9-9 取值。

表 9-9 　　　　　　　　　　　　　负 摩 阻 力 系 数 β

土类	β	土类	β
饱和软土	0.15～0.25	砂土	0.35～0.50
黏性土、粉土	0.25～0.40	自重湿陷性黄土	0.20～0.35

注　1．在同一类土中，对于打入桩或沉管灌注桩，取表中最大值，对于钻（冲）挖孔灌注桩，取表中最小值；

2．填土按其组成取表中同类土的较大值；

3．当 τ_{ni} 的计算值大于正摩阻力时，取正摩阻力值。

土中有效覆盖压力 σ'_{vi} 是指由原地面上堆土等均布荷载和地层的有效重度所产生的竖向应力，即地面荷载与地层的自重压力之和。当地面堆载增加或者地下水位降低，则土中有效应力增加。土中有效覆盖压力也随之增加，因此

$$\sigma'_{vi} = \gamma_m z_i \tag{9-34}$$

当地面有均布荷载时

$$\sigma'_{vi} = z_i + \gamma_m z_i pi \tag{9-35}$$

$$\gamma_m = (\gamma_1 l_1 + \gamma_2 l_2 + \cdots + \gamma_i l_i)/(l_1 + l_2 + \cdots + l_i)$$

式中 γ_m ——第 i 层土层底以上桩周土的加权平均重度，其中地下水位下的重度取有效重度；

z_i ——自地面起算的第 j 层土中点深度；

p ——地面均布荷载（见图 9-17）。

对于砂类土，也可按下式估算负摩阻力强度：

$$\tau_{ni} = \frac{N_i}{5} + 3 \tag{9-36}$$

式中 N_i ——桩周第 i 层土经钻杆长度修正的平均标准贯入试验锤击数。

2. 下拉荷载的计算

下拉荷载 F_n 为中性点深度 l_n 范围内负摩阻力的累计值，可按下式计算：

$$F_n = u_p \sum_{i=1}^{n} l_{ni} \tau_{ni} uir_c \tag{9-37}$$

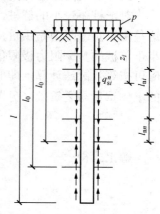

图 9-17 下拉荷载计算图示

式中 u_p ——桩截面周长；

u ——中性点以上土层数；

l_{ni} ——中性点以上桩周第 i 层土中点深度。

【例 9-2】 某单桩桩径 $d = 0.5$ m，桩长 20m，采用螺旋钻施工。自桩顶（地面）向下图层参数为：①水力冲填砂，厚度 5m，$\gamma = 18$ kN/m³；②软黏土，厚度 12 m，$w_L \geq 50\%$，$\gamma = 18.5$ kN/m³，地下水位面在该层土上层面下 3m 处；③密实沙土，较厚，$N > 20$。试求该桩的下拉荷载。

解 桩在三层土中的入土深度分别为 5m，12m，3m。根据桩端土层性质，确定中性点的位置。

桩端为密实砂土，标准贯入试验锤击数 $N > 20$，查表 9-8，取 $l_n/l_0 = 0.72$，则中性点以上的桩长为 $l_n = 0.72 \times l = 0.72 \times 20 = 14.4$ (m)

查表 9-9，桩在①和②层土中的负摩阻力系数分别为 $\beta_{n1} = 0.35$ 和 $\beta_{n2} = 0.15$。地面至深度 5m 处的上覆土压力平均值为

$$\sigma'_1 = 0 + \frac{18 \times 5}{2} = 45 \text{ (kPa)}$$

自 5m 至 14.4m 处上覆土压力的平均值为

$$\sigma'_2 = 18 \times 5 + \frac{18.5 \times 3 + (18.5 - 10) \times (14.4 - 5 - 3)}{2} = 144.95 \text{ (kPa)}$$

单桩负摩阻力标准值为

$$q_{s1}^n = \beta_{n1} \sigma'_1 = 0.35 \times 45 = 15.8 \text{ (kPa)}$$

$$q_{s2}^n = \beta_{n2} \sigma'_2 = 0.15 \times 144.95 = 21.7 \text{ (kPa)}$$

桩周长 $u = \pi d = 1.57\,\mathrm{m}$，下拉荷载为

$$Q_n = u\sum_{i=1}^{n} q_{si}^n l_i = 1.57 \times (15.8 \times 5 + 21.7 \times 9.4) = 444.3\,(\mathrm{kN})$$

三、群桩负摩阻力的计算

对于桩距较小的群桩，群桩所产生的负摩阻力因群桩效应而降低，即小于相应的单桩值，这是由于负摩阻力是由桩周土体的沉降引起。若桩群中各桩表面单位面积所分担的土体重量小于单桩的负摩阻力极限值，将会导致群桩的负摩阻力降低，即显示群桩效应。这种群桩效应可按等效圆法计算，即假设独立单桩单位长度的负摩阻力 τ_n 由相应长度范围内半径 r_e 形成的土体重量与之等效（见图 9-18），则有

$$\pi d \tau_n = \left(\pi r_e^2 - \frac{\pi}{4} d^2 \right) \gamma_m' \tag{9-38}$$

解上式得

$$\gamma_e = \sqrt{ \frac{\mathrm{d}\tau_n}{\gamma_m'} + \frac{d^2}{4} } \tag{9-39}$$

式中　　r_e ——等效圆半径；

d ——桩身直径；

τ_n ——中性点以上单桩的平均极限负摩阻力；

γ_m' ——中性点以上桩周土体加权平均有效重度。

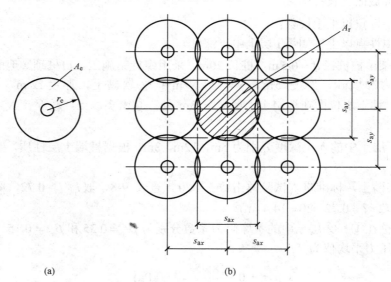

图 9-18　负摩阻力群桩效应的等效圆法

以群桩中各桩中心为圆心，以 r_e 为半径做圆，由各圆的相交点作矩形（见图 9-18）（或以二排桩之间的中点作纵横向中心线形成以各桩为重心的矩形），矩形面积 $A_r = s_{ax} s_{ay}$ 与圆面积 $A_e = \pi r_e^2$ 之比，即负摩阻力的群桩效应系数。

$$\eta_n = \frac{A_r}{A_e} = s_{ax} s_{ay} \bigg/ \left[\pi d \left(\frac{\tau_n}{\gamma_m'} + \frac{d}{4} \right) \right] \tag{9-40}$$

式中 s_{ax}, s_{ay}——纵横向桩的中心距。

当按式（9-40）计算群桩基础的 $\eta_n > 1$ 时，取 $\eta_n = 1$。

群桩中任一单桩的极限负摩阻力为

$$\tau_g^n = \eta_n \tau_n \tag{9-41}$$

式中 τ_n——单桩的极限负摩阻力，可按式（9-33）计算。

因此，群桩中任一单桩的下拉荷载 Q_g^n 可按下式计算：

$$Q_g^n = \eta_n u_p \sum_{i=1}^{n} \tau_{ni} l_{ni} \tag{9-42}$$

式中 u_p——桩截面周长；

       n——中性点以上土层数；

       l_{ni}——中性点以上各土层的厚度。

9.4.4 群桩的沉降计算

与天然地基上的浅基础相比，桩基础沉降量尽管可大大减少，但随着建筑物的规模和尺寸的增加以及对沉降变形要求的提高，很多情况下，桩基础也需要进行沉降计算。《建筑地基基础设计规范》规定，对于桩基，需要进行沉降验算的有：①地基基础设计等级为甲级的建筑物桩基；②体型复杂，荷载不均匀或桩端以下存在软弱土层的、设计等级为乙级的建筑物桩基；③摩擦型桩基（包括摩擦桩和端承摩擦桩）。可见多数桩基都应进行沉降验算。

与浅基础沉降计算一样，桩基最终沉降计算应采用荷载效应的准永久组合。计算方法是基于土的单向压缩、均质各向同性和弹性假设的分层总和法。

目前在工程中应用比较广泛的桩基沉降的分层总和计算方法主要有两大类：一是假想实体深基础法；另一类是明德林应力计算法。

下面介绍假想实体深基础法在桩基沉降计算中的应用。

这类方法的本质是将桩端平面作为弹性体的表面，用布辛内斯克解计算桩端以下各点的附加应力，再用与浅基础沉降计算一样的单向压缩分层总和法计算沉降。所谓假想实体深基础，就是将在桩端以上的一定范围的承台、桩及桩周土当成一实体深基础，即不计从地面到桩端平面间的压缩变形。这类方法适用于桩距 $s \leqslant 6d$ 的情况。

关于如何将上部附加荷载施加到桩端平面，有两种假设。一是荷载沿桩群外侧扩散，二是扣除桩群四周的摩阻力。前者的作用面积大一些；后者的附加压力可能小一些。

1. 荷载扩散法

这种计算的示意图如图 9-19（a）所示。扩散角取为桩所穿过各土层内摩擦角的加权平均值的 1/4。

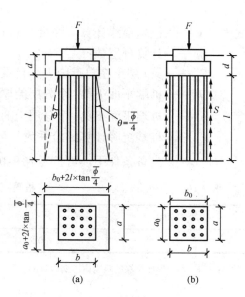

图 9-19 实体深基础的底面积

（a）考虑扩散作用；（b）不考虑扩散作用

在桩端平面处的附加压力 p_0 可用式（9-43）计算。

$$p_0 = \frac{F + G_\mathrm{T}}{\left(b_0 + 2l \times \tan\dfrac{\overline{\phi}}{4}\right)\left(a_0 + 2l \times \tan\dfrac{\overline{\phi}}{4}\right)} - p_c \tag{9-43}$$

式中 F ——对应于荷载效应准永久值组合时作用在桩基承台顶面的竖向力，kN；

     G_T ——在扩散后面积上，从桩端平面到设计地面间的承台、桩和土的总重量，可按 $20\,\mathrm{kN/m^3}$ 计算，水下扣除浮力，kN；

     a_0, b_0 ——群桩的外缘矩形面积的长、短边的长度，m；

     $\overline{\phi}$ ——桩所穿过土层的内摩擦角加权平均值，(°)；

     l ——桩的入土深度，m；

     p_c ——桩端平面上地基土的自重压力 [$(l+d)$ 深度]，kPa，地下水位以下应扣除浮力。

有时可忽略桩身长度 l 部分桩土混合体的总重量与同体积原地基土间总重量之差，则可用式（9-44）近似计算：

$$p_0 = \frac{F + G - p_{c0} \times a \times b}{\left(b_0 + 2l \times \tan\dfrac{\overline{\phi}}{4}\right)\left(a_0 + 2l \times \tan\dfrac{\overline{\phi}}{4}\right)} \tag{9-44}$$

式中 G ——承台和承台上土的自重，可按 $20\mathrm{kN/m^3}$ 计算，水下部分扣除浮力，kN；

     p_{c0} ——承台底面高程处地基土的自重压力，地下水位以下扣除浮力，kPa；

     a, b ——承台的长度和宽度，m。

在计算出桩端平面的附加压力 p_0 以后，则可按扩散以后的面积进行分层总和法沉降计算。

$$s = \psi_\mathrm{p} \sum_{i=1}^{n} \frac{p_i h_i}{E_{si}} \tag{9-45}$$

式中 s ——桩基最终计算沉降量，mm；

     n ——计算分层数；

     E_{si} ——第 i 层土在自重应力至自重应力加上附加应力作用段的压缩模量，MPa；

     h_i ——桩端平面下第 i 个分层的厚度，m；

     p_i ——桩端平面下第 i 个分层土的竖向附加应力平均值，kPa；

     ψ_p ——桩基沉降计算经验系数，可按不同地区当地工程实测资料统计对比确定，在不具备条件下，可参考表 9-10。

表 9-10   桩基沉降计算经验系数 ψ_p

$\overline{E}_s$ (MPa)	$\overline{E}_s < 15$	$15 \leqslant \overline{E}_s < 30$	$30 \leqslant \overline{E}_s < 40$
ψ_p	0.5	0.4	0.3

注 $\overline{E}_s$ 为变形计算深度范围内压缩模量的当量值，按下式计算：$\overline{E}_s = \dfrac{\sum A_i}{\sum \dfrac{A_i}{E_{si}}}$

式中 A_i ——第 i 层土附加应力系数沿土厚度的积分值。

2. 扣除桩群侧壁摩阻力法

除荷载扩散法，另一种假象实体深基础沉降计算法为扣除桩群的侧壁摩阻力，见图 9-19（b）。这时桩端平面的附加应力 p_0 通过式（9-46）计算：

$$p_0 = \frac{F + G - 2(a_0 + b_0)\sum q_{sia}h_i}{a_0 b_0} \tag{9-46}$$

式中　h_i——桩身所穿越第 i 层土的土层厚度，m；

　　　q_{sia}——桩身穿越的第 i 层土侧阻力特征值，可按表 9-1 的值除以 2 得到，kPa。

式（9-46）是一个近似的计算式，在计算承台底的附加压力时，没有扣除承台以上地基土自重，这里可认为这一差别被 l 段混合体的重量与原地基土重量之差所抵消。

计算最终沉降仍按式（9-45）或者平均附加应力系数法计算。

9.5　桩 基 础 的 设 计

9.5.1　桩的平面布置原则

一、布桩原则

桩的平面布置方法有对称式、梅花式、行列式和环状排列。为使桩基在其承受较大弯矩的方向上有较大的抵抗矩，也可采用不等距排列，此时，对柱下单独桩基和整片式的桩基，宜采用外密内疏的布置方式。为了使桩基中各桩受力比较均匀，群桩横截面的重心应与竖向永久荷载合力布置桩位时，桩的间距（中心距）一般采用 3～4 倍桩径。间距太大会增加承台的体积和用料，太小则将使桩基（摩擦型桩）的沉降量增加，且给施工造成困难。桩的最小中心距应符合表 9-11 的规定。在确定桩的间距时尚应考虑施工工艺中挤土等效应对邻近桩的影响，因此，对于大面积桩群，尤其是挤土桩，桩的最小中心距宜按表列值适当加大。扩底灌注桩除应符合表 9-11 的要求外，尚应满足表 9-12 的规定。

表 9-11　　　　　　　　　　　　桩 的 最 小 中 心 距

土类与成桩工艺		排数不小于 3 排且桩数不小于 9 根的摩擦型桩基	其他情况
非挤土和小量挤土灌注桩		3.0d	2.5d
挤土灌注桩	穿越非饱和土	3.5d	3.0d
	穿越饱和土	4.0d	3.5d
挤土预制桩		3.0d	3.0d
打入式敞口管桩和 H 形钢桩		3.5d	3.0d

表 9-12　　　　　　　　　　　　灌注桩扩底端最小中心距

成桩方法	最小中心距
钻、挖孔灌注桩	$1.5d_b$ 或者 $d_b + 1\,m$（当 $d_b > 2\,m$ 时）
沉管扩底灌注桩	$2.0d_b$

注　d_b——扩大端设计直径。

二、布桩方法

工程实践中，桩群的常用平面布置形式为：柱下桩基多采用对称多边形，墙下桩基采用梅花式或行列式，筏形或箱形基础下宜尽量沿柱网、肋梁或隔墙的轴线设置，如图 9-20 所示。

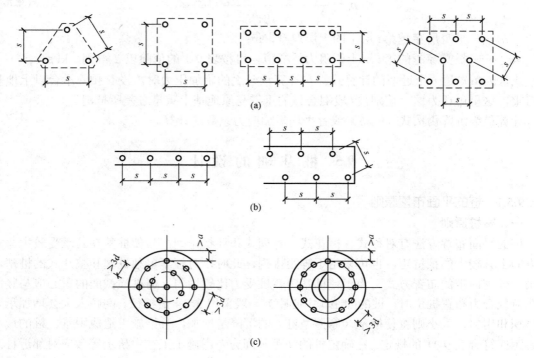

(a)

(b)

(c)

图 9-20 桩的常用布置形式

（a）柱下桩基；（b）墙下桩基；（c）圆（环）形桩基

9.5.2 桩承台的设计

承台的作用是将各桩连成一整体，把上部结构传来的荷载转换、调整、分配于各桩。桩基承台可分为柱下独立承台、柱下或墙下条形承台（梁式承台），以及筏板承台和箱形承台等。各种承台均应按国家现行《混凝土结构设计规范》（GB 50010）进行受弯、受冲切、受剪切和局部承压承载力计算。

承台设计包括选择承台的材料及其强度等级、几何形状及其尺寸、进行承台结构承载力的计算，并使其构造满足一定的要求。

一、构造要求

承台的最小宽度不应小于 500mm，为满足桩顶嵌固及抗冲切的需要，边桩中心至承台边缘的距离不宜小于桩的直径或边长，且桩的外边缘至承台边缘的距离不小于 150mm。对于墙下条形承台，考虑到墙体与条形承台的相互作用可增强结构的整体刚度，并不至于产生桩顶对承台的冲切破坏，桩的外边缘至承台边缘的距离不小于 75mm。

为满足承台的基本刚度、桩与承台的连接等构造需要，条形承台和柱下独立桩基承台的最小厚度为 300mm，其最小埋深为 500mm。

筏板、箱形承台板的厚度应满足整体刚度、施工条件及防水要求。对于桩布置于墙下或基础梁下的情况，承台板厚度不宜小于 250mm，且板厚与计算区段最小跨度之比不宜小于 1/20。

承台混凝土强度等级不应低于 C20，纵向钢筋的混凝土保护层厚度不应小于 70mm，当有混凝土垫层时，不应小于 40mm。

承台的配筋，对于矩形承台，钢筋应按双向均匀通长布置［见图 9-21（a）］，钢筋直径不宜小于 10mm，间距不宜大于 200mm；对于三桩承台，钢筋应按三向板带均匀布置，且最里面的三根钢筋围成的三角形应在柱截面范围内［见图 9-21（b）］。

承台梁的主筋除满足计算要求外，尚应符合国家现行《混凝土结构设计规范》关于最小配筋率的规定，主筋直径不应小于 12mm，架立筋不宜小于 10mm，箍筋直径不宜小于 6mm ［见图 9-21（c）］。

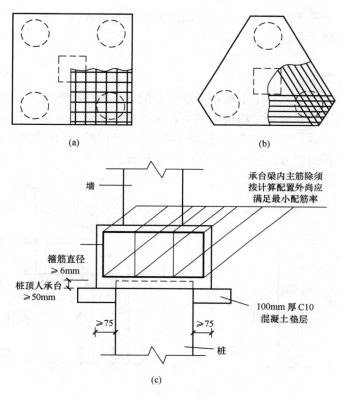

图 9-21　承台配筋示意

（a）矩形承台配筋；（b）三桩承台配筋；（c）承台梁配筋

筏形承台板和箱形承台顶、底板的配筋，与筏基和箱基的要求相同。

桩顶嵌入承台的长度对于大直径桩，不宜小于 100mm；对于中等直径桩不宜小于 50mm。混凝土桩的桩顶主筋应伸入承台内，其锚固长度不宜小于钢筋直径（HPB300 级钢筋）的 30 倍和钢筋直径（HRB335 级钢筋和 HRB400 级钢筋）的 35 倍，对于抗拔桩基不应小于钢筋直径的 40 倍。预应力混凝土桩可采用钢筋与桩头钢板焊接的连接方法。钢桩可采用在桩头加焊锅型板或钢筋的连接方法。

当柱截面周边位于桩的钢筋笼以内，柱下端已设置两个方向与柱可靠连接的具有足够抗弯刚度的联系梁，以及在桩顶以下 $4/a$ 范围内无软弱土层存在时，可采用单桩支承单柱的桩基形式，此时，柱下端与桩连接处可不设置承台。但宜在桩顶设置钢筋网，或在桩顶将桩的纵向受力钢筋水平向内弯至柱边并加构造环向钢筋连接，并应采取其他有效的构造措施。

承台之间的连接：对于单桩承台，宜在两个互相垂直的方向上设置联系梁；对于两桩承台，宜在其短向设置联系梁；有抗震要求的柱下独立承台，宜在两个主轴方向设置联系梁。联系梁顶面宜与承台位于同一标高，联系梁的宽度不应小于 250mm，梁的高度可取承台中心距的 $1/15\sim1/10$。联系梁的主筋应按计算要求确定。当为构造要求时，联系梁的截面尺寸和受拉钢筋的面积，可取所连接柱的最大轴力的 10%，按轴心受压或受拉进行截面设计。联系梁内上下纵向钢筋直径不应小于 12mm 且不应少于 2 根，并应按受拉要求锚入承台，箍筋直径不宜小于 8mm，间距不宜大于 300mm。

在承台及地下室周围的回填土，应满足填土密实性的要求。

二、柱下桩基础独立承台

1. 受弯计算

（1）柱下多桩矩形承台。

根据承台模型试验资料，柱下多桩矩形承台在配筋不足情况下将产生弯曲破坏，其破坏特征呈梁式破坏。所谓梁式破坏，指挠曲裂缝在平行于柱边两个方向交替出现，承台在两个方向交替呈梁式承担荷载［见图 9-22（a）］，最大弯矩产生在平行于柱边两个方向的屈服线处。利用极限平衡原理可得两个方向的承台正截面弯矩计算公式。

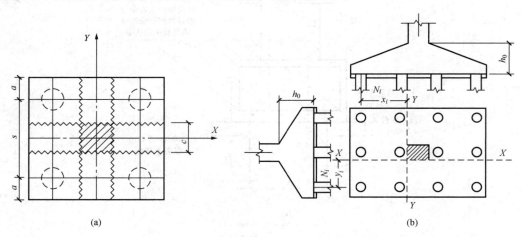

图 9-22　矩形承台

（a）四桩承台破坏模式；（b）承台弯矩计算示意

柱下多桩矩形承台弯矩的计算截面应取在柱边和承台高度变化处或台阶边缘［见图 9-22（b）］，并按下式计算：

$$M_x = \Sigma N_i y_i \tag{9-47}$$

$$M_y = \Sigma N_i x_i \tag{9-48}$$

式中　M_x，M_y ——垂直于 y 轴和 x 轴方向计算截面处的弯矩设计值；

x_i y_i ——垂直于 y 轴和 x 轴方向自桩轴线到相应计算截面的距离；

N_i——扣除承台和其上填土自重后相应于荷载效应基本组合时的第 i 桩竖向力设计值。

根据计算的柱边截面和截面高度变化处的弯矩，分别计算同一方向各截面配筋量后，取各向的最大值按双向均布配置〔见图 9-22（a）〕。

（2）柱下三桩三角形承台。

柱下三桩承台分等边和等腰两种形式，其受弯破坏模式有所不同〔见图 9-23（a）（b）（c）〕，后者呈明显的梁式破坏特征。

1）等边三桩承台。

取图 9-23（a）（b）两种破坏模式所确定的弯矩平均值作为设计值：

$$M = \frac{N_{max}}{3}\left(s - \frac{\sqrt{3}}{4}c\right) \tag{9-49}$$

式中 M——由承台形心至承台边缘距离范围内板带的弯矩设计值；

N_{max}——扣除承台和其上填土自重后的三桩中相应于荷载效应基本组合时的最大单桩竖向力设计值；

s——桩距〔见图 9-23（d）〕；

c——方柱边长，圆柱时 $c = 0.866d$（d 为圆柱直径）。

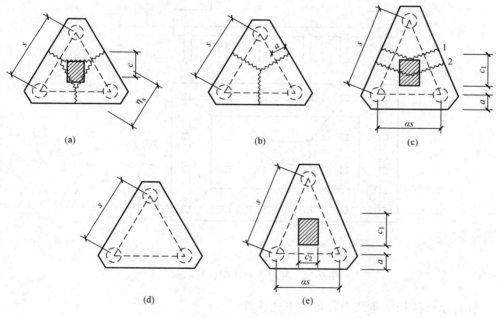

图 9-23 三桩三角形承台

（a）、（b）、（c）承台破坏模式；（d）、（e）承台弯矩计算示意

2）等腰三桩承台〔见图 9-23（e）〕

承台弯矩按下式计算：

$$M_1 = \frac{N_{max}}{3}\left(s - \frac{0.75}{\sqrt{4-\alpha^2}}c_1\right) \tag{9-50}$$

$$M_2 = \frac{N_{\max}}{3}\left(\alpha s - \frac{0.75}{\sqrt{4-\alpha^2}}c_2\right) \tag{9-51}$$

式中　　M_1，M_2——由承台形心到承台两腰和底边的距离范围内板带的弯矩设计值；

$\quad\quad s$——长向桩距；

$\quad\quad \alpha$——短向桩距与长向桩距之比，当 α 小于 0.5 时，应按变截面的二桩承台设计；

$\quad\quad c_1$，c_2——垂直、平行于承台底边的柱截面边长。

2. 受冲切计算

当桩基承台的有效高度不足时，承台将产生冲切破坏。承台冲切破坏的方式，一种是柱对承台的冲切，另一种是角桩对承台的冲切。冲切破坏锥体斜面与承台底面的夹角大于或等于 45°，柱边冲切破坏锥体的顶面在柱与承台交界处或承台变阶处，底面在桩顶平面处（见图 9-24）；而角桩冲切破坏锥体的顶面在角桩内边缘处，底面在承台上方（见图 9-25）。

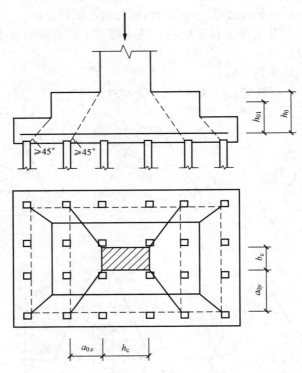

图 9-24　柱对承台冲切计算示意

（1）柱对承台冲切的承载力，可按下式计算：

$$F_l = 2[\alpha_{0x}(b_c + a_{0y}) + \alpha_{0y}(h_c + a_{0x})]\beta_{hp}f_t h_0 \tag{9-52}$$

$$F_l = F - \Sigma N_i \tag{9-53}$$

$$\alpha_{0x} = \frac{0.84}{\lambda_{0x} + 0.2} \tag{9-54}$$

$$\alpha_{0y} = \frac{0.84}{\lambda_{0y} + 0.2} \tag{9-55}$$

式中　F_l——扣除承台及其上填土自重，作用在冲切破坏锥体上相应于荷载效应基本组合的冲切力设计值，冲切破坏锥体应采用自柱边或承台变阶处至相应桩顶边缘连线构成的锥体，锥体与承承台底面的夹角不小于 45°。

　　β_{hp}——受冲切承载力截面高度影响系数。当 h 不大于 800mm 时，β_{hp} 取 1.0，当 h 大于等于 2000mm 时，β_{hp} 取 0.9，其间按线性内插法取用。

　　f_t——承台混凝土轴心抗拉强度设计值。

　　h_0——冲切破坏锥体的有效高度。

α_{0x}, α_{0y}——冲切系数。

$\lambda_{0x}, \lambda_{0y}$——冲跨比，$\lambda_{0x} = a_{0x} / h_0$，$\lambda_{0y} = a_{0y} / h_0$，$a_{0x}$、$a_{0y}$ 为柱边或变阶处至桩边的水平距离；当 $a_{0x}(a_{0y}) < 0.25h_0$ 时，$a_{0x}(a_{0y}) = 0.25h_0$；当 $a_{0x}(a_{0y}) > h_0$ 时，$a_{0x}(a_{0y}) = h_0$。

　　F——柱根部轴力设计值。

　　ΣN_i——冲切破坏锥体范围内各桩的净反力设计值之和。

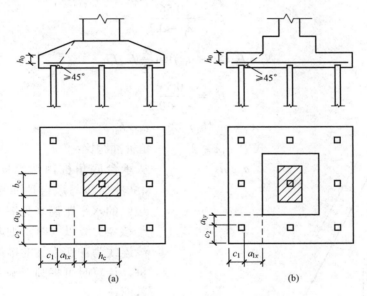

图 9-25　矩形承台角桩冲切计算示意

　　对中、低压缩性土上的承台，当承台与地基土之间没有脱空现象时，可根据地区经验适当减小柱下桩基独立承台受冲切计算的承台厚度。

　　（2）角桩对承台的冲切

　　1）多桩矩形承台受角桩冲切的承载力应拉下式计算：

$$N_l = \left[\alpha_{1x} \left(c_2 + \frac{a_{1y}}{2} \right) + \alpha_{1y} \left(c_2 + \frac{a_{1x}}{2} \right) \right] \beta_{hp} f_t h_0 \tag{9-56}$$

$$\alpha_{1x} = \frac{0.56}{\lambda_{1x} + 0.2} \tag{9-57}$$

$$\alpha_{1y} = \frac{0.56}{\lambda_{1y} + 0.2} \tag{9-58}$$

$$\lambda_{1x} = a_{1k}/h_0, \quad \lambda_{1y} = a_{1y}/h_0$$

式中　N_l——扣除承台和其上填土自重后角桩桩顶相应于荷载效应基本组合时的竖向力设计值；

　　α_{1x}, α_{1y}——角桩冲切系数；

　　$\lambda_{1x}, \lambda_{1y}$——角桩冲跨比；

　　c_1, c_2——从角桩内边缘至承台外边缘的距离；

　　a_{1x}, a_{1y}——从承台底角桩内边缘引45°冲切线与承台顶面或承台变阶处相交点至角桩内边缘的水平距离（见图9-25）；

　　h_0——承台外边缘的有效高度。

2）三桩三角形承台受角桩冲切的承载力应按下式计算：

底部角桩
$$N_l = \beta_{11}(2c_1 + a_{11})\tan\frac{\theta_1}{2}\beta_{hp}f_t h_0 \tag{9-59}$$

$$\beta_{11} = \frac{0.56}{\lambda_{11} + 0.2} \tag{9-60}$$

顶部角桩
$$N_l = \beta_{12}(2c_1 + a_{12})\tan\frac{\theta_2}{2}\beta_{hp}f_t h_0 \tag{9-61}$$

$$\beta_{12} = \frac{0.56}{\lambda_{12} + 0.2} \tag{9-62}$$

$$\lambda_{11} = a_{11}/h_0, \quad \lambda_{12} = a_{12}/h_0$$

式中　$\lambda_{11}, \lambda_{12}$——角桩冲跨比；

　　a_{11}, a_{12}——从承台底角桩内边缘向相邻承台边引45°冲切线与承台顶面相交点至角桩内边缘的水平距离（见图9-26）；当柱位于该45°线以内时，则取柱边与桩内边缘连线为冲切锥体的锥线。对圆柱和圆桩，计算时可将圆形截面换算成正方形截面。

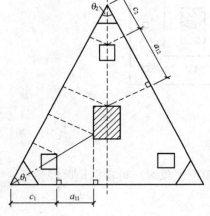

图9-26　三角形承台角桩冲切计算示意

3. 受剪切计算

桩基承台的抗剪计算，在小剪跨比的条件下具有深梁的特征。

柱下桩基独立承台应分别对柱边和桩边、变截面和桩边连线形成的斜截面进行受剪计算（见图9-27）。当柱边外有多排桩形成多个剪切斜截面时，尚应对每个斜截面进行验算。

斜截面受剪承载力可按下列公式计算：

$$V \leqslant \beta_{hs}\beta f_t b_0 h_0 \tag{9-63}$$

$$\beta = \frac{1.75}{\lambda + 1.0} \tag{9-64}$$

式中　V——扣除承台及其上填土自重后相应于荷载效应基本组合时斜截大剪力设计值。

β_{ha} ——受剪切承载力截面高度影响系数。$\beta_{hs} = (800/h_0)^{1/4}$，当 h_0 小于 800mm 时，h_0 取 800mm，当 h_0 大于 2000mm 时，h_0 取 2000mm。

β ——剪切系数。

λ ——计算截面的剪跨比，$\lambda_x = a_x/h_0$，$\lambda_y = a_y/h_0$。此处，a_x, a_y 为柱边或变阶处至 x, y 方向计算一排桩的桩边的水平距离。当 $\lambda < 0.3$ 时，取 $\lambda = 0.3$；当 $\lambda > 3$ 时，取 $\lambda = 3$。

b_0 ——承台计算截面处的计算宽度。

h_0 ——计算宽度处的承台有效高度。

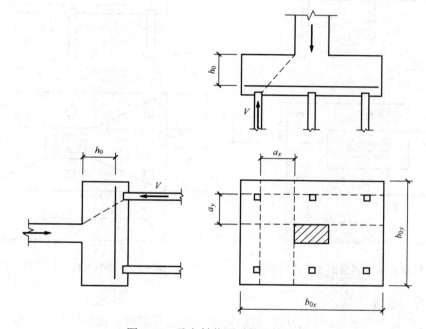

图 9-27 承台斜截面受剪计算示意

阶梯形承台变阶处及锥形承台的计算宽度 b_0 按以下方法确定。

（1）对于阶梯形承台应分别在变阶处（$A_1 - A_1, B_1 - B_1$）及柱边处（$A_2 - A_2, B_2 - B_2$）进行斜截面受剪计算（见图 9-28）。计算变阶处截面 $A_1 - A_1, B_1 - B_1$ 的斜截面受剪承载力时，其截面有效高度均为 h_{01}，截面计算宽度分别为 b_{y1} 和 b_{x1}。计算柱截面 $A_2 - A_2, B_2 - B_2$ 处的斜截面受剪承载力时，其截面有效高度均为 $h_{01} + h_{02}$，截面计算宽度按下式计算：

$$b_{y0} = \frac{b_{y1}h_{01} + b_{y2}h_{02}}{h_{01} + h_{02}} \tag{9-65}$$

$$b_{x0} = \frac{b_{x1}h_{01} + b_{x2}h_{02}}{h_{01} + h_{02}} \tag{9-66}$$

（2）对于锥形承台应对 $A–A$ 及 $B–B$ 两个截面进行受剪承载力计算（见图 9-29），截面有效高度均为 h_0，截面的计算宽度按下式计算：

$$b_{y0} = \left[1 - 0.5\frac{h_1}{h_0}\left(1 - \frac{b_{y2}}{b_{y1}}\right)\right]b_{y1} \tag{9-67}$$

$$b_{x0} = \left[1 - 0.5\frac{h_1}{h_0}\left(1 - \frac{b_{x2}}{b_{x1}}\right)\right]b_{x1} \qquad (9\text{-}68)$$

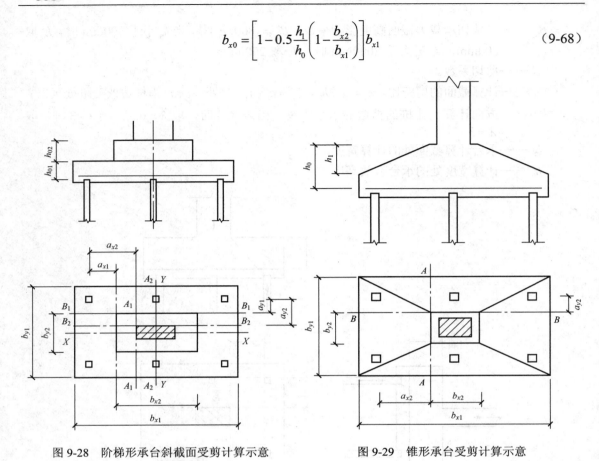

图 9-28　阶梯形承台斜截面受剪计算示意　　　　　　图 9-29　锥形承台受剪计算示意

4. 局部受压计算

当承台的混凝土强度等级低于柱或桩的混凝土强度等级时，尚应验算柱下或桩上承台的局部受压承载力。

当进行承台的抗震验算时，应根据现行《建筑抗震设计规范》的规定对承台受剪切承载力进行抗震调整。

9.5.3　桩基础设计的一般步骤

桩基设计应符合安全、合理和经济的要求。对桩和承台来说，应有足够的强度、刚度和耐久性；对地基（主要是桩端持力层）来说，要有足够的承载力和不产生过量的变形。考虑到桩基相应于地基破坏的极限承载力甚高，因此，大多数桩基的首要问题在于控制沉降量，即桩基设计应按桩基变形控制设计。

一、必要的资料准备

桩基设计前必须具备的资料主要有建筑物类型及其规模、岩土工程勘察报告、施工机具和技术条件、环境条件、检测条件及当地桩基工程经验等，其中，岩土工程勘察资料是桩基设计的主要依据。因此，设计前应根据建筑物的特点和有关要求，进行岩土工程勘察和场地施工条件等资料的搜集工作，在提出工程地质勘察任务书时，应说明拟议中的桩基方案。桩基岩土工程勘察应符合现行国家标准《岩土工程勘察规范》的基本要求。

二、选定桩型，确定单桩竖向及水平承载力

1. 桩的类型、截面和桩长的选择

桩类和桩型的选择是桩基设计中的重要环节。应根据结构类型及层数、荷载情况、地层条件和施工能力等，合理地选择桩的类别（预制桩或灌注桩）、桩的截面尺寸和长度、桩端持力层，并确定桩的承载类型（端承型或摩擦型）。

场地的地层条件、各类型桩的成桩工艺和适用范围，是桩类选择应考虑的主要因素。当土中存在大孤石、废金属以及花岗岩残积层中未风化的石英脉时，预制桩将难以穿越；当土层分布很不均匀时，混凝土预制桩的预制长度较难掌握；在场地土层分布比较均匀的条件下，采用质量易于保证的预应力高强混凝土管桩比较合理。对于软土地区的桩基，应考虑桩周土自重固结、蠕变、大面积堆载及施工中挤土对桩基的影响，在层厚较大的高灵敏度流塑黏性土中（如我国东南沿海的淤泥和淤泥质土），不宜采用大片密集有挤土效应的桩基，否则，这类土的结构破坏严重，致使土体强度明显降低。如果加上相邻各桩的相互影响，这类桩基的沉降和不均匀沉降都将显著增加，这时宜采用承载力高而桩数较少的桩基。同一结构单元宜避免采用不同类型的桩。

桩的截面尺寸选择应考虑的主要因素是成桩工艺和结构的荷载情况。从楼层数和荷载大小来看（如为工业厂房可将荷载折算为相应的楼层数），10 层以下建筑的桩基，可考虑采用直径 500mm 左右的灌注桩和边长为 400mm 的预制桩；10～20 层的可采用直径 800～1000mm 的灌注桩和边长 450～500mm 的预制桩；20～30 层的可采用直径 1000～1200mm 的钻（冲、挖）孔灌注桩和边长或直径等于或大于 500mm 的预制桩；30～40 层的可采用直径大于 1200mm 的钻（冲、挖）孔灌注桩和直径 500～550 mm 的预应力混凝土管桩和大直径钢管桩。楼层更多的高层建筑所采用的挖孔灌注桩直径可达 5m 左右。

桩的设计长度，主要取决于桩端持力层的选择。通常，坚实土（岩）层（可用触探试验或其他指标来鉴别）最适宜作为桩端持力层。对于 10 层以下的房屋，如在桩端可达的深度内无坚实土层时，也可选择中等强度的土层作为桩端持力层。

桩端进入坚实土层的深度，应根据地质条件、荷载及施工工艺确定，一般宜为 1～3 倍桩径（对黏性土、粉土不宜小于 2 倍桩径；砂类土不宜小于 1.5 倍桩径；碎石类土不宜小于 1 倍桩径）。对薄持力层，且其下存在软弱下卧层时，为避免桩端阻力因受"软卧层效应"的影响而明显降低，桩端以下坚实土层的厚度不宜小于 4 倍桩径。当硬持力层较厚且施工条件许可时，为充分发挥桩的承载力，桩端全断面进入持力层的深度宜尽可能达到该土层桩端阻力的临界深度（砂与碎石类土为 3～10 倍桩径；粉土、黏性土为 2～6 倍桩径）。对于穿越软弱土层而支承在倾斜岩层面上的桩，当风化岩层厚度小于 2 倍桩径时，桩端应进入新鲜或微风化基岩。端承桩嵌入微风化或中等风化岩体的最小深度，不宜小于 0.5m，以确保桩端与岩体接触。同一基础的邻桩桩底高差，对于非嵌岩桩，不宜超过相邻桩的中心距，对于摩擦型桩，在相同土层中不宜超过桩长的 1/10。

嵌岩桩或端承桩桩端以下 3 倍桩径范围内应无软弱夹层、断裂破碎带、洞穴和空隙分布，这对于荷载很大的一柱一桩（大直径灌注桩）基础尤为重要。由于岩层表面往往崎岖不平，且常有隐伏的沟槽，特别在可溶性的碳酸岩类（如石灰岩）分布区，溶槽、石芽密布，此时桩端极有可能坐落在岩面隆起的斜面上而易产生滑动。因此，为确保桩端和岩体的稳定，在桩端应力扩散范围内应无岩体临空面（例如沟、槽、洞穴的侧面，或倾斜、陡立的岩面）。实

践证明，作为基础施工图设计依据的详细勘察阶段的工作精度，较难满足这类桩的设计和施工要求。所以，在桩基方案选定之后，还应根据桩位进行专门的桩基勘察，或施工时在桩孔下方钻取岩芯（"超前钻"），以便针对各桩的持力层选择埋入深度。对于高层或重型建筑物，采用大直径桩通常是有利的，但在碳酸岩类岩石地基，当岩溶发育很强、洞穴顶板厚度不大时，为满足桩底下有 3 倍桩径厚度的持力层的要求及有利于荷载的扩散，宜采用直径较小的桩和条形或筏板承台。

当土层比较均匀，坚实土层层面比较平坦时，桩的施工长度常与设计桩长接近；但当场地土层复杂，或者桩端持力层层面起伏不平时，桩的施工长度则常与设计桩长不一致。因此，在勘察工作中，应尽可能仔细地探明可作为持力层的地层层面标高，以避免浪费，便于施工。为保证桩的施工长度满足设计桩长的要求，打入桩的入土深度应按桩端设计标高和最后贯入度（经试打确定）两方面控制。最后贯入度是指打桩结束以前每次锤击的沉入量，通常以最后每阵（10 击）的平均贯入量表示。一般要求最后二、三阵的平均贯入量（贯入度）为 10～30mm/阵（锤重、桩长者取大值，质量为 7t 以上的单动蒸汽锤、柴油锤可增至 30～50mm/阵）；振动沉桩者，可用 1min 作为一阵。例如，采用 100kN 振动力打入边长为 400mm 的桩。要求最后二阵的贯入度（即沉入速度）为 20～60mm/min。

对于打入可塑或硬塑黏性土中的摩擦型桩，其承载力主要由桩侧摩阻力提供，沉桩深度宜按桩端设计标高控制，同时以最后贯入度做参考，并尽可能使同一承台或同一地段内各桩的桩端实际标高大致相同。而打到基岩面或坚实土层的端承型桩，其承载力主要由桩端阻力提供，沉桩深度宜按最后贯入度控制，同时以桩端设计标高做参考，并要求各桩的贯入度比较接近。大直径的钻（冲、挖）孔桩则以取出的岩屑（可分辨出风化程度）为主，结合钻进速度等来确定施工桩长。

2. 确定单桩竖向及水平承载力

桩的类型和几何尺寸确定后，应初步确定承台底面标高。承台埋深的选择一般主要考虑结构要求和方便施工等因素。季节性冻土上的承台埋深，应考虑地基土的冻胀性的影响，并应考虑是否需要采取相应的防冻害措施。膨胀土上的承台，其埋深选择与此类似。

初定出承承台底面标高后，便可按前述方法计算单桩竖向及水平承载力了。

三、桩的平面布置及承载力验算

1. 桩的根数和布置

（1）桩的根数。

初步估定桩数时，先按式（9-10）确定单桩承载力特征值 R_a，然后可估算桩数。当桩基为轴心受压时，桩数 n 应满足下式的要求：

$$n \geqslant \frac{F_k + G_k}{R_a} \tag{9-69}$$

式中　F——相应于荷载效应标准组合时，作用于桩基承台顶面的竖向力；

　　　G_k——桩基承台及承台上土自重标准值。

偏心受压时，对于偏心距固定的桩基，如果桩的布置使得群桩横截面的重心与荷载合力作用点重合，则仍可按上式估定桩数，否则，桩的报数应按上式确定的数增加10%～20%。所选的桩数是否合适，尚待各桩受力验算后确定。如有必要，还要通过桩基软弱下卧层承载力和桩基沉降验算才能最终确定。

承受水平荷载的桩基，在确定桩数时，还应满足桩的水平承载力的要求。此时，可以取各单桩水平承载力之和，作为桩基的水平承载力。这样做通常是偏于安全的。

（2）桩在平面上的布置。

经验证明，桩的布置合理与否，对发挥桩的承载力，减小建筑物的沉降，特别是不均匀沉降至关重要。因此，桩在平面上的布置应遵循一定的原则。

此外，还应注意：在有门洞的墙下布桩时，应将桩设置在门洞的两侧。梁式或板式承台下的群桩，布桩时应多布设在柱、墙下，减少梁和板跨中的桩数，以使梁、板中的弯矩尽量减小。

为了节省承台用料，减少承台施工的工作量，在可能情况下，墙下应尽量采用单排桩基，柱下的桩数也应尽量减少。一般桩数较少而桩长较大的摩擦型桩基，无论在承台的设计和施工方面，还是在提高群桩的承载力以及减小桩基沉降量方面，都比桩数多而桩长小的桩基优越；如果由于单桩承载力不足而造成桩数过多、布桩不够合理时，宜重新选择桩的类型及几何尺寸。

2. 桩基承载力验算

（1）桩顶荷载计算。

以承受竖向力为主的群桩基础的单桩（包括复合单桩）桩顶荷载效应可按下列公式计算（见图 9-30）：

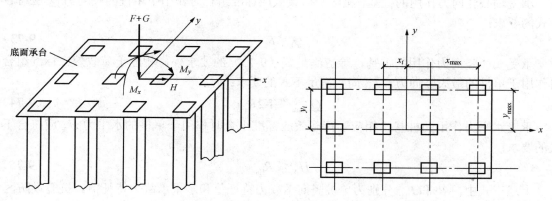

图 9-30 桩顶荷载的计算简图

轴心竖向力作用下

$$Q_k = \frac{F_k + G_k}{n} \tag{9-70}$$

偏心竖向力作用下

$$Q_{ik} = \frac{F_k + G_k}{n} \pm \frac{M_{xk} y_i}{\Sigma y_i^2} \pm \frac{M_{yk} x_i}{\Sigma x_i^2} \tag{9-71}$$

水平力作用下

$$H_{ik} = \frac{H_k}{n} \tag{9-72}$$

式中　　F_k ——相应于荷载效应标准组合时，作用于桩基承台顶面的竖向力标准值；

　　　　G_k ——桩基承台自重及承台上土自重标准值；

　　Q_k ——相应于荷载效应标准组合轴心竖向力作用下任一单桩的竖向力标准值；

　　　n ——桩基中的桩数；

　　Q_{ik} ——相应于荷载效应标准组合偏心竖向力作用下第 i 根桩的竖向力标准值；

M_{xk}，M_{yk} ——相应于荷载效应标准组合作用于承承台底面通过桩群形心的 x、y 轴的力矩标准值；

　x_i，y_i ——桩 i 至通过桩群形心的 y、x 轴线的距离；

　　H_k ——相应于荷载效应标准组合时，作用于承承台底面的水平力标准值；

　　H_{ik} ——相应于荷载效应标准组合时，作用于任一单桩的水平力标准值。

　　式（9-71）是以下列假设为前提的：①承台是刚性的；②各桩刚度（$K_j = Q_{jk}/s_j$；s_j 为 Q_{jk} 作用下的桩顶沉降）相同；③x，y 是桩基平面的惯性主轴。

　　烟囱、水塔、电视塔等高耸结构物桩基常采用圆形或环形刚性承台，其单桩宜布置在直径不等的同心圆圆周上，同一圆周上的桩距相等。对这类桩基，只要取对称轴为坐标轴，则式（9-71）依然适用。对位于 8 度和 8 度以上抗震设防区和其他受较大水平荷载的高大建筑物低承台桩基，在计算各单桩的桩顶荷载和桩身内力时，可考虑承台（以及地下墙体）与单桩的相互作用和土的弹性抗力作用。

　　（2）单桩承载力验算

　　承受轴心竖向力作用的桩基，相应于荷载效应标准组合时作用于单桩的竖向力 Q_k 应符合下式的要求：

$$Q_k < R_a \tag{9-73}$$

　　承受偏心竖向力作用的桩基，除应满足式（9-73）的要求外，相应于荷载效应标准组合时作用于单桩的最大竖向力 $Q_{k\,max}$ 尚应满足下式的要求：

$$Q_{k\,max} \leqslant 1.2R_a \tag{9-74}$$

　　承受水平力作用的桩基，相应于荷载效应标准组合时作用于单桩的水平力 H_{ik} 应符合下式的要求：

$$H_{ik} \leqslant R_{Ha} \tag{9-75}$$

　　上述三式中，R_a 和 R_{Ha} 分别为单桩竖向承载力特征值和水平承载力特征值。抗震设防区的桩基应按现行《建筑抗震设计规范》（GB 50011）有关规范执行。根据地震震害调查结果，不论桩周土的类别如何，单桩的竖向受震承载力均可提高 25%。因此，对于抗震设防区必须进行抗震验算的桩基，可按下列公式验算单桩的竖向承载力：

　　轴心竖向力作用下

$$Q_k \leqslant 1.25R_a \tag{9-76}$$

　　偏心竖向力作用下，除应满足式（9-60）的要求外，尚应满足：

$$Q_{j\,k\,max} \leqslant 1.5R_a \tag{9-77}$$

　　3. 桩基软弱下卧层承载力验算

　　当桩基的持力层下存在软弱下卧层，尤其是当桩基的平面尺寸较大、桩基持力层的厚度相对较薄时，应考虑桩端平面下受力层范围内的软弱下卧层发生强度破坏的可能性。对于桩距 $s \leqslant 6d$ 的非端承群桩基础，以及 $s > 6d$ 但各单桩桩端冲剪锥体扩散线在硬持力层中相交重叠的非端承群桩基础，桩基下方有限厚度持力层的冲剪破坏，一般可按整体冲剪破坏考虑。

此时，桩基软弱下卧层承载力验算常将桩与桩间土的整体视作实体深基础，实体深基础的底面位于桩端平面处，实体深基础底面的基底附加压力 p_0 可按规范给出的公式计算，但作用于桩基承台顶面的竖向力应按荷载效应标准组合计算。与浅基础的软弱下卧层验算类似，桩端持力层中的冲剪破坏面与竖直线的夹角为 θ，其验算方法按浅基础的软弱下卧层验算进行。

4. 桩基沉降验算

一般来说，对地基基础设计等级为甲级的建筑物桩基，体型复杂、荷载不均匀或桩端以下存在软弱土层的设计等级为乙级的建筑物桩基，以及摩擦型桩基，应进行沉降验算；对于地基基础设计等级为丙级的建筑物、群桩效应不明显的建筑物桩基，可根据单桩静载荷试验的变形及当地工程经验估算建筑物的沉降量，也可不进行沉降验算。而对于嵌岩桩、对沉降无特殊要求的条形基础下不超过两排桩的桩基、吊车工作级别 A5 及 A5 以下的单层工业厂房桩基（桩端下为密实土层），可不进行沉降验算；当有可靠地区经验时，对地质条件不复杂、荷载均匀、对沉降无特殊要求的端承型桩基也可不进行沉降验算。

对于应进行沉降验算的建筑物桩基，其沉降不得超过建筑物的允许沉降值。

5. 桩基负摩阻力验算

桩周土沉降可能引起桩侧负摩阻力时，应根据工程具体情况考虑负摩阻力对桩基承载力和沉降的影响。在考虑桩侧负摩阻力的桩基承载力验算中，单桩向承载力特征值 R_a 只计中性点以下部分的侧阻力和端阻力。

（1）摩擦型桩基。

1）取桩身计算中性点以上侧阻力为零，按下式验算单桩承载力。

$$Q_{jk} \leqslant R_a \tag{9-78}$$

2）当土层不均匀或建筑物对不均匀沉降较敏感时，尚应将负摩阻力引起的下拉荷载 Q_g^n 计入附加荷载验算桩基沉降。

（2）端承型桩基。

端承型桩基除应满足式（9-78）的要求外，尚应考虑负摩阻力引起的下拉荷载 Q_g^n，按下式验算单桩承载力。

$$Q_{ik} + Q_g^n \leqslant R_a \tag{9-79}$$

6. 桩身结构设计

桩身混凝土强度应满足桩的承载力设计要求。计算中应按桩的类型和成桩工艺的不同将混凝土的轴心抗压强度设计值乘以工作条件系数 ψ_c，桩身强度应符合下式要求：

$$桩轴心受压时 Q \leqslant A_p f_c \psi_c \tag{9-80}$$

式中　　f_c ——混凝土轴心抗压强度设计值，按现行《混凝土结构设计规范》取值；

Q ——相应于荷载效应基本组合时的单桩竖向力设计值；

A_p ——桩身横截面面积；

ψ_c ——工作条件系数，预制桩取 0.75，灌注桩取 0.6～0.7（水下灌注桩或长桩时用低值）。

桩的主筋应经计算确定。打入式预制桩的最小配筋率不宜小于 0.8%；静压预制桩的最小配筋率不宜小于 0.6%；灌注桩最小配筋率不宜小于 0.2%～0.65%（小直径桩取大值）。

配筋长度：

（1）受水平荷载和弯矩较大的桩，配筋长度应通过计算确定。

（2）桩基承台下存在淤泥、淤泥质土或液化土层时，配筋长度应穿过淤泥、淤泥质土层或液化土层。

（3）坡地岸边的桩、8 度及 8 度以上地震区的桩、抗拔桩、嵌岩端承桩应延长配筋。

（4）桩径大于 600mm 的钻孔灌注桩，构造钢筋的长度不宜小于桩长的 2/3。通过上述计算及验算后，便可根据上部结构的柱网、隔墙及有关方面的要求等进行承台及地梁的平面布置，绘制桩基施工图。

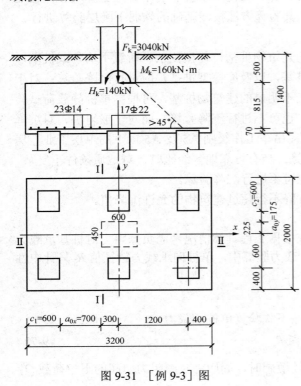

图 9-31　[例 9-3] 图

【例 9-3】 如图 9-31 所示，柱的矩形截面边长为 $b_c = 450$mm 及 $h_c = 600$mm，相应于荷载效应标准组合时作用于柱底（柱底标高为 -0.5m）的荷载为：$F_k = 3040$kN，M_k（作用于长边方向）$= 160$kN·m，$H_k = 140$kN，拟采用混凝土预制桩基础，桩的方形截面边长为 $b_p = 400$mm，桩长 15m。已确定单桩竖向承载力特征值 $R_a = 540$kN，单桩水平承载力特征值 $R_{Ha} \approx 60$kN，承台混凝土强度等级取 C20，配置 HRB335 级钢筋，试设计该桩基础。

解　对 C20 混凝土取 $f_t = 1100$kPa；对 HRB335 级钢筋取 $f_y = 300\,\text{N/mm}^2$。

（1）桩的类型和尺寸已定，桩身结构设计从略

（2）初选桩的根数

$$n > \frac{F_k}{R_a} = \frac{3040}{540} = 5.6\,(\text{根})，暂取 6 根。$$

（3）初选承台尺寸

桩距，按表 9-11，桩距 $s = 3.0 b_p = 3.0 \times 0.4 = 1.2\,(\text{m})$

承台长边：$a = 2 \times (0.4 + 1.2) = 3.2\,(\text{m})$

承台短边：$b = 2 \times (0.4 + 0.6) = 2.0\,(\text{m})$

暂取承台埋深为 1.4m，承台高度 h 为 0.9m，桩顶深入承台 50mm，钢筋保护层取 70mm，则承台有效高度为

$$h_0 = 0.9 - 0.07 = 0.830(\text{m}) = 830\text{mm}$$

（4）计算桩顶荷载

取承台及其上土的平均重度 $\gamma_G = 20\text{kN/m}^3$

桩顶平均竖向力

$$Q_k = \frac{F_k + G_k}{n} = \frac{3040 + 20 \times 3.2 \times 2.0 \times 1.4}{6} = 536.5\,(\text{kN}) < R_a = 540\,\text{kPa}$$

$$Q_{k\min}^{k\max} = Q_k \pm \frac{(M_k + H_k)x_{\max}}{\sum x_i^2} = 536.5 \pm \frac{(160 + 140 \times 0.9) \times 1.2}{4 \times 1.2^2}$$

$$= 536.9 \pm 59.6 = \begin{cases} 596.1\text{kN} < 1.2R_a = 648\text{kN} \\ 476.9\text{kN} > 0 \end{cases}$$

满足式（9-73）和式（9-74）的要求。

单桩水平力设计值：

$H_{1k} = H_k / n = 140 / 6 = 23.3 \text{ kN} < R_{Ha} \approx 60 \text{ kN}$，满足要求。

相应于荷载效应基本组合时作用于柱底的荷载设计值为

$$F = 1.35F_k = 1.35 \times 3040 = 4104 \ (\text{kN})$$

$$M = 1.35M_k = 1.35 \times 160 = 216 \ (\text{kN} \cdot \text{m})$$

$$H = 1.35H_k = 1.35 \times 140 = 189 \ (\text{kN})$$

扣除承台和其上填土自重后的桩顶竖向力设计值：

$$N = \frac{F}{n} = \frac{4104}{6} = 684 \ (\text{kN})$$

$$N_{\min}^{\max} = N \pm \frac{(M \pm Hh)x_{\max}}{\sum x_i^2} = 684 \pm \frac{(216 + 189 \times 0.9) \times 1.2}{4 \times 1.2^2} = 684 \pm 80.4 = \begin{cases} 764.4(\text{kN}) \\ 603.6(\text{kN}) \end{cases}$$

（5）承台受冲切承载力验算

1）柱边冲切，按式（9-52）～式（9-58）计算

冲切力 $\quad\quad\quad\quad\quad\quad F_l = F - \Sigma N_i = 4104 - 0 = 4104 \ (\text{kN})$

受冲切承载力截面高度影响系数 β_{hp} 计算

$$\beta_{hp} = 1 - \frac{1 - 0.9}{2000 - 800} \times (900 - 800) = 0.992$$

冲跨比 λ 与系数 α 的计算

$$\lambda_{0x} = \frac{a_{0x}}{h_0} = \frac{0.7}{0.830} = 0.843 < 1.0$$

$$\beta_{0x} = \frac{0.84}{\lambda_{0x} + 0.2} = \frac{0.84}{0.843 + 0.2} = 0.805$$

$$\lambda_{0y} = \frac{a_{0y}}{h_0} = \frac{0.175}{0.830} = 0.210 > 0.20$$

$$\beta_{0y} = \frac{0.84}{\lambda_{0y} + 0.2} = \frac{0.84}{0.210 + 0.2} = 2.049$$

$$2[\beta_{0x}(b_c + a_{0y}) + \beta_{0y}(h_c + a_{0x})]\beta_{hp}f_t h_0$$

$$= 2[0.805(0.450 + 0.175) + 2.049(0.600 + 0.7)] \times 0.993 \times 1100 \times 0.830$$

$$= 5736(\text{kN}) > F_l = 4104(\text{kN})$$

满足要求。

2）角桩向上冲切，$c_1 = c_2 = 0.6m$，$a_{1x} = a_{0x}$，$\lambda_{1x} = \lambda_{0x}$，$a_{1y} = a_{0y}$，$\lambda_{1y} = \lambda_{0y}$

$$\beta_{1x} = \frac{0.56}{\lambda_{1x} + 0.2} = \frac{0.56}{0.843 + 0.2} = 0.537$$

$$\beta_{1y} = \frac{0.56}{\lambda_{1y} + 0.2} = \frac{0.56}{0.210 + 0.2} = 1.366$$

$$[\beta_{1x}(c_2 + a_{1y}/2) + \beta_{1y}(c_1 + a_{1x}/2)]\beta_{hp}f_t h_0$$
$$= [0.537(0.6 + 0.175/2) + 1.366 \times (0.600 + 0/72)] \times 0.993 \times 1100 \times 0.830$$
$$= 1509.7(kN) > N_{max} = 764.4(kN)$$

满足要求。

（6）承台受剪切承载力计算

按式（9-63）和式（9-64）计算，剪跨比与以上冲跨比相同。

受剪切承载力截面高度影响系数 β_{hs} 计算

$$\beta_{hs} = \left(\frac{800}{h_0}\right)^{1/4} = \left(\frac{800}{830}\right)^{1/4} = 0.991$$

对 I - I 斜截面

$$\lambda_x = \lambda_{0x} = 0.843 \quad (\text{介于 } 0.3 \sim 3)$$

剪切系数 $$\beta = \frac{1.75}{\lambda + 1.0} = \frac{1.75}{0.843 + 1.0} = 0.950$$

$$\beta_{hs}\beta f_t b_0 h_0 = 0.991 \times 0.950 \times 1100 \times 2.0 \times 0.830 = 1719.1(kN) > 2N_{max} = 2 \times 764.4 = 1528.8(kN)$$

满足要求。

对 II - II 斜截面

$$\lambda_y = \lambda_{0y} = 0.21 < 0.3, \quad \text{取 } \lambda_y = 0.3$$

剪切系数 $$\beta = \frac{1.75}{\lambda + 1.0} = \frac{1.75}{0.3 + 1.0} = 1.346$$

$$\beta_{hs}\beta f_t b_0 h_0 = 0.991 \times 1.346 \times 1100 \times 3.2 \times 0.830 = 3897.1(kN) > 3N = 2 \times 684 = 2052(kN)$$

满足要求。

（7）承台受弯承载力计算

按式（9-47）和式（9-48）计算

$$M_x = \sum N_i y_i = 3 \times 684 \times 0.375 = 769.5 (kN \cdot m)$$

$$A_s = \frac{M_x}{0.9 f_y h_0} = \frac{769.5 \times 10^6}{0.9 \times 300 \times 830} = 3433.7 \, (mm^2)$$

选用 2Φ14，$A_s = 3540mm^2$，沿平行于 y 轴方向均匀布置。

$$M_y = \sum N_i x_i = 2 \times 764.4 \times 0.9 = 1375.9 (kN \cdot m)$$

$$A_s = \frac{M_y}{0.9 f_y h_0} = \frac{1375.9 \times 10^6}{0.9 \times 300 \times 830} = 6139.7 \, (mm^2)$$

选用 17Φ22，$A_s = 6462mm^2$，沿平行 x 轴方向均匀布置。

9-1 桩按承载性状可以分为哪几类？什么是端承摩擦桩？什么是摩擦端承桩？它们在受力情况上有何区别？

9-2 什么是桩的负摩阻力，负摩阻力产生的条件是什么？

9-3 桩承台分为哪几类？什么是高桩承台，什么是低桩承台？

9-1 某钢筋混凝土桩基的桩位布置如图 9-32 所示。已知柱荷载为：$N=2600\text{kN}$，$M=600\text{kN·m}$。承台的平面尺寸为 3.0m×3.0m，承台埋深 2m。计算群桩中单桩的平均受力和最大受力。

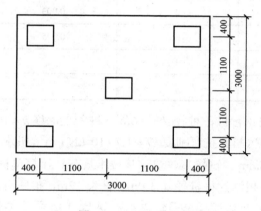

图 9-32 习题 9-1 图

9-2 群桩基础，桩径 $d=0.6\text{m}$，桩的换算埋深 $\alpha h \geqslant 4.0$，单桩水平承载力特征值 $R_{ha}=50\text{kN}$（位移控制）沿水平荷载方向布桩排数 $n_1=3$，每排桩数 $n_2=4$ 根，距径比 $S_a/d=3$，承台底位于地面上 50mm，试按《建筑桩基技术规范》（JGJ 94—2008）计算群桩中复合基桩水平承载力特征值。

9-3 某工程双桥静探资料见表 9-13，拟采用第 3 层粉砂为持力层，采用混凝土方桩，桩断面尺寸为 400mm×400mm，桩长 $l=13\text{m}$，承台埋深为 2.0m，桩端进入粉砂层 2.0m，试按《建筑桩基技术规范》计算单桩竖向极限承载力标准值。

表 9-13

层序列	土名	层底深度	探头平均侧阻力 f_{si}(kPa)	探头阻力 q_c(kPa)
1	填土	1.5		
2	淤泥质黏土	13	12	600
3	饱和粉砂	20	110	12000

9-4 某端承型单桩基础，桩入土深度 12m，桩径 $d=0.8m$，桩顶荷载 $Q_0=500kN$，由于地表进行大面积堆载而产生负摩阻力，负摩阻力平均值 $q_s^n = 20kPa$。中性点位于桩顶下 6m，试求桩身最大轴力。

9-5 某一穿过自重失陷性黄土端承于含卵石的极密砂层的高承台桩，有关土的性质参数及深度值见表 9-14。当地基严重浸水时，试按《建筑桩基技术规范》计算负摩阻力产生的下拉荷载 Q_g^n 值（计算时取 $\xi_n = 0.3$，$\eta_n = 1.0$，饱和度为 80% 时的平均重度为 $18kN/m^3$，桩周长 $u = 1.884m$，下拉荷载累计至砂层顶面）。

表 9-14

	底层深度	层厚	自重湿陷性系数 δ_{zs}	桩侧正摩阻力（kPa）
	2	2	0.003	15
	5	3	0.065	30
	7	2	0.003	40
	10	3	0.075	50
	13	3		80

9-6 桩顶为自由端的钢管桩，桩径 $d = 0.6m$，桩入土深度 $h = 10m$，地基土水平抗力系数的比例系数 $m = 10MN/m^4$，桩身抗弯刚度 $EI = 1.7 \times 10^5 kN \cdot m^2$，桩水平变形系数 $\alpha = 0.59m^{-1}$，桩顶容许水平位移 $x_{0a} = 10mm$，试按《建筑桩基技术规范》计算单桩水平承载力特征值。

9-7 某建筑物扩底抗拔灌注桩桩径 $d = 1.0m$，桩长 12m，扩底直径 $D = 1.8m$，扩底段高度 $h_c = 1.2m$，桩周土的性质参数如图 9-33 所示，试按《建筑桩基技术规范》计算桩基的（$q_{sik} = 40kPa$）抗拔极限承载力标准值（抗拔系数：粉质黏土 $\lambda = 0.7$，沙土 $\lambda = 0.5$）。

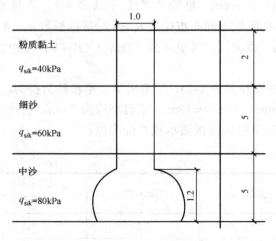

图 9-33 习题 9-7 图

9-8 某桩基工程的桩型平面布置、剖面和地层分布如图 9-34 所示，土层及桩基设计参数见图，承台底面以下存在高灵敏度淤泥质黏土，其地基土极限承载力标准值 $q_{ck}=90\text{kPa}$，试按《建筑桩基技术规范》非端承桩桩基计算复合基桩竖向承载力特征值。（其中填土层 $\gamma=18\text{kN/m}^3$；淤泥质黏土 $\gamma=17\text{kN/m}^3$，$q_{aik}=30\text{kPa}$；粉砂层 $\gamma=19\text{kN/m}^3$，$q_{aik}=80\text{kPa}$，$q_{pk}=5000\text{kPa}$）

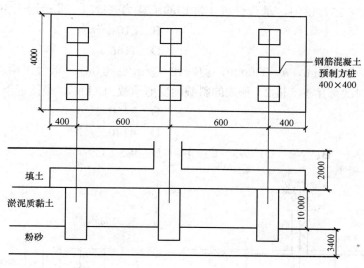

图 9-34　习题 9-8

（参考答案：9-1：728.4kN；9-2：65.25kN；9-3：1715.41kN；9-4：801.44kN8；9-5：508.7kN；9-6：107.9kN；9-7：2003.3kN；9-8：742.4kN）

*注册岩土工程师考试题选

有一等边三桩承合基础，采用沉管灌注桩，桩径为 426mm，有效桩长为 24m。有关地基各土层分布情况、桩端阻力特征值 q_{pa}、桩侧阻力特征值 q_{sia} 及桩的布置、承台尺寸等如图 9-35（a）、（b）所示。

9-1　按《建筑地基基础设计规范》（GB 50007—2011）的规定，在初步设计时，估算该桩基础的单桩竖向承载力特征值 R_a（kN），并指出其值最接近于下列何项数值？

A. 361　　　　　　　　　　　　　　　B. 645
C. 665　　　　　　　　　　　　　　　D. 950

9-2　假定钢筋混凝土柱传至承台顶面处的标准组合值为竖向力 $F_k=1400\text{kN}$，力矩 $M_k=160\text{kN·m}$，水平力 $H_k=45\text{kN}$；承台自重及承台上土自重标准值 $G_k=87.34\text{kN}$。在上述一组力的作用下，试问，桩 1 桩顶竖向力 Q_k（kN）最接近于下列何项数值？

A. 590　　　　　　　　　　　　　　　B. 610
C. 620　　　　　　　　　　　　　　　D. 640

9-3　假定由柱传至承台的荷载效应由永久荷载效应控制，承台自重和承台上的土重 $G_k=87.34\text{kN}$；在标准组合偏心竖向力作用下，最大单桩（桩 1）竖向力 $Q_{1k}=610\text{kN}$。试问，由承台形心到承台边缘（两腰）距离范围内板带的弯矩设计值 M_1（kN·m），最接近于下列何项数值？

　　A．276　　　　　　　　　　　　B．336

　　C．374　　　　　　　　　　　　D．392

　　9-4　已知 c_2=939mm，a_{12}=467mm，h_0=890mm，角跨冲跨比 $\lambda_{12}=a_{12}/h_0$=0.525；承台采用混凝土强度等级 C25。试问，承台受桩 1 冲切的承载力（kN），最接近于下列何项数值？

　　A．740　　　　　　　　　　　　B．810

　　C．850　　　　　　　　　　　　D．1166

　　9-5　已知 b_0=2427mm，h_0=890mm，剪跨比 $\lambda_x=a_x/h_0$=0.087；承台采用混凝土强度等级 C25。试问，承台对底部角桩（桩 2）形成的斜截面受剪承载力（kN），最接近于下列哪项数值？

　　A．2990　　　　　　　　　　　　B．3460

　　C．3600　　　　　　　　　　　　D．4140

　　（参考答案：9-1　B；9-2　D；9-3　C；9-4　D；9-5　C）

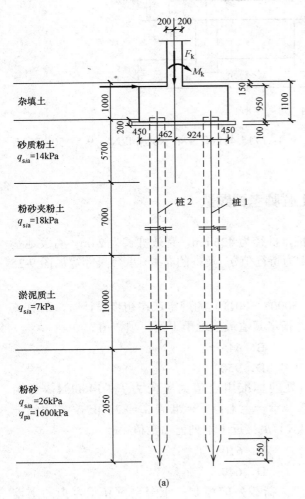

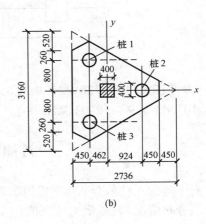

(a)

(b)

图 9-35

本章知识点思维导图

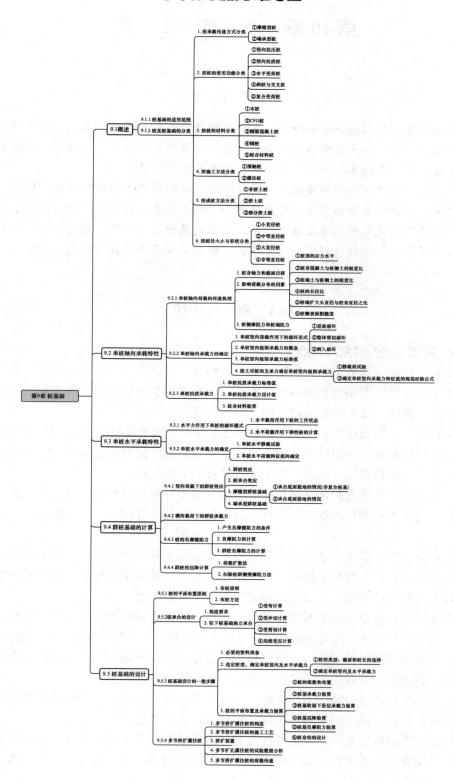

第10章 基 坑 工 程

本 章 提 要

本章介绍了基坑工程的概念和特点，支护结构类型与适用条件；重点阐述了排桩支护结构和土钉墙设计计算，以及基坑稳定性分析，包括整体稳定性验算、嵌固稳定性验算、抗隆起稳定性验算；最后介绍了基坑降排水设计、施工信息化技术。

不同地层基坑施工方法的差异性大，需要科学设计勘察与实验取样位置，确保第一手资料不出现偏差，因此需要培养学生科学严谨的态度和乐于奉献的精神，时刻保持着责任与担当意识。伴随城市化建设的快速发展，高层、大型建筑物层出不穷，基坑工程一旦发生垮塌等事故，必将带来重大的经济损失和人员伤亡，因此需要秉承严谨的学风，并掌握扎实的理论基础。

10.1 概 述

10.1.1 基坑工程的概念及特点

在修建高层建筑、地下车站、地下商场等工程时，都会涉及基坑开挖问题。为了保证基坑施工，地下主体结构的安全和周围环境不受损害而采取的支护结构、降水和土方开挖与回填，包括勘察、设计、施工和检测等过程，统称为基坑工程。

基坑工程是一项综合性的岩土工程问题，既涉及土力学中典型的强度、稳定和变形问题，又涉及土与支护结构共同作用以及工程、水文地质等问题，同时还与计算方法、测试技术、施工设备与技术等密切相关。因此，基坑工程具有如下几个特点：

（1）一般情况下基坑支护体系都是临时结构，安全储备相对较小，具有较大的风险性。基坑工程施工过程中应进行监测，并应有应急措施。在施工过程中一旦出现险情，需要及时抢救。

（2）具有很强的区域性。其由场地的工程水文地质条件和岩土的工程性质以及周边环境条件的差异性所决定，如软黏土地基、黄土地基等工程地质和水文地质条件差异性就很大。因此，基坑工程的设计和施工，必须因地制宜，切忌生搬硬套。

（3）基坑工程具有很强的个案性。基坑工程的支护体系设计与施工和土方开挖不仅与工程地质水文地质条件有关，还与基坑相邻建（构）筑物和地下管线的位置、抵御变形的能力、重要性，以及周围场地条件等有关。有时保护相邻建（构）筑物和市政设施的安全是基坑工程设计与施工的关键。这就决定了基坑工程具有很强的个案性。

（4）它是一项综合性很强的系统工程，不仅涉及结构、岩土、工程地质及环境等多门学科，而且勘察、设计、施工、检测等工作环环相扣，紧密相连。

（5）具有较强的时空效应。基坑的深度和平面形状对基坑支护体系的稳定性和变形有较大影响。在基坑支护体系设计中要注意基坑工程的空间效应。这在软黏土和复杂体型基坑工程中尤为突出。

（6）具有环境效应，对周边环境会产生较大影响。基坑开挖、降水势必引起周边场地土的应力和地下水位发生改变，使土体产生变形，对相邻建（构）筑物和地下管线等产生影响，严重者将危及它们的安全和正常使用。大量土方运输也将对交通和环境卫生产生影响。

基坑工程的目的是通过构建安全可靠的支护体系保证基坑及其周围已建建筑、交通要道或管线等各种构筑物安全。而一般的基坑支护大多又是临时结构，投资太大也易造成浪费，但支护结构不安全又势必会造成工程事故。因此，如何安全、合理地选择合适的支护结构并根据基坑的特点进行科学设计是基坑工程要解决的主要内容。以下简单介绍当前基坑工程中常见的支护结构类型及适用条件。

10.1.2 基坑支护结构的类型及适用条件

目前，基坑工程支护结构的基本类型及其适用条件如下：

1. 放坡开挖及简易支护

放坡开挖是指选择合理的放坡比例而不采用任何支护结构进行的开挖。适用于地基土质较好，开挖深度不大以及施工现场有足够放坡场所的工程。放坡开挖施工简便、费用低，但挖土及回填土方量大。有时为了增加边坡稳定性和减少土方量，常采用简易支护，如图 10-1 所示。

2. 悬臂式支护结构

广义上讲，一切设有支撑和锚杆的支护结构均可归属悬臂式支护结构，如图 10-2 所示，但本书仅指没有内支撑和锚拉的板桩墙、排桩墙和地下连续墙支护结构。悬臂式支护结构常采用钢筋混凝土排桩、钢板桩、钢筋混凝土板桩、地下连续墙等形式。悬臂式支护结构依靠其入土深度和抗弯刚度来挡土和控制墙后土体及结构的变形。所以它对开挖深度很敏感，容易产生较大的变形，只适用于土质较好、开挖深度较浅的基坑工程。

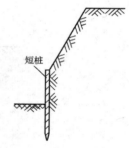

图 10-1 短桩简易支护

3. 内撑式支护结构

内撑式支护结构由支护桩或墙和内支撑组成。支护桩常采用钢筋混凝土桩或钢板桩，支护墙通常采用地下连续墙。内支撑常采用木方、钢筋混凝土或钢管做成。内支撑支护结构适合各种地基土层，但设置的内支撑会占用一定的施工空间。

4. 水泥土搅拌桩支护结构

水泥土搅拌桩支护结构是利用水泥、石灰等材料作为固化剂，通过深层搅拌机械将固化剂和土强行搅拌，形成连续搭接的水泥土桩加固体挡墙，如图 10-3 所示。水泥土搅拌桩支挡结构不透水，不设支撑，基坑能在敞开的条件下开挖，使用的材料仅为水泥，因此，具有较好的经济效益。其不足之处，首先是位移相对较大，尤其在基坑长度大时，为此可采取中间加墩、起拱等措施以限制过大的位移；其次是厚度较大，只有在红线位置和周围环境允许时才能采用，而且在水泥土搅拌桩施工时要注意防止影响周围环境。该支护形式适用于饱和黏土和软黏土，包括淤泥、淤泥质土、黏土和粉质黏土等，加固深度从数米至 $50\sim60\mathrm{m}$。

5. 拉锚式支护结构

拉锚式支护结构由支护桩或墙和锚杆组成。支护桩和墙同样采用钢筋混凝土桩和地下连续墙。锚杆通常有地面拉锚［见图 10-4（a）］和土层锚杆［见图 10-4（b）］两种。地面拉锚需要有足够的场地设置锚桩或其他锚固装置。土层锚杆因需要土层提供较大的锚固力，不宜用于软黏土地层中。

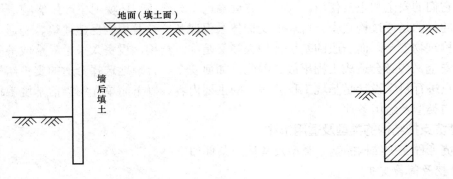

图 10-2　悬臂式支护结构示意图　　　　图 10-3　水泥土搅拌桩墙示意图

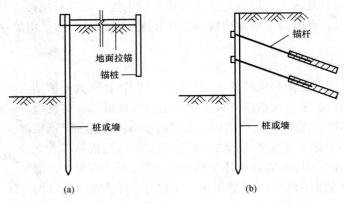

图 10-4　拉锚式支护结构示意图

（a）地面拉锚式；（b）土层锚杆式

6. 地下连续墙

地下连续墙刚度大，止水效果好，是支护结构中较好的支护形式。地下连续墙是沿着深开挖工程的周边轴线，在泥浆护壁条件下，开挖出一条狭长的深槽，清槽后在槽内吊放钢筋笼，然后用导管法灌注水下混凝土筑成一个单元槽段，从而在地下筑成一道连续的钢筋混凝土墙壁，作为截水、防渗、承重、挡水的结构。其特点是：施工振动小，墙体刚度大，整体性好，施工速度快，可省土石方，可用于密集建筑群中建造深基坑支护及进行逆作法施工，可用于各种地质条件下，包括砂性土层、粒径 50mm 以下的砂砾层中施工等。适用于建造建筑物的地下室、地下商场、停车场、地下油库、挡土墙、高层建筑的深基础、逆作法施工围护结构，工业建筑的深池、坑、竖井等在地面上。其施工工艺流程如图 10-5 所示。

7. 土钉墙

土钉墙支护结构是由被加固的原位土体、布置较密的土钉和喷射于坡面上的混凝土面层组成（见图 10-6）。通过土钉、土体和喷射混凝土面层的共同工作，形成复合土体。利用复合土体的自稳达到支护目的。土钉一般是通过钻孔、插筋、注浆来设置的，一般称砂浆锚杆，但也可以直接打入角钢、粗钢筋形成土钉。土钉墙支护结构适合地下水位以上的黏性土、砂土和碎石土等地层，不适合于淤泥或淤泥质土层，支护深度不超过 18m。

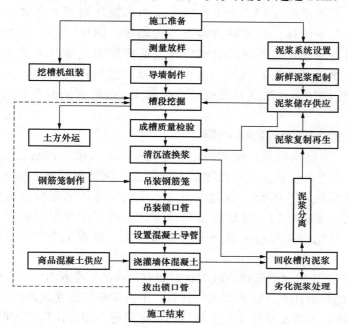

图 10-5 地下连续墙施工工艺流程

8. 其他支护结构

其他支护结构形式有双排桩支护结构、劲性水泥土连续搅拌桩支护结构（简称 SMW 支护结构）以及各种组合支护结构。

双排桩支护结构通常由钢筋混凝土前排桩和后排桩以及盖系梁或板组成，如图 10-7 所示。其支护深度比单排悬臂式结构要大，且变形相对较小。

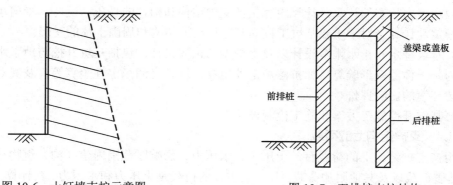

图 10-6 土钉墙支护示意图　　　　图 10-7 双排桩支护结构

SMW 支护结构，是在水泥土搅拌桩中插入型钢或其他芯材形成的同时具有承载力和防渗两种功能的围护结构。具有占用场地小，施工速度快，耗用水泥、钢材少，造价低等优点。适合应用水泥土搅拌桩的场合都可使用，特别适合于以黏土和粉细砂为主的松软地层；挡水防渗性能好，不必另设挡水帷幕。

基坑支护形式的合理选择，是基坑支护设计的首要工作，应根据地质条件，周边环境的要求及不同支护形式的特点、造价等综合确定。一般当地质条件较好，周边环境要求较宽松时，可以采用柔性支护，如土钉墙等；当周边环境要求高时，应采用较刚性的支护形式，以控制水平位移，如排桩或地下连续墙等。同样，对于支撑的形式，当周边环境要求较高、地质条件较差时，采用锚杆容易造成周边土体的扰动并影响周边环境的安全，应采用内支撑形式为好；当地质条件特别差，基坑深度较深，周边环境要求较高时，可采用地下连续墙加逆作法这种最强的支护形式。基坑支护最重要的是要保证周边环境的安全。

10.1.3　基坑工程支护设计要求和内容

基坑支护作为一个结构体系，应要满足稳定和变形的要求，即通常规范所说的承载能力极限状态和正常使用极限状态两种极限状态的要求。所谓承载能力极限状态，对基坑支护来说就是支护结构破坏、倾倒、滑动或周边环境的破坏，出现较大范围的失稳。一般的设计要求是不允许支护结构出现这种极限状态的。而正常使用极限状态则是指支护结构的变形或是由于开挖引起周边土体产生的变形过大，影响正常使用，但未造成结构的失稳。

因此，基坑支护设计相对于承载力极限状态要有足够的安全系数，不致使支护产生失稳，而在保证不出现失稳的条件下，还要控制位移量，不致影响周边建筑物的安全使用。因而，作为设计的计算理论，不但要能计算支护结构的稳定问题，还应计算其变形，并根据周边环境条件，将变形控制在一定的范围内。

基坑支护设计的内容有：

（1）基坑内建筑场地勘察和基坑周边环境勘察：基坑内建筑场地勘察可利用构（建）筑物设计提供的勘察报告，必要时进行少量补勘。

（2）支护体系方案技术经济比较和选型：基坑支护工程应根据工程和环境条件提出几种可行的支护方案，通过比较，选出技术经济指标最佳的方案。

（3）支护结构的强度、稳定和变形以及基坑内外土体的稳定性验算：基坑支护结构均应进行极限承载力状态的计算，计算内容包括支护结构和构件的受压、受弯、受剪承载力计算和土体稳定性计算。对于重要基坑工程尚应验算支护结构和周围土体的变形。

（4）基坑降水和止水帷幕设计以及支护墙的抗渗设计：包括基坑开挖与地下水变化引起的基坑内外土体的变形验算（如抗渗稳定性验算，坑底突涌稳定性验算等）及其对邻近建筑物和周边环境的影响评价。

（5）基坑开挖施工方案和施工检测设计。

10.1.4　支护结构上的荷载

作用在支护结构上的荷载有：土压力、水压力、影响区范围内建（构）筑物荷载、施工荷载、地震荷载以及其他附加荷载。其中最主要的荷载是土压力和水压力。其计算方法有"水土分算"法和"水土合算"法两种。对于砂性土和粉土，可按水土分算法，即分别计算土压力和水压力，然后叠加；对于黏性土，可根据现场情况和工程经验，按水土分算法或水土合算法进行。水土合算法是采用土的饱和重度计算总的水土压力。

支护结构上的土压力远比刚性挡土墙的土压力复杂。由于支护结构上土压力的大小和分布与支护结构本身的刚度和变形、施工方法、土的性质等因素有关，要精确确定几乎是不可能的。目前，在我国，支护结构上的土压力一般经简化后仍按库仑或朗肯土压力理论计算，但若要对作用于墙上真实的土压力大小、分布及影响因素做深入了解，特别是对大型工程或采用新型支护形式，则应进行考虑墙的变形条件的分析计算。

我国工程界常采用三角形分布土压力模式和矩形土压力经验模式。当墙体位移比较大时，一般采用三角形土压力模式；否则采用矩形土压力模式。

10.2 排 桩 支 护 结 构

一般，对于深度浅于 5~6m 的基坑支护结构系统，可根据施工单位在当地的工程经验解决，但当基坑深度大于 6m 时，就必须对支护结构进行设计计算。

支护结构设计时，一般应具备以下资料：

（1）场地土的工程地质勘查资料（包括各土层的物理力学性质指标）；

（2）拟建建筑物的基础工程施工图（包括室内外标高、实际开挖深度）；

（3）场地区域内外的道路、交通车辆、地面堆载、地下管线、地下埋藏物等的情况；

（4）邻近建筑物及构筑物的结构、基础情况；

（5）支护结构的施工条件、机具设备等。

10.2.1 悬臂式支护结构计算

若基坑深度较深或对开挖引起的变形控制较严，则可采用排桩支护结构。排桩可采用钻孔灌注桩、人工挖孔桩、预制钢筋混凝土板桩和钢板桩等。桩的排列方式通常有柱列式 [见图 10-8（a）]、连续式 [见图 10-8（b）~（d）] 和组合式 [见图 10-8（e）~（f）]。排桩支护结构除受力桩外，有时还包括冠梁、腰梁和桩间护壁构造等构件，必要时还可设置一道或多道支撑或锚杆。排桩支护结构适合于开挖深度在 6~10m 的基坑。

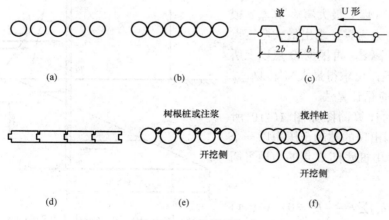

图 10-8　桩的排列方式

悬臂式排桩的设计计算常采用极限平衡法和布鲁姆（H.Blum）简化计算法。

1. 极限平衡法

对于悬臂式支护结构，常采用三角形分布土压力模式，计算简图如图 10-9 所示。当单位宽度桩两侧所受的净土压力相平衡时，桩（墙）则处于稳定状态，相应的桩（墙）入土深度即为其保证稳定所需的最小入土深度，可根据静力平衡条件求出。具体计算步骤

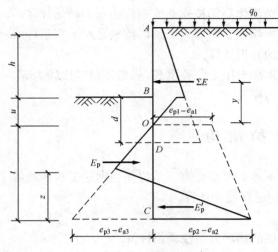

图 10-9　极限平衡法计算悬臂式桩（墙）

如下：

（1）计算桩（墙）底端后侧主动土压力 e_{a3} 及前侧被动土压力 e_{p3}，然后迭加求出第一个土压力为零的点 O 距基坑底面的距离 u；

（2）计算 O 点以上土压力合力 ΣE，求出 ΣE 作用点至 O 点的距离 y；

（3）计算桩（墙）底端前侧主动土压力 e_{a2} 和后侧被动土压力 e_{p2}；

（4）计算 O 点处桩（墙）前侧主动土压力 e_{a1} 及后侧被动土压力 e_{p1}；

（5）根据作用在支护结构上的全部水平作用力平衡条件（$\Sigma X=0$）和绕桩（墙）底端力矩平衡条件（$\Sigma M=0$），可得

$$\Sigma E+[(e_{p3}-e_{a3})+(e_{p2}-e_{a2})]\frac{z}{2}-(e_{p3}-e_{a3})\frac{t}{2}=0 \tag{10-1}$$

$$\Sigma(t+y)E+[(e_{p3}-e_{a3})+(e_{p2}-e_{a2})]\frac{z}{2}\cdot\frac{z}{3}-(e_{p3}-e_{a3})\frac{t}{2}\cdot\frac{t}{3}=0 \tag{10-2}$$

上两式中，只有 z 和 t 两个未知数，将 e_{a2}、e_{p2}、e_{a3}、e_{p3} 计算公式代入并消去 z，可得一个关于 t 的方程式，求解该方程，即可求出 O 点以下桩的入土深度，即有效嵌固深度 t。

为安全起见，实际嵌入基坑底面以下的入土深度为

$$t_c=u+(1.1\sim1.2)t \tag{10-3}$$

（6）计算桩（墙）最大弯矩 M_{max}。根据最大弯矩点剪力为零，求出最大弯矩点 D 离基坑底的距离 d，再根据 D 点以上所有力对 D 点取矩，可求得最大弯矩 M_{max}。

2. 布鲁姆简化计算法

布鲁姆法的计算简图如图 10-10 所示。桩底部后侧出现的被动土压力以一个集中力 E_p' 代替。由桩底部 C 点的力矩平衡条件 $\Sigma M=0$，有

$$(h+u+t-h_a)\Sigma E-\frac{t}{3}E_p=0 \tag{10-4}$$

因 $E_p=\frac{1}{2}\gamma(K_p-K_a)t^2$，代入上式可得

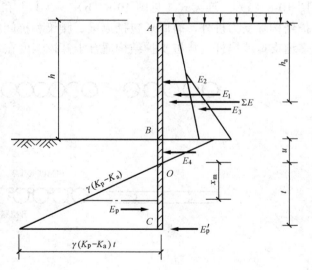

图 10-10　布鲁姆法计算悬臂式桩（墙）

$$t^3-\frac{6\Sigma E}{\gamma(K_p-K_a)}t-\frac{6(h+u-h_a)\Sigma E}{\gamma(K_p-K_a)}=0 \tag{10-5}$$

式中　t ——桩的有效嵌固深度，m；

　　　E ——桩后侧 AO 段作用于桩墙上净土压力、水压力，kN/m；

K_a ——主动土压力系数；

K_p ——被动土压力系数；

γ ——土体重度，kN/m^3；

h ——基坑开挖深度，m；

h_a ——ΣE 作用点距地面距离，m；

u ——土压力零点 O 距基坑底面的距离，m。

由式（10-5），经试算可求出桩（墙）的有效嵌固深度 t。为了保证桩（墙）的稳定，基坑底面以下的最小插入深度 t_c 应为

$$t_c = u + (1.1 \sim 1.4)t \tag{10-6}$$

最大弯矩应在剪力为零（即 $\Sigma Q = 0$）处，于是有

$$\Sigma E - \frac{1}{2}\gamma(K_p - K_a)x_m^2 = 0 \tag{10-7}$$

由此可求得最大弯矩点距土压力为零点 O 的距离 x_m 为

$$x_m = \sqrt{\frac{2\Sigma E}{\gamma(K_p - K_a)}} \tag{10-8}$$

而此处的最大弯矩为

$$M_{max} = (h + u + x_m - h_a)\Sigma E - \frac{1}{6}\gamma(K_p - K_a)x_m^3 \tag{10-9}$$

10.2.2　单支点支护结构计算

当基坑开挖深度较大时，可以在围护结构周围顶部附近设置一单撑（锚杆）形成单支点支护结构。单支点支护结构因在顶端附近设有一拉锚或支撑，可认为在支锚点处无水平移动而简化成一简支支撑。随着支锚点位置及嵌入深度的变化，单锚（撑）式支护结构的位移和土压力分布均有所变化。这是因为单锚（撑）式支护结构在土压力作用下，随着埋入深度的不同，其支护桩（墙）将发生不同的变形，而桩（墙）的变形又反过来影响土压力的分布。因此，单支锚（撑）式支护结构的计算可根据桩（墙）的入土深度不同而采用不同的计算方法。

1. 平衡法（自由端法）

平衡法适用于底端自由支承的单锚（撑）式支护结构，当支护桩（墙）入土深度较浅时，也即非嵌固的情况，由于桩（墙）后土压力作用而形成极限平衡，桩（墙）体处于极限平衡状态。此时桩（墙）可看作在支锚点铰支而下端自由的结构（见图10-11），在此情况下，支护结构底端有可能向基坑内移动，产生"踢脚"。

取单位墙宽分析，对于排桩则以每根桩的控制宽度作为分析单元。

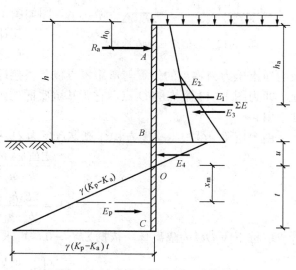

图 10-11　单支点桩（墙）计算简图

桩（墙）的有效嵌固深度 t，根据对支点 A 的力矩平衡条件（$M_A = 0$）求得

$$\Sigma E(h_a - h_0) - E_p \left(h - h_0 + u + \frac{2}{3}t \right) = 0 \tag{10-10}$$

由上式经试算可求出 t。桩（墙）在基坑底以下的最小插入深度 t_c 仍可按式（10-3）确定。支点 A 处的水平力 R_a 根据水平力平衡条件求出：

$$R_a = \Sigma E - E_p \tag{10-11}$$

根据最大弯矩截面的剪力等于零，可求得最大弯矩截面距土压力零点的距离 x_m

$$x_m = \sqrt{\frac{2(\Sigma E - R_a)}{\gamma(K_p - K_a)}} \tag{10-12}$$

由此可求出最大弯矩

$$M_{max} = \Sigma E(h - h_a + u + x_m) - R_a(h - h_0 + u + x_m) - \frac{1}{6}\gamma(K_p - K_a)x_m^3 \tag{10-13}$$

2. 等值梁法

当支护桩（墙）入土深度较深时，桩（墙）的底端向后倾斜，墙后出现被动土压力，支护桩在土中处于弹性嵌固状态，相当于上端简支而下端嵌固的超静定梁。工程上常采用等值梁法来计算。

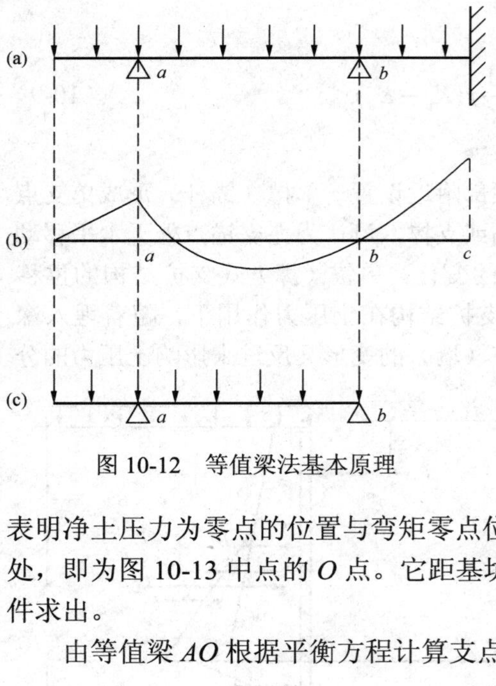

图 10-12　等值梁法基本原理

等值梁法的基本原理如图 10-12 所示。一根一端固定另一端简支的梁［见图 10-12（a）］，弯矩的反弯点在 b 点，该点弯矩为零［见图 10-12（b）］。如果在 b 点切开，并规定 b 点为左端梁的简支点，这样在 ab 段内的弯矩保持不变，由此，简支梁 ab 称为图 10-11（a）中 ac 梁 ab 段的等值梁。

等值梁法应用于单支点桩（墙）计算，计算简图如图 10-13 所示，

其计算步骤如下：

首先，确定正负弯矩反弯点的位置。实测结果表明净土压力为零点的位置与弯矩零点位置很接近，因此可假定反弯点就在净土压力为零点处，即为图 10-13 中点的 O 点。它距基坑底面的距离 u 根据作用于墙前后侧土压力为零的条件求出。

由等值梁 AO 根据平衡方程计算支点反力 Q_a 和 O 点剪力 Q_h：

$$R_a = \frac{\Sigma E(h - h_a + u)}{h - h_0 + u} \tag{10-14}$$

$$Q_h = \frac{\Sigma E(h_a - h_0)}{h - h_0 + u} \tag{10-15}$$

取桩下段 OC 为隔离体，依据 $\Sigma M_c = 0$，可求出有效嵌固深度 t

$$t = \sqrt{\frac{6Q_h}{\gamma(K_p - K_a)}} \tag{10-16}$$

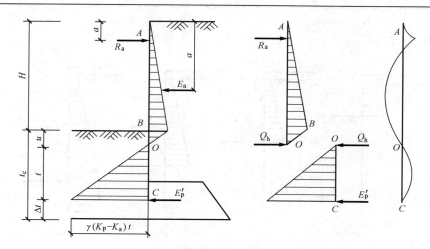

图 10-13　等值梁法计算简图

而桩（墙）在基坑底以下的最小插入深度 t_c 仍按式（10-3）确定。

由等值梁 AO 求算最大弯矩 M_{max}。由于作用于桩（墙）上的力均已求得，M_{max} 可以很方便地求出。

10.2.3　多层锚（撑）式支护结构计算

当土质较差，基坑又较深时，通常采用多层支锚结构，支锚层数及位置则根据土层分布及性质、基坑深度、支护结构刚度和材料强度以及施工要求等因素确定。

目前对多支点支护结构的计算方法通常采用等值梁法、连续梁法、支撑荷载 1/2 分担法、弹性支点法以及有限单元法等。以下对其中主要的几种方法予以简单介绍。

1.　连续梁法

多支撑、支护结构可当作刚性支承（支座无位移）的连续梁，如图 10-14 所示，应按以下各施工阶段的情况分别计算。

（1）在设置支撑 A 以前的开挖阶段 [见图 10-14（a）]，可将挡墙作为一端嵌固在土中的悬臂桩。

（2）在设置支撑 B 以前的开挖阶段 [见图 10-14（b）]，挡墙是两个支点的静定梁，两个支点分别是 A 及净土压力为零的一点。

（3）在设置支撑 C 以前的开挖阶段 [见图 10-14（c）]，挡墙是具有三个支点的连续梁，三个支点分别为 A、B 及净土压力零点。

（4）在浇筑底板以前的开挖阶段 [见图 10-14（d）]，挡墙是具有四个支点的三跨连续梁。

2.　支撑荷载 1/2 分担法

支撑荷载 1/2 分担法是等值梁法的一种简化计算方法，它假设中间支撑承受上下各半跨的土压力，各力对最上层支撑点取力矩，得最小入土深度 z_0。对多支点的支护结构，若支护墙后的主动土压力分布采用太沙基和佩克假定的图式，则支撑或拉锚的内力及其支护墙的弯矩，可按以下经验法计算：

（1）每道支撑或拉锚所受的力是相应于相邻两个半跨的土压力荷载值；

（2）假设土压力强度用 q 表示，按连续梁计算，最大支座弯矩（三跨以上）为 $M = \dfrac{ql^2}{10}$，

最大跨中弯矩为 $M = \dfrac{ql^2}{20}$。

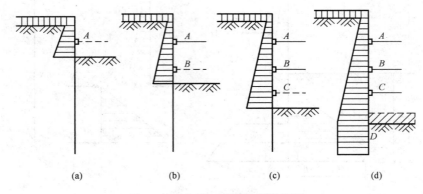

图 10-14　各施工阶段的计算简图

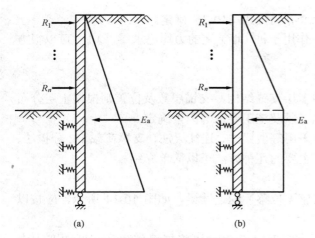

图 10-15　弹性支点法计算简图

（a）三角形土压力模式；（b）矩形土压力模式

3.　弹性支点法

弹性支点法，工程界又称弹性抗力法、地基反力法。其计算方法如下：

（1）墙后的荷载既可直接按朗肯主动土压力理论计算［即三角形分布土压力模式，见图 10-15（a）］，也可按矩形分布的经验土压力模式［见图 10-15（b）］计算。后者在我国基坑支护结构设计中被广泛采用。

（2）基坑开挖面以下的支护结构受到的土体抗力用弹簧模拟：

$$\sigma_x = k_s y \qquad (10\text{-}17)$$

式中　　k_s——地基土的水平基床系数，kN/m^3；

y——土体的水平变形，m。

（3）支锚点按刚度系数为 k_z 的弹簧进行模拟。以 "m" 法为例，基坑支护结构的基本挠曲微分方程为

$$EI\frac{\mathrm{d}^4 y}{\mathrm{d}z^4} + mzby - e_a b_s = 0 \qquad (10\text{-}18)$$

式中　　EI——支护结构的抗弯刚度，$kN \cdot m^2$；

y——支护结构的水平挠曲变形，m；

z——竖向坐标，m；

b——支护结构宽度，m；

e_a——主动侧土压力强度，kPa；

m——地基土的水平抗力系数 k_s 的比例系数，kN/m^4；

b_s——主动侧荷载宽度，m。排桩取桩间距，地下连续墙取单位宽度。

求解式（10-18）即可得到支护结构的内力和变形，通常可用杆系有限元法求解。首先将支护结构进行离散。支护结构采用梁单元，支撑或锚杆用弹性支撑单元，外荷载为支护结构后侧的主动土压力和水压力。其中水压力既可单独计算，即采用水土分算模式，也可与土压力一起算，即水土合算模式，但需注意的是水土分算和水土合算时所采用的土体抗剪强度指标不同。

10.3 土 钉 支 护 结 构

10.3.1 概述

土钉支护是用于基坑开挖和边坡稳定的一种挡土技术，由于经济、可靠且施工速度简便，已得到了广泛的应用。在基坑开挖中，土钉支护是继桩、墙、撑、锚支护之后又一项较为成熟的支护技术。

土体的抗剪强度较低，抗拉强度几乎可以忽略，但原位土体一般具有一定的结构整体性。土钉支护结构是由在土体内放置的一定长度和密度的土钉构成的。土钉与土共同作用，形成了能大大提高原状土强度和刚度的复合土体。土钉与土的相互作用，还能改变土坡的变形与破坏形态，显著提高了土坡的整体稳定性。

实验研究表明：①土钉在使用阶段主要承受拉力，土钉的弯剪作用对支护结构承载能力的提高甚小。②土钉的拉力沿其长度呈中间大两头小的形式分布；并且土钉靠近面层的端部拉力与钉中最大拉力的比值随着往下开挖而降低。③极限平衡分析法能较好地估计土钉支护破坏时的承载能力。

土钉支护适用于地下水位以上或经人工降水后的人工填土，黏性土和弱胶结砂土的基坑支护或边坡加固。一般要求基坑深度不大于 12m，当土钉支护与有限放坡、预应力锚杆联合使用时，深度可增加。土钉支护结构不宜用于含水丰富的粉细砂层、砂砾卵石和淤泥质土，不得用于没有自稳能力的淤泥和饱和软弱土层。

土钉支护设计应满足强度、稳定性、变形和耐久性等方面的要求。设计必须自始至终与施工及现场检测相结合，施工中出现的情况以及检测数据，应做到及时反馈，修改设计并指导下一步施工。土钉支护设计内容包括：土钉支护结构参数的确定、土钉拉力设计以及土钉墙内外部稳定性分析等内容。

10.3.2 土钉支护结构参数的确定

土钉支护结构参数包括土钉的长度、孔径、间距、倾角以及支护面层厚度等。

1. 土钉长度

土钉内力沿支护高度相差较大，一般为中部大，上部和底部较小。因此，中部土钉起的作用大。但顶部土钉对限制支护结构水平位移非常重要，而底部土钉对抵抗基底滑动、倾覆或失稳有重要作用。当支护结构临近极限状态时，底部土钉的作用会明显加强。如此将上下土钉取成等长，或顶部土钉稍长，底部土钉稍短是合适的。

土钉长度设计可参照王步云建议的经验公式：

$$L = mH + S_0 \tag{10-19}$$

式中　m——经验值，一般可取 0.7～1.2；

S_0——止浆器长度，一般为 0.8～1.5m；

H ——边坡的垂直高度。

2. 土钉孔径及间距

土钉孔径 d_h 可根据钻孔机械选定。国外对钻孔注浆型土钉一般取土钉孔径为 76～150mm，国内一般取 70～200mm。

土钉间距的大小直接影响土体的整体作用效果，目前尚不能给出有足够理论依据的定量指标。土钉的水平间距和垂直间距一般宜为 1.2m～2.0m。垂直间距依土层及计算确定，且与开挖深度相对应。上下插筋交错排列，遇局部软弱土层间距可小于 1.0m。根据经验值建议按 6～8 d_h 选定水平间距和垂直间距，且应满足下式的要求：

$$S_x S_y \leqslant k_1 d_h L \tag{10-20}$$

式中　S_x、S_y ——土钉的水平间距和垂直间距；

　　　　k_1 ——注浆系数，一次压力注浆，取 1.5～2.5。

3. 土钉筋材与注浆材料

土钉中采用的筋材有钢筋、钢管等，应符合下列要求：

当采用钢筋时，宜采用 HRB400、HRB335 级钢筋，直径宜取 16～32mm；

当采用钢管时，钢管外径不宜小于 48mm，壁厚不宜小于 3mm。

土钉孔注浆材料可采用水泥砂浆或水泥浆，其强度不低于 20MPa。

4. 土钉倾角

土钉与水平线的倾角称为土钉倾角，一般在 0°～20°之间，其值取决于注浆钻孔工艺与土体分层特点等多种因素。研究表明，倾角越小，支护的变形越小，但注浆质量较难控制；倾角越大，支护的变形越大，但有利于土钉插入下层较好的土层，注浆质量也易于保证。

5. 支护面层

临时性土钉支护的面层通常用 50～150mm 厚的钢筋网喷射混凝土，混凝土强度等级不低于 C20。钢筋网常用 φ6～φ8 钢筋焊成 150～300mm 方格网片；永久性土钉墙支护面层厚度为 150～250mm，可设两层钢筋网，分两层喷成。

10.3.3　土钉抗力设计

假定土钉为受拉工作，不考虑其抗弯刚度。土钉设计内力可按图 10-16 所示的侧压力分布图式算出。

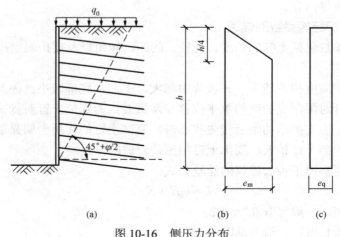

图 10-16　侧压力分布

1. 土钉所受的侧压力

$$e = e_m + e_q \qquad (10\text{-}21)$$

式中　e——土钉长度中点所处深度位置上的侧压力，kPa；

e_q——地表均布荷载引起的侧压力，kPa；

e_m——土钉长度中点所处深度位置上土钉土体自重引起的侧压力，kPa。

对砂土和粉土：$e_m = 0.55 K_a \gamma h$；

对一般黏性土：$0.2\gamma h \leqslant e_m = (1 - 2c\sqrt{K_a\gamma h})K_a\gamma h \leqslant 0.55K_a\gamma h$。

式中　c, φ——土的抗剪强度指标。

2. 土钉抗拔力计算

在土体自重和地表均布荷载作用下，土钉所受最大拉力或设计内力 N 可由下式求出：

$$N = \frac{1}{\cos\theta} e S_v S_h \qquad (10\text{-}22)$$

式中　θ——土钉倾角，°；

S_v——土钉垂直间距，m；

S_h——土钉水平间距，m。

（1）土钉筋材抗拉强度验算。此时土钉在拉应力作用下不发生屈服破坏，故各层土钉在设计内力作用下应满足下列强度条件：

$$F_{s,d} N \leqslant 1.1\pi d^2 f_{yk} / 4 \qquad (10\text{-}23)$$

式中　$F_{s,d}$——土钉的局部稳定性安全系数，取 1.2～1.4，基坑深度较大时取较大值；

N——土钉设计拉力，kN，由式（10-22）确定；

D——土钉钢筋直径，m；

f_{yk}——钢筋抗拉强度标准值，kN/m²。

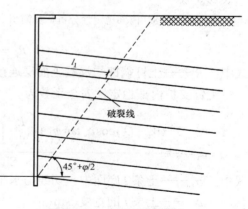

（2）土钉抗拔出验算。为防止土钉从破裂面内侧稳定土体中拔出，此时各排土钉的长度 l 宜满足以下要求：

$$l \geqslant l_1 + F_{s,d} N / \pi d_0 \tau \qquad (10\text{-}24)$$

式中　l_1——破裂线内土钉长度（见图 10-17），m；

d_0——土钉孔径，m；

τ——土钉与土体之间的界面黏结强度，kPa；由试验确定，无实测资料时，可按表 10-1 取用。

图 10-17　土钉长度的确定

表 10-1　　　　　　　　　　　　　　界面黏结强度标准值

土　层　种　类		τ（kPa）
素填土		30～60
黏性土	软塑	15～30
	可塑	30～50

续表

土 层 种 类		τ（kPa）
	硬塑	50～70
	坚硬	70～90
粉土		50～100
砂土	松散	70～90
	稍密	90～120
	中密	120～160
	密实	160～200

注　表中数据作为低压注浆时的极限黏结强度标准值。

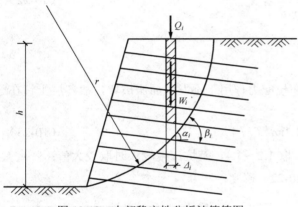

图 10-18　内部稳定性分析计算简图

10.3.4　土钉墙支护内部稳定分析

土钉支护的内部稳定性分析采用圆弧破裂面条分法。如图 10-18 所示，在土条 i 上作用有土体自重 W_i，地表荷载 Q_i，土钉抗拉力 R_k。其中 R_k 取以下较小者：

（1）按土钉筋材强度，得

$$R_k = 1.1\pi d^2 f_{yk}/4 \qquad (10\text{-}25)$$

（2）按破坏面外土钉抗拔出能力，知

$$R_k = \pi d_0 l_a \tau \qquad (10\text{-}26)$$

式中　l_a——破坏面外土钉锚固长度。

（3）按破坏面内土钉抗拔出能力，有

$$R_k = \pi d_0 (l - l_a)\tau + R_1 \qquad (10\text{-}27)$$

式中　R_1——土钉端部与混凝土面层连接处的极限抗拔力。

土钉支护内部稳定性安全系数为

$$F_s = \frac{\Sigma\left[(W_i+Q_i)\cos\alpha_i\tan\varphi_j + \left(\dfrac{R_k}{S_{hk}}\right)\sin\beta_k\tan\varphi_j + c_j(\Delta_i/\cos\alpha_i) + \left(\dfrac{R_k}{S_{hk}}\right)\cos\beta_k\right]}{\Sigma[(W_i+Q_i)\sin\alpha_i]} \qquad (10\text{-}28)$$

式中　α_i——土条 i 底面中点切线与水平面之间的夹角，°；

　　　Δ_i——土条 i 的宽度，m；

　　　φ_j——土条 i 底面所处第 j 层土的内摩擦角，°；

　　　c_j——土条 i 底面所处第 j 层土的黏聚力，kPa；

　　　R_k——破坏面上第 k 排土钉的最大抗力，按式（10-26）～式（10-28）中较小者取用；

　　　β_k——第 k 排土钉轴线与该处破坏面切线之间的夹角，°；

　　　S_{hk}——第 k 排土钉的水平间距，m；

　　　F_s——内部稳定安全系数。$H \leq 6\text{m}$ 时，$F_s \geq 1.2$；$H=6\text{m}\sim12\text{m}$，$F_s \geq 1.3$；$H \geq 12\text{m}$，$F_s \geq 1.4$。

10.3.5 土钉墙外部稳定性分析

土钉与原位土体组成复合土体，形成类似重力式挡墙的土钉墙，其外部整体稳定性分析包括抗滑动稳定和抗倾覆稳定两方面，计算分析简图如图 10-19 所示。

1. 抗滑动稳定性验算

抗滑动安全系数 K_h 应满足

$$K_h = \frac{F_t}{E_{ax}} \geq 1.2 \qquad (10\text{-}29)$$

$$F_t = (W + q_0 B)\tan\varphi + cB \qquad (10\text{-}30)$$

$$B = (11/12)L\cos\alpha \qquad (10\text{-}31)$$

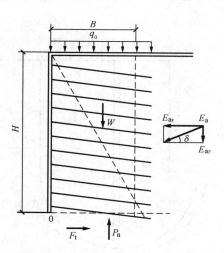

图 10-19 土钉墙外部稳定性分析简图

式中 E_{ax} ——作用于土钉墙后主动土压力水平分量，kN；

F_t ——土钉墙底面上产生的抗滑力；

W ——墙体自重，kN；

B ——土钉墙计算宽度，m；

α ——土钉与水平面之间的夹角。

2. 抗倾覆稳定性验算

抗倾覆安全系数 K_q 应满足

$$K_q = \frac{M_R}{M_S} = \frac{\frac{1}{2}B(W + q_0 B) + E_{ay}B}{E_{ay}z_{Ea}} \geq 1.3 \qquad (10\text{-}32)$$

式中 E_{ay} ——作用于土钉墙后主动土压力垂直分量，kN；

z_{Ea} ——土钉墙后主动土压力作用点离墙底的垂直距离，m。

10.4 基 坑 稳 定 性 分 析

10.4.1 概述

基坑稳定性分析是基坑支护设计的重要内容之一，其目的在于验算支护结构的设计是否稳定与合理。分析内容包括支护结构整体稳定性、坑底抗隆起稳定性和基坑抗渗流稳定性等验算。分析方法主要有工程地质对比法和力学分析法，两种方法相互补充和验证。对具体工程问题，应结合实际工程地质条件进行综合分析。

10.4.2 基坑整体稳定性分析

前面已介绍了简单条分法、简化毕肖普法等多种边坡稳定分析方法。基坑支护结构的整体稳定性分析，可参照边坡稳定性分析章节内容，此处不再赘述，本节将主要讨论坑底抗隆起稳定性和基坑抗渗流稳定性。

10.4.3 坑底抗隆起稳定性分析

在软弱地基开挖时，支护结构后的土体在自重和地面超载等的作用下，若重量超过基坑地面地基承载力，地基将会发生破坏，产生坑壁土流动，坑顶下陷，坑底隆起等现象。对于坑底抗隆起稳定性分析，常用的方法有地基稳定性验算法和地基强度验算法，本书仅介绍地基稳定验算法。

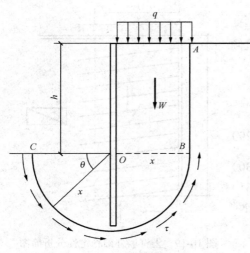

图 10-20　土体滑移计算示意图

如图 10-20 所示，假设土体重量为 W（包括地面载荷），在自重和地面载荷的作用下，土体下的软土地基沿圆柱面 BC 发生破坏并产生滑动。此时，失去稳定的地基上的土体将绕圆柱面中心轴 O 转动，其转动力矩为

$$M_0 = W \frac{x}{2} = (q + \gamma h)x \frac{x}{2} = (q + \gamma h) \frac{x^2}{2}$$

（10-33）

抵抗滑动的力矩为

$$M_{\mathrm{r}} = x \int_0^\pi \tau(x\mathrm{d}\theta)$$ （10-34）

当土质均匀时

$$M_{\mathrm{r}} = \pi \tau x^2$$ （10-35）

要保证基坑不发生隆起，必须满足

$$K = \frac{M_r}{M_0} \geqslant 1.2$$ （10-36）

上面坑底抗隆起验算中，既没有考虑土体与支护结构之间的摩擦力，也没有考虑 AB 曲面上土的抗剪强度对土体下滑的阻力，所以，计算结果偏于安全。

10.4.4　基坑抗渗流稳定性分析

基坑渗流稳定性验算包括坑底抗流砂稳定性验算和抗承压水稳定性验算。

1. 坑底抗流砂稳定性

如图 10-21 所示，在含有饱和粉土和粉细砂层的土层中，由于在基坑内边沟排水，基坑内外产生水头差，基坑底的土处于浸没在水中状态，其有效重量为有效重度 γ'。当向上的渗透力达到能够抵消土的有效重度 γ' 时，就会出现流砂现象。抗流砂验算应满足下列条件：

$$\gamma' \geqslant F_{\mathrm{s}} j$$ （10-37）

由于基坑支护大多是临时结构，为简化计算，可近似地取最短路径（紧贴桩、墙位置的路线），以求得最大渗透力 $j = i\gamma_{\mathrm{w}} \approx \dfrac{\Delta h}{\Delta h + 2D}\gamma_{\mathrm{w}}$，故条件公式为

$$\gamma' \geqslant F_{\mathrm{s}} \frac{\Delta h}{\Delta h + 2D}\gamma_{\mathrm{w}} \quad \text{或} \quad D \geqslant \frac{F_{\mathrm{s}}\Delta h\gamma_{\mathrm{w}} - \gamma'\Delta h}{2\gamma'}$$ （10-38）

如果不计在坑壁一侧水流经基坑以上 Δh 范围内土层的水头损失，则可简化为

$$D \geqslant \frac{F_{\mathrm{s}}\Delta h\gamma_{\mathrm{w}}}{2\gamma'} \quad \text{或} \quad \frac{2\gamma'D}{\Delta h\gamma_{\mathrm{w}}} \geqslant F_{\mathrm{s}}$$ （10-39）

式中　D ——基坑底支护结构的嵌入深度，m；

　　　　γ' ——基坑底以下土的有效重度，kN/m³；

　　　　γ_{w} ——水的重度，10kN/m³；

Δh ——基坑内外水头差，m；

F_s ——验算流砂的安全系数，可取 1.5～2.0。

2. 坑底抗承压水稳定性验算

如果基底下的不透水层较薄，而且在不透水层下面存在较大水压的滞水层或承压水层，但上覆土重不足以抵挡下部的水压时，基坑底土体将会发生突涌破坏。因此，在设计坑底下有承压水的基坑时，应进行突涌稳定性验算。根据压力平衡概念（见图 10-22），基坑底土体突涌稳定性应满足：

$$K_{TY} = \frac{\gamma h_s}{\gamma H} \geqslant 1.1～1.3$$

（10-40）

式中 h_s ——不透水层厚度，m。

H ——承压水高于含水层顶板的高度，m。

若基坑底土体抗突涌稳定性不满足要求，可采用隔水挡墙隔断滞水层，加固基坑底部地基等处理施。

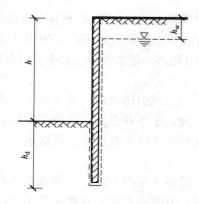

图 10-21　坑底抗流砂稳定性验算示意图

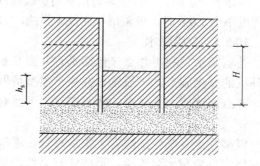

图 10-22　坑底抗承压水稳定性验算示意图

10.5 基 坑 降 排 水 设 计

10.5.1 概述

一般来说，在进行基坑开挖时，基坑应保持处于干燥状态。特别是在深基坑施工时，若地下水位较高，则必须采取降、排水措施，从而避免引起流砂、管涌及边坡失稳等现象。基坑降、排水设计方法有集水明排法和井点降水法。井点降水的方法通常有轻型井点法、喷射井点法、管井井点法和深井泵井点法等。

10.5.2 基坑明排水设计

基坑明排水设计采用集水明排法，即在基坑开挖过程中以及基础施工和养护期间，通过在基坑周围开挖的集水沟汇集坑壁及坑底渗水，并最终引向集水井。

集水明排法可单独采用，也可以与其他方法结合使用。单独采用时，一般降水深度不宜大于 5m，否则坑底容易产生软化、泥化，坡角容易出现流砂、管涌、边坡塌陷、地面沉降等工程问题。与其他方法结合使用时，其主要作用是收集基坑中和坑壁局部渗出的地下水和地面水。

1. 排水系统的布置

（1）排水沟和集水井应设置在基础轮廓线以外。当基础较深且地下水位较高时，可设置多层明沟，分层排出上层土中的地下水。

（2）排水沟边缘层离开坡脚不少于 0.3m，一般沟底宽度 0.3m，坡度为 1%～5%。

（3）集水井宜设在基坑四角，或每隔 30～40m 设置一个。集水井的直径一般为 0.7～1.0m，深 1.0m，井壁可砌干砖、水泥管或其他临时支护，井底反滤层铺 0.3m 厚的碎石或卵石。

（4）挖土面、排水沟底、集水井底三者之间均应保持一定的高度差。排水沟底低于挖土面 0.3～0.5m，集水井底低于排水沟底 1.0m。

（5）随着基坑的开挖，排水沟、集水井随之分级设置与加深。

2. 水泵的选用

基坑排水设备有离心泵、潜水泵、污水泵等，一般多用污水泵。水泵的选型应根据涌水量、基坑深度（排水扬程）而定，所选用的水泵排水量应比基坑总涌水量大约 1.5～2.0 倍。

3. 明排降水的适用范围

集水明排法设备简单，造价低，适用于细粒土，如黏质粉土、粉土等。但地基土为粉砂、细砂、中砂等土层时，往往会因为抽水而引起流砂现象，造成基坑破坏，故一般不宜采用。如果降水深度小于 1.0m 时，可采用补充技术措施，如加密集水井距离，增加渗水沟和埋置引水管等。

10.5.3　井点降水

井点降水是利用井点（包括垂直井点和水平井点）抽水或引渗来降低地下水位，从而保证基坑的安全施工。一般垂直井点常沿基坑四周外围布设，水平井点则可穿越基坑四周和底部，井点深度要大于要求的降水深度。下面对常用的几种井点降水方法做简要叙述。

1. 轻型井点法

轻型井点系统包括滤管、集水总管、连接管和抽水设备（见图 10-23）。用连接管将井点管与集水总管和水泵连接，形成完整系统。抽水时，先打开真空泵抽出管路中的空气，使之形成真空，这时地下水和土中空气在真空吸力作用下被吸入集水箱，空气经真空泵排出，当集水管存水较多，再开动离心泵抽水。

若要求降水深度较深（比如大于 6m），可采用两级或多级井点降水。

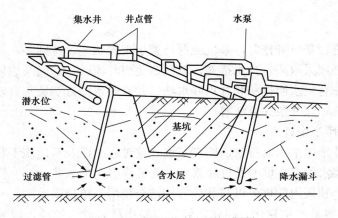

图 10-23　轻型井点布设示意图

2. 喷射井点法

喷射井点一般有喷水和喷气两种，井点系统由喷射器、高压水泵和管路组成。

喷射器结构的形式有外接式和同心式两种（见图 10-24）。其工作原理是利用高速喷射液体的动能工作，由离心泵供给高压水流入喷嘴高速喷出，经混合室造成此处压力降低，形成负压和真空，则井内的水在大气压力作用下，由吸气管压入吸水室，吸入水和高速射流在混合室中相互混合，射流将本身的动能的一部分传给被吸入的水，使吸入水流的动能增加，混合水流入扩散室，由于扩散室截面扩大，流速下降，大部分动能转为压力，将水由扩散室送至高处。

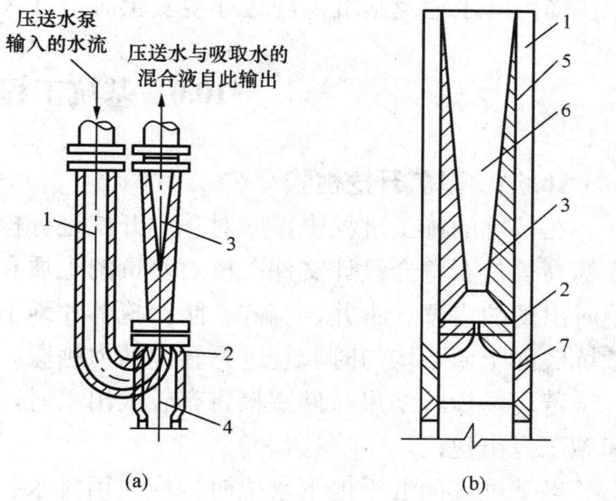

喷射井点法管路系统布置和井点管的埋设与轻型井点基本相同。

图 10-24　喷射井点原理图

（a）外接式；（b）同心式（喷嘴直径 10.5mm）

1—输水导管（也可为同心式）；2—喷嘴；3—混合室（喉管）；
4—吸入管；5—内管；6—扩散室；7—工作水流

3. 管井井点法

管井井点法的井管由两部分组成，即井壁管和滤水管。井壁管可用直径 200～300mm 的铸铁管、无砂混凝土管、塑料管。滤水管可用钢筋焊接骨架，外包滤网（孔眼为 1～2mm），长 2～3m，也可用实管打花孔，外缠铅丝做成，或者用无砂混凝土管。

首先根据总涌水量验算单根井管极限涌水量，确定井的数量。然后，将已确定的管井数量沿基坑外围均匀设置。钻孔可用泥浆护壁套管法，也可用螺旋钻，但孔径应大于管井外径 150～250mm。将钻孔底部泥浆掏净，下沉管井。用集水总管将管井连接起来，并在孔壁与管井之间填 3～15mm 砾石作为过滤层。吸水管用直径 50～100mm 胶皮管或钢管，其底端应在设计降水位的最低水位以下。

4. 深井泵井点法

深井泵井点由深井泵（或深井潜水泵）和井管滤网组成。

井孔钻孔可用钻孔机或水冲法。孔的直径应大于井管直径 200mm。孔深应考虑到抽水期内沉淀物可能的厚度而适当加深。

井管放置应垂直，井管滤网应放置在含水层适当的范围内。井管内径应大于水泵外径 50mm，孔壁与井管之间填大于滤网孔径的填充料。

需要注意的是潜水泵的电缆要可靠，深井泵的电机宜带有阻逆装置，在换泵时应注意清洗滤井。

基坑周围环境复杂的地区，在选择降水方法时，一般中粗砂以上粒径的土用水下开挖或堵截法；中砂和细砂颗粒的土用井点法和管井法；淤泥或黏土用真空法或电渗法。降水方法必须经过充分调查，并注意含水层埋藏条件及其水位或水压，含水层的透水性（渗透系数）及富水性，地下水的排泄能力，场地周围地下水的利用情况，场地条件（周围建筑物及道路情况、地下水管线埋设情况）等。

当因降水危及基坑及周边环境安全时，宜采用截水或回灌等技术措施，保证基坑安全。

10.6　基坑工程信息化施工

10.6.1　基坑开挖检验

在基坑的施工过程中，应对基坑开挖进行检验，检验内容包括核对基坑的平面尺寸、坑底标高等是否符合设计文件；核对基坑的土质和地下水情况与勘察报告是否相符；对基坑开挖时出现的古墓、古井、洞穴、防空掩体和地下埋藏物等，应查明其范围、深度和性状；当基坑底面土质不均匀时，宜进行轻型动力触探。

若现场检验结果与勘察报告有较大出入时，应进行补充勘察，修正勘察成果，并对设计和施工提出建议。

当基坑底面低于地下水位时，应采用排水、降水措施，并设置排水管道，不允许在地面浸流、回流，也不允许直接排入城市下水管网中。降水过程中，应注意降水机具设备的维护和检查，保证不间断地抽水；同时应设置降水观察井，对降水的效果进行观察，并且要严密监测邻近建筑物可能产生的沉降和水平位移。降水停机前，必须对所有完成的地下建筑物进行抗浮托验算。对于无抗浮托措施的箱基础、筏基础，应核算其停止降水后的抗浮托安全度，才可拆除降水设备。否则，必须采取有效措施，以策安全。降水完毕后，应根据工程结构特点和土方回填进度，陆续关闭和逐根拔除井点管。拔除后的井孔应立即用砂土回填密实。

采用支护结构的基坑开挖工程，应符合国家有关施工及验收标准或设计文件，才可进行基坑开挖，并按合理的顺序分层开挖土方。当采用机械开挖基坑时，为了不扰动坑底土的原状结构，应保留200～300mm土层，然后由人工挖至设计标高处。基坑开挖完成后，应立即进行基础施工，防止曝晒和雨水浸泡造成地基土的破坏。

深基坑开挖施工中，应在地面和基坑内布置排水系统，以防止雨水对边坡、坑壁冲刷而造成坍方，或雨水浸泡造成坑底地基土破坏。

10.6.2　基坑施工监测技术

在基坑施工过程中，尤其是深基坑开挖，基坑外土体的应力状态改变引起土体变形，即使采取支护措施，一定程度的变形总是难以避免的，因此，应对基坑支护结构、基坑周围土体和相邻建筑物进行综合、系统的监测，从而对工程情况全面了解，及时发现可能出现的问题，确保工程顺利进行。

一、监测内容

基坑工程的现场监测主要包括对支护结构的监测，对周围环境的监测和对岩土性状受施工影响而引起的变化的监测。其监测方法如下：

（1）支护结构顶部水平位移监测。这是最重要的一项监测。一般每间隔5～8m布设一个仪器监测点，并在关键部位适当加密。

（2）支护结构倾斜监测。根据支护结构受力及周边环境等因素，在关键的地方钻孔布设测斜管，用高精度测斜仪定期进行监测，以掌握支护结构在各个施工阶段的倾斜变化情况，及时提供支护结构深度—水平位移—时间的变化曲线及分析计算结果。也可在基坑开挖过程中及时在支护结构侧面布设测点，用光学经纬仪观测支护结构的倾斜。

（3）支护结构沉降观测。可按常规方法用精密水准仪对支护结构的关键部位进行沉降观测。

（4）支护结构应力监测。用钢筋应力计对桩顶圈梁钢筋中较大应力断面处的应力进行监测，以防止支护结构的结构性破坏。

（5）支撑结构受力监测。施工前应进行锚杆现场抗拔试验以求得锚杆的容许拉力；施工过程中用锚杆测力计监测锚杆的实际承受力。对钢管内支撑，可用测压应力传感器或应变仪等监测其受力状态的变化。

（6）基坑开挖前进行支护结构完整性检测。例如，用低应变动测法检测支护桩桩身是否存在断裂、严重缩颈、严重离析和夹泥等现象，并判定缺陷在桩身的什么部位。

（7）邻近建筑物的沉降、倾斜和裂缝的发生时间和发展的监测。

（8）邻近构筑物、道路、地下管网设施的沉降和变形监测。

（9）对岩土性状受施工影响而引起变化的监测。包括对表层沉降和水平位移的观测，以及深层沉降和倾斜的监测。监测范围着重在距离基坑 1.5～2 倍的基坑开挖深度范围之内。该项监测可及时掌握基坑。

（10）桩侧土压力测试。桩侧土压力是支护结构设计计算中重要的参数，常常要求进行测试。可用钢弦频率接收仪进行测试。

（11）基坑开挖后的基底隆起观测。这里包括由于开挖卸载基底回弹的隆起和由于支护结构变形或失稳引起的隆起。

（12）土层孔隙水压力变化的测试。一般用震弦式孔隙压力计、电测式测压计和数字式钢弦频率接收仪进行测试。

（13）当地下水位的升降对基坑开挖有较大影响时，应进行地下水位动态监测，以及渗漏、冒水、管涌和冲刷的观测。

（14）肉眼巡视与裂缝观测。经验表明，由有经验的工程师每日进行的肉眼巡视工作有重要意义。肉眼巡视主要是对桩顶圈梁、邻近建筑物、邻近地面的裂缝、塌陷以及支护结构工作失常、流土渗漏或局部管涌的功能不良现象的发生和发展进行记录、检查和分析。肉眼巡视包括用裂缝读数显微镜量测裂缝宽度和使用一般的度量衡手段。

上述监测项目中，水平位移监测、沉降观测、基坑隆起观测、肉眼巡视和裂缝观测等是必不可少的，其余项目可根据工程特点、施工方法以及可能对环境带来的危害综合确定。

二、监测结果的分析和评价

基坑支护工程监测的特点是在通过监测获得准确数据之后，十分强调定量分析与评价，强调及时进行险情预报，提出合理化措施与建议，并进一步检验加固处理后的效果，直至解决问题。任何没有仔细深入分析的监测工作，充其量只是施工过程的客观描述，决不能起到指导施工进程和实现信息化施工的作用。对监测结果的分析评价主要包括下列方面：

（1）对支护结构顶部的水平位移进行细致深入的定量分析，包括位移速率和累积位移量的计算，及时绘制位移随时间的变化曲线，对引起位移速率增大的原因（如开挖深度、超挖现象、支撑不及时、暴雨、积水、渗漏、管涌等）进行准确记录和仔细分析。

（2）对沉降和沉降速率进行计算分析。沉降要区分是由支护结果水平位移引起还是由地下水位变化等原因引起。一般由支护结构水平位移引起相邻地面的最大沉降与水平位移之比在 0.65～1.00，沉降发生时间比水平位移发生时间滞后 5～10d 左右；而地下水位降低会较快地引起地面较大幅度的沉降，应予以重视。邻近建筑物的沉降观测结果可与有关规范中的沉降限值相比较。

（3）对各项监测结果进行综合分析并相互验证和比较。用新的监测资料与原设计预计情况进行对比，判断现有设计和施工方案的合理性，如有必要，应及早调整施工方案。

（4）根据监测结果，全面分析基坑开挖对周围环境的影响和基坑支护的工程效果。通过分析，查明工程事故的技术原因。

（5）用数值模拟法分析基坑施工期间各种情况下支护结构的位移变化规律，进行稳定性分析，推算岩土体的特性参数，检验原设计计算方法的适宜性，预测后续开挖工程可能出现的新行为和新动态。

三、预警

险情预报是一个极其严肃的技术问题，必须根据具体情况，认真综合考虑各种因素，及时作出决定。但是，报警标准目前尚未统一，一般为设计容许值和变化速率两个控制指标。例如，当出现下列情形之一，应考虑报警。

（1）支护结构水平位移速率连续几天急剧增大，如达到 2.5～5.5mm/d。

（2）支护结构水平位移累积值达到设计容许值。如最大位移与开挖深度的比值达到0.35%～0.70%，其中周边环境复杂时取较小值。

（3）任一项实测应力达到设计容许值。

（4）邻近地面及建筑物的沉降达到设计容许值。如地面最大沉降与开挖深度的比值达到0.5%～0.7%，且地面裂缝急剧扩展。建筑物的差异沉降达到有关规范的沉降限值。例如，某开挖基坑邻近的六层砖混结构，当差异沉降达到 20mm 左右时，墙体出现了十余条长裂缝。

（5）煤气管、水管等设施的位移变化达到设计容许值。例如，某开挖基坑邻近的煤气管局部沉降达 30mm 时，出现了漏气事故。

（6）肉眼巡视检查到的各种严重不良现象，如桩顶圈梁裂缝过大，邻近建筑物的裂缝不断扩展，严重的基坑渗漏、管涌等。

险情发生时刻，预报的实现途径可归纳如下：

（1）进行场地工程地质、水文地质、基坑周围环境、基坑周边地形地貌及施工方案的综合分析。从险情的形成条件入手，找出险情发生的必要条件（如岩土特性、支护结构、有效临空面、邻近建筑物及地下设施等）和某些相关的诱发条件（如地下水、气象条件、地震、开挖施工等），再结合支护结构稳定性分析计算，得出是否会发生险情的初步结论。

（2）现场监测是实现险情预报的必要条件。现场监测的目的是运用各种有效的监测手段，及时捕捉险情发生前所暴露出的各种前兆信息，以及诱发险情的各种相关因素。监测成果不仅要表示出险情发生动态要素的演变趋势，而且要及时绘出水平位移及其速率、沉降、应力及裂缝等随时间的变化曲线，并及时进行分析评价。

思 考 题

10-1　简述基坑支护结构有哪些类型及适用条件。

10-2　基坑支护设计有哪些内容？

10-3　土钉墙支护结构与传统的重力式挡土墙有何异同？

10-4　支护结构的稳定性验算包括哪些？

10-5　目前基坑工程设计与施工中尚存在哪些问题？

10-1　某悬臂支护结构如图 10-25 所示，土层为砂土，$\gamma=18kN/m^3$，$c=0$，$\varphi=30°$，试计算支护结构抗倾覆稳定系数。

10-2　基坑剖面如图 10-26 所示，板桩两侧均为砂土，$\gamma=19kN/m^3$，$c=0$，$\varphi=30°$，基坑开挖深度为 1.8m。如果抗倾覆稳定安全系数 $k=1.3$，试按抗倾覆计算悬臂式板桩的最小入土深度。

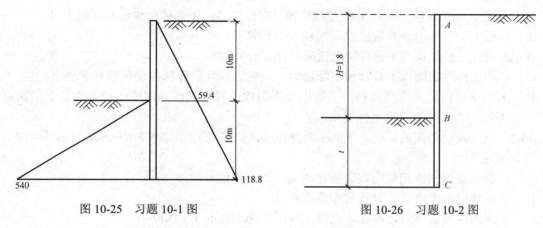

图 10-25　习题 10-1 图　　　　　　　图 10-26　习题 10-2 图

10-3　某基坑采用单层锚杆间隔支护结构，如图 10-27 所示，锚杆位于坑下 1.01m，倾角 15°。已知 E_{a1}=47.25kN/m，E_{a2}=35.8kN/m，E_{a3}=75.4kN/m，E_{a4}=25.55kN/m，试计算锚杆拉力、支护结构嵌固深度（$K_p=3.26$，$K_a=0.31$）。

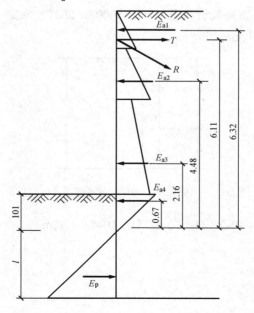

图 10-27　习题 10-3 图（尺寸单位：mm）

（参考答案：10-1：1.25；10-2：2m；10-3：104.3 kN/m，4.08m）

*注册岩土工程师考试题选

10-1　基坑支护施工中，关于土钉墙的施工工序，正确的顺序是下列哪个选项？（　　　）

①喷射第一层混凝土面层；②开挖工作面；③土钉施工；④喷射第二层混凝土面层；⑤捆扎钢筋网。

A．②③①④⑤　　　　　　　　　　　　B．②①③④⑤

C．③②⑤①④　　　　　　　　　　　　D．②①③⑤④

10-2　关于一般黏性土基坑工程支挡结构稳定性验算，下列哪个说法不正确？（　　　）

A．桩锚支护结构应进行坑底抗隆起稳定性验算

B．悬臂式支护结构可不进行坑底抗隆起稳定验算

C．当挡土构件底面以下有软弱下卧层时，坑底稳定性验算部位尚应包括软弱下卧层

D．多层支点锚拉式支挡结构，当坑底以下为软土时，其嵌固深度应符合以最上层支点为轴心的圆弧滑动稳定性要求

10-3　对于基坑监测的说法，下面哪项符合《建筑基坑工程监测技术规范》（GB 50497—2009）的要求？（　　　）

A．混凝土支撑的监测截面宜选择在两支点间中部位

B．围护墙的水平位移监测点宜布置在角点处

C．立柱的内力监测点宜设在坑底以上各层立柱上部的1/3部位

D．坑外水位监测点应沿基坑、被保护对象的周边布置

10-4　在饱和软黏土地基中开挖条形基坑，采用 8m 长的板桩支护，地下水位已降至板桩底部，坑边地面无荷载，地基土重度为 $\gamma = 19\text{kN/m}^3$。通过十字板现场测得地基土的抗剪强度为 30kPa。按《建筑地基基础设计规范》（GB 50007—2011）规定，必须满足基坑抗隆起稳定性要求。试求基坑最大开挖深度。

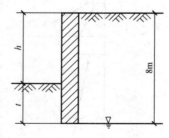

图 10-28　题选 10-5 图

（参考答案：10-1：D；10-2：D；10-3：D；10-4：3.32m）

本章知识点思维导图

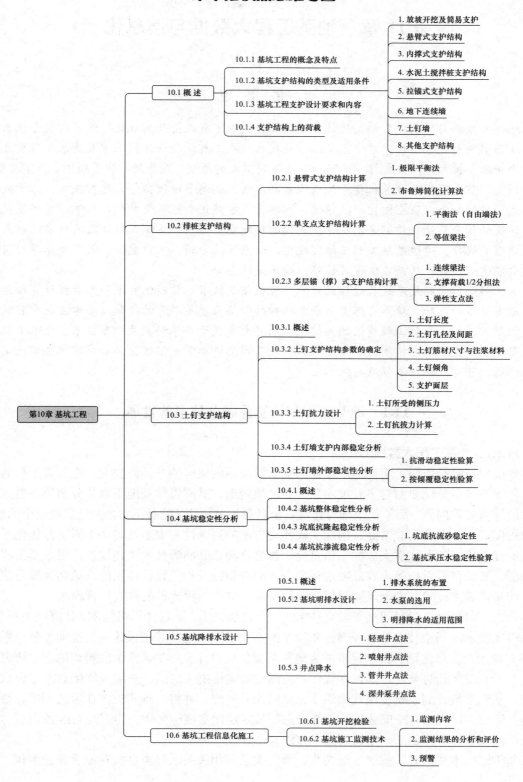

第 11 章　地基工程大数据与信息化

本 章 提 要

地质大数据与信息化及相关的计算理论融合技术可有效提升基坑优化设计与安全施工方案，从而实现智能化设计。本章主要以信息技术、人工智能和计算机科学及地基工程相关计算方法等融合技术为理论支撑，了解和掌握不同层次的原型、系统场、物质模型、力学模型、数学模型、信息模型和计算机模型集成体系与方法，熟悉多维模拟仿真虚拟技术、海量数据和多元数据的融合以及空间化、数字化、网络化、智能化和可视化的技术系统。掌握基坑工程所涉及的信息系统，特别是基坑开挖与周边环境安全等多个系统工程体之间信息的联系和相互作用的规律。通过基坑工程三维可视化、动态演化分析、实时更新、效果演示等，实现基坑智能优化设计，从而减少设计缺陷，确保设计安全。

新工科是各学科发展成长过程的产物，现代信息技术、智能化发展和大数据计算理论促进了应用技术的飞跃。培养有探索与创新精神的合格人才是教育的使命，而学生也要有敢为人先的创新精神。现代工程建设的关键技术问题大多属于多学科交叉融合技术，土木工程建设更是多学科交叉融合技术的具体应用的代表，因此培养学生掌握交叉融合技术去解决实际工程问题，可有效推进本领域的技术进步。

11.1　地基工程与信息化融合技术的发展

11.1.1　地基工程大数据的特点

我国地域幅员广阔，工程地质条件的复杂性及不同地区的差异性较大，在各类工程的建设过程中不可避免地要面对不同地层条件、地质构造、破碎岩体及地下水位分布等不良地质条件的地基处理问题；而地基基础与建筑安全息息相关，且是隐蔽工程，一旦出现安全隐患，处理难度大，治理费用非常高。因此工程建设方案的科学性和安全性需要不断进行优化，以达到最优配置。随着地质大数据、信息化、智慧化和物联网等技术飞速发展，对地质工程体系内涵、知识体系重构等内容需要进行融合，完善和提升相关设计体系的理论和计算方法，促进信息化施工技术与安全风险辨识理论的发展，提高工程建设的科技与管理水平。

从新工科理念及学科间交叉融合技术的发展趋势来看，随着计算机技术、计算机图形学、虚拟现实技术、测绘技术等各种理论和技术的不断发展，地基基础设计与三维地理信息系统（GIS）理论及信息化融合技术逐步成为地基基础优化设计及施工风险智能辨识的主要研究方向之一。从发展趋势来看，国内外软件开发商已陆续推出了二维、三维一体化 GIS 平台软件系统，从底层设计到系统使用均实现了三维的统一管理，并将二维和三维在数据模型、数据存储与管理、可视化与空间分析、软件形态等技术层面实现一体化，为三维 GIS 的发展与地基设计及安全评价开创了一个新的技术方法。

基于网络本体语言，按照等级关系、等同关系和相关关系等类型构建地质智能本体，为地质大数据在人工智能、知识工程、语义网、数据库设计、信息检索和抽取等方面提供基础应用。在地质智能本体的基础上，实现各类基础地学数据库的整理集成入库，形成超融合云化地学数据库（见图 11-1）；对矢量数据、栅格影像、属性体数据、三维模型数据、纸质文档、表格及音频、视频等结构化和非结构化数据进行无缝融合，采用基于地质智能本体规则的组织方式进行数据存储管理，体现三维实体在几何特征、空间关系和非空间关系上的高度统一，为地质工程与基础工程设计及其安全防护提供基础大数据。

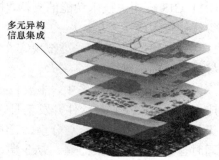

多元异构信息集成

图 11-1　多元异构信息集成

　　基于地质大数据，对地质工作开展热点（密度）分析，便于在宏观上了解区域上地质工作的程度。还可以进行地质数据利用的行为分析，更好掌握地质数据应用需求，便于更好的、主动地提供社会化服务。在地质智能本体的支持下，综合考虑了智能本体层级信息量、本体拓扑结构等，并入约束性本体进行相关度计算，在相关度计算的基础上，按照语义相似性进行资料推荐。

　　针对地基和基础工程而言，在大数据技术支持下，解决了原始的资料没有形成知识结构、松散存放、无法有效利用的弊端。在大数据的支持下，通过自动摘录、知识图谱化、知识综合等处理，提供普适性地质数据支撑，而且在大数据和信息技术（IT）技术驱动下加快了信息化进程。

　　（1）数据驱动技术与方法。基于无人机倾斜摄影三维建模数据系统与 GIS 技术方法，解决了倾斜摄影建模与规模数据的显示、模型修补、空间分析、网络（Web）传输及发布等关键技术，构建了倾斜摄影建模数据体系与工程应用方法。提出了建筑信息模型（BIM）+GIS 交叉融合理念，创建了 BIM 导出插件，实现了 BIM 数据与 GIS 平台的无缝衔接。

　　（2）IT 技术驱动技术与方法。云计算为三维 GIS 提供了弹性的计算资源，大幅降低了终端应用的计算和维护代价。大数据技术解决了三维 GIS 在数据层、模型层和应用层的大规模计算问题，大幅降低了大数据三维应用建模的难度。应用虚拟现实（VR）和增强现实（AR）在硬件和软件层面的技术和先进设备，大幅提升了三维 GIS 在不同应用领域的认知和创造能力；因此伴随着 IT 技术的发展，结合图形处理（GPU）渲染技术、移动技术、3D 绘图协议（WebGL）技术、VR 和 AR 技术、3D 打印等技术，已开发出诸多的三维 GIS 工程应用体系和基础应用软件，为工程设计与建设提供了技术支持。

11.1.2　GIS 与多源数据融合体系

　　三维 GIS 技术是以二维、三维一体化 GIS 技术为基础，拓展了二维、三维一体化数据模型，融合倾斜摄影、BIM、激光点云等多源异构数据，实现室内外一体化、微宏观一体化与空天地及地下一体化，赋能全空间三维 GIS 体系的应用。

　　为了三维数据的共享与标准化，产业链上下游共同制定三维空间数据规范。集成 WebGL、虚拟现实（VR）、增强现实（AR）、3D 打印等 IT 新技术，构建了真实、便捷的三维 GIS 的数据模型，实现了场景构建、空间分析和软件形态的二维、三维一体化场景（见图 11-2），使得三维 GIS 更加实用。其主要特点表现在：

　　（1）在二维、三维一体化数据模型基础上，设计并实现了三维体、不规则四面体网格（TIM）和体元栅格等三维数据模型，完善了三维 GIS 技术的理论体系，推动了三维 GIS 向更深层次的方向发展。

（2）融合了倾斜摄影、BIM、激光点云等多源异构三维数据，提供了倾斜摄影+GIS、BIM+GIS 等相关技术功能的支持，推动了地基、基础工程及城市设计、城市信息模型（CIM）等行业技术应用发展。

（3）集成 WebGL、虚拟现实（VR）、增强现实（AR）、3D 打印等 IT 新技术，实现了友好与便捷的三维体验。

三维 GIS 产品体系中，主要包括三维云 GIS 与三维边缘服务器及支持多类型三维客户端应用程序（APP）与软件开发工具包（SDK）等。特别是实现了对三维服务的发布与管理；提供对三维资源的整合与分享、三维相关的边缘计算、服务及三维场景的构建、数据处理等；同时也提供了针对桌面端、Web 端、移动端的三维 SDK 和应用编程接口（API）等功能。

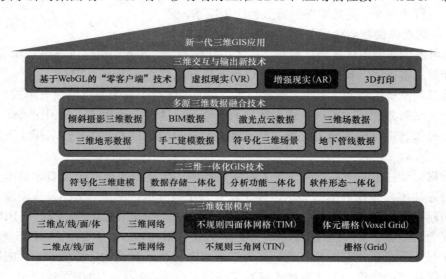

图 11-2　三维 GIS 技术体系构成

三维地理设计模块（3D Designer）是桌面产品和组件端产品的扩展模块，支持基于跨平台 GIS 内核的云 GIS 应用服务器（iServer）的三维扩展服务，用于实现对各类数据的处理、构建大规模三维场景，为不同终端和不同行业挖掘数据提供服务。目前三维地理设计模块功能包括构建三维体数据模型、进行三维数据的空间关系判断、空间运算、空间分析；支持多源数据融合及三维规则建模；支持修改海量地形、倾斜摄影模型、激光点云、BIM 等三维数据和修改结果的实时预览，并可以对历史修改记录进行管理，即支持查看、回滚历史数据；支持生成可高效发布和浏览的三维切片缓存、keyhole 标记语言（KML）以及可供 3D 打印的标准模板库（STL）三维模型等。三维地理设计模块不仅可以进行海量三维数据处理，而且可以构建大规模三维场景，解决 GIS 应用底层数据处理环节的各种技术难问题，有效缩短项目的建设周期。

三维 GIS 技术优点主要表现在如下几个方面：

（1）全空间表达的三维数据模型。在点、线、面、栅格、不规则三角网（TIN）、网络等传统 GIS 二维、三维数据模型的基础上，扩展和定义了三维体数据模型、不规则四面体网格（TIM）和体元栅格等场模型，推动三维 GIS 实现空、天、地及地下一体化形式，赋能全空间的三维 GIS 的应用。

在二维、三维一体化数据模型的基础上，开发了三维体数据模型，解决了离散与匀质三维实体空间的显示与分析的技术难题；提出了三维场数据模型（TIM 和体元栅格），解决了对连续、非匀质的三维空间的表达与分析的技术难题。

（2）虚拟动态单体化技术。开发了虚拟动态单体化方法。①在可视化层面，采用阴影体绘制技术将矢量底面附着绘制在倾斜摄影建模、激光点云数据表面，在不切割数据的情况下，实现了倾斜摄影建模、激光点云数据的单体化显示；②在数据层面，实现了矢量底面数据与倾斜摄影建模、激光点云数据的动态关联，不仅便于数据更新而且可以借助矢量底面的属性查询和空间查询能力，还实现了倾斜摄影建模、激光点云数据与业务数据相关联，解决了倾斜摄影建模、激光点云数据在 GIS 中应用的难题，有效推动了倾斜摄影建模、激光点云数据在测绘、基础工程建设、城市规划、智慧城市等领域的广泛应用。

（3）符号化三维建模技术。通过三维符号化技术，实现了点、线、面要素在三维场景中的快速构建与可视化表达，解决了海量点、线、面要素在三维场景中真实再现的难题，有效提高了基础测绘数据资产的利用率，降低了三维数据的建模成本。

（4）多源数据融合技术。基于虚拟动态单体化技术构建了倾斜摄影数据的全流程解决方案，解决了倾斜摄影建模数据无法直接对象化查询和管理的难题；突破了 TB 级倾斜摄影建模数据在三维 GIS 平台原生加载、动态坐标转换、实时渲染等关键技术。实现了高精度激光点云数据的快速加载与流畅显示，并支持点云模型的单体化查询、量测及设置颜色表等功能。同时开发了 Revit、Bentley、CATIA 三款 BIM 设计软件的数据导出插件，支持 Civil 3D、PKPM 和 BIM 交换格式 IFC（Industry Foudation Class，工业基础类标准）等数据格式的接入；开发了 BIM 与 GIS 数据厘米级精准匹配、百万级以上 BIM 模型的实时绘制、BIM 模型的空间分析等关键技术。提供完善的 BIM+GIS 能力支持助力城市设计和城市信息模型（CIM）建设及基础工程设计。

对倾斜摄影模型、BIM、精细模型、点云、矢量、地下管线、地形、动态水面、场模型等多源数据进行融合，形成了 Spatial 3D Model（S3M）三维空间数据规范，突破了大规模三维数据在 B/S 下传输和解析的技术瓶颈，为不同应用系统间的三维空间数据共享和互操作提供了开放、标准、通用的数据基础，促进了多源异构的三维数据融合；同时兼容多种软硬件环境，大幅降低了三维 GIS 应用系统的建设、管理和运维成本。

（5）高性能三维 GIS 技术。研发了解决全球尺度的多分辨率表达，以及空间数据在数字地球上的管理调度等关键问题的三维地球引擎。解决了若干高渲染性能的技术，主要包括渲染引擎技术、多细节层次（LOD）技术、批量渲染技术、纹理压缩技术。研发了基于 GPU 加速的相对视点的渲染技术（Render Relative To Eye Using GPU），解决了大规模场景渲染精度不足的难题。开发了具备实时三维空间分析与结果的可视化效果，并支持导出三维空间分析结果进行二次空间分析。

11.2　数据模型与升降维体系

11.2.1　数据模型
空间数据模型是地理信息系统对现实世界地理空间实体、现象以及它们之间相互关系的认识和理解，是现实世界在计算机中的抽象与表达；GIS 空间数据模型可以划分为三类（见图 11-3）。第一类是对象模型，用来描述离散空间的要素；第二类是网络模型，用来描述对象之间的连接关系；第三类是场模型，用来描述空间中连续分布的现象或者要素。其中，对象模型主要包括二维的点、线、面和三维的点、线、面、体模型；场模型包括描述二维连续空间的栅格模型、TIN 模型和描述三维连续空间的体元栅格、TIM 模型；网络模型包括二维网络模型和三维网络模型。

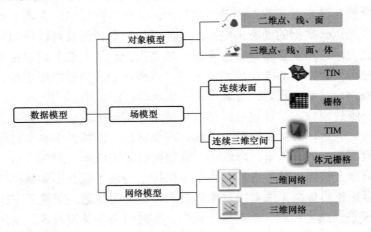

图 11-3　二维、三维数据模型

1. 三维点、线、面

在三维对象模型中，点是零维形状的，三维点数据存储为单个的带有属性值的 x，y，z 坐标，如坐落在山上的一棵树（具有高程）；线是一维形状的，三维线对象存储为一系列有序的带有属性值的 x，y，z 坐标串，如表达一条环山的道路；三维面对象存储为一系列有序的带有属性值的 x，y，z 坐标串，最后一个点的坐标必须与第一个点的坐标相同，从而描述由一系列线段围绕而成的一个封闭的具有一定面积的地理要素，如表示坐落在山上的湖泊。

2. 三维体

三维体模型通过拓扑闭合、高精度的三角网表示三维实体对象，常用来表达离散的三维实体对象。三维体数据模型采用半边结构对三角网的各顶点和边的拓扑结构进行描述（见图 11-4）。三维体对象通过交、并、差等布尔运算后，也是拓扑闭合的，仍然是三维体；软件体系支持计算模型的体积、表面积，截取模型的任意剖面；支持三维空间关系判断、布尔运算、空间分析；支持 3D 打印。三维体数据模型可以用来表达房屋、地质体等现实中存在的事物，也可以用来表达抽象的三维空间。例如用三维体模型表达建筑在三维空间中的阴影范围，定义为阴影体，通过分析邻近建筑的窗户和阴影体的空间关系，可以判断是否影响了邻近建筑的采光；还可以表达摄像头在三维空间的监控范围，判断三维对象的可视域范围；可以将分析得到的城市天际线，构建一个三维的限高体，用来管理城市待建的建筑是否影响了天际线等。该分析系统可以构建阴影体、天际线限高体、可视域体、模型拉伸体、三维几何体、凸包、地质体等三维体数据模型（见图 11-5 和图 11-6），提高了三维空间分析能力，推动了三维 GIS 应用与发展。

图 11-4　天际线限高体

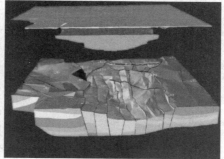

图 11-5　基础平台

3.　不规则三角网（TIN）

不规则三角网（简称 TIN，即 Triangulated Irregular Network），是根据区域内的有限个点集将区域划分为相连的三角面网络，三角面的形状和大小取决于不规则分布的测点的密度和位置。它能够避免地形平坦时的数据冗余，又能按地形特征点表示数字高程特征（见图 11-7）。TIN 常用来拟合连续分布现象的覆盖表面，如连续起伏的地表等。

4.　栅格

栅格数据是将一个平面空间进行行和列的规则划分，形成有规律的网格，每个网格称为一个像元（像素）。栅格数据模型实际就是像元的矩阵，每个像

图 11-6　地貌构成

元都有给定的值用来表示地理现象（见图 11-8），如高程值、地貌类型、土地利用类型、岩层深度等。

5.　不规则四面体网格（TIM）

不规则四面体网格（TIM，Tetrahedralized Irregular Mesh）是通过对三维空间中的点及其属性构建 3D-Delaunay，生成 TIM 模型；针对连续三维空间的不规则划分，其最小单元为不规则四面体。TIM 通过拓扑连接高精度的 N 个不规则四面体构成。利用 TIM 建立的数据模型支持获取模型的任意剖面，同时可以插值为体元栅格。

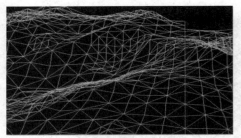

图 11-7　TIN 示意图

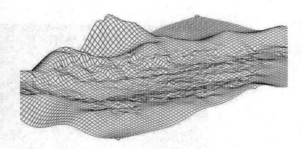

图 11-8　栅格示意图

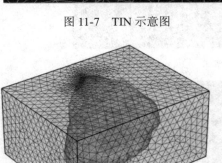

图 11-9　TIM 示意图

TIM 模型可以用来表示地质体属性场、大坝变形等三维非均质空间；通信信号、温度、风场、污染等三维场；以及日照率等三维分析结果。图 11-9～图 11-11 即利用 TIM 模型来表示地质体，利用分层设色的方式，表达地质体的属性信息，如孔隙度、渗透率、含水饱和度、液态程度以及强酸分布等。该模型可应用在地下隧道挖掘、地铁建设等工程项目中，为设计提供技术参数和地层数据支持，由此设计出优化的建设方案及施工方案等。

图 11-10　TIM 表示地质体示意图

图 11-11　地质构造分布显示

6. 体元栅格

体元栅格（Voxel Grid）是通过带有属性的离散三维空间点集或者对 TIM 模型进行插值获得，是对三维连续空间的规则（立方体、正六棱柱）划分，结构简单。利用体元栅格可表达连续、非均值的三维空间的通信信号、温度场、风场、污染场等三维场数据以及日照率等属性场。体元栅格支持的运算包括三维点、线、面模型的属性值；栅格代数运算和统计查询；同时支持分层设色、等值线等的可视化表达。城市规划里的日照时长的分析（见图 11-12），结果可以用立方体栅格来表达。设置红色为日照时间比较长的，蓝色为日照时间比较短

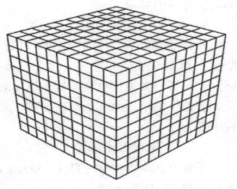

图 11-12　体元栅格示意图

的，根据每个栅格的值，可以动态过滤显示，查看内部效果。这个栅格划分的颗粒是比较粗的，

所以看起来是一个个立方体。利用体元栅格来表达空气污染场，进行更精细化的表达，同时可以利用动态过滤选择污染比较严重的地区，更直观地表达空气污染状况和空间分布情况。

11.2.2　升维与降维运算

1. 基于表面模型的数据提取

矢量数据通常由点、线、面来表达地理实体，例如使用线表达一条河流，使用面表达一个国家，使用点表达一座城市。这些点、线、面数据都可以叠加到三维地球上，从而表达更多实用的信息。点数据要绘制在三维地球上首先需要给它们赋予一个合适的高程值。点数据的高程值通常采用从所叠加的地形数据上获取。即在绘制点数据时从高度纹理中获取高程值。三维点符号的实现技术相对简单，将模型、图片、粒子系统对象直接作为三维点符号存储到符号库并对点数据进行符号化表达。如图 11-13 与图 11-14 中，二维点通过增加提取的倾斜摄影的高程值，形成三维点数据，对其进行符号化表达，形成三维场景中的路灯。同样，在图 11-15 中，二维线数据通过提取倾斜摄影中的高程值，并赋值给该线，得到三维线。

图 11-13　基于表面模型数据获取

图 11-14　二维点升维三维点

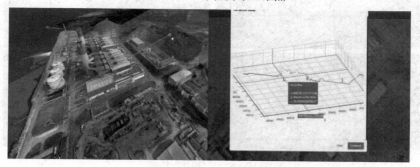

图 11-15　二维线升维三维线

2. 规则建模

真实世界中的三维线型，如道路、铁路、管线等，具有这样的特征：沿着走向其横截面基本不变。因此只需保存其横截面的信息就能反映出整个线型的特征。采用符号化二维、三维一体化线型技术，实现了三维线型的表达。在图 11-16 和图 11-17 中，利用线对象和截面，通过放样实现了对三维场景中道路的表达并且可以自定义线型的截面。该技术实现了由矢量线数据向三维线型对象的直接转换和对复合线型的支持。另外，该系统提供了完善的快速规则建模工具，可以提取二维影像的表面纹理，通过拉伸、旋转、放样等操作构建模型拉伸体以及三维几何体（球、柱、锥体等），并对三维实体对象进行空间运算构建坡屋顶细节，实现快速规则建模，构建的模型属于三维体数据模型。

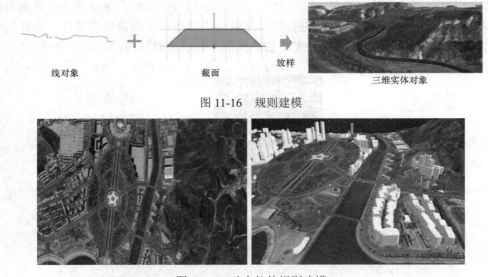

图 11-16　规则建模

图 11-17　动态拉伸规则建模

3. 拉伸闭合体

针对倾斜摄影、地形数据，软件系统支持通过拉伸的方式构建三维闭合体对象（见图 11-18）。同时，支持设置高度模式、底部高程以及拉伸高度。

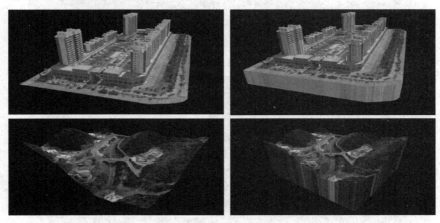

图 11-18　拉伸闭合体

4. 缓冲区分析

针对三维空间内的点、线、面，可以通过构建缓冲区的方式，完成数据的升维。通过对三维点、线、面进行缓冲区计算，可以获得一个三维球体、三维面、三维实体、三维实体模型，如图 11-19 所示；通过对三维管线数据中的一段三维线进行缓冲区分析，可以获得三维体模型，利用该三维体模型可以计算管线之间的距离设计是否合理。

图 11-19　缓冲区分析

5. 降维运算

降维计算是指通过一定的方式将数据降维，主要包括平面投影、任意剖面和立面投影等方式。

（1）在图 11-20 中，通过平面投影，将三维的城市模型转换为房屋平面轮廓图，在一定程度上提高了数据利用率，节约了资源，降低了二维数据的获取成本。

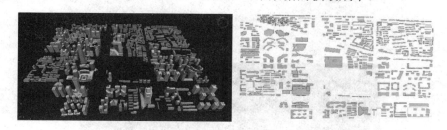

图 11-20　平面投影

（2）任意剖面。通过对三维模型的剖切获得任意面的剖面图，可以应用在房产测绘中，如图 11-21 所示，通过剖分获得户型图。

（3）立面投影。通过立面投影的方式，可以获得建筑物的立面图。如图 11-22 所示，通过对该建筑物的投影，获得立面图，提高了数据的利用率，节约了数据资源。

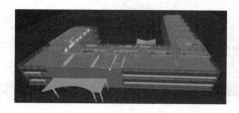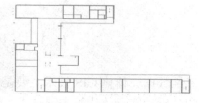

图 11-21　房屋剖面图

11.2.3　基于二维、三维数据模型的全空间表达

如图 11-23 所示，全空间表达提出三维体数据模型，解决了离散、匀质的三维实体空间的表达与分析的难题；建立了三维场数据模型（TIM 和体元栅格），解决了对连续、非匀质的三维空间的表达与分析的难题。实现了空间数据模型从二维到三维全面升维：从点、线、面升维到三维体；从二维网络升维到三维网络；从 TIN 升维到 TIM；从栅格升维到体元栅格。形成了涵盖离散对象、连续空间、链接网络的完整的空间数据模型体系，实现了对空、天、地及地下一体化表达和对现实世界的全空间表达。

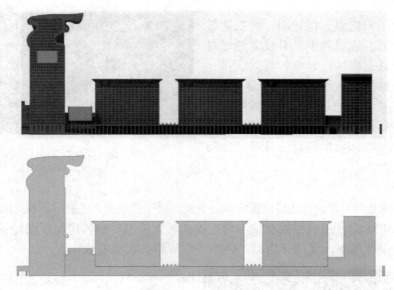

图 11-22　立面投影

图 11-23　全空间表达

11.3　一体化 GIS 技术

二维、三维数据一体化 GIS 技术主要是指数据模型一体化、数据存储管理一体化、场景构建一体化和分析功能一体化等关键技术。

11.3.1　一体化体系与技术

1. 数据模型一体化

功能强大的数据模型支撑三维 GIS 在 BIM、倾斜摄影等领域的应用。良好的 GIS 平台需要有功能强大的数据模型作为基础，结合二维、三维传统数据与三维新型数据的特点，融合各类数据一体化的数据模型结构是新一代三维 GIS 的基础。一体化的数据模型包括传统的二维、三维对象模型，二维、三维网络数据模型，以及 TIN 模型、栅格数据模型、三维体数据模型、不规则四面体网格 TIM 和体元栅格等种类多样的二维、三维数据模型。

基于一体化的底层数据模型，在可视化层面，二维数据无须任何转换处理，可直接在三维场景中读取和表达三维效果；在数据查询、分析层面，同时考虑二维和三维，为工程应用奠定了坚实的技术基础。

2. 数据存储管理一体化

软件系统将三维模型数据和二维矢量、地形、影像存储到完全统一的数据库中，采用新一代空间数据库技术（SDX+）数据引擎进行高效访问，从而很方便地将三维模型数据加入使用者业务属性字段，支持复杂的结构化查询语言（SQL）查询、统计功能，便于数据管理和维护更新。对于倾斜摄影自动化建模数据，因其本身没有单体化，所以无法单独选中某个建筑进行查询或管理，导致倾斜摄影建模成果只能作为三维底图数据，而无法对象化地查询与管理。软件系统将存储在空间数据库中的矢量底面数据与倾斜摄影建模数据进行关联，做到可以单独选中建筑，同时依托空间数据库的能力，支持对矢量底面的各类属性查询和空间查询等功能。此外，倾斜摄影数据可以存储在分布式数据库中，替代文件系统，提升数据安全共享的便捷性，保证存取性能的同时支持了海量数据。一体化的空间数据存储与管理，彻底解决了二维、三维数据在同一个系统中的兼容问题，降低了系统构建的成本和复杂度，满足了各类实际业务的需要。

3. 场景构建一体化

完整三维场景的表达与应用离不开逼真的场景元素、丰富的数据类型、强大的功能，以及三维特效的支持。软件系统提供了一系列功能帮助使用者创建场景、添加二维、三维数据、设置图层属性与图层风格、绘制对象、制作专题图等实用操作，满足直观表达三维地理信息的需求。

（1）球面场景、平面场景。

对于三维球面场景，其主体是一个模拟地球的三维球体，该球体具有地理参考作用，三维场景位于地球球体之上，球体上的坐标点采用经纬度进行定位，在球体中浏览数据，能更加直观形象地反映现实地物空间位置和相互关系。

三维平面场景基于一个操作平面，支持加载投影坐标系以及平面坐标系的地形、影像、模型、矢量、地图等类型 GIS 空间数据，可浏览地上场景、地下管线和室内数据。

（2）三维符号化表达。

作为表达地图内容的基本手段，符号可直观表达地理事物和现象。三维 GIS 技术提供了二维、三维一体化的符号解决方案。在三维场景中，通过对二维矢量数据使用三维点、线型、填充符号，免去了使用者重复制作数据的麻烦，使得地物具有更直观的表现力。三维符号化建模技术，包括三维线型符号化技术、三维管网符号化技术、水面填充符号化技术等。

其中三维复合线型符号化技术，利用截面子线放样和模型子线放样，解决了三维线要素和沿线规则排列的三维点要素的高真实感表达的问题。基于三维网络数据的拓扑关系，自适应地构建连通的三维管网，创建了三维自适应管网符号化技术，解决了三维管线高真实感的表达的难题，并可实现基于拓扑的三维设施网络分析。从 GIS 基础平台软件内核层面实现了完整的三维符号化体系，解决了海量点、线、面要素及网络拓扑数据在三维场景中真实再现及分析应用的问题，有效提高了基础测绘数据资产的利用率，降低了三维场景的建模成本。

图 11-24 是等高线区划与分析。等值线指的是制图对象某一数量指标值相等的相邻各点所连成的闭合曲线，在水系水文特征、气候特征、地形概况与区位选址等方面有重要的应用价值。该系统提供了等值线分析功能，使用者可任意指定某一范围，自动获取并通过分层设色策略实时绘制此范围内的等值线。也可根据显示需求，自定义设置等值线的显示模式、线

颜色、纹理颜色表、透明度、最小高程、最大高程、等值距等属性。

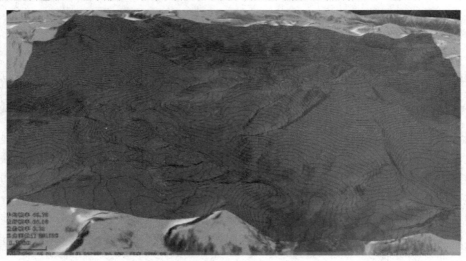

图 11-24　等高线分析

（3）剖面分析。剖面表示表面高程沿某条线（截面）的变化，传统的剖面分析是研究某个截面的地形剖面，包括研究区域的地势、地质和水文特征以及地貌形态、轮廓形状等。三维剖面线分析可以针对三维场景中的任意物体（包括建筑物、地下管道等），在任意方向上画出一条切线，自动生成剖面线图，并且支持在剖面线图上进行量算、位置查询等功能。剖面线分析广泛应用于土地利用规划、工程选线、设施选址、管道布设、矿山开采等方面。

11.3.2　多源三维数据融合技术

随着数据采集技术的迅速发展，不同来源、不同类型的三维空间数据越来越多，如何实现多源数据的高效融合，提高空间数据的使用效率成为一大挑战。该软件系统通过对新兴的倾斜摄影、BIM、激光点云等三维数据与传统的影像、矢量、地形、精细模型、地下管线等多源数据进行融合，探索多源数据的有效融合方式，提高数据的利用率。软件系统以二维、三维一体化 GIS 技术体系为基础框架，融合了倾斜摄影、BIM、激光点云等三维数据，攻克了三维 GIS 平台中多源数据无缝融合的关键技术，降低了 GIS 应用系统的建设成本，提高了空间数据的使用效率。

1．多源数据

（1）倾斜摄影。

倾斜摄影自动化建模技术是测绘领域近些年发展起来的一项高新技术，通过同一飞行器的多台传感设备同时从垂直、倾斜多个角度采集影像，通过全自动批量建模生成倾斜摄影模型，其高精度、高效率、高真实感和低成本的绝对优势成为三维 GIS 的重要数据来源。通过研发了直接加载模型、叠加矢量面实现单体化等技术，解决了倾斜摄影模型数据量大、与 GIS 融合体系创建的难题；而倾斜摄影模型的处理与输出功能的开发，解决了倾斜摄影模型加载、处理、查询、空间分析、输出及性能优化、服务发布、多终端支持的一站式服务等关键技术问题。

软件分析系统支持倾斜摄影 OSGB（开放式场景二进制图像）数据格式，同时提供了虚拟动态单体化技术，轻松实现模型单体化表达与 GIS 的应用，包括属性查询、SQL 查询、缓冲区（buffer）查询、专题图表达、压平、地表开挖等三维 GIS 功能，为倾斜摄影建模数据的应用提供了全方位的支持。支持倾斜摄影模型，包括服务端、桌面端、组件端、Web 端及移动端，跨终端优势为倾斜摄影模型 GIS 应用带来更广泛、多元化的应用潜力。

（2）激光点云。

随着三维激光点云技术的深入发展，研发的平台软件支持激光点云的多种数据格式（如.las，.txt，.xyz，.ply，.laz 等），实现了高精度激光点云数据的快速加载与流畅显示，支持激光点云数据的精确量测、设置颜色表、生成数字地表模型（DSM）等功能，满足广大使用者的应用需求。利用虚拟动态单体化方法，采用模板阴影体绘制技术，将矢量底面数据与激光点云数据在可视化层面进行动态关联，实现了激光点云数据的单体化表达；依托矢量底面属性查询和空间查询的能力，解决了激光点云数据在 GIS 中应用的难题，促进了激光点云数据在测绘、规划、智慧城市和基础工程建设等行业的广泛应用。

（3）建筑信息模型（BIM）。

BIM（Building Information Modeling，建筑信息模型）以建筑工程项目的各项相关信息数据作为模型基础，详细、准确记录了建筑物构件的几何、属性信息，并以三维模型方式展示。BIM 的整个生命周期从设计、施工到运维都是针对 BIM 单体精细化模型的，但其不可能脱离周边的宏观的地理环境要素。而三维 GIS 一直致力于宏观地理环境的研究，提供各种空间查询及空间分析功能，并且在 BIM 的规划、施工、运维阶段，三维 GIS 可以为其提供决策支持，因此 BIM 需要三维 GIS；对于三维 GIS 来说，BIM 数据是三维 GIS 的另外一个重要的数据来源，能够让三维 GIS 从宏观走向微观，同时可以实现精细化管理，因此三维 GIS+BIM 应用更加广泛。

在 BIM 与 GIS 的结合领域，基于数据层面，已开发了 Revit、Bentley、CATIA 三款 BIM 设计软件的数据导出插件，支持以数据源的方式直接打开 Revit 数据，从而实现与 Revit 的快速协同，提供了地理配准能力，支持指定坐标系与位置编辑，实现在三维场景中重新定位，助力三维 GIS 新平台软件支持一键式导入 rvt、dgn、CATProduct 等格式的 BIM 数据；也支持了 AUTODESK CIVIL 3D、建筑领域的 PKPM-BIM 和 IFC 等软件系统；实现了 BIM 与 GIS 数据的无缝对接。通过多层次细节 LOD、实例化存储与绘制、简化冗余三角网、生成三维切片等技术，实现了海量 BIM 数据的轻量化处理与高效渲染，解决了 BIM 与 GIS 综合应用的融合技术。同时，BIM 数据导入 GIS 平台后存储为三维体数据模型，具有拓扑闭合性，可以进行空间运算和体积、表面积计算，与地形、倾斜摄影数据进行运算。例如，可对 BIM 数据进行剖切，获取户型图；大坝 BIM 与大规模地形实现精确的位置匹配；地形与构建凸包后的隧道 BIM 模型进行布尔运算，实现在山体模型中挖出贯通的隧道。

（4）三维地形数据。

三维地形数据使数字地形图更加丰富，它将被研究的自然地理形态通过横向和纵向的三维坐标表现出来，充分地将制图区域反映出来，同时表达了空间立体性。三维地形的构造一般有两种，Grid（规则格网）和 TIN（不规则三角网），它们是表示数字高程模型的两种方法。Grid 在计算上比较简单，适用于采样点少的情况，但在地形平坦的地方存在大量数据冗余，不改变其格网大小也难以表达复杂地形。TIN 可以减少数据冗余，表达精度更高，同时在计算效率方面比较有优势，在地理信息系统中有广泛应用。如交通方面的道路、桥梁、隧道设计、施工；水利方面的水利设施、水力发电等；城市建筑方面的施工、填挖方等。

2. 多源数据融合

随着数据采集技术的迅速发展，空间多源数据为 GIS 数据的集成与应用带来了新的挑战。

实现海量、不同来源、不同分辨率空间数据的高效融合，对降低 GIS 应用系统的建设成本、提高空间数据的使用效率具有重要的实用价值。倾斜摄影、激光点云等三维技术的发展降低了数据获取门槛和采集成本，提升了数据更新频率，BIM 技术的发展为三维 GIS 提供了更为精细的三维模型，让 GIS 更精细化的管理成为可能。而三维数据获取方式的变革，使得大量三维数据的获取成为可能；伴随大规模的三维数据不断积累，多源数据的融合匹配就显得尤为重要。三维地理设计引擎提升了对倾斜摄影模型、TIN 地形、BIM 等数据的构建、运算和处理能力，突破了传统 GIS 软件在多源三维空间数据融合和分析计算等方面的局限，构建精准的大规模三维场景，解决了 GIS 应用底层数据处理环节的各种疑难问题，可有效缩短项目的建设周期。

（1）坐标转换。

多源数据在三维场景中进行融合匹配问题，最主要的是坐标转换问题，需要将 BIM、倾斜摄影模型、点云等与其他 GIS 数据统一到一个坐标系中。软件系统着重提供各种三维数据的坐标转换，包括模型、栅格、影像、点云、倾斜摄影模型等。统一到一个坐标系，只能解决平面的问题。由于不同的数据精度各不相同，在 Z 轴方向上大多数存在偏差，需要对数据进行处理。

（2）倾斜摄影与地形融合匹配。

软件系统将倾斜摄影数据与三维地形数据进行融合，倾斜摄影数据提供了建筑物的表面模型，地形数据提供了倾斜摄影数据在宏观环境中的位置信息及周边环境。多源信息的融合，为使用者提供了真实、准确的可视化场景，以及三维空间分析数据。大场景地形与倾斜摄影模型所在高度可能存在差异，二者叠加使用，会存在遮挡现象。为此提供了两种解决办法。一种解决办法是将倾斜摄影模型生成 DSM，同时修改地形栅格值，这种方式通过倾斜摄影模型的高度修改地形高度；另一种解决办法是将地形数据生成为 TIN 地形，然后对融合范围内的地形数据进行挖洞或者镶嵌操作。对 TIN 地形进行镶嵌、挖洞操作，需要提供矢量面数据，同时 TIN 地形镶嵌功能支持设置缓坡参数，可实现数据衔接处的平滑过渡。

（3）倾斜摄影与视频融合。

随着技术的不断发展，城市中各个角落的监控及摄像头，每天都在产生大量的实时监控视频，包含有丰富的信息。软件系统将视频数据与倾斜摄影数据进行融合，有效利用海量的视频信息，同时实现了监控区域信息的实时更新。

（4）BIM 与倾斜摄影融合匹配。

BIM 数据与倾斜摄影模型通常使用不同的坐标系，在融合与匹配之前，首先需要进行坐标系转换操作。软件平台不仅支持模型数据的坐标转换功能，还支持模型数据的配准功能，能方便将工程坐标系下的 BIM 模型自动匹配到指定的坐标系中。此时需要将 BIM 模型所在区域的倾斜摄影模型进行镶嵌、压平操作，同样也可以设置护坡参数，实现数据衔接处的平滑过渡。实现倾斜摄影与 BIM 数据的有效结合，一方面通过倾斜摄影技术可以批量构建现实世界建筑物的表面模型，可以作为底图使用；另一方面通过 BIM 数据生成建筑物内部房屋结构，实现更加精准化数据分析和建模。该方案可以应用在国土行业、地基与基础设计等领域，实现国土信息的全面采集及精细化管理；应用于室内导航，提供可视化指引；应用于三维城市建模，可大幅降低建模的成本；应用于管线行业，可有效地进行楼内和地下管线的三维建模，可以模拟管线内液体流动及管线产生破裂过程，为快速制订应急防护方案提供基础数据和技术支撑。

（5）BIM 与地形融合匹配。

在 BIM 数据与三维地形数据进行融合时，TIN 地形和倾斜摄影模型的裁剪、挖洞、镶嵌等功能，能实现 BIM 嵌入地形，嵌入倾斜摄影模型，倾斜摄影模型嵌入地形等效果。将 BIM 数据与地形数据进行融合，BIM 可提供微观的数据信息，地形数据提供可 BIM 模型在宏观环境中的位置信息及周边环境。多源信息的融合，可为使用者提供真实、准确的可视化场景，以及三维空间分析数据支撑，如将水电站的 BIM 模型与三维地形数据相融合，为水电企业提供建设、运营、管理阶段数据的支持。

（6）BIM 与物联网融合。

BIM 将建筑物数据化、模型化，用来标明整个建筑内各类要素发生的位置。而物联网技术将各种建筑运营数据通过传感器收集起来，通过互联网实时反映到本地运营中心和远程使用者手上。基于 BIM 技术和物联网技术的融合实现了智慧建筑。BIM 是物联网应用的基础，借助于 BIM 模型，物联网的应用可以深入建筑物的内部。通过 BIM 模型可以看到建筑物内部的门禁设备。借助物联网技术，可以获得门禁信息和人员通过情况。将两者结合，获得门禁模型的所有信息，包括位置信息、属性信息等。

11.3.3　基坑智慧设计及三维交互与输出新技术

1. 地基智慧化优化设计

基于信息化三维工程地质模型与相关的理论计算方法，可以在综合考虑工程地质与水文地质条件、周边环境及其各类建构筑物和市政设施安全的前提下优选出基坑开挖与加固的优化设计方案，从而实现智能设计。数字化基坑是以信息科学、人工智能和计算科学为理论基础，以地基工程相关计算理论和网络技术为支撑，建立起的一系列不同层次的原型、系统场、物质模型、力学模型、数学模型、信息模型和计算机模型并集成，可用多媒体和虚拟仿真技术进行多维的表达，同时具有高分辨率、海量数据和多种数据的融合以及空间化、数字化、网络化、智能化和可视化的技术系统。它是信息化、数字化的虚拟基坑，是用信息化与数字化的方法来研究和构建的基坑工程，是基坑工程活动的信息全部数字化之后由计算机网络来管理的技术系统。它可以掌握整个基坑工程所涉及的信息过程，特别是基坑动态开挖与周边环境安全系统多个系统工程体之间信息的联系和相互作用的规律。

通过遥感、倾斜摄影、地理信息系统、三维仿真等技术建立一个可交互操作的实时虚拟现实环境，再通过实时调用三维共享平台数据进行三维可视化、实现动态演示、实时更新、快速查询，便于参数修订并获取更加丰富的演示效果，实现基坑智能优化设计。三维数字基坑是融空间信息和属性信息为一体的三维可视化仿真环境，这些空间基础地理信息数据包括数字线划图（DLG）、数字栅格地图（DRG）、数字高程模型（DEM）、数字正射影像地图（DOM）、属性数据（DA）、元数据（DM）等，可将基坑现状、基坑设计和环境三维模型加以整合和利用，同时叠加二维 GIS 数据库中的基坑计算成果，可以更好地对基坑形态、轮廓线、空间布局等进行总体优化分析，减少设计安全风险，提高设计质量。

数字城市可视化的表现能力，能够将人类历史上只能抽象思维的事物以虚拟现实的方式可视化演示出来，在物质世界和精神世界之外构建出虚拟现实世界。其形象、直观的三维立体可视化效果将广泛、深入地应用于城市综合管理、应急指挥、领导决策、检测监控等多个领域。随着 GIS 技术、三维技术、数据库技术、物联网技术和其他信息技术的高速发展，"数字城市"和"智慧城市"及"智慧建筑"等会越来越广泛地得到应用。其主要功能包括：

（1）可以支持 TB 级的海量影像数据和地层数据及环境工程数据等；

（2）水上水下、地上地下全空间三维可视化表现；

356　　土力学地基基础（第二版）

（3）支持每秒数千个的三维动态目标快速渲染；

（4）海量高精细模型快速渲染，场景环境表现逼真；

（5）具备十多种三维矢量模型数据对象定义，充分满足各类 GIS 应用需求；

（6）可与常规二维 GIS 软件无缝对接；

（7）具备大型空间数据库，可对海量信息进行快速管理；

（8）可支持通视分析、制高点分析、最优路径分析、可视域分析等多种空间分析功能；

（9）可支持 Arcgis 的 Shp 文件格式的数据导入；

（10）可支持第三方 GIS 数据导入的扩展接口；

（11）可支持基于 IE 浏览器的 B/S 架构的系统开发。

在施工安全智慧辨识及其安全风险应急管理方面，如何实现全面智能监控，并快速、实时全面了解现场实际情况；如何科学预测其发展趋势与后果并快速预警；如何科学决策、综合协调和高效处置；如何根据现场实时情况疏散人群，组织救援，协调各方资源提供应急保障；这些都是摆在政府应急指挥人员面前的重大问题。一般来说，突发事件都发生在一个特定空间环境内，应急指挥救援也依赖于这一空间环境，所以引入空间信息理论和计算机应用技术相结合的地理信息系统（GIS）来解决这一矛盾就势在必行。

应急指挥中心对有关突发事件的数据采集、危机判定、决策分析、命令部署、实时沟通、联动指挥、现场支持等功能都离不开 GIS 的支持。利用三维 GIS 技术，将应急过程的众多信息和资源与空间信息关联起来，建立多种业务信息之间的空间关联关系，寻找业务信息之间的分布规律和空间关系，可对业务信息在地图上进行直观定位、虚拟实景交互可视化、查询和专题分析，全方位立体地展示事发地点情况和周边信息情况。并结合实时天气、交通数据组织合适的救援方案，结合资源分布情况进行救援物资调度，结合各种预测模型对灾害进行预警和评估，对控制力量、命令执行情况的动态管理与监督，对应急态势的实时掌控，实现对应急力量的科学化管理、合理的调度，为指挥决策、情报分析等提供依据。

2. 基于 WebGL 的 3D GIS 技术

采用先进的 HTML5 WebGL 技术，设计了"零客户端"三维技术，并研发了相应的产品。该产品是一款三维客户端开发平台，支持跨平台，适配多类别浏览器，支持硬件加速的三维渲染技术，免除了三维渲染对插件的依赖，使用者无须下载、安装插件，即可高效浏览三维服务，提升了使用者的 Web 开发及终端访问体验。WebGL 技术提供的硬件加速渲染可借助系统显卡在浏览器流畅显示三维场景和模型，前端开发者通过 WebGL 技术可以方便地在浏览器上实现 Web 端三维效果。它具有以下技术特点：

（1）全数据支持。

目前该体系中支持地形、影像、S3M、KML、动态图层、场图层等多种数据图层。其中通过 S3M 图层，可加载倾斜摄影模型、BIM、精细模型、点云、矢量、地下管线、地形、动态水面、场模型等多源数据。直接提供动态图层，支持动态数据的展示。一个动态图层可以包含多种类型的模型，每种模型又能包含多个实例，每个实例以一定的时间间隔刷新更新状态信息，从而达到动态效果。提供场图层，支持场数据的展示，可见的场数据类型包括风场、引力场、电磁场、水流场等。

（2）全功能支持。

目前，软件系统打通了前端与服务端的功能桥梁，与服务端对接，拓展了 SuperMap iClient3D for WebGL 的分析能力。全面支持了空间运算、空间查询、空间分析和规则建模四大模块功能,方便使用者构建 Web 应用;SuperMap iClient3D for WebGL 提供了实用的三维量测及三维空间分析功能,包括距离量测和面积量测,日照分析、剖面分析、等值线分析、坡度分析、淹没分析、通视分析、可视域分析、天际线分析等三维空间分析功能。

SuperMap iEarth 目前提供了五大类(见图 11-25)十四个子模块,实现了 WebGL 全功能支持。主要包括可直接访问第三方提供的在线底图服务,如 Bing Maps、天地图、OpenStreetMap、STK World Terrain 等;支持 BOX 裁剪、平面裁剪、Cross 裁剪、多边形裁剪等;支持空间分析、空间算量等功能。

(3)全新视觉体验。

SuperMap iClient3D for WebGL 提供了丰富多彩的三维特效,为使用者提供了更好的视觉体验。在各个方面都最大可能地还原真实世界中的景观。对于应急演练、安全防护、气象模拟等项目,三维特效在表现自然元素、模拟人物运动、表达管道介质流向等方面发挥了独特的作用,显著提升三维场景的视觉效果和真实感。例如:①提供了实时水面效果。通过设置三维面填充符号参数,可制作出不同颜色,或是静止、波光粼粼的水面效果,并可实时反射岸边建筑物的倒影。②粒子效果。提供了火焰、雨雪、烟花、爆炸等粒子效果,利用粒子编辑器定制粒子效果和粒子运动方式,可制作出多种如水柱、樱花雨等美观实用的粒子,并允许使用者指定雨雪降落区域,广泛用于气象模拟、应急演练、安全防护。③还有泛光效果、卷帘、尾际线、扫描线等效果。同时也提供了基于边缘绘制能力的草图模式,满足更多专业行业如城市设计的应用需求。

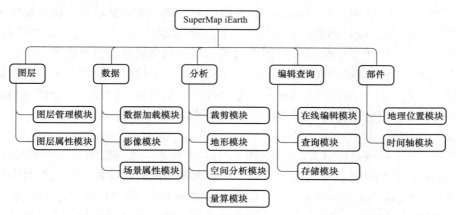

图 11-25　SuperMap iEarth for WebGL 功能汇总

(4)轻量、易开发。

SuperMap iClient3D for WebGL 采用统一的 3D 绘图技术标准—HTML5WebGL,使其能够跨越操作系统、设备终端与浏览器种类的限制。SuperMap iClient3D for WebGL 适用于 Windows、Linux、MacOS、iOS、Android 操作系统,支持 IE、Chrome、FireFox 等多种浏览器,并可运行在 PC、笔记本、平板及手机的设备终端。作为轻量级的三维客户端开发平台,提供 JavaScripts 语言开发接口,易扩展,开发效率高。使用者无须下载、安装插件,即可实现 Web 开发及终端访问体验。

3. 移动 3D GIS 技术

随着移动互联网、云计算技术的快速发展,当前市场对 GIS 应用的要求,已经从桌面端、

Web 客户端应用，扩展到 PC 端、Web 端、移动端的多端应用。为满足在移动平台上运行三维 GIS 的需求，基于跨平台 C++内核研发了三维移动端产品。三维移动端产品和组件、桌面、客户端产品基于一个 C++内核实现，并采用了微内核设计，可以针对不同平台进行功能的伸缩和裁剪。在 GIS 内核中，各个子模块都有最小定义，相互之间的依赖关系也是松散耦合的。每个模块又进行更小的划分，可以根据运行平台和应用需要选择其中的某些部分，所以具备高度的伸缩性和可裁剪性。同时，三维移动端产品全部采用 OpenGL ES 3.0 标准接口实现渲染，使得在不同移动端平台具有相同的渲染效果。三维移动端产品支持地形、影像、地图、模型、矢量等数据的流畅显示；支持三维模型符号、三维线型（管线）符号、三维填充符号；支持粒子系统、水面特效、大气、海洋等特效；支持纹理数据压缩；支持数据的离线下载以及在线浏览；支持扩展开发。在保持一致的 GIS 功能的基础上，根据不同的移动端系统平台进行定制封装，同时针对移动产品的特点优化了显示性能，使得移动平台可快速构建高性能二三维一体化的移动 GIS 应用，同时提供了丰富的三维开发接口，可以满足使用者定制三维移动应用的功能需求。

4. VR+GIS 技术

可视化效果好，真实感强，使用者浸入感强，是使用者对三维 GIS 软件直观表达的重要要求。超图软件（SuperMap）充分利用了虚拟现实技术以提高地理环境表达的真实感。采用了可编程渲染管线技术实现了对太阳、大气散射、海洋、水体、倒影、阴影等自然现象的模拟，使用了粒子系统实现对火、喷泉、烟花、雨、雪等模糊边界的自然现象的模拟。借助不断涌现的 IT 硬件领域新兴技术，SuperMap 在借助 VR 设备增强显示效果和人机交互方面也有了重大突破。SuperMap 产品支持了 HTC Vive、OculusRift 等 VR 外部设备以及 HTC Vive Focus 的 VR 一体机，使得三维 GIS 应用在人机交互上拥有更丰富的视觉感和体验感。作为三维 GIS 实现真实感知虚拟空间的良好载体，VR 支持手柄拾取与查询功能，同时提供了键盘驱动、自动行走、自动奔跑的浏览模式，配合准确的室内碰撞检测，结合倾斜摄影、BIM 等室内外多源数据，让使用者感受真实的三维沉浸式体验。

5. AR+GIS 技术

增强现实（Augmented Reality，简称 AR）通过 IT 技术，将虚拟的信息应用到真实世界，真实的环境和虚拟的物体实时地叠加到了同一个画面或空间同时存在，使人们对客观世界有更深刻的认识。SuperMap 支持 AR 功能，即支持将虚拟世界中的模型投影到现实世界中。利用 AR 技术将 BIM 模型投影到现实世界中，实现真实环境与虚拟环境的融合。这种技术可以应用在工程建设、水利水电勘察设计和导航等行业中，将三维模型投影到现实世界，根据该虚拟模型实现三维协同设计、导航资料（通过 AR 系统，轻易、快捷、准确地获得所处方位的地理、天气、气候等相关资料）获取等。

思 考 题

11-1　地基基础与信息技术融合发展趋势是什么？

11-2　基于工程地质大数据与信息化技术如何实现地基工程的优化设计？

11-3　基于工程地质大数据与信息化技术如何实现地基与基础的协调优化设计？

本章知识点思维导图

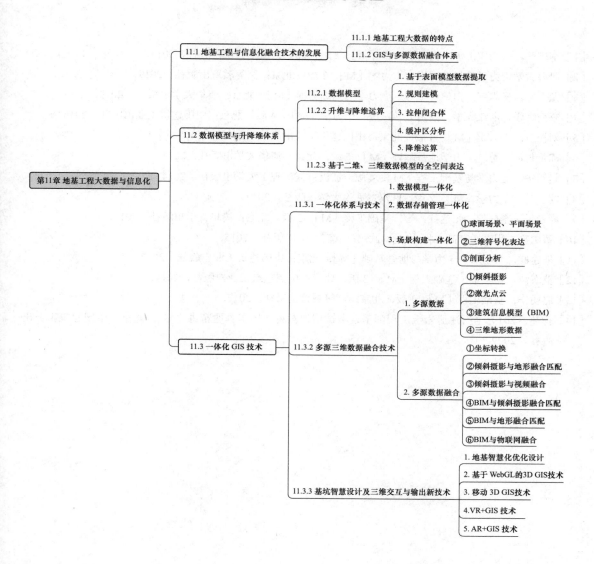

参 考 文 献

[1] 李广信，张丙印，于玉贞. 土力学 [M]. 2 版. 北京：清华大学出版社，2013.

[2] 河海大学土力学教材编写组. 土力学 [M]. 3 版. 北京：高等教育出版社，2019.

[3] 尤志国，杨志年，白崇喜，等. 土力学与基础工程 [M]. 北京：清华大学出版社，2019.

[4] 东南大学，浙江大学，湖南大学，等. 土力学 [M]. 4 版. 北京：中国建筑工业出版社，2016.

[5] 刘松玉. 土力学 [M]. 4 版. 北京：中国建筑工业出版社，2016.

[6] 陈希哲，叶菁. 土力学地基基础 [M]. 5 版. 北京：清华大学出版社，2013.

[7] 赵明华. 土力学与基础工程 [M]. 4 版. 武汉：武汉理工大学出版社，2014.

[8] 刘兰兰. 土力学 [M]. 2 版. 武汉：武汉大学出版社，2017.

[9] 周景星，李广信，张建红，等. 基础工程 [M]. 3 版. 北京：清华大学出版社，2015.

[10] 戴国亮，程晔. 基础工程 [M]. 武汉：武汉大学出版社，2015.

[11] 朱建群，李明东. 土力学与地基基础 [M]. 北京：中国建筑工业出版社，2017.

[12] 莫海鸿，杨小平. 基础工程 [M]. 3 版. 北京：中国建筑工业出版社，2014.

[13] 赵明华. 基础工程 [M]. 3 版. 北京：高等教育出版社，2017.

[14] 孙超. 2019 全国注册岩土工程师基础考试培训教材及历年真题精讲 [M]. 北京：中国建筑工业出版社，2009.